电子 SMT 专业技术资格认证教材

电子 SMT 制造技术与技能

（第 2 版）

龙绪明　主　编

U0225793

電子工業出版社
Publishing House of Electronics Industry
北京 · BEIJING

内 容 简 介

为推广中国电子学会SMT专业技术资格认证委员会的SMT专业技术资格认证，培养一批多层次的且具有先进电子制造专业知识和技能的工程技术人员，本书系统地论述了先进电子SMT制造技术与技能，并介绍了在“SMT专业技术资格认证培训和考评平台”上进行实训的方法、步骤，以及SMT专业技术资格认证的考试方法。通过将理论、实践技能和认证考试进行有机整合，并对其进行详细论述，使读者对现代电子SMT制造技术的产品设计、制造工艺及设备等相关理论、方法、技术和最新发展有一个全面而系统的认识。

本书内容翔实，论述深入浅出，各章均备有较多的思考题与习题，可作为高等院校电子制造专业及相关专业的专科、本科和研究生的教材，也可作为电子制造工程师和技师的参考书，还可作为电子企业教育培训和资格认证培训的教材。

图书在版编目（CIP）数据

电子SMT制造技术与技能 / 龙绪明主编. —2版. —北京：电子工业出版社，2021.1
电子SMT专业技术资格认证教材
ISBN 978-7-121-39516-1

Ⅰ. ①电… Ⅱ. ①龙… Ⅲ. ①SMT技术－资格考试－自学参考资料 Ⅳ. ①TN305

中国版本图书馆CIP数据核字（2020）第169276号

责任编辑：刘真平
印　　刷：涿州市般润文化传播有限公司
装　　订：涿州市般润文化传播有限公司
出版发行：电子工业出版社
　　　　　北京市海淀区万寿路173信箱　邮编　100036
开　　本：787×1 092　1/16　印张：17.75　字数：454.4千字
版　　次：2012年7月第1版
　　　　　2021年1月第2版
印　　次：2023年7月第5次印刷
定　　价：59.80元

凡所购买电子工业出版社图书有缺损问题，请向购买书店调换。若书店售缺，请与本社发行部联系，联系及邮购电话：（010）88254888，88258888。

质量投诉请发邮件至zlts@phei.com.cn，盗版侵权举报请发邮件至dbqq@phei.com.cn。

本书咨询联系方式：lijie@phei.com.cn。

编 委 会

前言

<<<<<< PREFACE

随着市场竞争的日益加剧及全球化市场的形成，先进电子 SMT 制造技术已成为一个国家在市场竞争中或战场对抗中获胜的支柱。随着改革开放后几十年的发展，中国已经成为全球最大的电子产品制造基地，改变了世界电子工业的格局。电子制造业已超过任何其他的行业，成为当今第一大产业。电子制造技术是一项集当今世界最先进科技成果于一体的综合性交叉式边缘学科，是一项极其庞大和复杂的系统工程和综合技术。因此，培养一批满足科技和制造业发展需要的、掌握先进电子制造技术的、具有创新意识和实践能力的高素质专业人才已变得极为迫切。2000 年之后，我国一部分高校开始在电子实践教学中增加 SMT 教学内容，大部分专职院校设立了 SMT 电子制造相关专业，但无实验设备和条件，即使已建有 SMT 生产线，也缺乏资金或产品来开动生产线。由于 SMT 的高速发展，与之相应的学科、专业建设和教学培训体系建设还不完善，在校期间学习的知识与实际工作的需求差距很大，往往落后于社会的需求。

2012 年出版的《电子 SMT 制造技术与技能》多次印刷，深受欢迎。本书结合“SMT 专业技术资格认证培训和考评平台”，介绍了 SMT 基础、PCB 设计、SMT 工艺和 SMT 设备（丝印、点胶、贴片、焊接、SMT 检测和返修），将理论、实践技能和认证考试进行了有机整合，并对其进行了详细论述，使读者能够系统地掌握现代化先进电子 SMT 制造技术。为满足 SMT 发展的需要，在第 1 版的基础上，新增了工业 4.0 智能制造、工业机器人应用、SMT 虚拟制造 VR 工厂、SMT 焊点缺陷分析和 MES 制造执行管理系统等内容。本书内容翔实，论述深入浅出，配有大量实例和实训，各章均备有较多的思考题与习题，可使读者对电子 SMT 制造技术相关理论、方法、技术和最新发展有一个全面而系统的认识。

本书可作为高等院校电子制造专业及相关专业的专科、本科和研究生的教材，也可作为电子制造工程师和技师的参考书，还可作为电子企业教育培训和资格认证培训的教材。

本书由西南交通大学龙绪明主编，由广东电子学会、四川电子学会、西南交通大学、清华大学、华南理工大学、常州奥施特信息科技有限责任公司、常州信息职业技术学院、南京信息职业技术学院、重庆艾申特电子有限公司等单位资深人员组成编委会进行编写，全书由四川电子学会 SMT 专委会审定。由于 SMT/SMD 发展迅速，书中差错和不足之处在所难免，欢迎广大读者批评指正。

四川电子学会 SMT 专委会
广东电子学会 SMT 专委会
秘书长　苏曼波
2020 年 4 月

目录

<<<<<< CONTENTS

第 4 章　SMT 工艺设计

第 5 章　丝 印 技 术

第 6 章　点 胶 技 术

第 7 章　贴 片 技 术

第 11 章 插装技术和返修技术

第 12 章 微组装技术

第 13 章 SMT 管理

第1章 绪 论

随着市场竞争的日益加剧及全球化市场的形成，先进电子 SMT 制造技术已成为一个国家在市场竞争中或战场对抗中获胜的支柱。经过改革开放以来几十年的发展，中国已经成为全球最大的电子产品制造基地，改写了世界电子工业的格局。电子制造业已超过任何其他的行业，成为当今第一大产业。电子制造技术是一门集当今世界最先进科技成果于一体的综合性交叉式边缘学科，是一项极其庞大和复杂的系统工程和综合技术，正向工业 4.0 和智能制造方向发展。因此，培养一批满足科技和制造业发展需要的、掌握先进电子制造技术的、具有创新意识和实践能力的高素质专业人才已变得极为迫切。

1.1 电子 SMT 制造技术的发展

表面组装技术（Surface Mounted Technology，SMT）是目前电子组装行业中最流行的一种技术和工艺。它是一种无须在印制电路板上钻插装孔，而直接将表面组装元器件贴、焊到印制电路板表面规定位置的电路装联技术。

1.1.1 电子组装和封装技术的发展

1．电子元器件封装技术的发展

电子元器件是电子信息设备的细胞，板级电路组装技术是制造电子设备的基础。不同类型电子元器件的出现总是会带来板级电路组装技术的一场革命。表 1.1 所示为电子元器件和组装技术的发展。

表 1.1 电子元器件和组装技术的发展

年 代	20 世纪 50 年代	20 世纪 60 年代	20 世纪 70 年代	20 世纪 80 年代	20 世纪 90 年代
产品分代	第一代	第二代	第三代	第四代	第五代
典型产品	电子管收音机、电子仪器	通用仪器、黑白电视机	便携式薄型仪器、彩色电视机	小型高密度仪器、录像机	超小型高密度仪器、整体型摄像机
产品特点	笨重，厚大，功能少，不稳定	重量较轻，功耗低，多功能	便携式，薄型，低功能	袖珍型，轻便，多功能，微功耗，可靠	超小型、超薄型、智能化、高可靠
典型电子元器件	电子管	晶体管	集成电路	大规模集成电路	超大规模集成电路
电子元器件的特点	长引线、大型、高电压	轴向引线	单、双列直插集成电路，可编带的引线元件	表面安装、异形结构	复合表面装配、三维结构
电路基板	金属底盘，接线板铆接端子	单面酚醛纸质层压板	双面环氧玻璃布层压板、挠性聚酰亚胺板	陶瓷基板、金属芯印制电路板、多层高密度印制电路板	陶瓷多层印制电路板、绝缘金属基板

续表

装配技术特点	捆扎导线、手工烙铁焊接	半自动插装、浸焊	自动插装、浸焊、波峰焊、熔焊	两面自动表面贴装、回流焊或波峰焊	多层化、高密度化、安装高速化、倒装焊、特种焊

PBGA、TBGA、FBGA、CSP 和 FC 是当今 IC 封装的发展潮流。表 1.2 给出了 BGA 和 FC 封装的发展动向。

表 1.2　BGA 和 FC 封装的发展动向

年　份	2000	2005	2008/（2010）	2014
BGA 球间距（mm）				
低档产品	1.27	1.00	1.00	0.80
便携产品	1.27	1.00	0.80	0.65
中等性能产品	1.27	1.00	0.80	0.65
高等性能产品	0.80	0.65	0.65	0.50
BGA 端子数				
低档产品	312	512	684	968
便携产品	420	684	800	1200
中等性能产品	840	1658	2112	3612
高等性能产品	1860	3280	3612	8448
FC 芯片连接间距（外部端子间距）（μm）				
便携产品	165	100	70	35
中等性能产品	200	150	150	150

2．电子组装技术的发展

电子组装技术的发展在很大程度上受组装工艺的制约，如果没有先进的组装工艺，先进封装便难以推广应用，所以先进封装的出现必然会对组装工艺提出新的要求。一般来说，BGA、CSP 和 MCM 完全能采用标准的表面组装设备工艺进行组装，只是由于封袋端子面阵列小型化而对组装工艺提出了更严格的要求，从而促进了电子组装设备和工艺的发展。电子组装技术向着敏捷、柔性、集成、智能和环保的方向发展，SMT 生产线如图 1.1 所示。

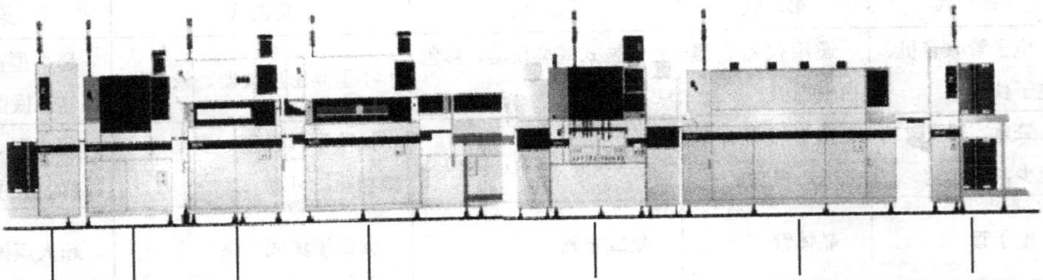

图 1.1　SMT 生产线

多悬臂机已经取代了转塔机的地位，成为今后高速贴片机发展的主流趋势。在单悬臂贴片机的基础上发展出了双悬臂贴片机；目前，市场上主流的高速贴片机是在双悬臂机的基础上发展出的四悬臂机，如西门子的HS60、环球的GC120、松下的CM602、日立的GHX-1等机型。为了增强适应性和提高使用效率，新型贴片机正朝着柔性化和模块化的结构方向发展。日本Fuji公司将贴片机分为控制主机和功能模块机。模块有不同的功能，针对不同元器件的贴装要求，可以按不同的精度和速度进行贴装，以达到较高的使用效率。当用户有新的要求时，还可以根据需要增加新的功能模块机。随着芯片集成度的提高，芯片接线的间距和焊球的直径不断减小，对贴装设备的对准和定位精度提出了更高的要求，需要研究新的运动设计和控制方法，以实现平稳、快速和精确定位。绿色生产线的概念是指从SMT生产的一开始就要考虑环保的要求，经过多年的研究开发，无铅焊接技术和免洗焊接技术将进入全面实用化阶段。

20世纪80年代以来，高密度电路组装技术即微电子组装技术迅速发展起来，在这一发展中出现了值得人们关注的三个潮流，这三个潮流不仅大大提高了器件级IC封装和板级电路组装的组装密度，而且使得电子电路组装阶层之间的差别模糊了，导致了电子电路组装界限的消失，出现了IC器件封装和板级电路组装这两个电路组装阶层之间技术上的融合。几种典型的微电子组装技术如表1.3所示。

表1.3 几种典型的微电子组装技术

名 称	制造技术	特 点
倒装片（FC）	采用类似SMT方法进行加工。 I/O端子（凸点）以面阵列式排列在芯片之上，焊接时，只要将芯片反置于PCB上，使凸点对准PCB上的焊盘，加热后就能实现FC与PCB的互连	① 高密度组装，不需要键合引脚和封装。 ② 倒装片工艺要求能够得到非常严格的控制，但比任何其他类型的COB工艺会快得多。 ③ 需增加专用设备，包括高精度的贴装系统、下填充滴涂系统和X光检测系统
多芯片模块（MCM）	① 多芯片模块。把几块IC芯片组装在一块电路板上构成功能电路块。 ② MCM基板的布线多于4层，且有100个以上的I/O引出端，并将CSP、FC、ASIC器件与之互连	① MCM技术主要分为三大类，即MCM-L（薄片多芯片模块）、MCM-C（陶瓷多芯片模块）和MCM-D（沉积多芯片模块）。 ② MCM技术主要应用于超高速计算机及外层空间电子技术中
三维立体组装技术（3D）	把IC芯片（MCM片、WSI大圆片）一片片叠加起来，然后利用芯片的侧面边缘和垂直方向进行互连，从而将水平组装向垂直方向发展为立体组装	3D组装的途径大致有三种： ① 埋置型3D结构。在多层基板内埋置R、C及IC，并在基板顶端贴装SMD元器件。 ② 有源基板型3D。用硅大圆片规模集成片作为基板，在其上进行多层布线，最上层再贴装SMD以构成3D结构。 ③ 叠装型3D结构。将MCM上、下层双叠互连起来构成3D结构

1.1.2 工业4.0智能制造

工业4.0可称为“智造化”，即自动化+物联化+信息化+智能化，是为适应多品种少批量生产方式而出现的高新技术，掀起了全世界新一轮的工业革命。电子工业4.0的工作流程如图1.2所示。

（1）产品定制：用户首先在企业互联网上提交EDA设计文档，专家智能系统自动完成EDA

设计可制造性检测 DFM，并进行工艺专家系统虚拟仿真，确定可制造性和成本价格后，完成产品定制任务。

（2）智能制造：首先通过专家智能系统完成工艺智能设计和 SMT 设备智能编程，并通过虚拟仿真系统验证和修改；然后通过企业内部工厂以太网络系统传送到 EMS（企业制造系统）、各种生产线主（线）控机、仓库物流系统主控机和无线工业物联网主控机上，自动完成制造工艺流程与参数的制定，快速、精准的生产准备，达到工业 4.0 的产品定制要求。

（3）自动化生产：电子板级生产线（SMT 为主体）为智能自动化设备，根据生成的程序自动完成加工任务；整机装配流水线采用大量工业机器人，自动完成加工任务；仓库物流系统通过工业物联网完成物流任务。

（4）信息化制造（大数据制造）：现场总线将各种设备数据和信息传送到主（线）控机上，再通过工厂以太网络传送到 EMS 系统上，EMS 完成工厂内部生产的信息化管理（产量、读码、工艺流程、物流、质量、看板、监控等）；EMS 生产管理信息要传送到 ERP（企业资源计划），完成工厂外部的信息化管理（市场、财务、物流等）；无线工业物联网的信息要传送到 EMS，完成 RFID 无线监控（巡控）和 AVG 车无线监控的信息化管理。大数据和云计算系统是支撑信息化制造的保证。

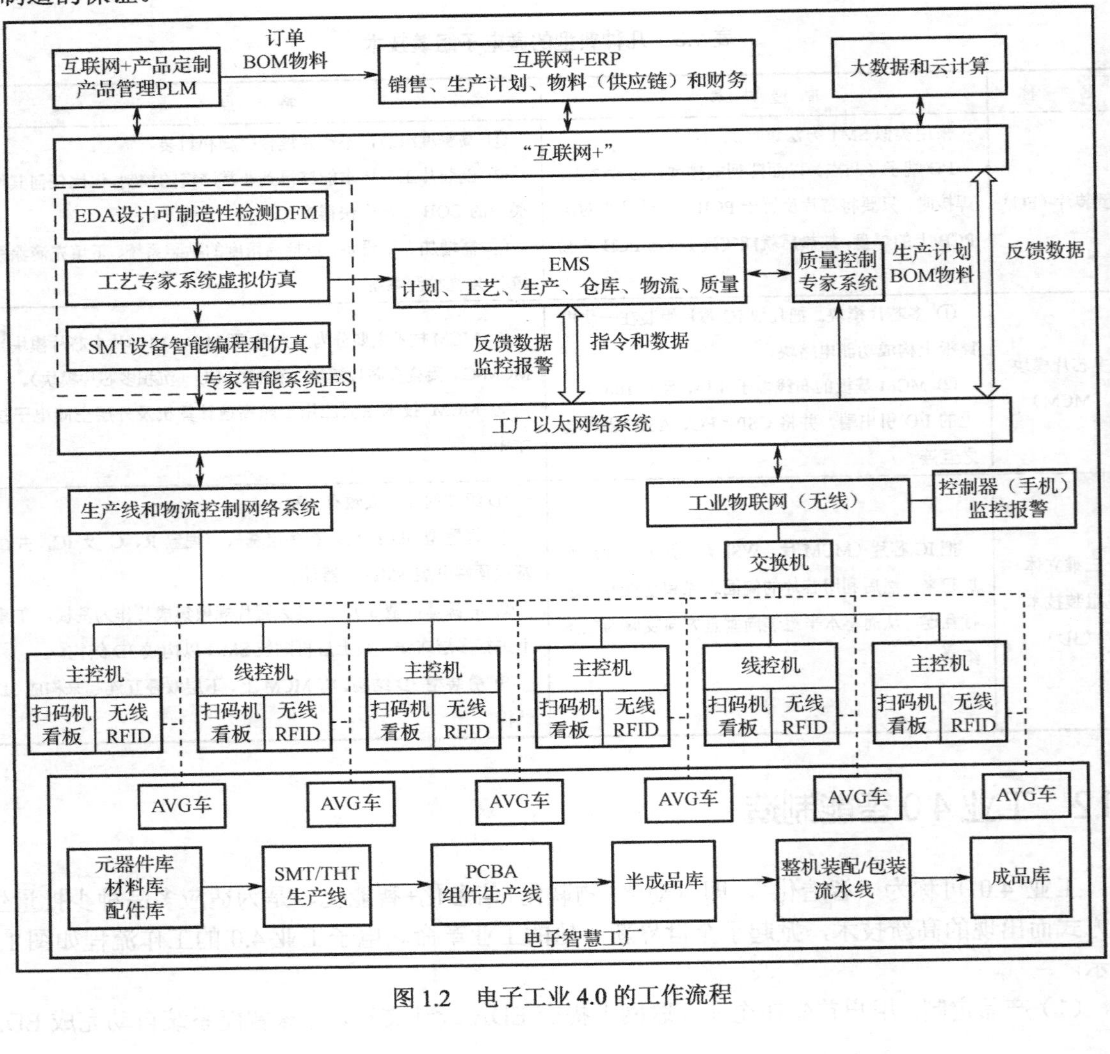

图 1.2　电子工业 4.0 的工作流程

1.2 SMT 教育与专业技术资格认证

在大力推动现代化和新型工业化的过程中，制造业应该起到基础性、支柱性产业的作用。在过去的 10 年里，全世界电子产品的硬件装配生产已经全面转变到以 SMT 为核心的第四代主流工艺中，一切生产过程的管理与运作必须遵从以 ISO 9000 系列质量管理体系标准和 ISO 14000 系列环境管理标准为代表的现代化科学模式；现在，我国已经进入 WTO，不仅要求国家的宏观经济与国际接轨，而且要求我们培养的工程技术人才及从业劳动者的素质和技能也必须符合行业进步的需求。今后的 10～20 年内，我国劳动力市场急需大量熟悉电子产品制造过程的技术人员，必须培养并向社会提供一批多层次的、具有现代电子制造专业知识和技能的工程技术人员。

1.2.1 SMT 教育

在电子类专业工程实训和 SMT 课程教学方面，不仅要求学生掌握电子产品制造的基本技能，还要求他们能够从更高的层面了解现代化电子产品制造的全过程，了解目前电子产品制造中最先进的技术和设备。

1．高等教育

SMT 是一门新兴的综合性的先进制造技术，涉及机械、电子、光学、材料、化工、计算机、网络、自动控制，以及管理等多学科知识，要掌握这样一门综合型工程技术，必须经过系统的专业基础知识和专业知识的学习和培训。然而，由于 SMT 是新兴技术，在我国，与之相应的学科、专业建设和教学培训体系建设工作刚刚起步，现在大学所设工科院系很难满足 SMT 的教学要求。

桂林电子工业学院微电子组装（SMT）与封装专业在全国工科院校中是最早建立的，华中科技大学于 2009 年建立了电子封装专业，目前，我国其余高校中几乎没有 SMT 类专业，但很多高校，如清华大学、华南理工大学、西南交通大学、哈尔滨工业大学、东南大学等设有电子装联与焊接等专业方向，而且重点放在硕士、博士层次。虽然大多数工科院校均设有机电一体化或电子机械（机械电子）专业，但均没有针对电子产品的制造应用领域。通过组装低档次的半导体收音机是无法让学生真正了解现代电子产品制造技术的，这与发达国家先进的高等教育相距甚远。2000 年之后，一部分高校开始在电子实践教学中增加 SMT 教学内容，但在人才的培养规格、课程体系的设置，以及实践性教学体系的安排上还没有完全摆脱原有的教学模式，使培养的毕业生在技术应用领域缺乏应用能力。

2．职业教育

职业教育是国家今后 20 年内重点发展的普及教育，目前，大部分专职院校设立 SMT 电子制造相关专业，但无实验设备和条件，即使已建有 SMT 生产线，也缺乏资金或产品让学生开动生产线，学生只能走马观花式地参观，没有得到真正的训练。另外，国家劳动部门的职业技能认证只有电工、电装工、焊接工等低端工种，没有 SMT 相应的高端工种，也影响了学生及家长对职业教育的认同度，造成了职业教育招生难的普遍现象。

3．技术培训

系统、全面的人才需要通过正规教育去培养，但是一般大学培养出合格人才至少需要三五年甚至更长时间，这就使得技术培训任务更为艰巨。即使大学有了相应毕业生，由于技术发展速度很快，仍然需要不断更新和补充知识，企业的教育培训应该是一项长期的工作。

1.2.2 中国电子学会 SMT 专业技术资格认证

为落实《中共中央、国务院关于进一步加强人才工作的决定》及人事评价和使用制度改革的精神，推行“个人申报、社会评价、单位聘用、政府调控”的职称评聘制度，尽快落实专业技术人才的评价重在社会和业内认可的精神，中国电子学会成立了“中国电子学会 SMT 专业技术资格认证委员会”，负责在全国范围内开展电子信息表面组装（SMT）专业技术资格认证。该认证的性质属于同行认可，全国通用，采取统一认证标准、统一师资培训、统一技术资源、统一命题、统一考试管理和统一证书发放的六统一模式。

SMT 认证模式和程序如图 1.3 所示，教学考试大纲如表 1.4 所示。采用“SMT 专业技术资格认证培训和考评平台 AutoSMT-VM1.1”的高校及培训中心，可由中国电子学会审定后授予“SMT 专业技术资格认证中心”称号，并进行考评员的培训，由中国电子学会为经师资培训考核合格者授予“SMT 专业技术资格认证考评员”证书。

（1）中国电子学会 SMT 专业技术资格认证全国统一考试每年进行 2～4 次。

（2）由建立认证中心的学校组织在校生或已毕业专业技术人才在平台 AutoSMT-VM1.1 上进行教学培训。

（3）由中国电子学会负责在平台 AutoSMT-VM1.1 上出题，并对认证中心上传的考生信息进行审定，审定合格者颁发中国电子学会 SMT 专业技术资格认证考试准考证。

（4）认证中心组织考试，认证中心的考评员负责监考。

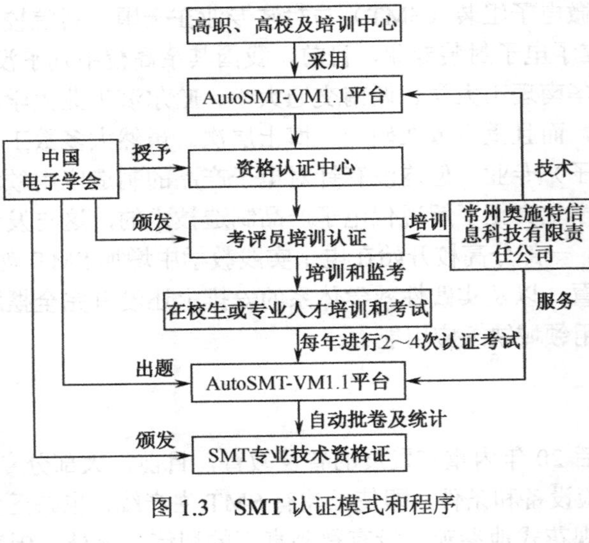

图 1.3　SMT 认证模式和程序

表 1.4　教学考试大纲

章　节		重 点 要 求	中　职	高　职	本　科	待　执　行	
			技术员 （技工）	见习 工程师 （高级技工）	助理 工程师 （技师）	工程师 （高级技师）	高级 工程师
第 1 章 绪论	理论	SMT 发展	0.5	0.5	0.5	1	1
	实训	实验：分析收音机电路	0	0	0	0	0
第 2 章 SMT 基础 知识	理论	① 先进电子制造技术； ② 电子元器件、材料和印制电路板； ③ 电子整机产品的制造技术	3	3	4	3 双面 PCB 整机制造	4 多层 PCB 整机制造
	实训	实验：分析收音机电路	0	0	0	0	0
第 3 章 PCB 设计	理论	印制电路板设计	0.5	1	1.5	2	4
	实训	虚拟实验 1：PCB 设计	1 调用 Demo 板	1.5 调用 Demo 板	1.5 调用 Demo 板	3 调用学员 设计板	3 调用学员 设计板
第 4 章 SMT 工艺 设计	理论	SMT 组装类型与工艺流程设计	2	2	2	2	2
	实训	虚拟实验 2：SMT 工艺设计	1	1.5	1.5	2	2
第 5 章 丝印技术	理论	① 印刷工艺技术； ② 丝印机编程、操作使用、维修保养	1	1.5	2 模板设计	2 模板设计	2 模板设计
	实训	虚拟实验 3：丝印机技术	1 MPM	2 MPM	2 MPM	3 MPM、DEK	4 MPM、DEK、GKG
第 6 章 点胶技术	理论	① 点胶工艺控制； ② 点胶机编程、操作使用、维修保养	0.5	1	2	1	1
	实训	虚拟实验 4：点胶机技术	0	0	1 Fuji	2 Fuji、ANDA	2 Fuji、ANDA
第 7 章 贴片技术	理论	① 贴片机技术； ② 贴片机编程、操作使用、维修保养	2	2	4 视觉对中	4 视觉对中	4 视觉对中
	实训	虚拟实验 5：贴片机技术	3 Yamaha	3 Yamaha、 Samsung	5 Yamaha、Fuji	7 Yamaha、Fuji、 松下	9 Yamaha、Fuji、 松下、Siemens
第 8 章 回流焊 技术	理论	① 回流技术； ② 回流焊编程、操作使用、维修保养	1	1	2	2	2
	实训	虚拟实验 6：回流焊技术	1 Vitronic	2 Vitronic	3 Vitronic、Heller	3 Vitronic、Heller	4 Vitronic、Heller、 ERSA

续表

章节		重点要求	中职	高职	本科	待执行	
			技术员（技工）	见习工程师（高级技工）	助理工程师（技师）	工程师（高级技师）	高级工程师
第 9 章 波峰焊技术	理论	① 波峰焊技术； ② 波峰焊编程、操作使用、维修保养	0.5	1	1	2	2
	实训	虚拟实验 7：波峰焊技术	1 ANDA	2 ANDA	3 ANDA、ERSA	3 ANDA、ERSA	4 ANDA、ERSA、Suneast
第 10 章 SMT 检测技术	理论	① 检测技术； ② 编程、操作使用、维修保养	0	1 AOI	1 AOI	2 AOI、AXI、SPI	2 AOI、AXI、SPI
	实训	虚拟实验 8：AOI 技术	0	2 AOI	2 AOI	4 AOI、AXI、SPI	4 AOI、AXI、SPI
第 11 章 插装技术和返修技术	理论	① 插装技术、卧插、立插、返修技术； ② 插装编程、操作使用、维修保养	1	2	3	3	3
	实训	虚拟实验 9：插装技术； 虚拟实验 10：返修技术	1 卧插、立插、返修	2 卧插、立插、返修	4 卧插、立插、返修	4 卧插、立插、返修	4 卧插、立插、返修
第 12 章 微组装技术	理论	微组装技术	0	0	0	2	2
	实训	虚拟实验 11：微组装技术	0	0	0	2	2
第 13 章 SMT 管理	理论	SMT 生产线管理、品质管理	0	0	0	2	4
	实训	虚拟实验 12：MIS 技术	0	0	0	1	2
学时数			理论 12 实训 9	理论 16 实训 16	理论 23 实训 23	理论 28 实训 34	理论 33 实训 40
SMT 专业技术资格证考试要求			理论 57% 实训 43%	理论 50% 实训 50%	理论 50% 实训 50%	理论 45% 实训 55%	理论 45% 实训 55%

（5）学员在平台 AutoSMT-VM1.1 上完成考试（包括实际操作与专业理论知识笔试），时间为 180min。

（6）平台 AutoSMT-VM1.1 系统自动进行批卷及统计，由认证中心将考试成绩上报给中国电子学会，由中国电子学会对考核合格者颁发“中国电子学会 SMT 专业技术资格证”。

1.2.3 SMT 认证培训和考评平台

为了推进 SMT 专业技术资格认证工作，中国电子学会 SMT 技术资格认证委员会和常州奥施特信息科技有限责任公司依托西南交通大学，开发出了“SMT 技术资格认证培训和考评平台 AutoSMT-VM1.1”，如图 1.4 所示，其技术参数和功能如表 1.5 所示，将学生培训与考试、教师教学与管理、SMT 专业技术资格认证考评三大系统有机地集成到一个平台上。该系统采用一种科技含量较高的教学和考评模式，彻底解决了目前电子 SMT 制造教学培训的困境。

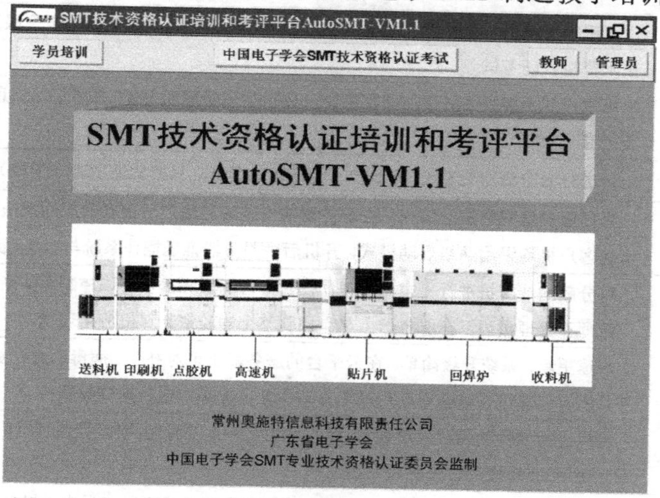

图 1.4 SMT 技术资格认证培训和考评平台 AutoSMT-VM1.1

表 1.5 认证培训和考评平台技术参数和功能

项 目		技术参数和功能	
系统配置	硬件	云平台（HP 工作站 Z210，处理器 Intel Core i3-2120 3.3GHz，内存 8GB（4×2GB），硬盘 500GB，显存 1GB，显示器：HP 20″）和 50 点网络云桌面软件	
		50 点网络加密卡（加密算法 AES 128 位，RW/ROM 内存 4/2KB，受保护功能/应用程序的最大数目为 233，数据保留时间至少 10 年）	
	软件	50 套培训、考评和认证系统	
培训系统	电子 PCB 设计	输入的 EDA 文件类型	Protel、Mentor 等
		PCB 静态 3D 仿真	PCB 基板、贴片器件、焊膏、焊点、胶点静态仿真
		PCB 组装 3D 模拟仿真	PCB 贴片过程模拟仿真、贴片程序顺序优化
			PCB 标号（Mark 点）模拟示教
		PCB 可制造性分析	检测 EDA 设计的 PCB 物理参数错误和可装配性错误
	SMT 生产线工艺设计	PCB 静态 3D 仿真	提出 PCB 设计主要参数
		SMT 工艺设计	基于 PCB 设计，设计 PCB 组装方式和工艺流程
		SMT 生产线动画仿真	基于 PCB 组装方式、3D 动画显示设计 SMT 生产线的工艺流程
		MIS 管理	PCB 设计、工艺设计和设备信息管理
	SMT 关键设备虚拟制造	CAM 程式编程	进行市场上主流机型的 SMT 关键设备 CAM 程式的模拟编程
			SMT 设备包括丝印机、点胶机、贴片机、回流炉、波峰焊、插件机、AOI 测试机
		CAM 程式运动 3D 仿真	按照所设计的 CAM 程式文件，运用 3D 动画模拟 SMT 设备的工作过程，在计算机上以直观、生动、精确的方式呈现出来，检测 CAM 程式的编程错误
		操作使用	计算机软件的操作（调用程式、生产监控、修改程式）
			设备调整（如轨道的调宽、调整定位针）；设备操作（如上/下 PCB）
			机器日常保养和常规维护
	教学教材	教学用电子教材：电子 SMT 理论与实验教程和电子 SMT 教学视频	

续表

项　目		技术参数和功能
认证考评系统	学员系统	可进行技术员、见习工程师、助理工程师、工程师、高级工程师五个级别的课程考试和 SMT 专业技术资格认证考试
	教师系统	可进行五个级别的教学与课程考试，包括学生管理和 SMT 技术资格认证考试管理，系统自动出题和批卷
	管理员系统	可进行五个级别的 SMT 专业技术资格认证考试，包括认证中心（学校）和考生管理
云网络平台	虚拟桌面	采用服务器网络推送模式，在服务器端安装各种用户所需要的应用系统（AutoSMT-VM1.1）镜像，所有客户机均采用网络启动模式，开机后由服务器推送操作系统与服务，无须关注客户机的硬件配置
	全面集中管理	对分散的计算机进行集中化管理，在云平台的服务器上可以控制并清晰地看到每台学生机的使用；教师和管理员可以在服务器上单点控制整个实验室计算机应用环境
		快速更新，系统升级简单。在云平台的服务器上可对补丁、病毒库进行更新，对应用软件进行升级，并且所有计算机在重新启动后就能立即生效，无须一台台地安装软件
		可以进行软件的黑白名单设置，禁止学生在特定的时间内使用炒股软件、游戏软件及对网站的访问；禁止使用 USB 接口、光驱等设备
	提供考试环境	云平台全面提供考试的便捷环境，只需轻松勾选，就可以在学生开机时，按照不同的用户名（K01、K02 等）自动登录系统，不需要对每台计算机进行单独更改

1．培训系统

SMT 助理工程师的培训系统如图 1.5 所示，在电子 SMT 设计和制造“两个自动化孤岛”之间建立了联系，将 PCB 设计、SMT 生产线工艺设计、关键 SMT 设备编程、加工过程可视化仿真和可制造性评价系统进行集成，在计算机上以直观、生动、精确的方式模拟出先进电子 SMT 制造技术。它不仅可以使用户进一步掌握 EDA 电路设计技术，更可以使用户掌握 SMT 组装技术和世界各著名公司的 SMT 关键设备技术，彻底改变了传统的“一把烙铁学电子”的局面。

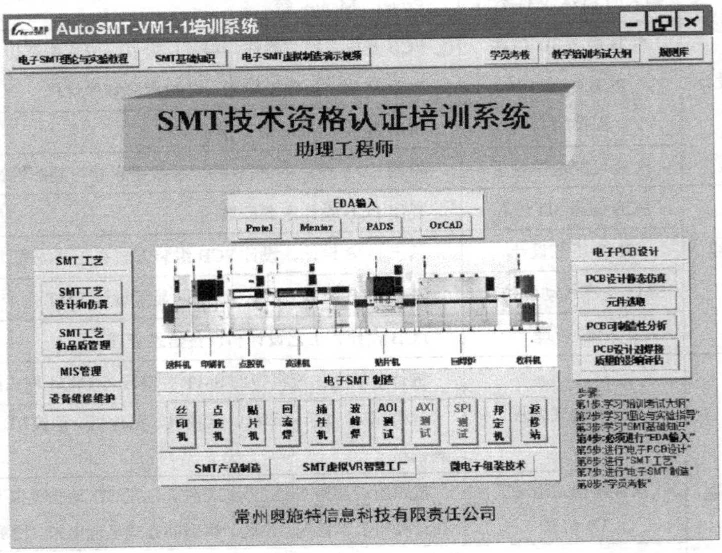

图 1.5　SMT 助理工程师的培训系统

2．认证考评系统

认证考评系统分为学员系统、教师系统和管理员系统。其中，教师系统如图 1.6 所示，教师在 AutoSMT-VM1.1 平台上可进行教学培训、课程考试出题、学生管理和 SMT 技术资格认证考试管理。

图 1.6 教师系统

考试内容分专业知识和实践技能两部分，认证考评界面如图 1.7 所示。专业知识考试着重考查考生 SMT 电子制造的基础知识能力、综合运用能力，以及解决问题的能力。实践技能考试着重考查考生 SMT 电子制造实际动手能力。试题应涉及较广的专业知识面，及时引入最新的电子制造理念和知识，根据专业级别的不同，应有必要的区分度和适当的难度。专业知识 30 题，共 60 分；实践技能 8 题，共 40 分。专业知识题直接在试卷上输入答案，实践技能题则要单击进入相应培训模块，按题目要求完成操作，全部题目完成后必须返回本界面，单击“完成提交”按钮，系统自动批卷。

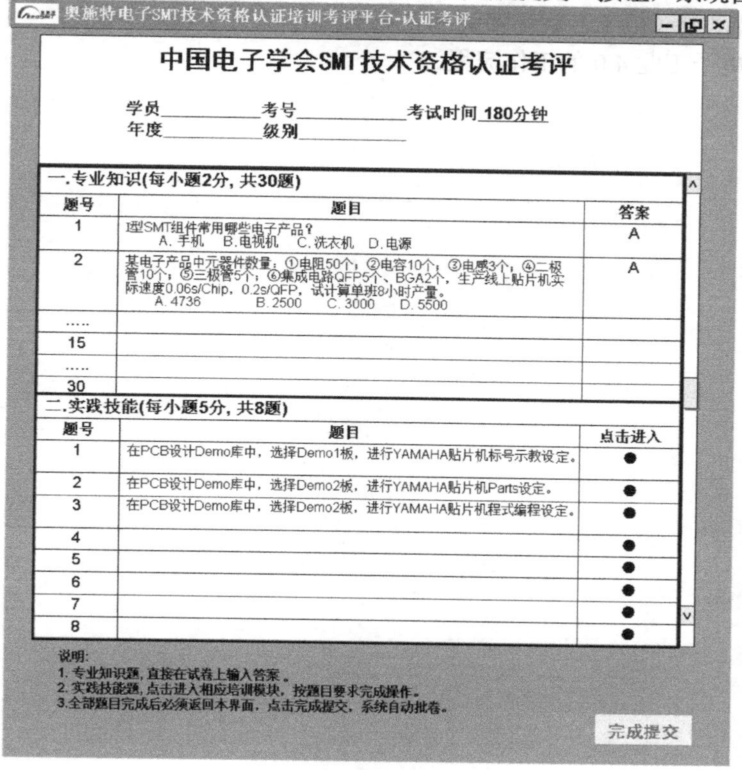
奥施特电子SMT技术资格认证培训考评平台-认证考评

中国电子学会SMT技术资格认证考评

学员______ 考号______ 考试时间 180分钟
年度______ 级别______

一.专业知识(每小题2分，共30题)

题号	题目	答案
1	I型SMT组件常用哪些电子产品？ A. 手机 B.电视机 C.洗衣机 D.电源	A
2	某电子产品中元器件数量：①电阻50个，②电容10个，③电感3个，④二极管10个，⑤三极管5个，⑥集成电路QFP5个、BGA2个，生产线上贴片机实际速度0.06s/Chip，0.2s/QFP，试计算单班8小时产量。 A. 4736 B. 2500 C. 3000 D. 5500	A
……		
15		
……		
30		

二.实践技能(每小题5分，共8题)

题号	题目	点击进入
1	在PCB设计Demo库中，选择Demo1板，进行YAMAHA贴片机标号示教设定。	●
2	在PCB设计Demo库中，选择Demo2板，进行YAMAHA贴片机Parts设定。	●
3	在PCB设计Demo库中，选择Demo2板，进行YAMAHA贴片机程式编程设定。	●
4		●
5		●
6		●
7		●
8		●

说明:
1. 专业知识题，直接在试卷上输入答案。
2. 实践技能题，点击进入相应培训模块，按题目要求完成操作。
3.全部题目完成后必须返回本界面，点击完成提交，系统自动批卷。

完成提交

图 1.7 认证考评界面

3．云网络平台

云网络平台虚拟桌面采用服务器网络推送模式，在服务器端安装各种用户所需要的应用系统（AutoSMT-VM1.1）镜像，所有客户机均采用网络启动模式，开机后由服务器推送操作系统与服务。云网络平台对分散的计算机进行集中化管理，在云网络平台的服务器上可以控制和清晰地看到每台学生机的使用情况；可以进行软件的黑白名单设置，禁止学生在特定的时间内使用炒股软件、游戏软件及对网站的访问；禁止使用 USB 接口、光驱等设备，提供等级考试的特殊环境。云网络平台全面提供国家 SMT 认证考试的便捷环境，只需轻松勾选，就可以在学生机开机时，按照不同的用户名自动登录系统，不需要对每台计算机单独进行更改。

思考题与习题

1.1　试简述表面安装技术的产生背景和发展简史。
1.2　试比较 SMT 与通孔基板式 PCB 安装的差别。SMT 有何优越性？
1.3　电子组装技术的主要发展方向是什么？
1.4　试简述 SMT 的特点。
1.5　目前电子 SMT 制造教学培训的困境是什么？
1.6　SMT 技术资格认证是什么？
1.7　试简述 SMT 技术资格认证的模式和程序。
1.8　试简述见习工程师（高级技工）认证培训和考试的内容。
1.9　试简述技术员（技工）认证培训和考试的内容。
1.10　试简述电子工业 4.0 的工作流程。

第2章 SMT基础知识

【目　　的】

（1）掌握先进电子制造技术的概念和体系；

（2）了解电子元器件、电子工艺材料和印制电路板；

（3）了解电子整机产品的制造技术。

【内　　容】

（1）电子制造技术和电子制造工程的概念和体系、表面组装技术的特点，以及电子 SMT 制造技术的发展；

（2）电子元器件、电子工艺材料及印制电路板的种类及特点；

（3）电子整机生产线组成、生产工艺过程及工业机器人应用。

【实训要求】

分析收音机或手机电路。

2.1 先进电子制造技术

先进制造技术（Advanced Manufacture Technology，AMT）的概念源于 20 世纪 80 年代。它是对在制造过程和制造系统中融合电子、信息和管理技术，以及新工艺、新材料等现代科学技术，使材料转换为产品的过程更有效、成本更低，并能更及时地满足市场需求的先进工程技术的总称。

1．先进电子制造技术体系

图 2.1 所示是美国机械科学研究院提出的由多层次技术群构成的先进制造技术体系，该体系强调了先进制造技术从基础制造技术、新型制造单元技术到先进制造集成技术的发展过程。

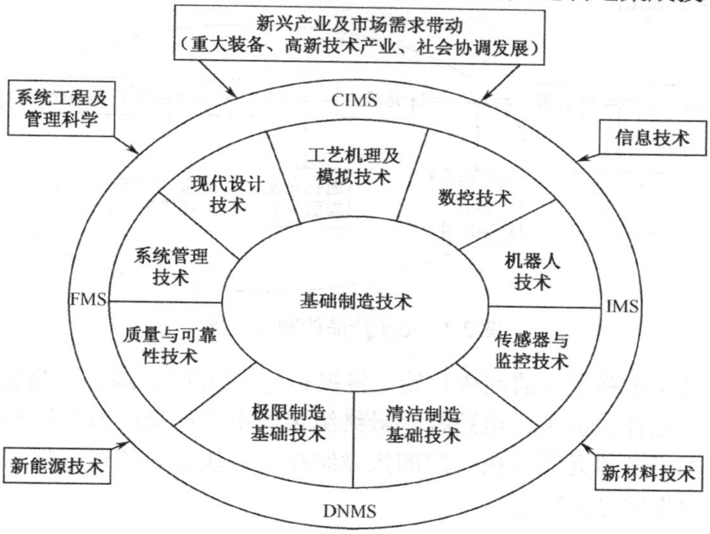

图 2.1　先进制造技术体系

先进电子制造技术是对电子制造的高技术思想和方法的总称，一般认为包括三大技术群，即主体技术群、支撑技术群和管理技术群，如表2.1所示。

表2.1 先进电子制造技术的主要内容

<table>
<tr><th colspan="2">技术群</th><th>定义</th><th>内容</th></tr>
<tr><td rowspan="2">主体技术群</td><td>设计技术群</td><td>用于生产准备的工具群和技术群</td><td>① 现代设计方法，包括模块化设计、系统化设计、价值工程、模拟设计、面向对象的设计、反求工程、并行设计、绿色设计及工业设计等；
② 产品可行性设计，包括可靠性设计、安全性设计、动态分析与设计、防断裂设计、防疲劳设计、维修设计和维修保障设计等；
③ 设计自动化技术，包括产品的造型设计、工艺设计、工程图生成、有限元分析、优化设计、模拟仿真、虚拟设计及工程数据库等内容</td></tr>
<tr><td>制造技术群</td><td>用于产品制造的工艺和装备</td><td>包括材料生产工艺、加工工艺、装配工艺、数控技术和数控机床、机器人、自动仓储与物料系统，以及在线检测与监控技术等</td></tr>
<tr><td colspan="2">支撑技术群</td><td>该群是主体技术群发挥作用的基础和核心，是实现先进制造系统的工具、手段和系统集成的基础技术</td><td>包括信息技术、传感技术和控制技术，如网络和数据库技术、集成平台和集成框架技术、接口和通信技术、软件工程技术、人工智能技术、信息提取和多传感器信息融合技术、模糊控制技术、智能决策与控制技术、分布处理技术等</td></tr>
<tr><td colspan="2">管理技术群</td><td>该群指的是企业管理信息化系统，它是使人、财、物得以高效整体运行的基础</td><td>包括决策支持系统（DSS）、质量管理系统（QMS）、管理信息系统（MIS）、物料需求计划（MP）、制造资源计划（MRP）、准时制造生产技术（JIT）及精益生产技术（LP）</td></tr>
</table>

2. 电子制造

电子制造（Electronic Manufacture）有广义和狭义之分。广义的电子制造包括电子产品从市场分析、经营决策、工程设计、加工装配、质量控制、销售运输直至售后服务的全过程。狭义的电子制造则是指电子产品从硅片开始到产品系统的物理实现过程。一个电子产品的制造过程大致如图2.2所示。图中椭圆框包含的部分称为电子组装，而晶片的制造则称为半导体制造（Semiconductor Manufacture）。

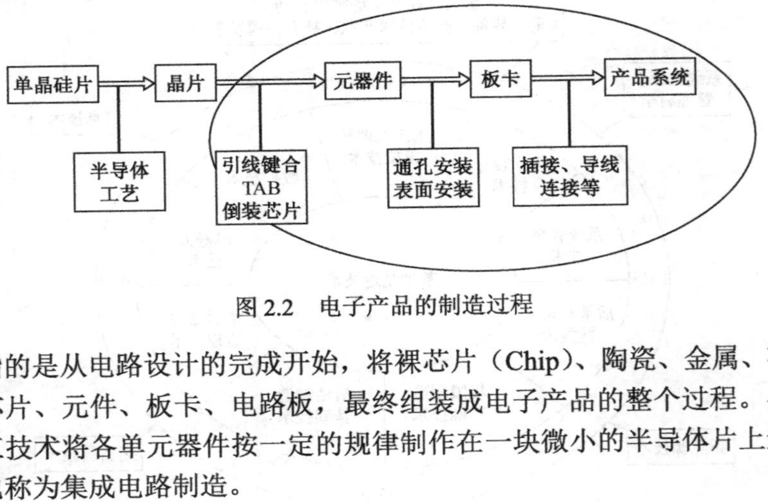

图2.2 电子产品的制造过程

电子组装指的是从电路设计的完成开始，将裸芯片（Chip）、陶瓷、金属、有机物等物质制造（封装）成芯片、元件、板卡、电路板，最终组装成电子产品的整个过程。半导体制造指的是利用微细加工技术将各单元器件按一定的规律制作在一块微小的半导体片上进而形成半导体芯片的过程，也称为集成电路制造。

封装技术（Packaging）就是指如何将一个或多个晶片有效并可靠地封装和组装起来。电子封装可分为晶片级封装（零级封装）、器件封装（一级封装）、板卡组装（二级封装）和整机组装（三级封装），如图 2.3 所示。通常把零级和一级封装称为电子封装，而把二级和三级封装称为电子组装。二级封装主要有两大技术：通孔组装技术 THT 和表面组装技术 SMT，SMT 技术已成为电子生产领域的主流技术，垄断着电子组装的生产。

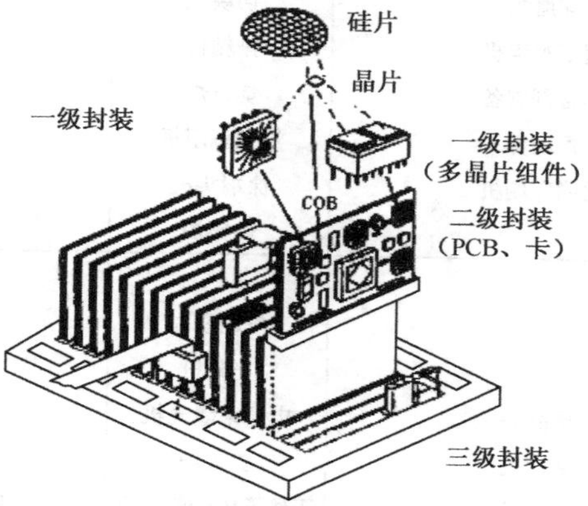

图 2.3 电子封装和电子组装

电子制造技术与众多科学技术领域相关联，其中最主要的有应用物理学、化学工程、光学、电气电子工程学、机械工程、金属学、焊接、工程热力学、材料科学、微电子学、计算机科学、工业设计、人机工程学等。除此之外，还涉及数理统计学、运筹学、系统工程学、会计学等与企业管理有关的众多学科。电子制造技术是一门综合性很强的技术学科，其技术信息分散在广阔的领域中，与其他学科的知识相互交叉、相辅相成，成为专有技术密集的学科，所以，对电子工程技术人员的知识面及实践能力的要求比较高。

3．电子制造工程

电子信息制造产业链是由原材料供应、研制、生产，直至最终产品的市场销售和服务等环节所构成的复杂链条，大致可分为以下几个层次：电子材料制造业→电子元器件制造业→集成电路制造业→电子整机产品制造业→电子服务业。电子制造技术体系如图 2.4 所示。

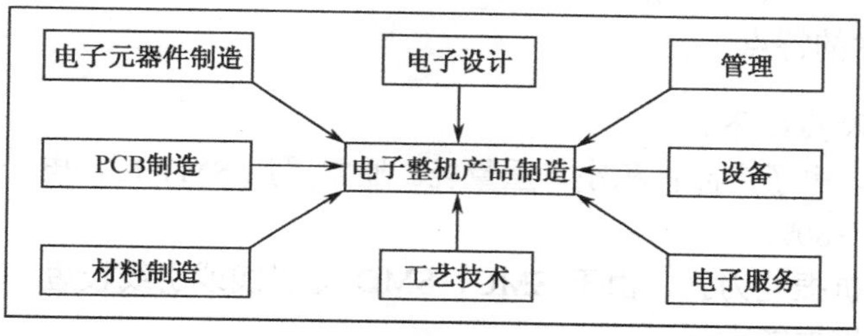

图 2.4 电子制造技术体系

电子制造工程从工艺和设备角度来看，具有一定的共性。本书将电子制造工程分为材料工程、基体工程、装配工程、测试工程（见表 2.2）及辅助工程。目前我国已打破主要电子制造设备全部依赖进口的局面。

表2.2 电子制造工程的关键设备

电子制造工程	材料工程	基体工程	装配工程	测试工程
电子元器件制造	浆料制备 球磨机 超细粉碎机 黏合剂制备 振动筛 丝网印刷机	挤制设备 叠片印刷机 切块机 排粘机 烧结炉 激光调阻机 涂端头机 烧银炉	导线成型机 自动插片机 焊接机 模塑包封机 激光打标机 装袋机 编带机	自动测试机 容量分类机 综合测量仪 老炼机 温测仪
集成电路制造	单晶炉 划片机 研磨机 等离子清洗机	气相磊晶 光刻机 电子束曝光机 扩散炉 等离子体硅刻蚀机 反应离子刻蚀机 晶圆挂/喷镀设备 引线框架电镀线	芯片切割机 贴膜机 固晶机 引线键合机 载带键合机 倒装焊接键合机 平行封焊机 真空液晶灌注机 整平封口设备 激光打标机	自动探针测试仪 测厚仪 可焊性测试仪 老炼机
电子整机产品制造	与电子元器件制造中的材料工程相似	PCB曝光机 贴膜机 热压机 PCB钻孔机 电镀系统 热风整平机 裁板机	印刷机 自动插件机 贴片机 波峰焊机 选择性波峰焊机 回流焊机 通孔回流焊机	ICT 飞针ICT AOI 激光系统 AXI 测厚仪
厚膜混合集成电路制造	与电子元器件制造中的材料工程和基体工程相似		可采用SMT/THT组装装配工程	可焊性测试仪
微组装技术	与集成电路制造中的材料工程和基体工程相似		可采用SMT/THT组装装配工程	

4．表面组装技术的特点

表面组装技术的特点如下。

（1）组装密度高，电子产品体积小，重量轻。通常采用SMT后，电子产品体积缩小40%～60%，重量减轻60%～80%。

（2）可靠性高，抗振能力强。由于SMC、SMD无引线或引线较短，又被牢固地贴在PCB表面上，可靠性高，抗振能力强。

（3）高频特性好。由于SMC、SMD减小了对引线分布特性的影响，而且在PCB表面贴焊牢固，大大降低了寄生电容和引线间的寄生电感，在很大程度上减小了电磁干扰和射频干扰，改善了高频特性。

（4）易于实现自动化，提高生产效率。SMT与THT相比更适合自动化生产，如THT根据不同的元器件，需要不同的插装机（DIP插装机、辐射插装机、轴向插装机、编带机等）。SMT用一台贴片机配置不同的上料架和取放头，就可以安装所有类型的SMC、SMD，因此，减少了调整准备时间和维修工作量。

（5）可以降低成本。使制造 PCB 的成本降低；无引线或短引线 SMC、SMD 节省了引线材料；剪线、打弯工序的省略，减少了设备和人力费用；频率特性的提高，减少了射频调试费用；可靠性好使返修成本降低。通常电子设备采用 SMT 后，可使产品总成本降低 30%～50%。

2.2 电子元器件、电子工艺材料和印制电路板

电子技术和产品的水平主要取决于元器件制造工业和材料科学的发展水平。电子元器件是电子产品中最革命、最活跃的因素。电子元器件总的发展趋势是集成化、微型化，以及提高性能、改进结构。

电子元器件种类繁多，性能差异大，应用范围也有很大区别。对于电子工程技术人员来说，全面了解各类电子元器件的结构及特点，学会正确地选择应用，是电子产品研制成功的重要因素之一。

2.2.1 电子元器件

1. 表面组装元器件的分类

THT 元器件主要有用于大功率场合的无源元件（电阻器、电位器、电容器、电感器、变压器等）、机电元件（开关、继电器和插接件等）、电声元件（扬声器、耳机、传声器等）、光电器件和电磁元件等。

表面组装元器件基本上都是片状结构。这里所说的片状是广义的概念，从结构来说，包括薄片矩形、圆柱形、扁平异形等，表面组装元器件的分类如表 2.3 所示。表面组装元器件从功能上分为无源元件（SMC）、有源器件（SMD）和机电元件三大类，具体如表 2.4 和表 2.5 所示。

表 2.3 表面组装元器件的分类

类　别	封装形式	种　类
表面组装无源元件（SMC）	矩形片式	厚膜和薄膜电阻器、热敏电阻器、压敏电阻器、单层或多层陶瓷电容器、钽电解电容器、铝电容器、片式电感器、磁珠等
	圆柱形	碳膜电阻器、金属膜电阻器、陶瓷电容器、热敏电容器、陶瓷晶体、陶瓷振子等
	异形	电位器、微调电位器、铝电解电容器、微调电容器、绕线型电感器、晶体振荡器、变压器等
	复合片式	电阻网络、电容网络、滤波器等
表面组装有源器件（SMD）	圆柱形	二极管
	陶瓷组件（扁平）	无引脚陶瓷芯片载体 LCCC、有引脚陶瓷芯片载体 CBGA
	塑料组件（扁平）	SOT、SOP、SOJ、PLCC、QFP、BGA、CSP 等
表面组装机电元件	异形	继电器、变压器、各种开关、振子、连接器、延迟器、薄型微电动机等

表 2.4 表面组装无源元件和机电元件的种类

名称		外形尺寸 长×宽×高（mm×mm×mm） 或直径×长（mm×mm）	主要特性		常用包装方式
矩形片式元件	片式电阻器	1.6×0.8×0.45	1/16W	±1%～±10% 2.2Ω～10MΩ	编带或散装
		2.0×1.25×0.50	1/10W		
		3.2×1.6/2.5×0.60	1/8W/1/4W		
		4.5×3.2×0.60	1/2W		
	片式多层陶瓷电容器	1.6×0.8×0.9 2.0×1.25×1.25 3.2×1.6×1.5 4.5×3.2×2.0 5.6×5.0×2.0	20V/25V，0.5pF～1.5μF		编带或散装
	片式钽电解电容器	3.2×1.6×1.5 4.7×2.6×1.8 6.0×3.2×2.5 7.3×4.3×2.8	4～35V，0.1～100μF		编带或散装
	片式铝电容器	ϕ2.0×1.25 ϕ3.2×1.60/2.5	0.047～33μH		编带或散装
	热敏电阻器	ϕ3.2×1.6	1.0～150kΩ		编带或散装
	压敏电阻器	8.0×6.0×3.2	22～270V		编带或散装
	磁珠	ϕ2.0×1.25～ϕ4.5×3.2	Z=7～125Ω		编带或散装
圆柱形元件	电阻器	ϕ1.0×2.0	1/10W	±0.1%～±5% 10Ω～1MΩ	编带或散装
		ϕ1.4×3.5	1/6W		
		ϕ2.2×5.9	1/4W		
	陶瓷电容器	ϕ1.25×2.0 ϕ1.5×3.4	16V、25V、50V 1～33000pF		编带
	陶瓷振子	ϕ2.8×7.0	2～6MHz		编带
复合片式元件	电阻网络	SOP 型 16 引线宽 7.62	8～24 元件	47Ω～470kΩ	编带
		5.1×2.2×1.0	4 元件		
	电容网络	7.5×7.5×0.9	10 元件，1pF～0.47μF		编带
	滤波器	5.0×5.0×2.8	低通、带通、高通、延迟线		编带
		4.5×3.2×2.8	调幅、调频		
异形元件	铝电解电容器	4.3×4.3×5.7 5.3×5.3×6.0 6.6×6.6×6.3	4～50V 0.1～220μF		编带
	微调电容器	4.5×4.9×2.6	3～50pF		编带
	微调电位器	3.0×3.0×1.6 4.5×3.8×2.8	100Ω～2MΩ		编带
	绕线型电感器	3.2×2.5×2.0 4.5×3.2×2.6	10nH～2.2mH		编带

续表

名 称		外形尺寸 长×宽×高（mm×mm×mm） 或直径×长（mm×mm）	主要特性	常用包装方式
机电元件	变压器	8.2×6.5×5.2	10nH～2.2mH	编带
	各种开关		轻触、旋转、扳钮、选择件	编带
	振子	10.6×7.8×2.5	3.5～25MHz	编带
	继电器	16×10×8		托盘式
	连接器		直接连接器 DIP 型、PLCC 型连接器	托盘式

表 2.5　表面组装有源器件的种类

名 称	外 形	尺寸 长×宽×高（mm×mm×mm） 或直径×长（mm×mm）	特 征	热性能	备 注
二极管	圆柱	ϕ1.35×3.4 ϕ2.7×5.2	高速开关用 80V/50mA 整流用 100V/1A		也有齐纳二极管
	片式（两端）	3.8×1.5×1.1 2.5×1.25×0.9	VHF-SBand 用 30V/100mA		
	片式（多端）	2.9×2.5/2.9×1.1 2.0×2.1×0.9	高速切换用 80～200V/300mA		高速开关用
三极管	片式（多端）	2.9×2.5/2.9×1.1 2.0×2.1×0.9	1～4 引线		3～6 端子
	功率塑封	4.6×4.2×1.6 6.8×10.3×1.6	高压及电动机驱动用		
	片式（五端）	2.9×2.8×1.1	1 闸门 CMOS		5 端子，4000、74 系列
集成电路	SOP	225mil 型（6.5mm 宽）	8、10、14、16 引线	差	中心距 1.27mm 4000、74HC 系列
		300mil 型（7.8mm 宽）	8、10、14、18、20、24 引线		
		375mil 型（9.4mm 宽）	22、24、28 引线		
		（12.0mm 宽）	16、20 引线		
	VSOP	225mil 型（16.5mm）	16、20 引线	差	中心距 0.65mm
		300mil 型（7.8mm 宽）	14、16、20、24、30 引线		
大规模集成电路	QFP/VQFP	1.0mm（中心距）	46、48、52、56、60、64 引线	良好	鸥翼形引线
		0.8mm	32、44、48、60、64、80、128 引线		
		0.65mm	52、56、100、114、148、160、208 引线		265 Kb STAM
		0.55mm（VQFP）	28 引线		
		0.5mm（VQFP）	32、48、64、80、100 引线		
	PLCC/SOJ	50mil（1.27mm）	PLCC：18、20、28、32、44、52、68、64 引线 SOJ：20、24、26 引线	良好	J 形引线

2．集成电路的封装

集成电路的封装，按材料基本分为金属、陶瓷和塑料三类；按电极引脚的形式分为通孔插装式（PTH）及表面组装式（SMD）两类。图 2.5 所示是电子封装的发展趋势。集成电路的封装有两种标准：JEDEC 标准和 EIAJ 标准，其中 EIAJ 标准主要用于日本市场，而 JEDEC 标准应用更为广泛。

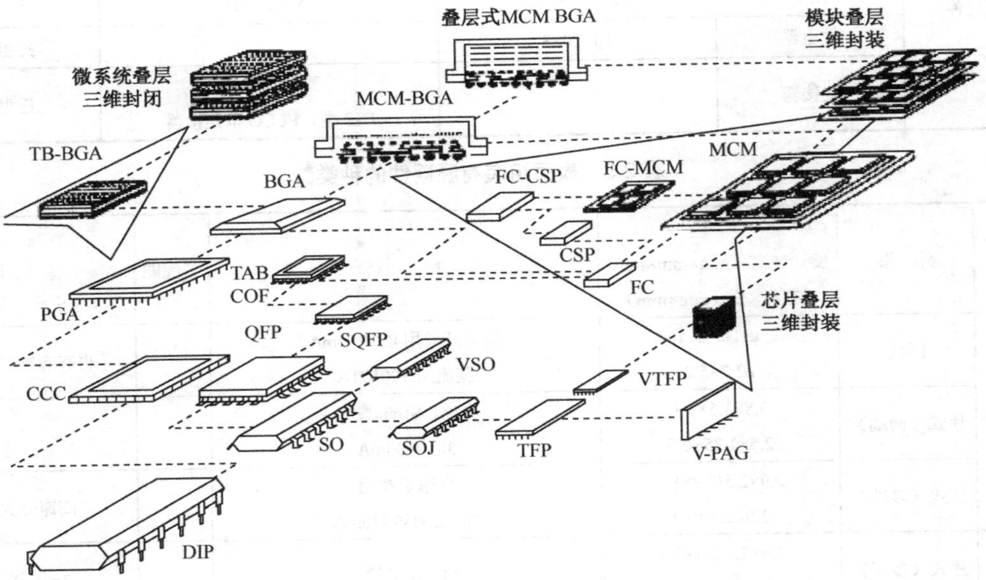

图 2.5　电子封装的发展趋势

1）通孔插装式（PTH）封装

绝大多数 PTH 封装集成电路相邻两个引脚的间距是 2.54mm（100mil），宽间距的是 5.08mm（200mil），窄间距的是 1.778mm（70mil）；DIP 双列插装式封装芯片两列引脚之间的距离是 7.62mm（300mil）或 15.24mm（600mil）。集成电路的表面一般都有引脚计数起始标志，在 DIP 双列插装式封装集成电路上，有一个圆形凹坑或弧形凹口。通孔插装式（PTH）封装又可分为金属、陶瓷和塑料三类。

（1）金属封装散热性及电磁屏蔽性好，可靠性高，但安装不够方便，成本较高。这种封装形式常见于高精度集成电路或大功率器件。符合国家标准的金属封装有 T 型和 K 型两种。

（2）采用陶瓷封装的集成电路导热性好且耐高温，但成本比塑料封装高，所以一般都是高档芯片，如图 2.6 所示。国家标准规定的陶瓷封装集成电路可分为扁平型（W 型，见图 2.6（a））和双列直插型（D 型，国外一般称为 DIP 型，见图 2.6（b））两种。DIP 封装适合在 PCB（印制电路板）上穿孔焊接，操作方便，芯片面积与封装面积之间的比值较大，故体积也较大。直插型陶瓷封装的集成电路，随着引脚数的增加，发展为 CPGA 形式，图 2.6（c）所示是微处理器 80586 的 CPGA 型封装。

（3）塑料封装是最常见的封装形式，其最大特点是工艺简单、成本低，因而被广泛使用。国家标准规定的塑料封装形式可分为扁平型（B 型）和直插型（D 型）两种。图 2.7（a）～（d）所示是常见的几种塑料封装集成电路，分别为 PSIP、PV-DIP、PZIP 和 PDIP 封装。

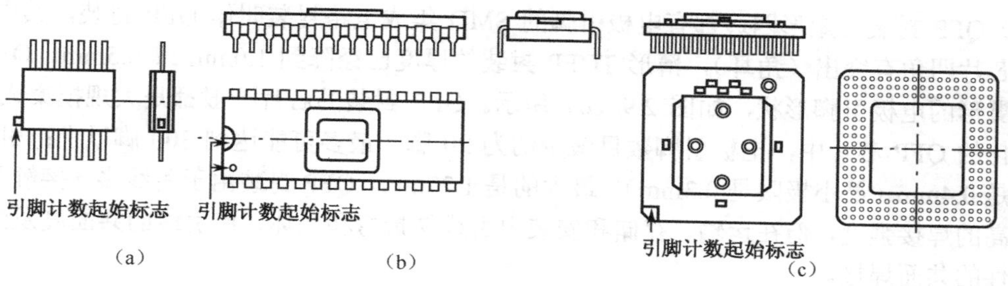

图 2.6　陶瓷封装集成电路

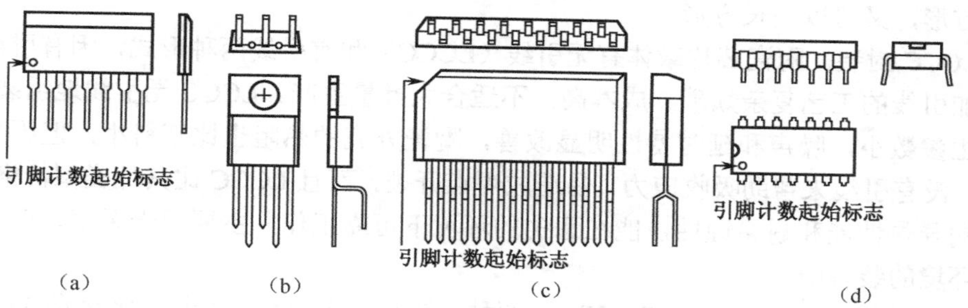

图 2.7　常见的几种塑料封装集成电路

2）表面组装式（SMD）封装

SMD 集成电路包括各种数字电路和模拟电路的 SSI～ULSI 集成器件。由于工艺技术的进步，SMD 集成电路比 THT 集成电路的电气性能指标更好一些，SMD 内部的引线结构比较均匀，引线总长度更短，这对于器件的小型化和集成化来说，是更加合理的方案。

表面组装器件 SMD 的 I/O 电极有无引脚和有引脚两种形式。无引脚形式有陶瓷芯片载体封装（LCCC），占主导地位的引脚形状有翼形、钩形和球形三种。图 2.8（a）～（c）所示分别是翼形、钩形和球形引脚示意图。翼形引脚用于 SOT/SOP/QFP 封装，钩形引脚用于 SOJ/PLCC 封装，球形引脚用于下文将要介绍的 BGA/CSP/Flip Chip 封装，还有一种引脚形状叫对接引脚，如图 2.8（d）所示。

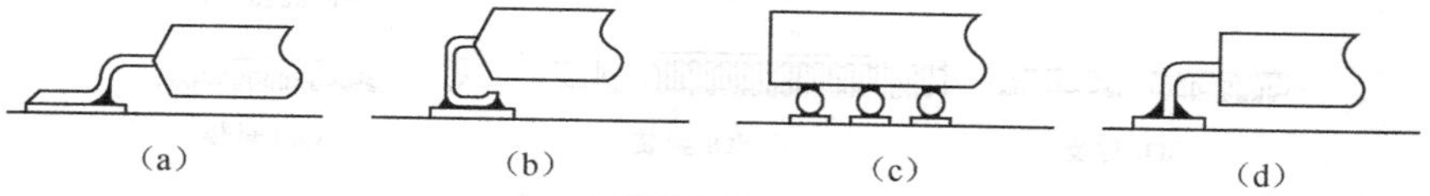

图 2.8　SMD 引脚形状示意图

常见 SMD 集成电路封装的外形如图 2.9 所示。可以分成下列几类。

（1）SOT 封装。一般有 SOT23、SOT89 和 SOT143 三种，其中 SOT23 用于封装通用表面组装晶体管，SOT89 适用于较高功率的晶体管，SOT143 一般用于射频晶体管。SOT 封装既可用于晶体管，也可用于二极管。SOT 焊接条件为：回流焊/波峰焊 230～260℃，5～10s。

（2）SO 封装。引线比较少的小规模集成电路大多采用这种小型封装。SO 封装的引脚采用翼形电极，引脚间距有 1.27mm、1.0mm、0.8mm、0.65mm 和 0.5mm，特点是焊接容易，工艺检测方便，但占用面积较大。SO 封装又分为几种，芯片宽度小于 0.15 英寸、电极引脚数目少于 18 脚的，叫作 SOP 封装，如图 2.9（a）所示；其中薄形封装的叫作 TSOP 封装；6.35mm 宽、电极引脚数目在 20～44 个以上的，叫作 SOL 封装，如图 2.9（b）所示；SOJ 封装的两边采用 J 形引脚，特点是节省 PCB 面积。

（3）QFP 封装。矩形四边都有电极引脚的 SMD 集成电路封装叫作 QFP 封装，其中 PQFP 封装的芯片四角有突出（角耳），薄形 TQFP 封装的厚度已经降到 1.0mm 或 0.5mm。QFP 封装也采用翼形的电极引脚形状，如图 2.9（c）所示。QFP 封装的芯片一般都是大规模集成电路，在商品化的 QFP 芯片中，电极引脚数目最少的为 20 脚，最多可能达到 300 脚以上；引脚间距最小的是 0.4mm（最小极限是 0.3mm），最大的是 1.27mm。QFP 封装由于引线多，接触面积大，具有较高的焊接强度，但在运输、存储和安装中引线易折弯和损坏，使引线的共面度发生改变，影响器件的共面焊接。

PFP 封装与 QFP 封装方式基本相同，唯一的区别是 QFP 封装一般为正方形，而 PFP 封装既可以是正方形，又可以是长方形。

（4）LCCC 封装。陶瓷芯片载体有无引线（LCCC）和有引线两种形式，因有引线的陶瓷芯片载体附加引线的工艺复杂烦琐、成本高，不适合大批量生产。LCCC 无引线地组装在电路中，引进的寄生参数小，噪声和延时特性明显改善，陶瓷外壳的热阻也比塑料小，但因直接组装在基板表面，没有引线来帮助吸收应力，易造成焊点开裂，而且 LCCC 比其他类型价格高。LCCC 具有良好的导热性能和耐腐蚀性，能在恶劣的环境下可靠工作，主要用于军事、航空航天、船舶等恶劣环境的装备中。

LCCC 电极中心距有 1.0mm 和 1.27mm 两种，矩形有 18 个、22 个、28 个和 32 个电极数，方形有 16～156 个电极数，其外形如图 2.9（d）所示。

（5）PLCC 封装，这种封装有引线芯片载体，比 SOP 更节省 PCB 面积，J 形引线具有一定的弹性，可缓解安装和焊接的应力，防止焊点断裂，但由于这种封装焊在 PCB 上，所以检测焊点较困难。正方形的引线数有 20～84 个，矩形的引线数有 18～32 个，其外形如图 2.9（e）所示。PLCC 封装的集成电路大多是可编程的存储器，芯片可以安装在专用的插座上，容易取下来对它改写其中的数据。为了降低插座的成本，PLCC 芯片也可以直接焊接在电路板上，但用手工焊接比较困难。

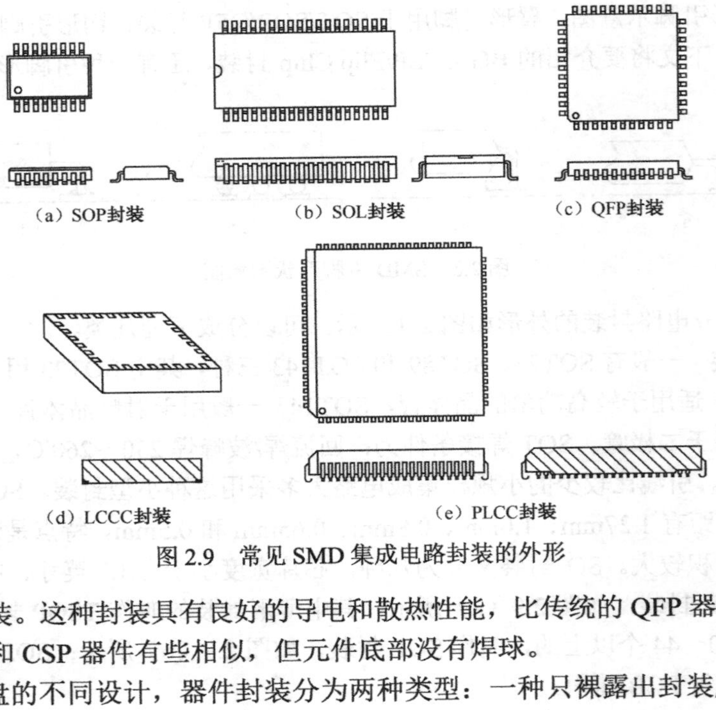

图 2.9　常见 SMD 集成电路封装的外形

（6）QFN 封装。这种封装具有良好的导电和散热性能，比传统的 QFP 器件体积更小、重量更轻，QFN 器件和 CSP 器件有些相似，但元件底部没有焊球。

根据导电焊盘的不同设计，器件封装分为两种类型：一种只裸露出封装底部的一面，其他部分被封装在元件内，称为 Saw Type；另一种焊盘有裸露在封装侧面的部分，称为 Punch Type。

3）BGA/CSP 封装

（1）BGA 是大规模集成电路的一种极富生命力的封装方法。通常 BGA 的安装高度低，引脚间距大，引脚的共面性好，这些都极大地改善了组装的工艺性。由于它的引脚更短，组装密度更高，所以特别适合在高频电路中使用。存在的问题是：焊后检查和维修比较困难，必须使用 X 射线检测，才能确保焊接的可靠性；易吸潮，使用前应经过烘干处理。

BGA 焊球的尺寸为 0.75～0.89mm，焊球间距有 40mil、50mil、60mil 几种，引脚数目为 169～480 个。图 2.10 所示是大规模集成电路的几种 BGA 封装结构。典型的 BGA 结构如下。

- 塑料 BGA（PBGA），如图 2.10（a）所示，基板一般为由 2～4 层有机材料构成的多层板。Intel 系列 CPU 中，Pentium Ⅱ、Ⅲ、Ⅳ处理器均采用这种封装形式。
- 微型 BGA（μBGA），如图 2.10（b）所示。
- 载带 BGA（TBGA），如图 2.10（c）、（d）所示，基板为带状软质的 1～2 层电路板。
- 陶瓷 BGA（CBGA），如图 2.10（e）所示，陶瓷基板、芯片与基板间的电气连接通常采用倒装芯片（Flip Chip），简称 FC 的安装方式。Intel 系列 CPU 中，Pentium Ⅰ、Ⅱ及 Pentium Pro 处理器均采用过这种封装形式。
- CDPBGA（Carity Down PBGA），封装中央有方形低陷的芯片区（又称空腔区）。
- CCGA（Ceramic Column Grid Array），陶瓷柱栅阵列。

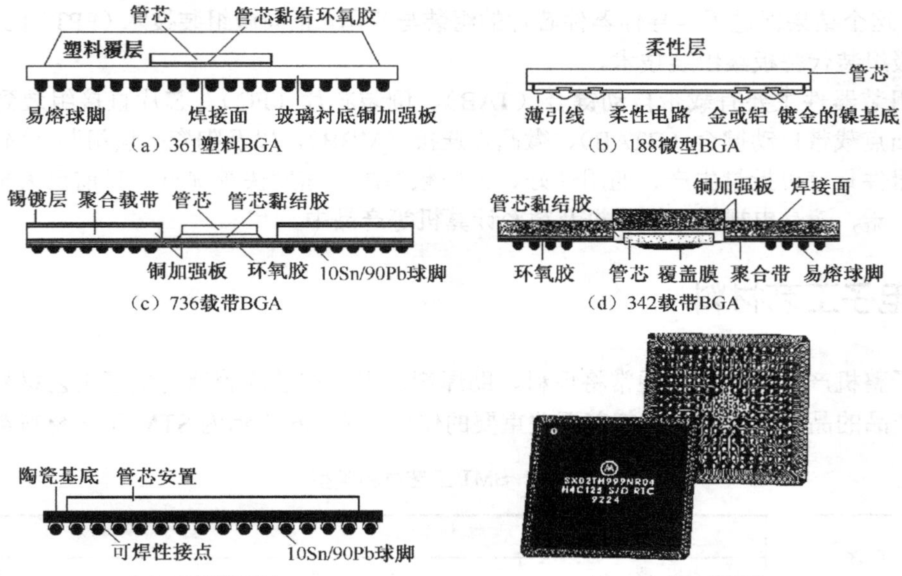

（a）361塑料BGA　（b）188微型BGA　（c）736载带BGA　（d）342载带BGA　（e）256陶瓷BGA　（f）BGA的外观照片

图 2.10　大规模集成电路的几种 BGA 封装结构

（2）随着全球电子产品个性化、轻巧化的需求蔚然成风，封装技术已进步到 CSP（Chip Size Package），它减小了芯片封装外形的尺寸，封装后的 IC 边长不大于芯片的 1.2 倍，IC 面积只比晶粒（Die）大不超过 1.4 倍。CSP 封装分为以下四类。

- 传统导线架形式（Lead　Frame　Type），代表厂商有富士通、日立、Rohm 和高士达。
- 硬质内插板型（Rigid　Interposer　Type），代表厂商有摩托罗拉、索尼、东芝和松下等。
- 软质内插板型（Flexible　Interposer　Type），代表厂商有 Tessera、CTS、GE 和 NEC。
- 晶圆尺寸封装（Wafer　Level　Package），有别于传统的单一芯片封装方式，它是将整片晶圆切割为一个个单一芯片，号称是封装技术的未来主流，已投入研发的厂商包括 FCT、Aptos、卡西欧、EPIC、富士通和三菱电子等。

CSP 封装适用于脚数少的 IC，如内存条和便携电子产品。未来将大量应用在信息家电（IA）、数字电视（DTV）、电子书（E-Book）、无线网络 WLAN/Ethernet、ADSL/手机芯片和蓝牙（Bluetooth）等产品中。

（3）PGA 插针网格阵列封装。PGA 是 BGA 的一种，芯片封装形式为在芯片的内外有多个方阵形的插针，每个方阵形插针沿芯片的四周间隔一定距离排列。根据引脚数目的多少，可以围成 2～5 圈。安装时，将芯片插入专门的 PGA 插座。为使 CPU 能够更方便地安装和拆卸，从 486 芯片开始，出现一种名为 ZIF 的 CPU 插座，专门用来满足 PGA 封装的 CPU 在安装和拆卸上的要求。在 Intel 系列 CPU 中，80486、Pentium 和 Pentium Pro 均采用这种封装形式。

ZIF（Zero Insertion Force Socket）是指零插拔力的插座。把这种插座上的扳手轻轻抬起，CPU 就可容易、轻松地插入插座中，然后将扳手压回原处，利用插座本身的特殊结构所生成的挤压力，使 CPU 的引脚与插座牢牢地接触，绝对不存在接触不良的问题；而拆卸 CPU 芯片时只需将插座的扳手轻轻抬起，压力解除，CPU 芯片即可轻松取出。

PGA 封装的特点是插拔操作更方便，可靠性高，可适应更高的频率。

4）芯片组装器件

表面组装技术的发展，使电子组装技术中的集成电路固态技术和厚薄膜混合组装技术同时得到发展，这个结果促进了半导体器件芯片的组装与应用，正向微组装技术（FPT）的方向发展，即用芯片级组装代替板级组装技术。

芯片组装器件主要有载带自动键合（TAB）、倒装芯片（FC）、芯片直接组装到电路板上（COB）、凸点载带自动键合（BTAB）、微凸点连接（MBB），以及陶瓷多层组装（MCM）等。芯片组装器件具有可批量生产、通用性好、工作频率高、速度快等优点，目前已大量应用在大型液晶显示器、液晶电视机、摄录机及精密计算机等产品中。

2.2.2 电子工艺材料

在电子整机产品生产中，通常将焊料、助焊剂、焊膏和贴片胶称为电子工艺材料。电子工艺材料对产品的品质及生产效率起着至关重要的作用。表 2.6 所示为 STM 工艺材料类型。

表 2.6　SMT 工艺材料类型

组装工序	工艺		
	波峰焊	回流焊	手工焊
印刷	黏结剂	焊膏（黏结剂）	黏结剂（选用）
焊接	焊剂 棒状焊料	焊剂焊膏 预成型焊料	焊剂 焊丝
清洗	各种溶剂		

1．焊料

焊接材料包括焊料、焊剂（又叫助焊剂）和焊膏。常用焊料形状有棒状和丝状，表 2.7 所示为有铅焊料的物理和机械性能，表 2.8 所示为电子装配对无铅焊料的基本要求，表 2.9 所示为焊料对照表。

表 2.7　有铅焊料的物理和机械性能

焊料合金							熔化温度（℃）		密度（g/cm³）	机械性能			热膨胀系数（×10⁻⁶/℃）	电导率
Sn	Pb	Ag	Sb	Bi	In	Au	液相线	固相线		拉伸强度（N/mm²）	延伸率（%）	硬度（HB）		
63	37						183	共晶	8.4	61	45	16.6	24.0	11.0
60	40						183		8.5					
10	90						302	268	10.8	41	45	12.7	28.7	8.2
5	95						314	300	11.0	30	47	12.0	29.0	7.8
62	36	2					215	178	8.4	64	39	16.5	22.3	11.3
1	97.5	1.5					309	共晶	11.3	31	50	9.5	28.7	7.2
96.5		3.5					221	共晶	6.4	45	55	13.0	25.4	13.4
	97.5	2.5					304	共晶	11.3	30	52	9.0	29.0	8.8
95			5				240	232	7.25	40	38	13.3		11.9
43	43			14			167	135	9.1	55	57	14	25.5	8.0
42				58			138	共晶	8.7	77	20～30	19.3	15.4	5.0
48					52		117	共晶		11	83	5		11.7
	15	5			80		157	共晶		17	58	5		13.0
20						80	280	共晶		28		118		75
	96.5					3.5	221	共晶		20	73	40		14.0

表 2.8　电子装配对无铅焊料的基本要求

序　号	合　金	熔点（℃）	波　峰　焊	回　流　焊	手　工　焊
1	SnAg3.5	221	○	○	○
2	SnAg3.0～3.5Cu0.5～0.7	217～218	○	○	○
3	SnAg0.5～2.8Cu0.5～0.7Bi1.0～3.0	214～220	○	○	△
4	SnZn8Bi3or6 or SnZn9	193～199	△	○	-
5	SnCu0.7Sb	227	○	×	○
6	SnAg2.8Bi15	136～197	○	○	×
7	SnBi57Ag1	138	○	○	×
8	SnAg3.5Cu0.5Sb0.2	217～218	○	○	○

注：○表示适用，△表示可选，×表示不适用，-表示无。

表 2.9　焊料对照表

合　金	熔点温度范围		适　用　产　品				建 议 用 途
	℉	℃	焊丝	焊棒	焊膏	预铸焊锡	
锡-铅							
Sn63Pb37	361	183	○	○	○	○	在电路板组装中应用最普遍的合金比例
Sn60Pb40	361～374	183～190	○	○	○	○	通常应用于单面板焊锡及沾锡作业中
Sn55Pb45	361～397	183～203	○	○		○	除了在高温焊锡的沾锡作业中应用外，不常被使用
Sn50Pb50	361～420	183～214	○	○		○	适用于铁、钢和铜等难焊金属的焊接

续表

合　金	熔点温度范围		适用产品				建议用途
	℉	℃	焊丝	焊棒	焊膏	预铸焊锡	
锡-铅							
Sn40Pb60	361～460	183～238	○	○		○	适用于高温环境，用于汽车工业冷却器的焊接
Sn30Pb70	361～496	183～258	○	○		○	用于修补汽车凹痕
No.123	366～503	186～262	○	○		○	低锡渣合金，用于高温镀锡线作业
Sn20Pb80	361～536	183～280	○	○		○	除了在汽车工业中应用外，不常被使用
Sn10Pb90	514～576	268～302	○	○	○	○	用于制造 BGA 和 CGA 的球脚
Sn05Pb95	574～597	301～314				○	高温合金，很少被用到
无铅合金							
Sn96.5Ag3.5	430	221	○	○	○	○	高温合金，形成的焊点有很高的强度
Sn96Ag04	430～444	221～229	○	○		○	在需要高强度焊点时会用到
Sn95Ag05	430～473	221～245	○	○	○	○	在需要高强度焊点时会用到
100%Sn	450	232	○	○		○	用于添加在锡炉中补充锡的损耗
Sn95Sb05	450～464	232～240	○	○	○	○	高温焊锡使用
SAF-A-LLOY	426～454	219～235	○	○		○	专为无铅制程发展的合金
其他合金							
Sn62Pb36Ag02	354～372	179～189	○	○	○	○	应用于镀银陶瓷板或银、钯导体的焊接
Sn60Pb36Ag04	354～475	179～246	○	○		○	应用于镀银陶瓷板或银、钯导体的焊接
Sn10Pb88Ag02	514～570	268～299	○	○	○	○	应用于需在高温环境下工作的产品
Sn05Pb93.5Ag1.5	565～574	296～301	○			○	应用于需在高温环境下工作的产品
Sn05Pb92.5Ag2.5	536	280	○	○		○	焊锡合金中具有共熔温度且最高者
Sn43Pb43Bi14	291～325	144～163	○	○	○	○	低温焊锡合金

2．助焊剂

金属同空气接触以后，表面会生成一层氧化膜。这层氧化膜会阻止液态焊锡对金属的润湿作用。助焊剂就是用于清除氧化膜，保证焊锡润湿的一种化学溶剂。

助焊剂的分类及主要成分如表 2.10 所示。

表 2.10　助焊剂的分类及主要成分

助焊剂	无机系列	酸	正磷酸（H_3PO_4）
			盐酸（HCl）
			氟酸
		盐	氯化物（$ZnCl_2$、NH_4Cl、$SnCl_2$ 等）
	有机系列	有机酸（硬脂酸、乳酸、油酸、氨基酸等）	
		有机卤素（盐酸苯胺等）	
		胺基酰胺、尿素、$CO(NH_4)_2$、乙二胺等	
	松香系列	松香	
		活化松香	
		氧化松香	

3. 焊膏

焊膏成分如表 2.11 所示，其中金属颗粒约占焊膏总体积的 90%。焊膏是一种均质混合物，是由合金焊料粉、糊状助焊剂和一些添加剂混合而成的具有一定黏性和良好触变性的膏状体。在常温下，焊膏可将电子元器件初步粘在既定位置，当被加热到一定温度时（通常为 183℃），随着溶剂和部分添加剂的挥发，以及合金焊料粉的熔化，使被焊元器件和焊盘连在一起，冷却后形成永久连接的焊点。表 2.12 所示为常用合金焊料粉中金属成分的影响。

表 2.11 焊膏成分

材　料	质量比（%）	体积比（%）	作　用
锡粉	85～90	50～60	用于焊接
树脂	10～15	40～50	赋予粘贴性，防止再氧化
活性剂			去除金属表面的氧化物
溶剂			调整黏性，赋予粘贴性
黏度活性剂			防止锡膏分离，提高印刷性，防止锡膏塌下

表 2.12 常用合金焊料粉中金属成分的影响

合金组分（%）				温度特性（℃）		焊膏用途
Sn	Pb	Ag	Bi	熔点	凝固点	
63	37			183	共晶	适用于焊接普通 SMT 电路板，不能用来焊接电极含有 Ag、Ag/Pa 材料的元器件
60	40			183	188	
62	36	2		179	共晶	适用于焊接电极含有 Ag、Ag/Pa 材料的元器件，印制电路板表面镀层不能是水金
10	88	2		268	290	适用于焊接耐高温元器件和需要两次回流焊的首次焊接，印制电路板表面镀层不能是水金
96.5		3.5		221	共晶	适用于焊接焊点强度高的 SMT 电路板，印制电路板表面镀层不能是水金
42			58	138	共晶	适用于焊接 SMT 热敏元件和需要两次回流焊的第二次焊接

4. 贴片胶

SMT 中使用的贴片胶的作用是将片式组件、SOT、SOIC 等表面组装器件固定在 PCB 上，以使其在插件、波峰焊中避免元器件脱落或移位。贴片胶的使用如表 2.13 所示。

表 2.13 贴片胶的使用

贴片胶的使用目的	工　艺
波峰焊中防止元器件脱落	波峰焊工艺
回流焊中防止另一面元器件脱落	双面回流焊工艺
防止元器件移位与竖立	回流焊工艺、预涂覆工艺
做标记	波峰焊、回流焊、预涂覆

贴片胶可分为两大类型：环氧树脂类型和丙烯酸酯类型，SMT 工艺常用贴片胶的特性与固化方法如表 2.14 所示。

表 2.14　SMT 工艺常用贴片胶的特性与固化方法

贴片胶的基本类型	特　性	固 化 方 法
环氧树脂	① 热敏感，必须低温存储才能保持使用寿命（5℃下 6 个月，常温下 3 个月）。温度升高使寿命缩短。 ② 固化温度较低，固化速度慢，时间长。 ③ 黏结强度高，电气特性优良。 ④ 高速点胶性能不好	单一热固化，固化温度：140±20℃/5min
丙烯酸酯	① 性能稳定，不必特殊低温存储，常温下使用寿命 12 个月。 ② 固化温度较高，但固化速度快，时间短。 ③ 黏结强度和电气特性一般。 ④ 高速点胶性能优良	双重固化，紫外光加热 150±10℃/（1～2min）

2.2.3　印制电路板

SMT 印制电路板是电子产品中电路组件与器件的支撑件，它实现了电路组件和器件之间的电气连接。现已普遍把贴装表面组装元器件的印制电路板称作表面组装印制电路板（Surface Mounting Board，SMB），它包括单面板、双面板和多层板。随着电子技术发展，印制电路板（Printed Circuit Board，PCB）的体积越来越小，密度也越来越高，并且层数也不断增加，因此，对 PCB 的设计和制造要求越来越高。

1．PCB 的种类

1）单面板

在最基本的 PCB 上，零件集中在其中一面，导线则集中在另一面。因为导线只出现在其中一面，所以称这种 PCB 为单面板。由于单面板在设计电路上有许多严格的限制（因为只有一面，所以布线间不能相交，必须绕独自的路径），所以只有早期的电路才使用这类板子。

2）双面板

这种电路板的两面都有布线，但是要用上两面的导线，必须在两面间有适当的电路连接才行。这种电路间的“桥梁”叫作导孔（Via）。导孔是在 PCB 上充满或涂上金属的小洞，它可以与两面的导线相连接。因为双面板的面积比单面板大了一倍，并且布线可以互相交错（可以绕到另一面），所以它更适合用在比单面板复杂的电路上。

3）多层板

为了增加可以布线的面积，多层板用上了更多单面或双面的布线板。多层板使用数片双面板，并在每层板间放进一层绝缘层后粘牢（压合）。板子的层数代表了有几层独立的布线层，通常层数都是偶数，并且包含最外侧的两层。大部分的主机板是 4～8 层的结构，在技术上可以做到近 100 层的 PCB。

2．表面组装印制电路板（SMB）

表面组装印制电路板比传统印制电路板的电路图设计要求要高。表 2.15 所示为 SMT 基板和传统基板的误差值比较，表 2.16 所示为导线与焊盘的关系。表面组装印制电路板的主要特点为：高密度、小孔径、多层数、高板厚孔径比、优良的传输特性、高平整光洁度和较好的尺寸稳定性等。

表 2.15　误差值比较

（英寸）

项　　目	SMT 基板	传 统 基 板
最细导线宽（铜箔）	0.05	0.010
导线宽误差	0.008±0.001，$0.005^{+0.000}_{-0.001}$	±20%
导线间距（最小）	0.005	0.010
层与层之间距离（最小）	0.003	0.005
孔位准确度　12 英寸以内 12 英寸以外	±0.004 ±0.006	±0.006 ±0.010
定位孔孔径	+0.002、−0.000	
定位孔中心偏移度	±0.003	
焊盘至基准点	0.003	
焊盘附着强度	500g/mm^2	
板厚与孔径比	1 : 15～1 : 5	1 : 3、1 : 4

表 2.16　导线与焊盘的关系

导线宽度（英寸）	导线间距（英寸）	焊盘之间的导线数目			焊盘尺寸（英寸）	
		SMT 0.050 英寸间距	SMT 0.1 英寸间距	DIP 0.1 英寸间距	SMT	DIP
0.008	0.012	1	3	2	0.050	0.062
0.008	0.087	1	4	2	0.042	0.055
0.006	0.0065	1	4	3	0.032	0.060
0.005	0.005	2	5	4	0.045	0.060
0.004	0.0043	2	6	5	0.035	0.055

SMT 印制电路板最常用的是环氧玻璃布基板，表 2.17 表示了几种常用基板的性能特点。

表 2.17　几种常用基板的性能特点

品　种	标称厚度（mm）	铜箔厚度（μm）	最高温度（℃）	性 能 特 点	典 型 应 用
酚醛纸基板	1.0、1.5、2.0、2.5、3.0、3.2、6.4	50～70	125	价格低，易吸水，不耐高温，阻燃性差	中、低档消费类电子产品，如收音机、录音机等
环氧纸基板		35～70	105	价格高于酚醛纸基板，机械强度高，耐高温和耐潮湿性较好	工作环境好的仪器仪表和中、高档消费类电子产品
环氧玻璃布基板	0.2、0.3、0.5、1.0、1.5、2.0、3.0、5.0、6.4	35～50	130	价格较高，基板性能优于酚醛纸基板且透明	工业装备或计算机等高档电子产品
聚四氟乙烯玻璃布基板	0.25、0.3、0.5、0.8、1.0、1.5、2.0	35～50	220	价格高，介电性能好，耐高温，耐腐蚀	超高频（微波）、航空航天和军工产品
聚酰亚胺基板	0.2、0.5、0.8、1.2、1.6、2.0	35	260	重量轻，用于制造挠性印制电路板	工业装备或消费类电子产品，如计算机、仪器仪表等

图 2.11 所示为采用图形电镀法的双面印制电路板生产工艺流程。

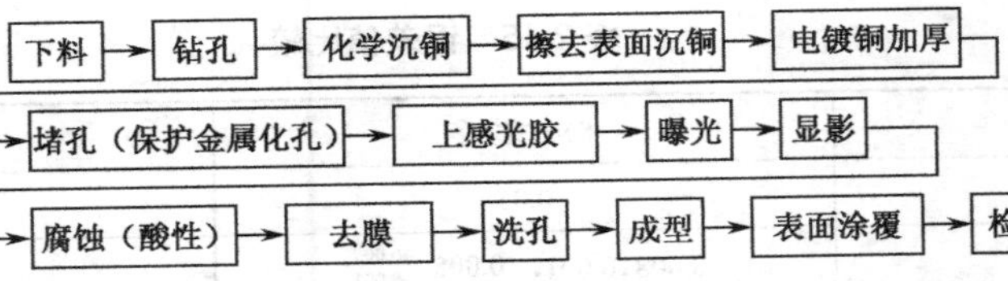

图 2.11　采用图形电镀法的双面印制电路板生产工艺流程

2.3　电子整机产品的制造技术

电子产品的种类越来越丰富，它既包括用于工业生产的大型设备和仪器，又包括人们所熟悉的各种消费类电器。虽然应用领域不同，复杂程度各异，工作原理更是千差万别，但作为工业产品，它们大多数都是机电一体化的整机结构，制造过程都要涉及多学科、多工种的工艺技术。

2.3.1　电子整机生产线组成和工业机器人应用

电子工业既是技术密集型，又是劳动密集型的行业。生产电子产品，采用流水作业的组织形式，生产线是最合适的工艺装备。生产线的设计、订购、制造水平将直接影响产品的质量及企业的经济效益。高水平的生产线为企业参与市场竞争奠定了坚实的基础。但是，由于产品对象的特点与需求不同，企业的经济状况、场地条件、生产组织各异，很难为生产线的具体形式与结构制定统一的模式和标准。针对不同电子产品的特点，利用生产线组织生产，是电子工艺技术人员应该具备的基本能力。

任何现代工程项目都是一个具有相当规模和一定复杂程度的系统，是由许多相互作用、相互制约和相互依赖的分系统组合而成的有机整体。

电子产品的生产线系统包括板级制造、整机装配和仓储物流系统三大部分，生产线系统组成如图 2.12 所示。工业化 4.0 智能制造的特征之一是采用机器人技术，用工业机器人取代整机装配流水线上的工人，实现无人化工厂。每条生产线又由机械系统、计算机系统、电控系统、气动系统、工具工装系统及仪器仪表系统等分系统组成。每个分系统又可分为几个子系统，如机械系统由线体单元、动力装置、传输装置及张紧装置等组成；电控系统由动力供电、控制电路、可编程控制器等硬件及相应的软件组成。因此，生产线的建设是一项系统工程。

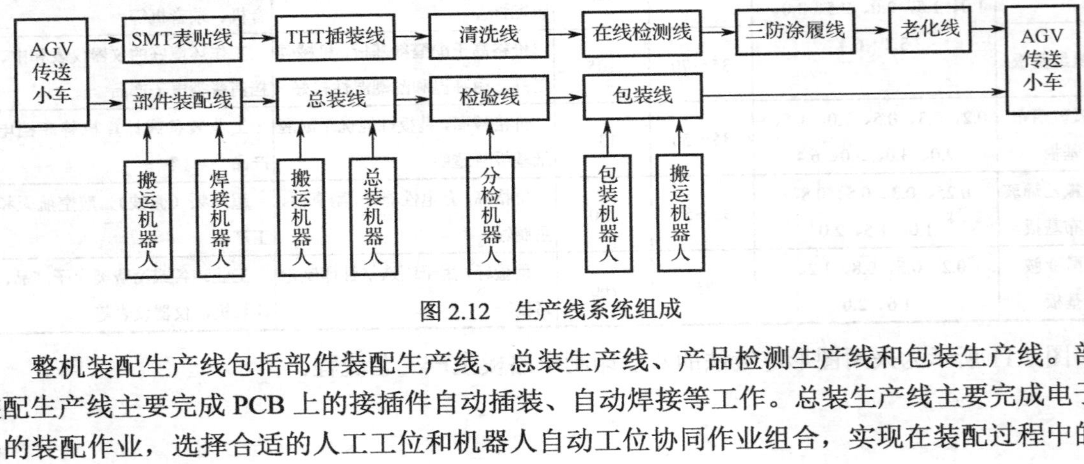

图 2.12　生产线系统组成

整机装配生产线包括部件装配生产线、总装生产线、产品检测生产线和包装生产线。部件装配生产线主要完成 PCB 上的接插件自动插装、自动焊接等工作。总装生产线主要完成电子产品的装配作业，选择合适的人工工位和机器人自动工位协同作业组合，实现在装配过程中的柔性化和实用化，即将 PCBA、液晶显示屏、电源开关组件、上下壳体等装配成一个完整的电子产品，如图 2.13 所示。电子产品总装完成后，在产品检测生产线上上电开机检查产品的性能和功能。包装生产线主要完成电子产品成品的包装、码垛作业。

图 2.13 总装生产线和工业机器人应用

2.3.2 电子整机产品生产工艺过程举例

电子整机产品的生产可以分为两种类型，一种是单一品种、大批量的类型；另一种是多品种、小批量的类型。显然，对于后者来说，就不适宜采用高效率、高速的自动生产线和固定工位的流水作业，所以，问题的关键在于怎样针对具体产品，有序地组织和管理生产过程。本节以某厂生产电视机的整机装配流程为例，介绍电子整机产品的生产工艺过程。该电视机厂分为四个车间，分别完成元器件和零部件准备作业、机芯组装、整机装配和整机包装，如表 2.18 所示。

表 2.18 某厂生产电视机的整机装配工艺过程

车 间	工 段	工 序
元器件和零部件准备作业		对整机中的全部元器件和零部件进行准备性加工，共分为 17 个加工工序
机芯组装	小件自动插装	多条插装流水线，每条流水线有 3～4 台自动插装机
	小件半自动装配	23 个工位顺序分类插装不能自动插装的元器件，共有 6 个插装质量检验工序
	部件装配和波峰焊	分成 10 个工序，在印制电路板上完成部件装配后进行波峰焊。 ①安装行输出管和电源调整管的散热器；②安装行输出变压器；③安装高频调谐器；④用热熔胶固定行输出变压器和高频调谐器；⑤在波峰焊机上自动焊接印制电路板；⑥扎线；⑦补焊；⑧视放单元加工；⑨焊接聚焦线；⑩部品调试
	单元装配	分成 7 个工序
整机装配	总装工段	显像管整备线流水完成 5 道工序，总装线分成 8 道工序
	总调工段	共有 9 个工序，顺序完成电视机整机的调试、检测和老化操作
整机包装		纸箱整备线有 4 道工序，整机包装线有 9 道工序

元器件和零部件准备作业车间的任务是对整机中的全部元器件和零部件进行准备性加工，根据产品的特点，共分为 17 个加工工序；机芯组装车间的任务是对电视机的机芯（印制电路板采用邮票板方式进行组装性加工，采用流水作业的方式，流水线分为 4 个工段，共 25 个工序）；

整机装配车间分成两个工段，即总装和总调；整机包装车间流水完成从包装到仓储的工序，有两条生产线，即纸箱整备线和整机包装线。

2.4 认证考试举例

中国电子学会 SMT 专业技术资格认证考试分专业知识和实践技能两部分，在 SMT 专业技术资格认证培训和考评平台 AutoSMT-VM1.1 上完成，具体参见 1.2.3 节内容。

本章认证考试的重点是电子元器件、电子材料和印制电路板的种类及特点。

【例 2.1】3216 矩形贴片电阻、电容元件的外形尺寸是（　　）。

A．3.2mm×1.6mm　B．2.0mm×1.25mm　C．60mil×30mil　D．40mil×20mil

答案：A

【例 2.2】卷带式的包装方式，目前市面上使用的种类主要有（　　）。

A．纸带　B．塑料带　C．背胶包装带

答案：A

【例 2.3】PLCC 元器件最常用的包装方式为（　　）。

A．纸带式　B．黏着带式　C．Tray 盘式

答案：C

【例 2.4】QFP208 的 IC 脚间距是（　　）。

A．0.3mm　B．0.4mm　C．0.5mm　D．0.6mm

答案：C

【例 2.5】双面板是（　　）。

A．两面都有布线　B．两面都有元器件

C．元器件集中在其中一面，导线则集中在另一面

答案：A

【例 2.6】目前 SMT 最常用的焊膏中 Sn 和 Pb 的含量各为（　　）。

A．63Sn+37Pb　B．90Sn+37Pb　C．37Sn+63Pb　D．50Sn+50Pb

答案：A

【例 2.7】以松香为主的助焊剂可分为（　　）四种。

A．R、RMA、RN、RA　B．R、RA、RSA、RMA

C．RMA、RSA、R、RR

答案：B

思考题与习题

2.1 电阻器。

（1）电阻器如何分类？电阻器的主要技术指标有哪些？

（2）如何正确选用电阻器？

2.2 电容器。

（1）电容器有哪些技术参数？哪种电容器的稳定性较好？

（2）常用的电容器有哪几种？它们的特点如何？

（3）简述电解电容器的结构、特点及用途。

2.3 电容器选用。

（1）怎样合理选用电容器？

（2）找一个六管超外差收音机实物，分析内部电路各部分所用电容器的类型，为什么要用这些类型的电容器？可否改型？

（3）查阅并分析有关以下电路的资料：普通串联稳压电源、开关电源、低频功放电路、低频前放电路。对其中所用的电容器从型号、体积、耐压到特性等各方面做出比较（可以列表）。

（4）在用精密运算放大器构成反相积分器、PI 调节器、PID 调节器、移相器时，都要用到电容器。试分析在上述运算电路中，怎样合理选用电容器。

2.4 电感器。

（1）请总结几种常用电感器的结构、特点及用途。

（2）请自己查资料，找出一个多波段收音机的电路图（如有实物及随机图纸，则更好）。指出图中各种电感器的结构、特点及用途。

（3）在开关电源 DC/DC 电源变换器中经常用到电感器，请自行查阅资料，做出资料卡片。

（4）用运放及阻容元件可以构成“模拟电感器”，请注意并自行查阅这方面的信息，做出资料卡片。

2.5 开关和接插件。

（1）简述开关和接插件的功能及影响其可靠性的主要因素；选用何种保护剂可以有效改善开关的性能？

（2）简述接插件的分类，列举常用接插件的结构、特点及用途。

（3）列举机械开关的动作方式及类型。

（4）查阅资料，找出一种万用表的内部电路，分析开关在各挡位时电路的功能。

（5）查阅资料，找出一种立体声收录机电路，分析其中的开关挡位及电路流程（称为“开关挡位读图法”）。

（6）如何正确选用开关及接插件？

2.6 SMC。

（1）试写出 SMC 元件的小型化进程。

（2）试写出下列 SMC 元件的长和宽（mm）：3216、2012、1608、1005。

（3）试说明下列 SMC 元件的含义：3216C、3216R。

（4）试写出常用典型 SMC 电阻器的主要技术参数。

（5）片状元件有哪些包装形式？

（6）试述典型 SMD 有源器件（从二端到六端器件）的功能。

（7）试述 SMD 集成电路的封装形式，并注意收集新出现的封装形式。

2.7 焊料。

（1）总结焊料的种类和选用原则。

（2）铅锡焊料具有哪些优点？

（3）为什么要使用助焊剂？对助焊剂的要求有哪些？

（4）总结助焊剂的分类及应用。

2.8 什么是焊粉？焊粉的金属成分会对温度特性及焊膏用途产生哪些影响？

2.9 焊膏。

（1）什么是焊膏？焊接工艺对焊膏提出哪些技术要求？

（2）常用的焊膏有哪些？如何选用焊膏？其依据是什么？

（3）在管理和使用焊膏时应注意哪些问题？

2.10 63Sn+37Pb 的共晶点为（　　）。

A. 153℃　　B. 183℃　　C. 220℃　　D. 230℃

2.11 无铅焊料。

（1）请说明为什么要使用无铅焊料？无铅焊接工艺对无铅焊料提出哪些技术要求？

（2）目前对无铅焊料的研究又提出了哪些新的课题？

2.12 贴片胶。

（1）SMT 工艺对贴片胶有何要求？SMT 工艺常用的贴片胶有哪些？

（2）试说明贴片胶的涂覆方法和固化方法。

2.13 电子工业常用的导电黏结剂有哪些？各类黏结剂的特点是什么？有什么用途？

2.14 表面组装印制电路板（SMB）上的标号（Mark）是（　　）。

A. 与绿油一起制造出来的　　B. 与电路图形一起光绘出来的

C. 与焊盘一起制造出来的

2.15 FR-4（　　）。

A. 含有阻燃剂，不适用于多层印制电路板

B. 不含有阻燃剂，适用于多层印制电路板

C. 含有阻燃剂，适用于多层印制电路板

D. 不含有阻燃剂，不适用于多层印制电路板

2.16 焊膏的组成为（　　）。

A. 锡粉+助焊剂　　B. 锡粉+助焊剂+稀释剂

C. 锡粉+稀释剂

2.17 对细间距器件 FPT 用焊膏的要求是（　　）。

A. 焊料为颗粒细小（−270/+500 目）的球形颗粒，高黏度（800～1300Pa·s），低熔点（<150℃）

B. 焊料为颗粒细小（−500/+500 目）的球形颗粒，高黏度（800～1300Pa·s），低熔点（<150℃）

C. 焊料为颗粒细小（−270/+500 目）的球形颗粒，低黏度（<800Pa·s），低熔点（<150℃）

2.18 无铅焊膏的熔化温度范围为（　　）。

A. 100～153℃　　B. 183～188℃　　C. 200～250℃　　D. 100～230℃

2.19 表面组装印制电路板（SMB）最细导线宽为（　　）。

A. 0.05 英寸　　B. 0.5 英寸　　C. 0.1 英寸　　D. 0.01 英寸

2.20 LCCC 是（　　）。

A. 陶瓷无引线芯片载体　　B. 塑封有引线芯片载体

C. 金属封装有引线芯片载体

2.21 QFN 比传统的 QFP 器件（　　）。

A. 体积更小、重量更轻　　B. 体积更大、重量更轻

C. 体积更小、重量更重　　D. 体积更大、重量更重

第3章 PCB设计

【目　　的】

（1）掌握EDA电路设计技术；

（2）了解电子产品PCB是如何制造出来的。

【内　　容】

（1）读者输入自己设计的EDA电路PCB图，系统自动将各种类型的EDA设计文件提取转换成一个具有统一格式的PCB中间文件，并将数据输入数据库中；

（2）系统自动检测出读者所设计的EDA电路的错误，包括电路设计错误和可制造性错误，读者修改设计错误；

（3）根据3D可视化直观显示的EDA设计PCB布局和SMT组装生产后的PCB情况，读者再次修改设计错误；

（4）根据贴片机实际编程，用3D动画显示PCB的SMT制造过程，读者进一步修改设计错误。

【实训要求】

（1）掌握EDA PCB设计的可制造性，了解PCB工艺边、定位孔、标号、拼板及元器件对中等10个基本可制造性设计；

（2）掌握PCB设计和SMT制造“两个自动化孤岛”之间的关系，了解PCB组装后基板、贴片器件、焊膏、焊点及胶点的情况；

（3）根据贴片机实际编程，用3D动画显示PCB的贴片过程，再修改编程设计错误，并记录测试结果。

3.1 SMT PCB设计方法

3.1.1 现代电子设计EDA

现代电子设计主流EDA软件如表3.1所示。基于PC电路设计的常用EDA软件有Protel、OrCAD、PowerPCB、EWB等，主要用于印制电路板的布局布线设计和几千门级的集成电路板图设计，Protel DXP界面如图3.1所示。

表3.1　主流EDA软件

EDA	设计功能				可制造分析
	数字	模拟	PCB	IC	
Cadence/Valid	强	强	强	强	强
Mentor	强	一般	较强	强	
Daisy	一般	弱	一般	强	较强

续表

EDA	设 计 功 能				可制造分析
	数字	模拟	PCB	IC	
Racal-Redac	一般	强	强	一般	较强
Zuken	弱	一般	强	一般	
基于 PC	一般	一般	较强	弱	弱

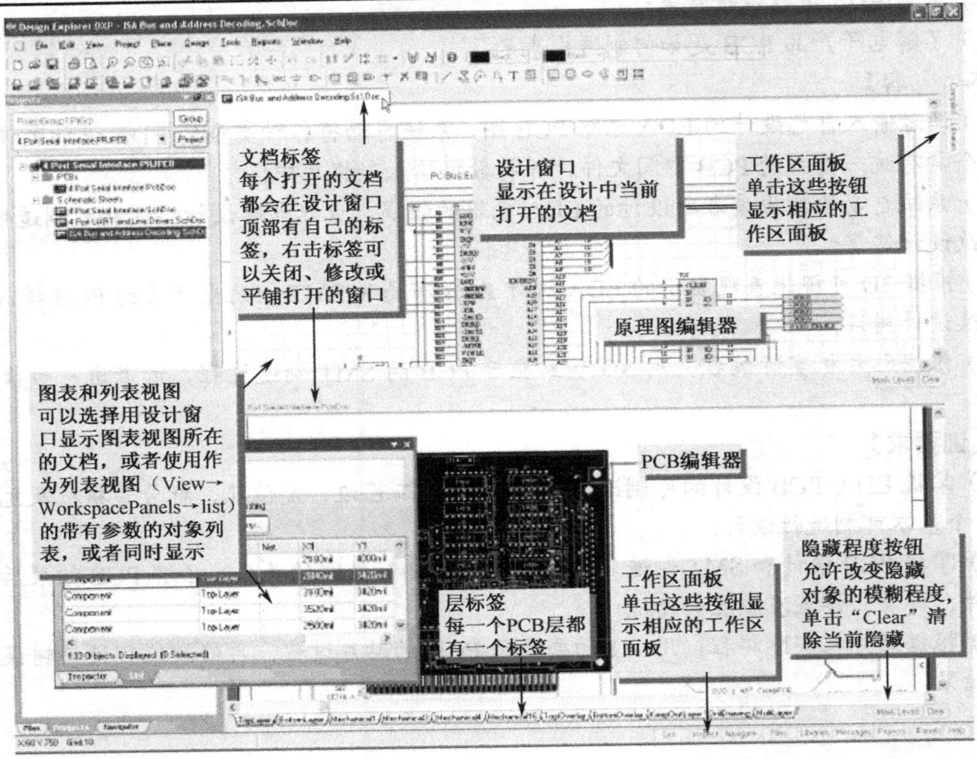

图 3.1 Protel DXP 界面

3.1.2 SMT PCB 设计基本原则

实践证明，即使电路原理图设计正确，但是如果印制电路板设计不当，也会对电子产品的可靠性产生不利影响。PCB 设计包含的内容如图 3.2 所示。

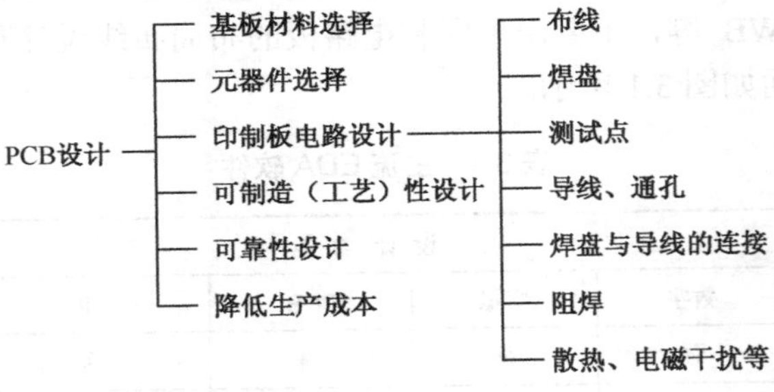

图 3.2 PCB 设计包含的内容

1. 布局设计

（1）均匀分布。PCB元器件分布应尽可能均匀，特别是大质量元件必须分散布置。

（2）平行排列。一般电路尽可能使元器件平行排列，这样做不但美观，而且易于装焊和批量生产。位于电路板边缘的元器件，距离边缘一定要有3～5cm的距离。稍小的一些集成电路，如SOP要沿轴向排列，电阻和电容组件则垂直于轴向排列，所有这些方向都相对于PCB生产过程的传送方向。

（3）同类元器件尽可能按相同的方向排列，特征方向应一致，便于元器件的贴装、焊接和检测，如电解电容器极性、二极管的正极、三极管的单引脚端、集成电路的第一脚等。所有元器件编（位）号的印刷方位应相同。

（4）对称性。对于同一个元器件，凡是对称使用的焊盘，如片状电阻、电容、SOIC、SOP等，设计时应严格保持其完全的对称性，即焊盘图形的形状与尺寸应完全一致。

（5）检测点。凡用于焊接元器件的焊盘，绝不允许兼作检测点用，为了避免损坏元器件，必须另外设计专用的检测焊盘，以保证焊接检测和生产调试的正常进行。

（6）多引脚的元器件，如SOIC、QFP等，引脚焊盘之间的短接处不允许直通，应由焊盘加引出互连线之后再短接，以免产生桥接。

（7）基准标志。为了确保贴装精度，印制电路板上应设计有基准标志，基准标志位于其对角处。对于脚距在0.65mm以下的IC，在其对角处也应设计有一对基准标志。推荐基准标志为1mm长的方形铜焊盘，其上覆有锡铅镀层，厚度为2μm，最好采用非永久性阻焊膜涂覆在标志上。

（8）图形标记。焊盘内不允许印有字符和图形标记，标志符号离焊盘边缘距离应大于0.5mm。

（9）元器件布局要满足回流焊、波峰焊的工艺及间距要求，如图3.3所示。

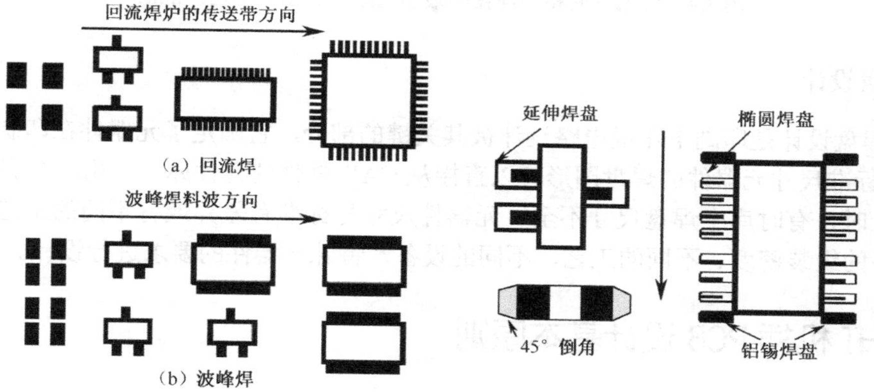

图3.3 回流焊与波峰焊元器件的排列方向

2. 布线设计

五级布线设计如表3.2所示。

表3.2 五级布线设计（参考）（mm）

项　目	一级	二级	三级	四级	五级
通孔间距	2.54	2.54	2.54	2.54	2.54
钻孔孔径	1.17	1.17	1.17	1.17	0.99

续表

项　目	一级	二级	三级	四级	五级
金属化后孔径	1	1	1	1	0.89
焊盘直径	1.65	1.65	1.52（修窄）	1.52（修窄）	1.4（方）
最小布线宽度	0.25	0.2	0.2	0.127	0.1
最小线距	0.25	0.2	0.2	0.127	0.1
插装通孔间通过的导线数	1	1	2	3	4
表贴焊盘 1.27mm 间距通过的导线数	0	1	1	2	3
2.54mm 网格上放置测试通孔/过孔	有/有	有/有	有/无	1/2 间距	1/2 间距
通孔孔径/焊盘尺寸	0.45/0.89	0.45/0.89	0.45/0.89	0.45/0.89	0.45/0.89
过孔孔径/焊盘尺寸	0.356/0.635	0.356/0.635	0.356/0.635	0.356/0.635	0.254/0.51

3．元器件的间距设计

元器件间相邻焊盘的最小间距示意图如图 3.4 所示。

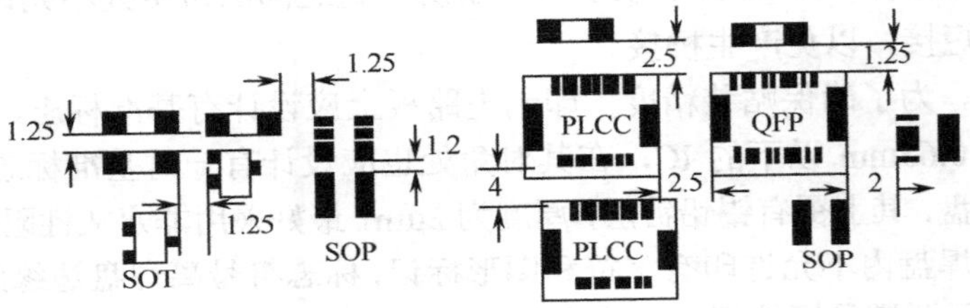

图 3.4　元器件间相邻焊盘的最小间距示意图（单位：mm）

4．焊盘设计

SMT 焊盘设计是印制电路板电路设计极其关键的部分，它确定了元器件在印制电路板上的焊接位置。标准尺寸元器件的焊盘图形可以直接从 CAD 软件的元件库中调用，也可以自行设计。在实际设计时，有时库中焊盘尺寸不全、元器件尺寸与标准有差异或有不同的工艺，还必须根据具体产品的组装密度、不同的工艺、不同的设备及特殊元器件的要求进行设计。

3.1.3　THT 机插 PCB 设计基本原则

1．机插印制电路板外形设计

（1）印制电路板的外形尺寸。印制电路板的外形尺寸为长 150～330mm，宽 50～250mm，厚 1.60±0.10mm。

（2）印制电路板定位孔。圆孔孔径均为（4+0.05）mm，距两边均为 5mm。

（3）拼板、V 形槽及邮票孔。邮票孔孔径为 1.0mm，间距为 2.5mm；开槽孔宽为 1.0mm，长度为孔数 n×2.5mm；两端的倒角 R=0.5mm。

（4）印制电路板翘曲度（见图 3.5）。

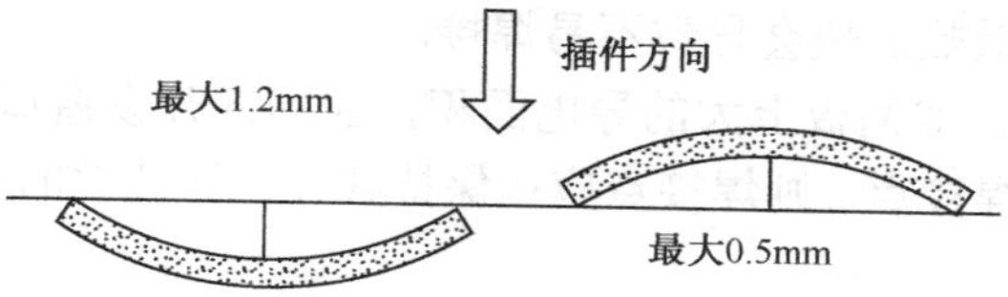

图 3.5 印制电路板翘曲度

2．THT焊盘设计

1）元器件孔径和焊盘设计

（1）元器件孔径。插装元器件焊盘与孔的关系如表 3.3 所示。

表 3.3 插装元器件焊盘与孔的关系

（mm）

引线直径	冲孔直径	钻孔直径
0.8±0.05	1.2+0.1	1.4+0.1
0.6±0.05	1.0+0.1	1.2+0.1
0.5±0.05	0.9+0.1	1.1+0.1
0.4±0.05	0.8+0.1	1.0+0.1

① 元器件孔径=*D*+（0.2～0.5）mm（*D* 为引线直径）。孔与引线间隙在 0.2～0.3mm 之间。

② 自动插装机的插装孔径比引线线径大 0.4mm。如果引线需要镀锡，孔还要加大一些。

③ 通常焊盘内孔孔径不小于 0.6mm，否则冲孔工艺性不好。

（2）焊盘尺寸。确定焊盘直径考虑的因素有打孔偏差、焊盘附着力和抗剥强度。最小尺寸要求为：国标 0.2mm，最小焊盘宽度大于 0.1mm；航天部标准 0.4mm，一边各留 0.2mm 的最小距离；美国标准 0.26mm，一边各留 0.13mm 的最小距离。

（3）焊盘与孔的关系。孔直径 d<0.4mm，焊盘直径 D=（2.5～3）d；孔直径 d>2mm，焊盘直径 D=（1.5～2）d。

（4）焊盘的形状。连接盘的形状由布线密度决定，一般有圆形、椭圆形、长方形、方形和泪滴形。

2）焊盘位置

（1）表 3.4 所示为元器件孔（跨）距，焊盘设计在 2.54mm 栅格上，焊盘内孔边缘到印制电路板边的距离要大于 1mm，这样可以避免加工时造成焊盘缺损。

表 3.4 元器件孔（跨）距

元器件名	孔距
电阻（1/4W、1/2W）	10mm、12.5mm、17.5mm
电阻（1/2W）	*L*+（2～3）mm（*L* 为元器件身长）
1N4148	7.5mm、10mm、12.5mm
1N400 系列	10mm、12.5mm
小瓷片、独石电容	2.54mm
小三极管、发光管	2.54mm

（2）相邻的焊盘要避免成锐角或避免大面积的铜箔，成锐角会造成波峰焊困难，而且有桥

接的危险；大面积铜箔因散热过快会导致不易焊接。

对于多层板外层及单、双面板上大的导电面积，应局部开设窗口，并最好布设在元器件面上；如果大导电面积上有焊接点，则焊接点应在保持其导体连续性的基础上做出隔离刻蚀区域，防止焊接时热应力集中。

（3）跨接线和轴向元器件机插时采用引脚内弯方式，焊盘设计应为元器件孔靠焊盘外侧。径向元件为 N 形打弯，焊盘设计应为元器件孔靠焊盘内侧。

3．机插元器件的排版设计

1）跨线元器件排版要求

印制电路板在传输方向上、下边距边缘 5mm 内不应有元器件。跨线元器件的插件密度限制如图 3.6 所示，表 3.5 所示为跨线元器件的排版要求。

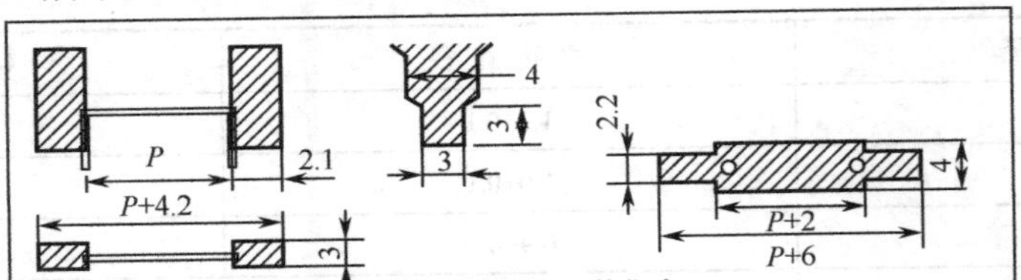

P 为插入跨距，单位为 mm

图 3.6　跨线元器件的插件密度限制

表 3.5　跨线元器件的排版要求

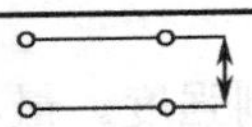	2.3mm	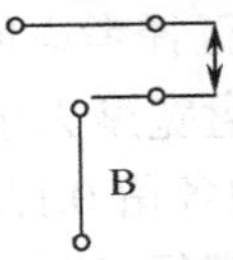 A B	2.6mm A 先插入
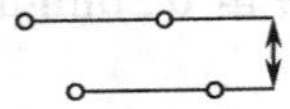	2.3mm		2.3mm B 先插入
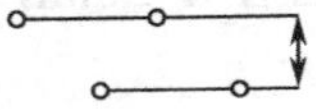	2.3mm	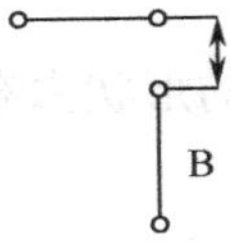 A B	3.4mm A 先插入
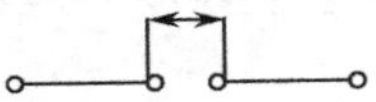	2.8mm		2.3mm B 先插入

2）轴向元器件排版要求

印制电路板在传输方向上、下边距边缘 5mm 内不应有元器件。轴向元器件的插件密度限制如图 3.7 和表 3.6 所示。

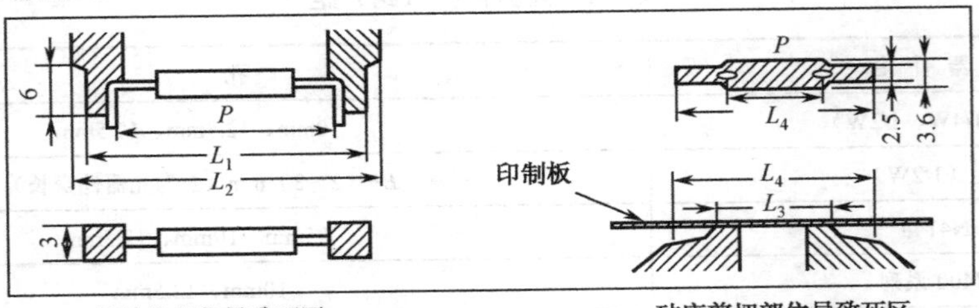

插件头部位导致死区　　砧座剪切部位导致死区

P—插入跨距；L_1—P+2；L_2—P+7.5；L_3—P+2.0；L_4—P+4（基板下方 1mm）

图 3.7　轴向元器件的插件密度限制（单位：mm）

表 3.6 轴向元器件的插件密度限制

轴向元器件与已插跨线的距离（*d* 为跨线直径）		轴向与轴向元器件的距离（*d* 为引脚直径，*D* 为本体直径）	
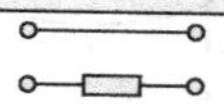	（3.6+*d*）/2	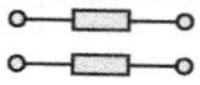	（3.6+*d*）/2 或（D_1+D_2）/2
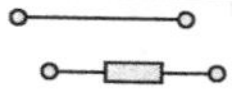	（3.6+*d*）/2	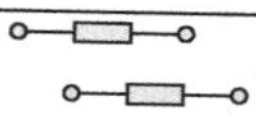	（3+*D*）/2 或（3.6+*d*）/2
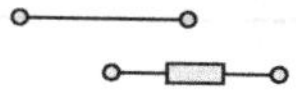	（3.6+*d*）/2	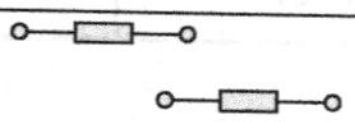	（3.6+*d*）/2
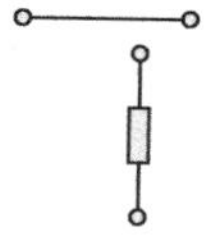	（2.0+*d*）/2	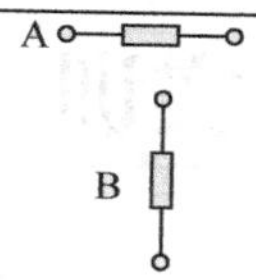	（2+*D*）/2，A 先插入 （3.6+*d*）/2，B 先插入
	（4+*d*）/2		（4+*d*）/2
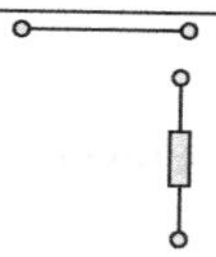	（4+*d*）/2	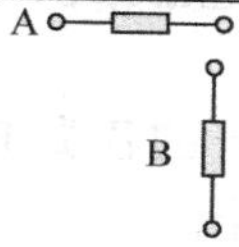	（4+*d*）/2，A 先插入 （3.6+*d*）/2，B 先插入

3）径向元器件排版要求

印制电路板在传输方向上、下边距边缘 5mm 内不应有元器件。定位孔附近不可机插区域和径向元器件的插件密度限制如图 3.8 所示，铜箔面的插件密度限制如表 3.7 所示。

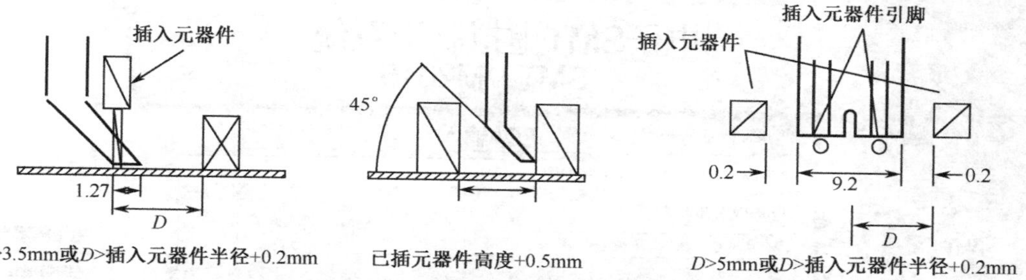

图 3.8 定位孔附近不可机插区域和径向元器件的插件密度限制

表 3.7 铜箔面的插件密度限制

（mm）

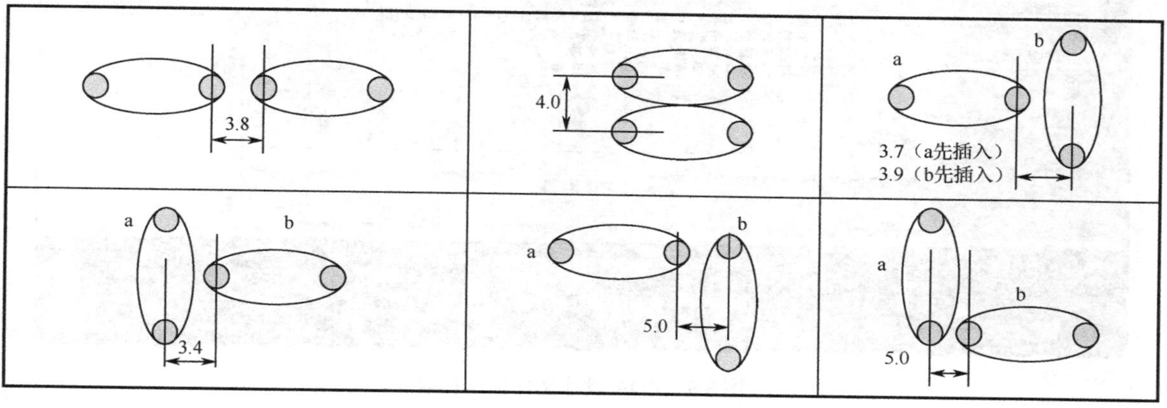

续表

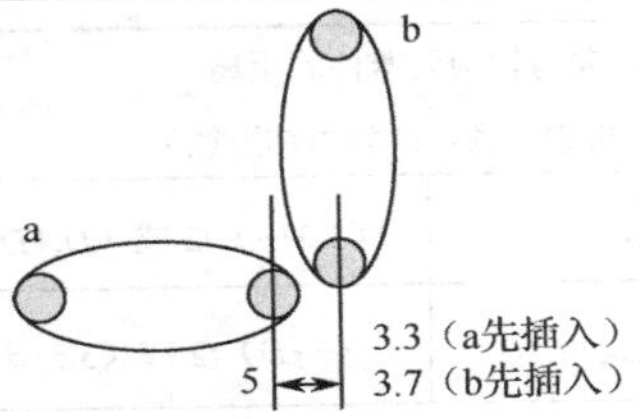		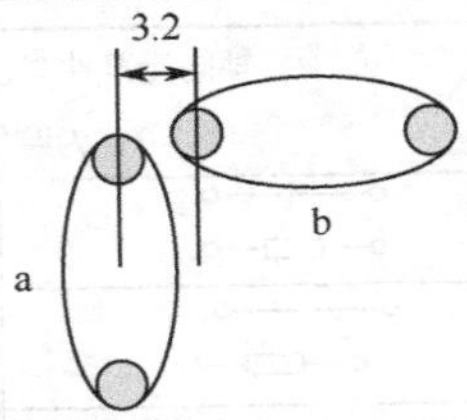

3.2　PCB 设计实训

3.2.1　EDA 设计文件信息提取

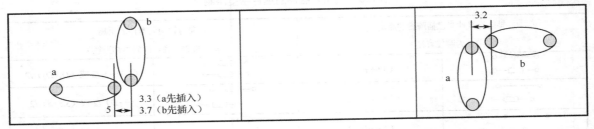

第一步：用户输入自己设计的各类 EDA 设计文件，包括 Protel、Mentor、PowerPCB 等，并输入 EDA 设计文件存放地址。

第二步：系统自动进行 EDA 设计文件信息提取，如图 3.9 所示。

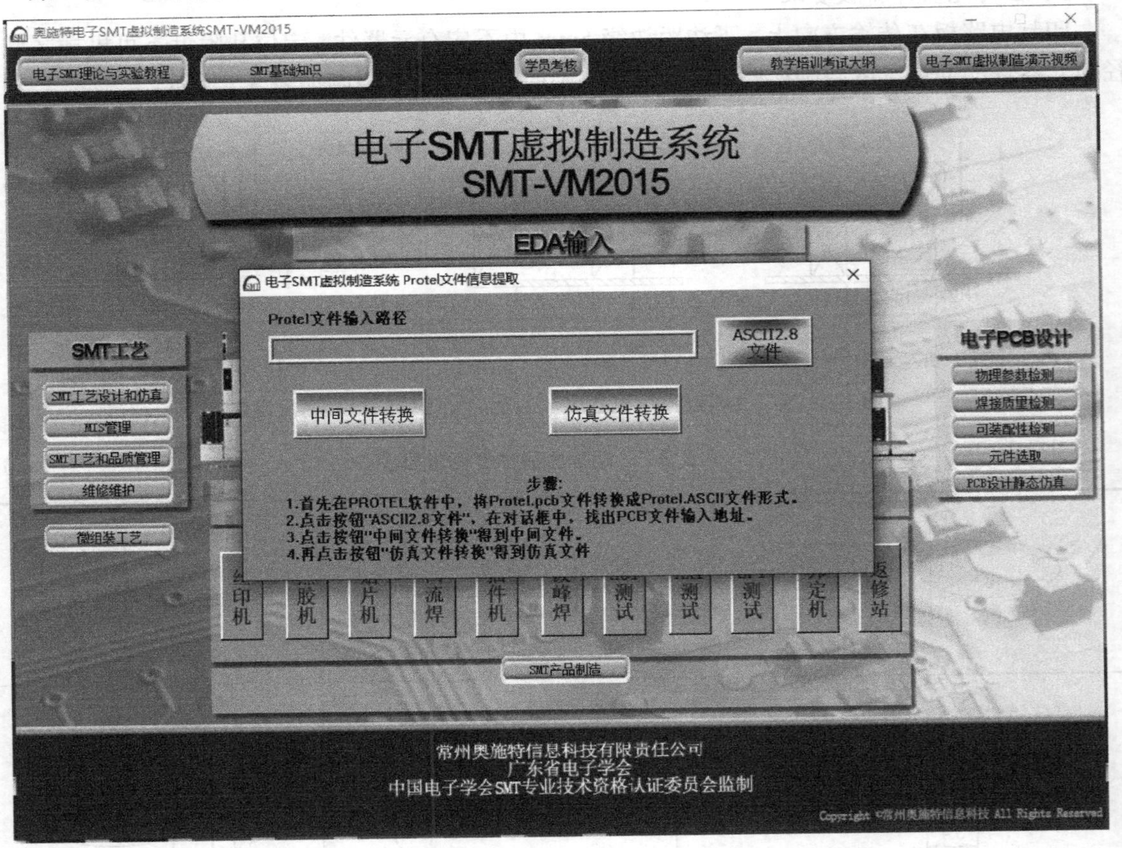

图 3.9　EDA 设计文件信息提取

3.2.2 PCB 设计可视化仿真

PCB 设计可视化仿真包括 PCB 正面静态仿真、反面静态仿真和 PCB 组装仿真，PCB 静态仿真又包括基板仿真、贴片器件仿真、焊膏仿真、焊点仿真和胶点仿真。

第一步：PCB 静态仿真

采用 3D 仿真显示用户设计的 EDA 电路情况，PCB 虚拟制造系统 PCB-VM2011 如图 3.10 所示，包括基板、贴片后器件布置、印刷后焊膏情况、焊接后焊点情况及点胶后胶点情况。可检查用户所设计 EDA 电路的问题和可制造性，并可实现对视图的旋转、平移、放大和缩小等操作。

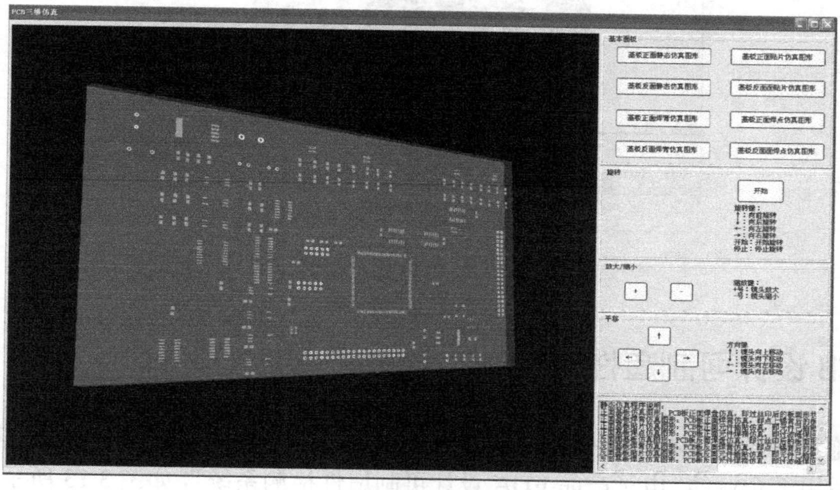

图 3.10 PCB 虚拟制造系统 PCB-VM2011

第二步：标号 Fiducial 示教

标号 Fiducial 示教如图 3.11 所示。Fiducial 主要识别整板（Board）、拼板（Block）和器件（Local）做的标号，当 PCBA 变形或器件错位时，可用于它的定位和校正。

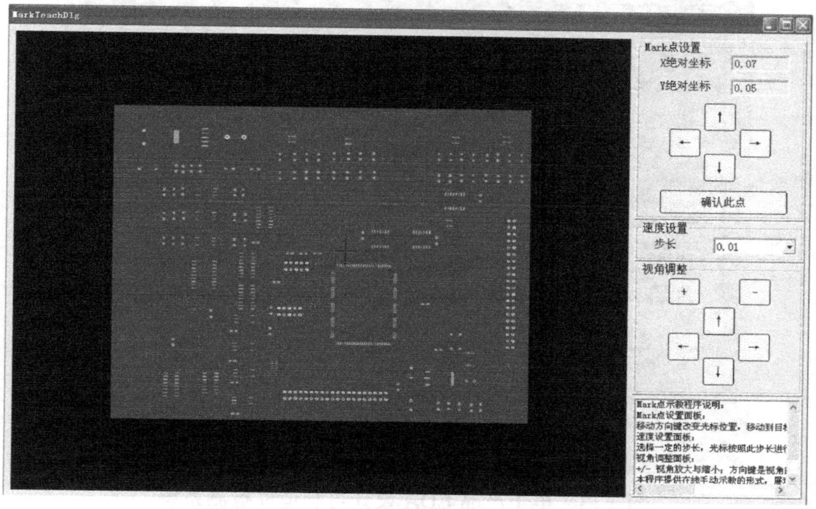

图 3.11 标号 Fiducial 示教

若 EDA 没有设计标号 Fiducial，则将器件 IC 第一引脚和对角对应引脚作为标号。单击右边按钮“Teach”，进入示教界面。用鼠标左键单击图中的方向键即可移动贴装头（Head）。当把 Head 移动到位后，单击“Teach”按钮，就可以把坐标记录下来。

第三步：PCB 贴片仿真

如图 3.12 所示，PCB 贴片仿真必须在完成“SMT 设备模拟编程”后方可进行。根据设备模拟编程，在窗口显示相应贴片机的顺序贴片动画过程。

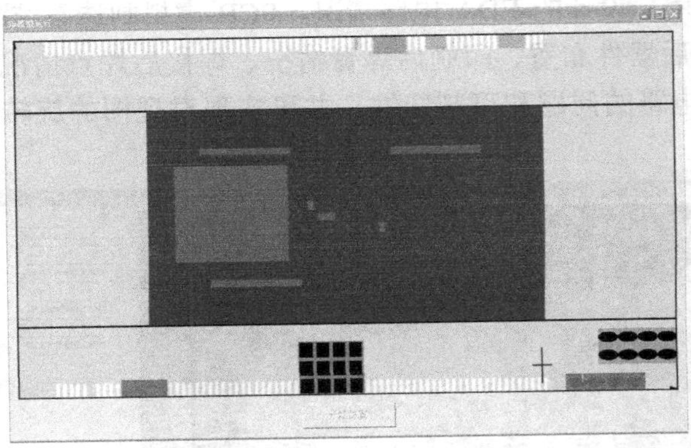

图 3.12　PCB 贴片仿真

3.2.3　PCB 设计可制造性分析

常州奥施特信息科技有限责任公司依托西南交通大学，与四川长虹精密电子科技有限公司合作开发出适用于企业的“电子产品 EDA 设计可制造性检测系统”，如图 3.13 所示，可进行 PCB 设计物理参数检测、EDA 设计的可装配性检测、EDA 设计的焊接质量检测、Gerber BOM 坐标检测，并可通过 3D 动画可视化显示 PCB 上具体错误的位置。PCB 可制造性分析软件主要以 EDA 设计文件作为输入，经过系统的自动分析验证和对相关信息的提取，通过查错算法处理来发现设计中的错误，并得出仿真结果，从而为 EDA 设计数据达到最优化提供最直观的依据。

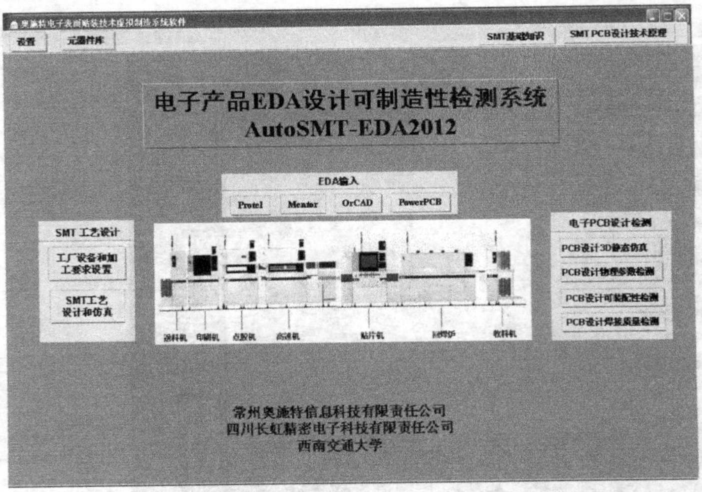

图 3.13　电子产品 EDA 设计可制造性检测系统

第一步：PCB 设计物理参数检测

PCB 设计物理参数检测如图 3.14 所示，主要根据元器件密度设计规则（见表 3.8）进行检测，可通过 3D 动画可视化显示 PCB 上具体错误的位置。

表 3.8　元器件密度设计规则　（mm）

项　目	一级	二级	三级	四级	五级
焊盘最小间距	0.254	0.254	0.254	0.2	0.2
SMD 焊盘与过孔最小间距	0.254	0.254	0.254	0.2	0.2
焊盘与通孔最小间距	2.54	2.54	2.54	2.54	2.54
通孔最小间距	2.54	2.54	2.54	2.54	2.54

第二步：EDA 设计的可装配性检测

EDA 设计的可装配性检测如图 3.15 所示，包括根据工厂设备参数和加工要求，检测 PCB 设计的工艺边 Mark 标号等；根据机插排列规则，检测 PCB 设计的孔间距等；检测 BOM 文件位料与 EDA 设计焊盘是否一致。

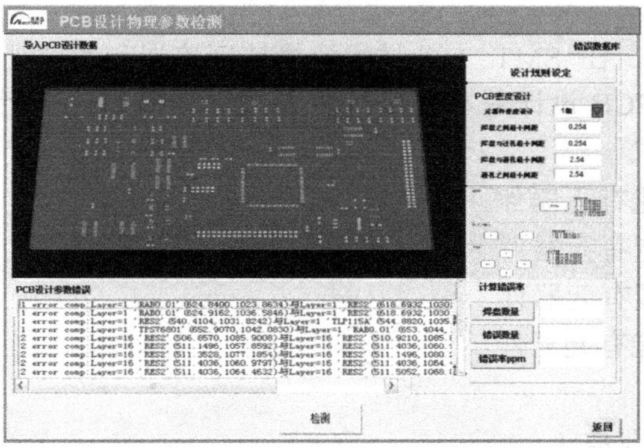

图 3.14　PCB 设计物理参数检测

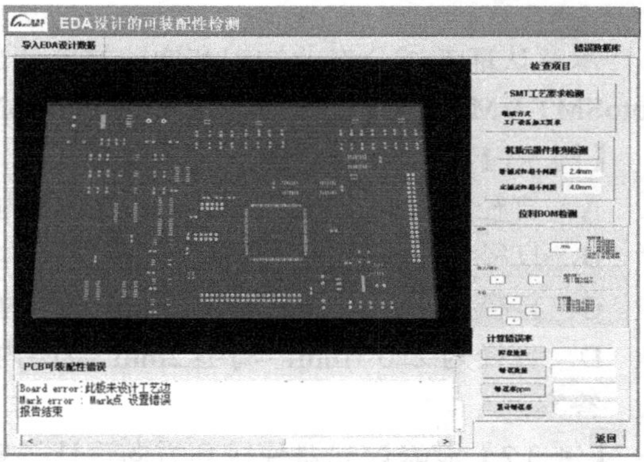

图 3.15　EDA 设计的可装配性检测

第三步：EDA 设计的焊接质量检测

EDA 设计的焊接质量检测如图 3.16 所示，包括根据元器件排列设计规则，检测 PCB 设计的回流焊/波峰焊的焊接质量等；根据 IPC 性能等级（见表 3.9）检测 PCB 设计的 SMT 焊盘宽度等。

表 3.9　IPC 性能等级

元　器　件	一级	二级	三级
CHIP、SOJ、PLCC、O、SOP、QFP	50%W/P	50%W/P	75%W/P
MELF	30%W/P	50%W/P	50%W/P
LCC、LCCC	75%W/P	75%W/P	75%W/P
BGA、CSP	50%W/P	75%W/P	100%W/P

第四步：Gerber BOM 坐标检测

Gerber BOM 坐标检测如图 3.17 所示，首先将 Gerber BOM 坐标文件转换成图形，检测 BOM 文件位料坐标与 Gerber 设计焊盘坐标是否一致。

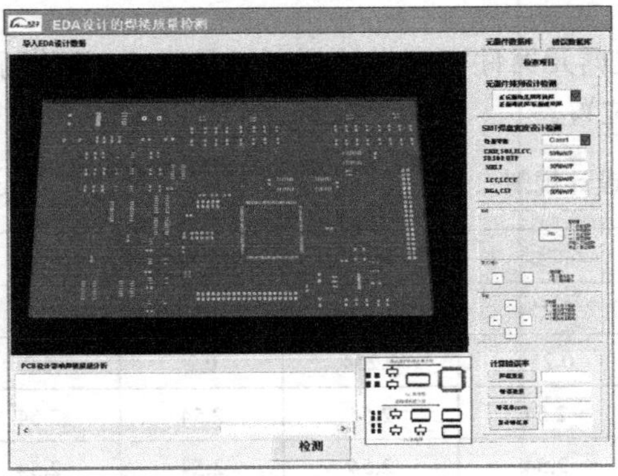

图 3.16　EDA 设计的焊接质量检测

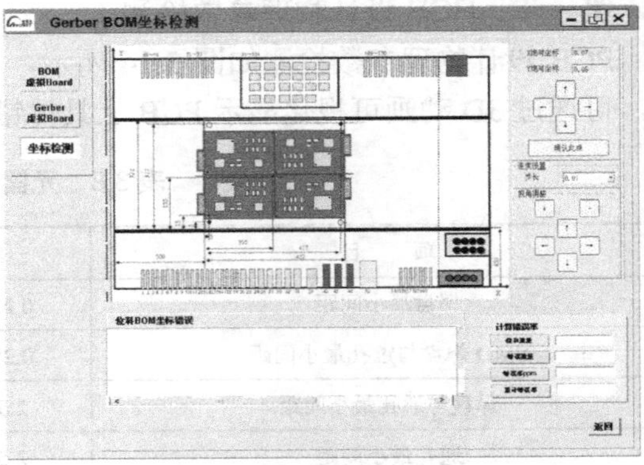

图 3.17　Gerber BOM 坐标检测

3.3　认证考试举例

本章认证考试分专业知识和实践技能两部分，在 SMT 专业技术资格认证培训和考评平台 AutoSMT-VM1.1 上完成。本章测试重点是 SMT PCB 设计基本原则和 PCB 设计可制造性分析。

【例 3.1】定位孔设计的一般准则是（　　）。

A．直径为 4±0.1mm，周围 $1mm^2$ 范围内不能有元器件

B．直径为 2±0.1mm，周围 $1mm^2$ 范围内不能有元器件

C．直径为 4±0.1mm，周围 $2mm^2$ 范围内不能有元器件

D．直径为 2±0.1mm，周围 $2mm^2$ 范围内不能有元器件

答案：A

【例 3.2】波峰焊元器件排列方向设计一般准则是（　　）。

A．Chip 元器件的长轴应垂直于波峰焊机的传送带方向；QFP 器件长轴应平行于波峰焊机的传送带方向

B．Chip 元器件的长轴应垂直于波峰焊机的传送带方向；SOT 器件长轴应平行于波峰焊机的传送带方向

C．Chip 元器件的长轴应平行于波峰焊机的传送带方向；SOT 器件长轴应平行于波峰焊机的传送带方向

D．Chip 元器件的长轴应平行于波峰焊机的传送带方向；QFP 器件长轴应平行于波峰焊机的传送带方向

答案：B

【例 3.3】在表面组装器件引线焊盘 1.27mm 的中心距之间没有布线，而在通孔间可有一条 0.25mm 的布线，则这是（　　）。

A．1 级布线密度　　B．2 级布线密度　　C．3 级布线密度

D．4 级布线密度　　E．5 级布线密度

答案：A

【例 3.4】机插 DIP IC 焊盘设计一般是（　　）。

A．孔径为 0.5mm，焊盘尺寸为 2.2mm，引脚间距为 2.54mm

B．孔径为 0.8mm，焊盘尺寸为 2.2mm，引脚间距为 2.54mm
C．孔径为 0.8mm，焊盘尺寸为 2.8mm，引脚间距为 2.54mm
D．孔径为 0.5mm，焊盘尺寸为 2.8mm，引脚间距为 2.54mm
答案：B

【例 3.5】Gerber 文件是（　　）。
A．PCB 上元器件的代号，包括元器件的坐标
B．PCB 上元器件的名称，不包括元器件的坐标
C．PCB 钻孔的制造图形文件，可导出元器件的坐标
D．PCB 钻孔的制造图形文件，不能导出元器件的坐标
答案：D

【例 3.6】工厂设备参数对 PCB 装配的主要要求包括（　　）。
A．元器件最小间距、PCB 尺寸、标号、定位孔、夹持边、插件跨距
B．元器件数量、PCB 上元器件布局、PCB 厚度
答案：A

【例 3.7】试通过操作培训平台，分析软件中自带的演示 Protel 设计的双面混装（THC 在 A 面，SMC/SMD 在 A 面，SMC 在 A 面、B 面）Demo 板的物理参数（密度设计）错误。任务是首先进行 EDA 输入，再进行 PCB 可制造性分析，最后通过 PCB 设计静态仿真验证错误（注意：退出后，考试平台系统会自动采集实操数据，并自动打分）。

操作提示：首先判断 PCB 结构类型（Protel ⅡB），单击进入相应培训模块，按题目要求完成操作。全部题目完成后必须返回认证考评界面，单击“完成提交”按钮后系统自动批卷。

【例 3.8】试通过操作培训平台，分析软件中自带的演示 Protel 设计的单面贴装 Demo 板的焊接质量错误。任务是首先进行 EDA 输入，再进行 PCB 焊接质量分析，最后通过 PCB 设计静态仿真验证错误（注意：退出后，考试平台系统会自动采集实操数据，并自动打分）。

操作提示：首先判断 PCB 结构类型（Protel ⅠA），单击进入相应培训模块，按题目要求完成操作。全部题目完成后必须返回认证考评界面，单击“完成提交”按钮后系统自动批卷。

【例 3.9】试通过操作培训平台，分析软件中自带的演示 Protel 设计的双面混装 PCB（SMC、SMD 和 THC 均在 A 面）的插件间距错误。任务是首先进行 EDA 输入，再进行 PCB 可制造性分析，最后通过 PCB 设计静态仿真验证错误（注意：退出后，考试平台系统会自动采集实操数据，并自动打分）。

操作提示：首先判断 PCB 结构类型（Protel ⅡA），单击进入相应培训模块，按题目要求完成操作。全部题目完成后必须返回认证考评界面，单击“完成提交”按钮后系统自动批卷。

思考题与习题

3.1 为了避免阴影效应，波峰焊元器件排列方向设计一般准则是（　　）。

A．同尺寸元器件的端头在垂直于焊料波方向排成一直线，不同尺寸的大、小元器件应交错放置，小尺寸的元器件要排在大尺寸元器件的前方

B．同尺寸元器件的端头在平行于焊料波方向排成一直线，不同尺寸的大、小元器件应交错放置，小尺寸的元器件要排在大尺寸元器件的后方

C．同尺寸元器件的端头在平行于焊料波方向排成一直线，不同尺寸的大、小元器件应交错

放置，小尺寸的元器件要排在大尺寸元器件的前方

D．同尺寸元器件的端头在垂直于焊料波方向排成一直线，不同尺寸的大、小元器件应交错放置，小尺寸的元器件要排在大尺寸元器件的后方

3.2 机插元器件引脚的直径是$\phi 0.8\pm0.05$mm，冲孔直径或钻孔直径是（　　）。

A．$\phi1.2+0.1$mm，$\phi1.4+0.1$mm　　B．$\phi1.0+0.1$mm，$\phi1.2+0.1$mm

C．$\phi0.9+0.1$mm，$\phi1.1+0.1$mm　　D．$\phi0.8+0.1$mm，$\phi1.0+0.1$mm

3.3 BOM 文件是（　　）。

A．PCB 上元器件的代号，包括元器件的坐标

B．PCB 上元器件的名称，不包括元器件的坐标

C．PCB 钻孔的制造图形文件，可导出元器件的坐标

D．PCB 钻孔的制造图形文件，不能导出元器件的坐标

3.4 通用电子产品（包括消费产品、计算机和外围设备，以及一般军用硬件）IPC 性能等级是（　　）。

A．一级　　B．二级　　C．三级

3.5 PCB 设计包含哪些内容？试简述印制电路板设计的主要步骤。

3.6 PCB 尺寸。

（1）PCB 尺寸是由贴装范围决定的吗？

（2）PCB 最大尺寸是多少？PCB 最小尺寸是多少？

（3）当 PCB 尺寸小于最小贴装尺寸时，必须采用什么方式？

（4）什么是邮票板？

3.7 请总结 SMT 印制电路板焊盘设计的要点；请说明 SMT 印制电路板上金属化孔的设计原则。

3.8 试简述印制电路板的一般布局设计原则。

3.9 试简述回流焊与波峰焊元器件排列方向的异同。采用不同的焊接方法，对 SMT 元器件在印制电路板上的布局提出什么样的特殊要求？

3.10 PCB 布线。

（1）试简述布线设计原则。

（2）试说明内、外层电路的线宽和线距。

（3）五种不同密度的布线规则是什么？

（4）试简述电源线和地线的布线原则。

（5）什么是差分走线？

（6）采用回流焊工艺时导通孔设置包含哪些内容？

3.11 印制导线。

（1）印制电路板上焊盘的大小及引线的孔径如何确定？

（2）对印制导线宽度、导线间距、交叉、走向、形状及布局顺序应如何考虑？

（3）试总结印制导线的干扰形式及对策；印制导线的屏蔽有哪些方法？

3.12 元器件焊盘。

（1）矩形片式元器件焊盘间距如何确定？

（2）SOT 单个引脚焊盘设计的一般原则是什么？

（3）SOP 与 SOIC 焊盘设计的区别是什么？

（4）QFP、PLCC 焊盘设计的原则是什么？

（5）BGA 焊盘设计的原则是什么？

（6）QFPP 与 QFN 焊盘设计的区别是什么？

3.13 Mark 点。

（1）试简述 PCB 基准校准原理。

（2）光学定位点是否至少有两个？光学定位点是否必须加上阻焊？

3.14 某电子产品中元器件数量为：①电阻 50 个；②电容 10 个；③电感 3 个；④二极管 10 个；⑤三极管 SOT23，5 个；⑥集成电路 QFP128（间距 0.4mm），5 个，以及 BGA208（间距 0.5mm），2 个，PCB 尺寸为 250mm×150mm。试设计双面板。

3.15 PCB 设计文件。

（1）EDA 绘图生成的文件有哪些？

（2）PCB 设计的装配文件有哪些？

3.16 试通过操作培训平台，分析软件中自带的演示 Protel 设计的 FPGA 双面贴装 Demo 板的物理参数（密度设计）错误。任务是首先进行 EDA 输入，再进行 PCB 可制造性分析，最后通过 PCB 设计静态仿真验证错误（注意：退出后，考试平台系统会自动采集实操数据，并自动打分）。

3.17 试通过操作培训平台，分析软件中自带的演示 Protel 设计的 FPGA 双面贴装 Demo 板的装配性（工艺设计）错误。任务是首先进行 EDA 输入，再进行 PCB 可制造性分析，最后通过 PCB 设计静态仿真验证错误（注意：退出后，考试平台系统会自动采集实操数据，并自动打分）。

3.18 试通过操作培训平台，分析软件中自带的演示 Protel 设计的 FPGA 双面贴装 Demo 板的焊接质量错误。任务是首先进行 EDA 输入，再进行 PCB 焊接质量分析，最后通过 PCB 设计静态仿真验证错误（注意：退出后，考试平台系统会自动采集实操数据，并自动打分）。

3.19 试通过操作培训平台，分析软件中自带的演示 Protel 设计的双面混装（THC 在 A 面、SMC/SMD 在 A 面、SMC 在 B 面）Demo 板的插件间距错误。任务是首先进行 EDA 输入，再进行 PCB 可制造性分析，最后通过 PCB 设计静态仿真验证错误（注意：退出后，考试平台系统会自动采集实操数据，并自动打分）。

3.20 试通过操作培训平台，分析软件中自带的演示 Protel 设计的单面贴装 Demo 板的 BOM 坐标错误。任务是首先进行 EDA 和 BOM 文件输入，再进行 PCB 可制造性分析，最后通过 PCB 设计静态仿真验证错误（注意：退出后，考试平台系统会自动采集实操数据，并自动打分）。

第4章　SMT工艺设计

【目　　的】

（1）掌握SMT组装方式（PCB结构）;

（2）掌握SMT生产线工艺流程。

【内　　容】

（1）PCB静态仿真输出，导出主要PCB设计参数;

（2）选择组装方式和自动化程度;

（3）确定工艺流程和工艺要求，进行生产线动画仿真;

（4）根据生产线动画仿真，学生再修改设计错误。

【实训要求】

（1）掌握SMT组装方式，了解PCB设计结构与组装方式的关系;

（2）掌握SMT生产线工艺流程与组装方式的关系，通过PCB设计Demo板文件，设计SMT生产线工艺流程;

（3）通过SMT虚拟制造VR工厂，掌握电子产品生产过程和设备操作;

（4）分析电子产品缺陷原因，选择处理方法;

（5）撰写实验报告。

4.1　SMT工艺

4.1.1　组装类型

当把SMD和SMC元器件贴装在基板上时，就会形成五种组装类型，如表4.1所示。每种组装类型的工艺流程不同，同一组装类型也可以有不同的工艺流程，并且需要不同的设备。根据所用元器件的类型、总体设计的要求和现有生产线设备的实际条件，设计组装工艺流程和工艺要求。

表4.1　SMT组装类型

组装类型		示意图	特点	焊接方法
Ⅰ型 全表面组装	ⅠA 单面组装	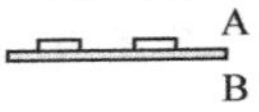	工艺简单	回流焊
	ⅠB 双面组装	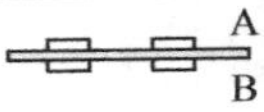	高密度组装，薄型化	回流焊
Ⅱ型 双面混装	ⅡA SMC、SMD和THC均在A面	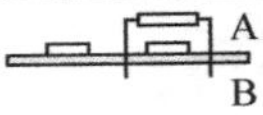	高密度组装，采用先贴法	回流焊 波峰焊

续表

组装类型		示意图	特点	焊接方法
Ⅱ型 双面混装	ⅡB THC 在 A 面； SMC/SMD 在 A 面； SMC 在 B 面	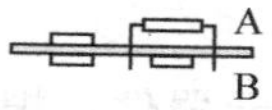	高密度组装， 采用先贴法	回流焊 波峰焊
	ⅡC SMC、SMD 和 THC 均在 A 面和 B 面	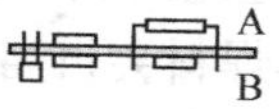	工艺复杂， 很少采用	回流焊 波峰焊 手工焊 选择波峰焊
Ⅲ型 单面混装	Ⅲ SMC 在 B 面； THC 在 A 面	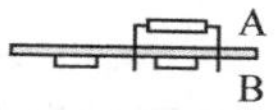	先贴后插， PCB 成本低， 工艺简单	波峰焊
Ⅳ型 器件级立体叠层	Ⅳ PoP 器件叠层	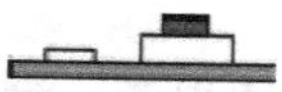	工艺复杂， 手机采用	气相焊
Ⅴ型 板级立体叠层	Ⅴ MCM 板级叠层	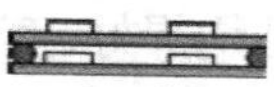	工艺复杂， 军品采用	气相焊

4.1.2　工艺流程

1. Ⅰ型（全表面组装型）

Ⅰ型 SMT 组件只含有表面组装元器件，可以是单面组装，也可以是双面组装，工艺流程如图 4.1 所示。双面回流焊工艺（A 面布有大型 IC 器件，B 面以片式元件为主）充分利用 PCB 空间，实现安装面积最小化，但工艺控制复杂，要求严格，常用于密集型或超小型电子产品，如手机、MP3、MP4 等；单面组装工艺简单，适用于小型、薄型简单电路。

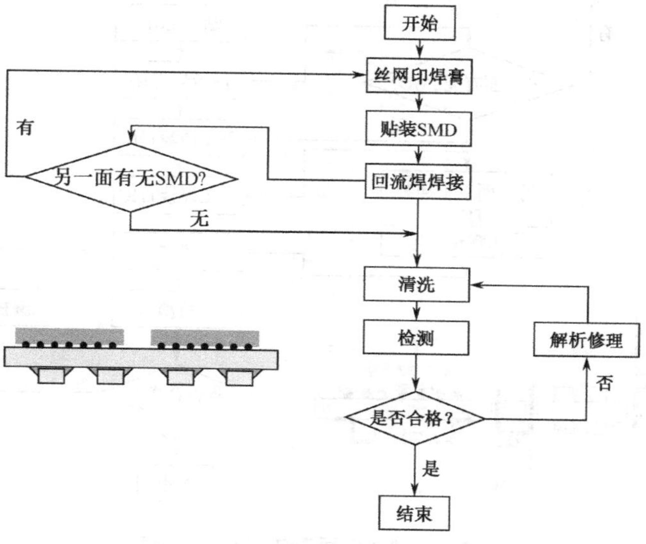

图 4.1　Ⅰ型（全表面组装型）工艺流程

1）Ⅰ A 型

PCB 有一面全部是 SMC/SMD 元器件，工艺流程简单，注意元器件回流焊温度的要求一般为 260℃，时间为 5～10s。

2）Ⅰ B 型

PCB 双面均有 SMC/SMD 元器件，根据元器件情况有以下几种工艺流程。

（1）采用黏结剂。A 面印焊膏→涂胶水→贴片→回流焊→翻面→B 面印焊膏→贴片→回流焊。A 面的 SMC/SMD 元器件经过两次回流焊，在 B 面组装时，A 面向下，已经焊在 A 面的元器件在 B 面进行回流焊时，其焊料会再熔掉，而且较大的元器件在传送带轻微振动时会发生偏移甚至脱落，所以涂覆焊膏后还需用黏结剂固定。

（2）采用低熔点焊膏。B 面采用低熔点焊膏，仍采用图 4.1 所示工艺流程，不需要在 A 面涂覆黏结剂。

（3）采用波峰焊。若电路板 B 面组装的元器件只有 CHIP 或 SOIC，则 B 面焊接可采用波峰焊，先涂覆胶水并固化。

（4）双面同时焊接。A 面印焊膏→涂胶水→贴片→固化→翻面→B 面印焊膏→贴片→一次过回流焊，使 A 面和 B 面元器件均焊好。有两点要求：①在回流焊温区中，PCB 上下温差小（2℃）；②A 面、B 面元器件接近对称，否则 PCB 易变形，造成焊接不良。尽量不采用双面同时焊接。

（5）插装。如果只有少数几个 THT 元器件，最后可采用人工插件。

2．Ⅱ型（双面混装型）

Ⅱ型组件是 Ⅲ 型与 Ⅰ 型相结合的结果。PCB 双面都有贴装器件 SMD（Surface Mounting Device）、SMC（Surface Mounting Component），而插装元件 THC（Through Hole Component）只在 A 面。双面混合组装工艺较复杂，采用先贴法，有几种工艺流程，如图 4.2 所示。

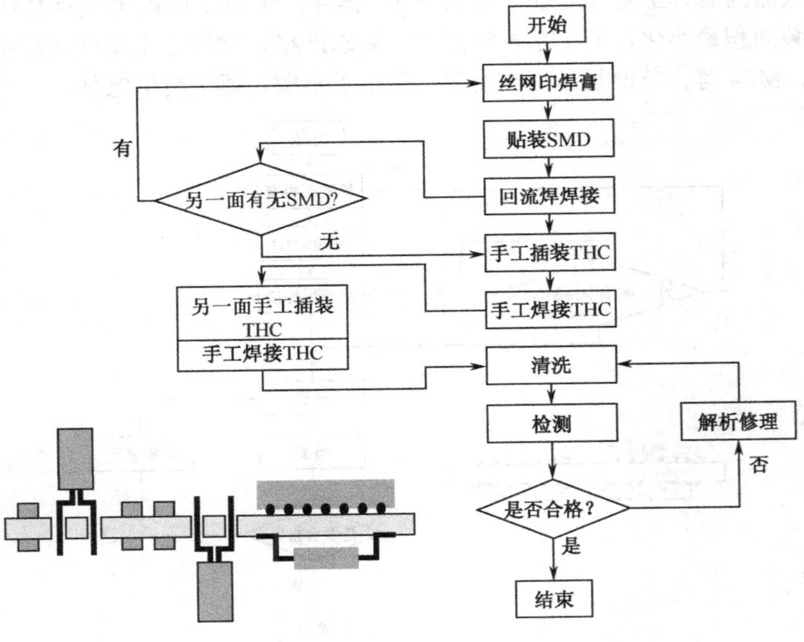

图 4.2　Ⅱ型（双面混装型）工艺流程

1）ⅡA 型（SMC、SMD 和 THC 均在 A 面）

A 面印焊膏→涂胶水→贴片→回流焊→A 面自动插装 THC 并打弯→波峰焊。

2）ⅡB 型（THC 在 A 面，SMC/SMD 在 A 面，SMC 在 B 面）

（1）自动插装。A 面印焊膏→涂胶水→贴片→回流焊→A 面自动插装 THC 并打弯→翻面→B 面点胶水→贴片→固化→波峰焊，防止由于 THC 引线打弯损坏 B 面的 SMC，以及插装冲击使 B 面黏结的 SMC 脱落。这是Ⅱ型最普遍采用的工艺方法。

（2）手工插装 THC，有以下两种方法。

①A 面印焊膏、贴片、回流焊→翻面→B 面点胶、贴片、固化→翻面→手工插装 THC→翻面→B 面过波峰焊（焊接 B 面 THC 和 SMC）。这种方式最可靠，但要求 B 面无 PLCC、QFP 和 PCCC 等器件。

② B 面点胶、贴片、固化→翻面→A 面印焊膏、贴片、回流焊→手工插装 THC→翻面→B 面波峰焊。这种方法可使 A 面贴片、焊接与插装 THC 同时进行，但须注意 B 面胶水在 A 面进行回流焊时是否会熔化，而使 B 面元器件脱落，必须将 PCB 上下温差拉开 30℃以上。

这两种方法如果采用自动插装，也许会损失 A 面元器件，并使 B 面元器件脱落。

3）ⅡC 型（SMC、SMD 和 THC 均在 A 面和 B 面）

当 B 面也有 SMIC 集成块，如 PLCC、QFP 等时，采用波峰焊存在许多问题，所以可在 A 面和 B 面 SMC/SMD 依次进行回流焊后，再插装 THC 并进行波峰焊。因波峰焊是瞬间焊，一般焊接时间只有 10s，所以要求 B 面元器件能承受二次回流焊。

3. Ⅲ型（单面混装型）

Ⅲ 型 SMT 组件，THC 在 A 面，SMC 在 B 面。Ⅲ 型一般是由传统插装 THT（Through Hole Technic）电路板改型到 SMT 时的初入型或过渡型。有两种方法（见图 4.3）：先贴后插和先插后贴。前者 PCB 成本低，工艺简单；后者工艺复杂。

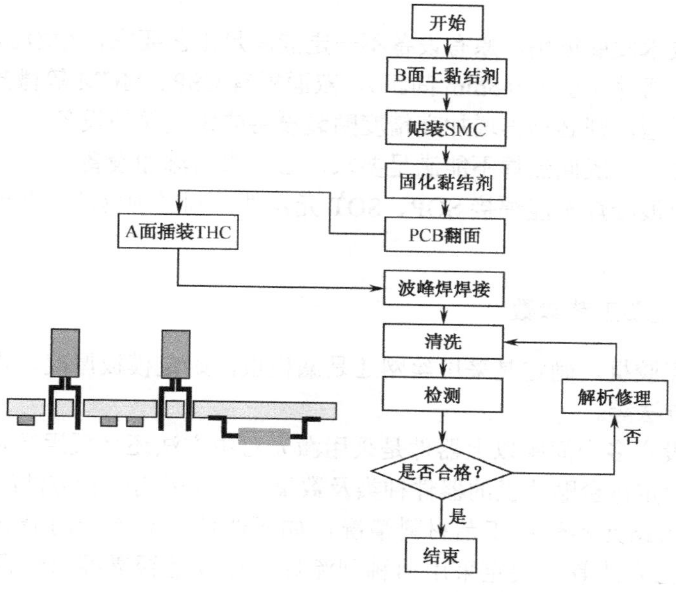

图 4.3　Ⅲ 型（单面混装型）工艺流程

4.1.3 工艺参数和工艺设计

根据电子组装的组装方式初步设计出工艺流程后，最重要的是工艺（要求）设计。要根据总体设计中元器件数据库、电路设计、电路布线、工艺材料和现有 SMT 生产线及设备的实际情况进行工艺设计。

1．产量与生产效率、节拍

设计总产量折合到单班（8h）设计产量为

单班（8h）设计产量=设计总产量÷12 个月÷20 天

SMT 生产线的产量与生产效率主要取决于贴片机的速度，开机率一般为 50%～70%，贴片速度可根据估计产量估算得到：

贴片速度=单班（8h）设计产量×元器件总数/8/（50%～70%）

也可根据现有贴片机计算产量：

单班产量=8×3600/[CHIP 总数×时间（s）/每个 CHIP+ IC 总量×时间（s）/每个 IC]

每个工艺及设备不同，生产节拍也相差很大，必须留足准备时间和等候时间，如采用全自动在线丝网印刷机和翻面机等，则印刷机—贴片机—回流焊—波峰焊可以全线焊接。合理设计传送速度即可以保证生产节拍与效率。如果产量很大，建议采用并行生产方式，两条线均包括所有工艺设备，避免产生瓶颈，可适合多品种、大批量生产。顺序式贴片机可以几台联机，再选择产量大的回流焊机或波峰焊机，组成一条生产线，也适合多品种、大批量生产。

采用流动车进行各种设备之间的传输是一个灵活的方法，尤其在需将 PCB 翻面进行插件和波峰焊时。

2．增加设备

SMD 和 SMT 技术发展很快，原有设备不一定能满足工艺要求，须增加设备，例如：

（1）采用细间距器件（小于 0.5mm 间距），双面板有 CSP、MCM 等微封装器件，若原有印刷机和贴片机为普通型，则必须再增加高精度贴装设备或氮气保护设备。

（2）采用无铅焊，一般回流焊不能满足要求，必须重新添加设备。

（3）若采用原有波峰焊不能焊接 SOP、SOT 元器件，则必须修改工艺或更换设备，甚至修改电路设计。

3．设计设备的主要工艺参数

（1）印刷机与点胶机。确定是采用丝网还是漏模板，确定模板厚度，设定焊膏或胶水印刷完后的停放时间及方法等。

（2）贴片机。设定多少间距以上器件是采用激光对中方法还是采用视觉对中方法。多台贴片机联机运行时，设定每台贴片机的器件种类及数量，以及采用何种方法编程等。

（3）回流焊。根据元器件和工艺材料情况，如元器件所能承受的最高焊接温度、焊膏温度参数和双面焊工艺方法等，决定采用何种回流焊，以及是否需要氮气保护或免清洗工艺及无铅焊。

（4）波峰焊。确定是否可以采用免清洗工艺，焊接温度和传输速度是多少，是否采用穿孔回流焊，以及是否采用选择性波峰焊。

4.2　SMT 工艺和虚拟 VR 工厂实训

1．PCB 设计 3D 静态仿真

首先进行 PCB 设计 3D 静态仿真，如图 4.4 所示，得到主要的 PCB 设计参数。

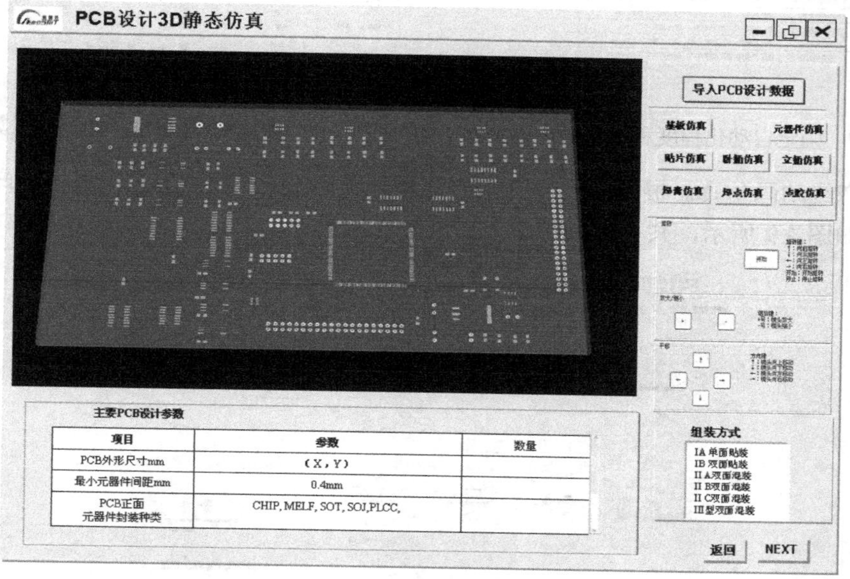

图 4.4　PCB 设计 3D 静态仿真

2．SMT 生产线工艺设计

（1）工厂设备参数和加工要求输入。如图 4.5 所示，输入工厂设备参数，系统自动得到工厂设备加工要求。

（2）SMT 生产线工艺设计。

① 选择组装方式，如图 4.6 所示。

② 确定自动化程度和工艺要求，如图 4.7 所示。

③ 设备选择和产能估算，如图 4.8 所示。

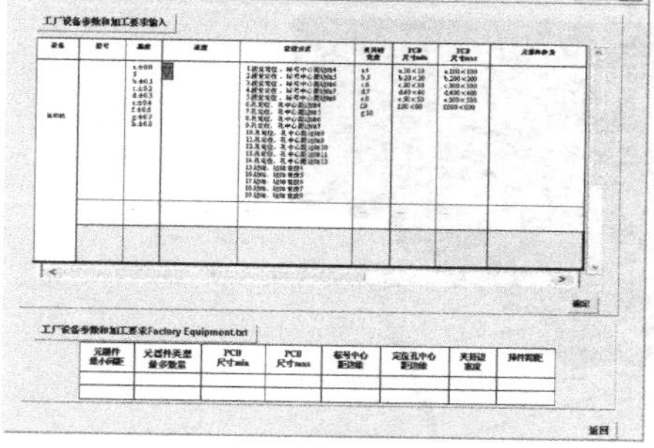

图 4.5　工厂设备参数和加工要求

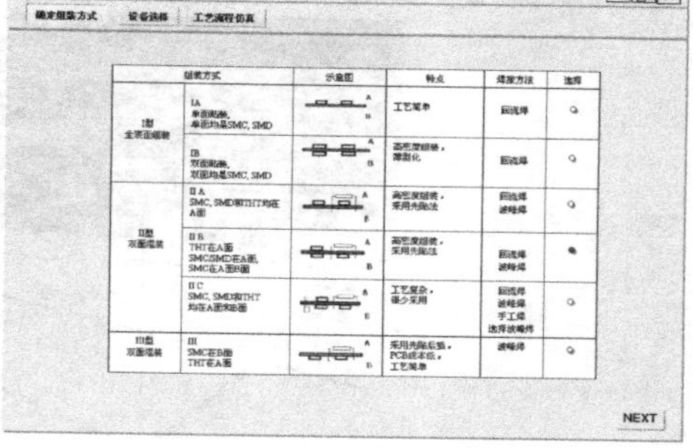

图 4.6　选择组装方式

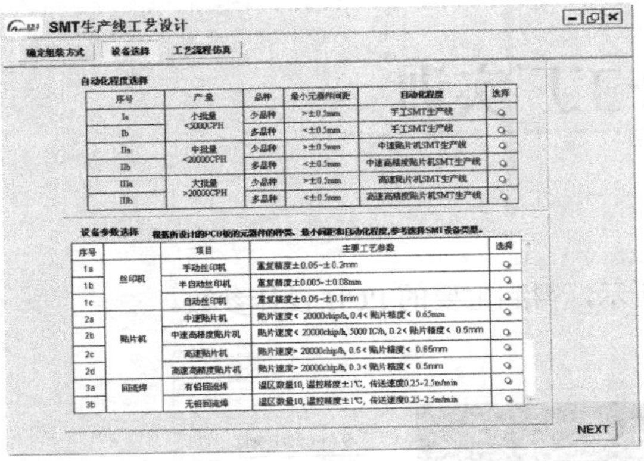

图 4.7 确定自动化程度和工艺要求

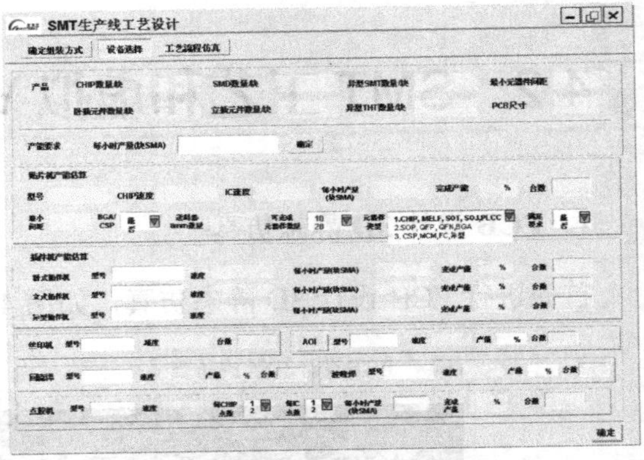

图 4.8 设备选择和产能估算

（3）生产线动画仿真。根据所设计的工艺流程，动画显示 SMT 工艺流程，生产线工艺流程可视化仿真如图 4.9 所示，共有六种组装方式和工艺流程。

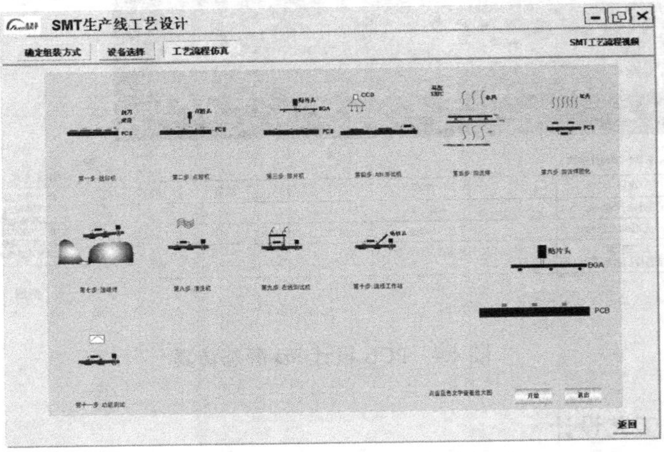

图 4.9 生产线工艺流程可视化仿真

（4）修改设计错误。

3．SMT 虚拟制造 VR 工厂

SMT 虚拟制造 VR 工厂如图 4.10 所示，它模拟真实的 SMT 工厂的生产，在计算机上以直观、精确的 3D 动画模拟电子产品和 SMT 设备的工作过程；再与管理信息化系统（ERP 和 EMS）连接，实现数字化、智能化工厂；同时，可使用户更好地学习和掌握电子现代化大生产。

图 4.10 SMT 虚拟制造 VR 工厂

SMT 虚拟制造 VR 工厂的种类包括：FC 手机相机、BGA 电脑、QFP 家电、BGA/QFP 工控、BGA/QFN 汽车、SOP 电视高频头、PoP 手机通信产品、MCM 军工、QFP 家电生产的设备准备和故障处理。

第一步：在 SMT 虚拟制造 VR 工厂环境中（见图 4.10），按照所设计的工艺流程（以 BGA 电脑生产为例，见表 4.2），漫游找到每个工序设备。

第二步：完成每一个工序所选择的设备操作，包括上料、生产模拟运行、取料等。

第三步：在 VR 中，单击“完成”按钮，将数据输出到数据库并进行打分。

表 4.2　BGA 电脑生产的工艺流程

序号	工艺流程	设备选择	生产运行	
1	贴装自动进板	贴装上料机	0	漫游到设备
			1	上料模型（BGA-M0b）
			2	出料模型（BGA-M1a-1）
2	PCB 底部丝印焊膏	MPM 丝印机	0	漫游到设备
			1	上 PCB
			2	生产模拟运行
			3	下 PCB
3	API 焊膏检测	API 焊膏测试	0	漫游到设备
			1	上料模型（BGA-M2b）
			2	出料模型（BGA-M3b）
4	PCB 底部点胶	HDF 点胶机	0	漫游到设备
			1	上 PCB
			2	生产模拟运行
			3	下 PCB
5	PCB 底部 SMC 贴片	FUJI NEX 贴片机	0	漫游到设备
			1	上 PCB
			2	生产模拟运行
	PCB 底部 SMD 贴片		3	中 PCB
			4	下 PCB
6	PCB 底部回流固化	Heller 回流炉	0	漫游到设备
			1	上 PCB
			2	生产模拟运行
			3	下 PCB
7	自动翻面	翻面机	0	漫游到设备
			1	上料模型（BGA-M6b）
			2	出料模型（BGA-M10a）
8	贴装自动出板	贴装下料机	0	漫游到设备
			1	上料模型（BGA-M10a）
			2	出料模型（BGA-M9a-1）

续表

序号	工 艺 流 程	设 备 选 择	生 产 运 行	
9	贴装自动进板	贴装上料机	0	漫游到设备
			1	上料模型
			2	出料模型
10	PCB 顶部丝印焊膏	MPM 丝印机	0	漫游到设备
			1	上 PCB
			2	生产模拟运行
			3	下 PCB
11	喷印焊膏	喷印机	0	漫游到设备
			1	上料模型（BGA-M2a）
			2	出料模型（BGA-M2c）
12	API 焊膏检测	API 焊膏测试	0	漫游到设备
			1	上料模型
			2	出料模型
13	PCB 顶部 SMC 贴片	FUJI NEX 贴片机	0	漫游到设备
			1	上 PCB
			2	生产模拟运行
	PCB 顶部 SMD 贴片		3	中 PCB
			4	下 PCB
14	PCB 回流焊	Heller 回流炉	0	漫游到设备
			1	上 PCB
			2	生产模拟运行
			3	下 PCB
15	AOI 焊点检测	Aleader 光学测试机	0	漫游到设备
			1	上 PCB
			2	生产模拟运行
			3	下 PCB
16	X-Ray 焊点检测	X 光测试机	0	漫游到设备
			1	上料模型（BGA-M7）
			2	出料模型（BGA-M8）
17	贴装自动出板	贴装下料机	0	漫游到设备
			1	上料模型（BGA-M8）
			2	出料模型（BGA-M9a-2）

4．SMT 产品质量控制系统

SMT 产品质量控制系统如图 4.11 所示，缺陷类型包括网板塞孔、贴装飞件、元器件移位、桥接、虚焊、组件竖立和焊料球。

第一步：找到缺陷原因，下拉选择处理方法，并观看部分动画确认。

第二步：单击“确定”按钮，保存到数据库并打分；单击“取消”按钮，不保存。

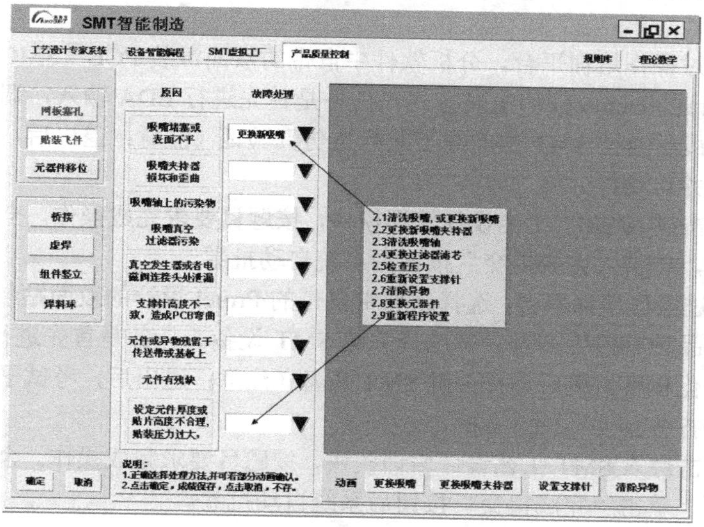

图 4.11　SMT 产品质量控制系统

4.3　认证考试举例

本章认证考试分专业知识和实践技能两部分，在 SMT 专业技术资格认证培训和考评平台 AutoSMT-VM1.1 上完成。本章测试重点是 SMT 生产线工艺设计。

【例 4.1】SMT 工艺组装类型ⅠA 是（　　）。

A．PCB 有一面全部是 SMC/SMD 元器件

B．PCB 双面均有 SMC/SMD 元器件

C．SMC/SMD 和 THC 在 A 面

D．SMC/SMD 和 THC 在 A 面，SMC 在 B 面

E．SMC/SMD 和 THC 在 A 面，SMC/SMD 在 B 面

F．THC 在 A 面，SMC 在 B 面

答案：A

【例 4.2】SMT 工艺组装ⅡB 型最普遍采用的工艺方法是（　　）。

A. A 面印焊膏→涂胶水→贴片→回流焊→翻面→B 面点胶水→贴片→固化→翻面→A 面自动插装 THC 并打弯→翻面→波峰焊

B．A 面印焊膏→涂胶水→贴片→回流焊→A 面自动插装 THC 并打弯→翻面→B 面点胶水→贴片→固化→翻面→波峰焊

C．B 面点胶水→贴片→固化→翻面→A 面自动插装 THC 并打弯→A 面印焊膏→涂胶水→贴片→回流焊→波峰焊

答案：B

【例 4.3】某电子产品中元器件数量为：①电阻 50 个；②电容 10 个；③电感 3 个；④二极管 10 个；⑤三极管 5 个；⑥集成电路 QFP 5 个、BGA 2 个，生产线上贴片机速度为 0.06s/Chip，0.21s/QFP，单班 8 小时产量为（　　）。

A．17712　　B．10000　　C．5000　　D．20000

答案：A

【例 4.4】试通过操作培训平台，分析软件中自带的双面混装 PCB（SMC、SMD 和 THC 均在 A 面）Protel 设计的 Demo 板的组装方式。任务是首先进行 EDA 输入，调用 PCB 静态仿真，再选择组装方式，最后通过 SMT 生产线工艺静态仿真验证（注意：退出后，考试平台系统会自动采集实操数据，并自动打分）。

操作提示：单击进入 SMT 工艺设计培训模块，按题目要求完成操作。全部题目完成后必须返回认证考评界面，单击“完成提交”按钮后系统自动批卷。

【例 4.5】试通过操作培训平台，选择软件中自带的 Protel 设计的双面贴装 PCB 的 Demo 板，在进行中批量、少品种有铅生产时，试选择关键 SMT 设备。任务是首先进行 EDA 输入，再选择组装方式和自动化程度，最后选择关键 SMT 设备（注意：退出后，考试平台系统会自动采集实操数据，并自动打分）。

操作提示：单击进入 SMT 工艺设计培训模块，按题目要求完成操作。全部题目完成后必须返回认证考评界面，单击“完成提交”按钮后系统自动批卷。

思考题与习题

4.1 对于 SMT 工艺组装类型ⅡC，（　　）。

A．PCB 有一面全部是 SMC/SMD 元器件

B．PCB 双面均有 SMC/SMD/THC 元器件

C．SMC/SMD 和 THC 在 A 面

D．SMC/SMD 和 THC 在 A 面，SMC 在 B 面

E．SMC/SMD 和 THC 在 A 面，SMC/SMD 在 B 面

F．THC 在 A 面，SMC 在 B 面

4.2 穿孔回流焊混装工艺（　　）。

A．特别适合于多品种、大批量生产场合

B．特别适合于单品种、大批量生产场合

C．特别适合于单品种、小批量生产场合

4.3 高密度混合组装应采用（　　）。

A．Ⅰ型、Ⅲ型　　B．Ⅰ型、Ⅱ型　　C．Ⅱ型、Ⅲ型

4.4 SMT 工艺设计应该达到什么目标？SMT 总体工艺方案设计包括哪些内容？

4.5 回答下列问题：

（1）SMT 安装类型有哪些？

（2）Ⅰ型 SMT 组件常用哪些电子产品？

（3）Ⅱ型组装有几种工艺流程？

（4）Ⅲ型组装一般有几种方法？

4.6 工艺和 PCB 设计的关系重要吗？举例说明。

4.7 工艺难点管理的目的是什么？试简述工艺难点的分析阶段和工艺难点的判断思路。

4.8 直通率设计目标是什么？

4.9 在进生产线之前，产品生产准备主要包括（　　）。

A．元器件选取，PCB 检查，程式设计输入

B．载入模板，载入焊膏，上送料器，上吸嘴

C．添加焊膏，更换网板，更换吸嘴，更换料器

D．缺焊膏，网板塞孔，贴片缺料，吸嘴损坏

E．贴装飞件，回流焊风机异常，元器件移位

4.10 在进生产线运行过程中，经常出现的报警故障主要包括（　　）。

A．元器件选取，PCB 检查，程式设计输入

B．载入模板，载入焊膏，上送料器，上吸嘴

C．添加焊膏，更换网板，更换吸嘴，更换料器

D．缺焊膏，网板塞孔，贴片缺料，吸嘴损坏

E．贴装飞件，回流焊风机异常，元器件移位

4.11 元器件桥接的主要原因包括（　　）。

A．贴片的位置不对，贴片压力不够，焊膏印不准，焊膏量不够，焊膏中焊剂含量太高，焊膏厚度不均，焊盘或引脚可焊性不良，焊盘比引脚大得太多

B．焊膏塌落，焊膏太多，在焊盘上多次印刷，加热速度过快

C．焊盘和元器件可焊性差，印刷参数不正确，再流焊温度和升温速度不当

D．印刷位置的移位，焊膏中的焊剂使元器件浮起，焊膏的厚度不够，加热速度过快且不均匀，焊盘设计不合理，组件可焊性差

E．加热速度过快，焊膏吸收了水分，焊膏被氧化，PCB 焊盘污染，焊膏过多

4.12 某电子产品中元器件数量为：①电阻 50 个；②电容 10 个；③电感 3 个；④二极管 10 个；⑤三极管 5 个；⑥集成电路 QFP 5 个、BGA 2 个，QFP 最小间距为 0.4mm，PCB 尺寸为 300mm×200mm。

当月产量分别为 0.5 万块、8 万块、20 万块时，试设计生产线并进行设备选型。

4.13 试通过操作培训平台，选择软件中自带的 Protel 设计的 FPGA 双面贴装 PCB 的 Demo 板，在进行小批量、少品种有铅生产时，试选择关键 SMT 设备。任务是首先进行 EDA 输入，再选择组装方式和自动化程度，最后选择关键 SMT 设备（注意：退出后，考试平台系统会自动采集实操数据，并自动打分）。

4.14 试通过操作培训平台，选择软件中自带的 Protel 设计的双面混装 PCB（SMC 在 B 面，THC 在 A 面）的 Demo 板，在进行中批量、少品种有铅生产时，试选择关键 SMT 设备。任务是首先进行 EDA 输入，再选择组装方式和自动化程度，最后选择关键 SMT 设备（注意：退出后，考试平台系统会自动采集实操数据，并自动打分）。

4.15 试通过操作培训平台，选择软件中自带的 Protel 设计的单面贴装 Demo 板，试进行工厂设备参数要求设置和产能估算。任务是首先进行 EDA 输入，调用 PCB 静态仿真，再进行工厂设备参数要求设置，然后选择组装方式和自动化程度，最后进行产能估算（注意：退出后，考试平台系统会自动采集实操数据，并自动打分）。

4.16 试通过操作培训平台，在 SMT 虚拟 VR 工厂中完成 BGA/QFP 工控产品的虚拟制造生产。任务是：

（1）在中高速生产线上，按照所设计的工艺流程，漫游找到每个工序设备，完成每一个工序所选择的设备操作，包括上料、生产模拟运行、取料等；

（2）在中高速生产线上，完成关键设备的生产准备操作；

（3）在中高速生产线上，完成设备故障处理，包括关机、处理、开机运行等。

（注意：退出后，考试平台系统会自动采集实操数据，并自动打分。）

4.17 某企业要生产工控产品 BGA/QFP，产品出现故障，打开产品质量控制系统的界面，分析发生的网板塞孔、贴装飞件、元器件移位、桥接、虚焊、组件竖立、焊料球的原因，并选择故障处理的方法（注意：退出后，系统会自动采集编程数据，并自动打分）。

第5章 丝印技术

【目　　的】

（1）掌握模板印刷基本原理；

（2）掌握丝印机 CAM 程式编程。

【内　　容】

（1）国际市场上主流丝印机机型（MPM、DEK、GKG）的模拟编程；

（2）丝印机静态仿真；

（3）丝印机动态仿真，按照模拟编程 CAM 程式，自动进行丝印机工作过程 3D 模拟仿真；

（4）根据动态仿真，读者再修改 CAM 程式设计错误。

【实训要求】

（1）掌握国际市场上主流丝印机机型（MPM、DEK、GKG）的模拟编程；

（2）掌握丝印模板设计；

（3）掌握丝印机参数设置，如标号、印刷速度、印刷压力等；

（4）通过 PCB 设计 Demo 板文件，设计丝印机程式，采用 3D 动画显示 PCB 的丝印过程，再修改编程设计错误；

（5）撰写实验报告。

5.1 丝印技术概述

5.1.1 模板印刷基本原理

丝网印刷将焊膏印在 PCB 焊盘上，主要有非接触式的丝网印刷和接触式的模板漏印，SMT 一般采用模板漏印，习惯上统称为丝网印刷。

模板漏印印刷法的基本原理如图 5.1 所示。如图 5.1（a）所示，将 PCB 放在工作支架上，由真空泵或机械方式固定，已加工有印刷图形的漏印模板在金属框架上绷紧，模板与 PCB 表面接触，模板图形网孔与 PCB 上的焊盘对准，把焊膏放在漏印模板上，刮刀（也称刮板）从模板的一端向另一端移动，同时压刮焊膏通过模板上的镂空图形网孔印制（沉淀）在 PCB 的焊盘上。假如刮刀单向刮锡，则沉积在焊盘上的焊膏可能会不够饱满；而如果刮刀双向刮锡，则锡膏图形就比较饱满。高档的 SMT 印刷机一般有 A、B 两个刮刀：当刮刀从右向左移动时，刮刀 A 上升，刮刀 B 下降，刮刀 B 压刮焊膏；当刮刀从左向右移动时，刮刀 B 上升，刮刀 A 下降，刮刀 A 压刮焊膏。两次刮锡后，PCB 与模板脱离（PCB 下降或模板上升），如图 5.1（b）所示，完成焊膏印刷过程。

在实际生产中，不合格的 SMT 组装板 SMA 中 60%是由于焊膏丝印质量差而造成的，当然不仅仅取决于丝印机，还与电路设计和工艺材料有关，而就丝印机本身来讲，关键是看重复印刷精度指标，所以印刷焊膏是 SMT 组装制造关键的一步。

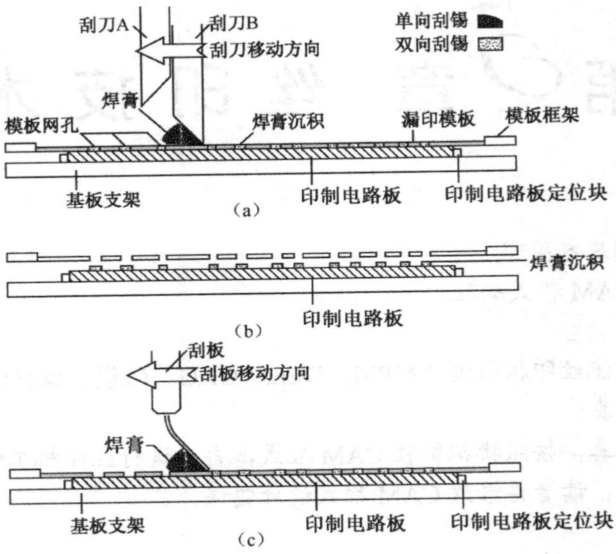

图 5.1　模板漏印印刷法的基本原理

丝印机主要有手动、半自动、视觉半自动和全自动（见图 5.2）四种，如表 5.1 所示。在焊膏丝印中有三个关键的要素，即 Solder Paste（焊膏）、Stencils（模板）和 Squeegees（丝印刮板），三个要素的正确结合是持续保证丝印品质的关键所在。

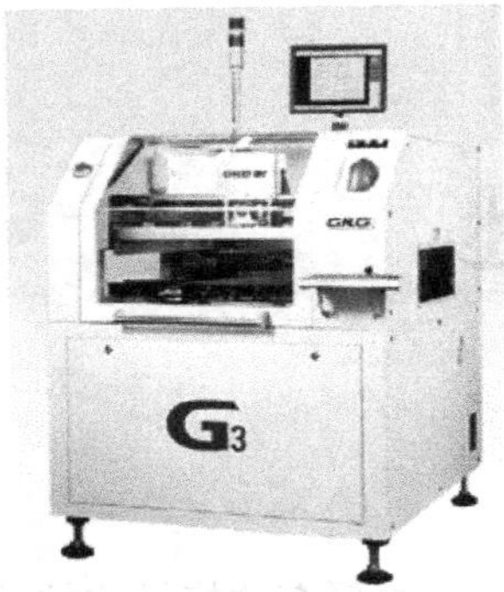

图 5.2　全自动丝印机

表 5.1　丝印机类型

项　目	类　型			
	手动	半自动	视觉半自动	全自动
操作	手动上板 手动印刷	手动上板 自动印刷	手动上板、平进平出 自动印刷	自动上板 自动印刷
重复精度（mm）	>±0.015	±0.01	±0.005～±0.08	±0.015～±0.02
PCB 定位	边缘/孔定位		视觉定位	边缘/孔定位
X-Y-Z	可调			
刮刀压力、速度	可调			
PCB 分离	倾斜分离、垂直分离			
应用	精度不高，小/中批量	0.5mm QFP，中/大批量	0.3mm QFP，中批量	0.5mm QFP，大批量

5.1.2　模板设计和制作

1．模板开口尺寸

模板的开口设计如图 5.3 所示，模板开口尺寸如表 5.2 所示。为了控制焊接过程中出现焊球或桥接等质量问题，模板开口尺寸在通常情况下比焊盘图形尺寸略小，特别是对于 0.5mm 以下的细间距器件来说，开口宽度应比相应焊盘宽度缩减 15%～20%，由此引起的焊料量缺少可以通过适当加长焊盘长度方向设计尺寸来弥补。

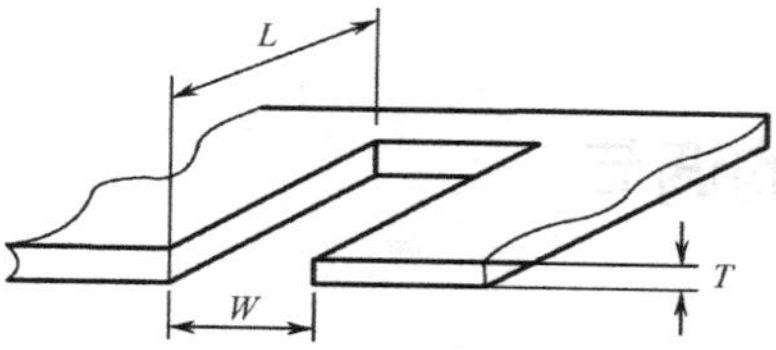

图 5.3　模板的开口设计

表 5.2　模板开口尺寸

类　型	间　距	开　孔	宽 厚 比	面 积 比	难　度
QFP	20mil	10mil×50mil×5mil	2.0	0.83	+
QFP	16mil	7mil×50mil×5mil	1.4	0.61	+++
BGA	50mil	圆形 25mil，厚度 6mil	4.2	1.04	+
BGA	40mil	圆形 15mil，厚度 5mil	3.0	0.75	++
微型 BGA	30mil	方形 11mil，厚度 5mil	2.2	0.55	+++
微型 BGA	30mil	方形 13mil，厚度 5mil	2.6	0.65	+++

模板尺寸如表 5.3 所示。

表 5.3　模板尺寸

（mm）

类　型	间　距	焊 盘 宽 度	开 口 宽 度	开 口 长 度	模 板 厚 度
QFP	1.27				0.2/0.3
	0.8/0.65				0.18
SOIC	0.5	0.30	0.25	相同焊盘长度	0.12/0.15
SOP	0.4	0.25	0.20		0.12
TSOP	0.3	0.17	0.15		0.1
0602	印胶		0.24	1	0.2
0805	印胶		0.2	0.24	1.5
1200	印胶		0.25	0.48	1.8
SOT23	印胶		0.2	0.4	1.3
PLCC/LCC	1.27				2.0
BGA	1.5/1.23				0.15
	1/0.8				0.12
	0.65/0.5				0.1

2．宽厚比

开口宽与模板厚度的比率 *W*/*T* 称为宽厚比。推荐的宽厚比为 1.5，这对防止模板阻塞很重要。当设计模板开孔时，在长度大于宽度的 5 倍时考虑宽厚比，对所有其他情况考虑面积比。随着宽厚比、面积比的减小，当它们分别接近 1.5 或 0.66 时，对模板孔壁的光洁度要求更严格，以保证良好的焊膏释放。

3．面积比

开口面积与孔壁横截面积的比率 *WL*/2*T*（*W*+*L*）称为面积比，若 *L*<5*W*，则考虑宽厚比，否则考虑面积比。

5.1.3 丝印机工艺参数的调节

1．丝印机控制参数的调节

（1）刮刀压力。刮刀压力的改变对印刷影响重大，太小的压力导致印制电路板上焊膏量不足，太大的压力则导致焊膏印得太薄。一般把刮刀压力设定为 0.5kg/25mm。刮刀的速度与压力也存在一定的转换关系，即降低刮刀速度等于提高刮刀压力，提高刮刀速度等于降低刮刀压力。另外，刮刀的硬度也会影响焊膏的薄厚，太软的刮刀会使焊膏凹陷，所以建议采用较硬的刮刀或金属刀。

（2）印刷厚度。印刷厚度是由模板的厚度来决定的，与机器设定和焊膏的特性也有一定关系，如表 5.4 所示。模板厚度是与 IC 脚距密切相关的。印刷厚度的微量调整经常是通过调节刮刀速度及刮刀压力来实现的。

表 5.4 印刷厚度

开口尺寸分类	脚距（mm）	0.8	0.65	0.5	0.4	0.3
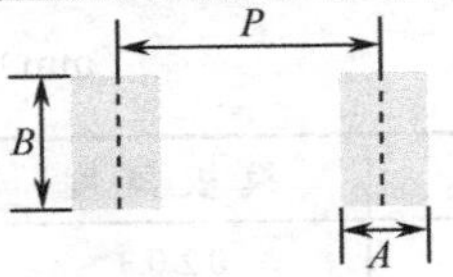	*A* *B*	0.4±0.04	0.13±0.02	0.25±0.015	0.2±0.015	0.15±0.01
金属模板的厚度		2～2.5	2.0～2.2	1.7～2.0	1.7	1.7
		0.2	0.2	0.15	0.15～0.12	0.1

（3）印刷速度（刮刀速度）。在印刷过程中，刮刀刮过模板的速度是相当重要的，因为焊膏需要时间滚动并流进模板的孔中。刮刀速度和焊膏的黏度有很大关系，刮刀速度越慢，焊膏的黏度越大；刮刀速度越快，焊膏的黏度越小。调节刮刀速度要参照焊膏的成分、PCB 元器件的密度及最小元器件尺寸等相关参数，目前一般选择在 30～65mm/s 之间。最大印刷速度取决于 PCB 上最小引脚间距，在进行高精度印刷时（引脚间距≤0.5mm），印刷速度一般在 20～30mm/s 之间。

（4）分离速度。焊膏印刷后，模板离开 PCB 的瞬时速度，即分离速度，是关系印刷质量的参数，在精密印刷机中尤其重要，如表 5.5 所示。早期印刷机是恒速分离的，先进的印刷机其钢板在离开焊膏图形时有一个微小的停留过程，以保证获取最佳的印刷图形。

表 5.5　分离速度

引脚间距	小于 0.3mm	0.4～0.5mm	0.5～0.65mm	超过 0.65mm
推荐速度	0.1～0.5mm/s	0.3～1.0mm/s	0.5～1.0mm/s	0.8～2.0mm/s

（5）刮刀宽度。如果刮刀相对于 PCB 过宽，那么就需要更大的压力及更多的焊膏参与其工作，因而会造成焊膏的浪费。一般刮刀的宽度为 PCB 长度（印刷方向）加上 50mm 左右为最佳，并要保证刮刀头落在金属模板上。

（6）印刷间隙。印刷间隙是模板装夹后与 PCB 之间的距离，关系到印刷后 PCB 上的留存量，其距离增大，焊膏量就增多，一般控制在 0～0.07mm 之间。

2．丝印中常见的缺陷与处理方法

丝印中常见的缺陷与处理方法如表 5.6 所示。

表 5.6　丝印中常见的缺陷与处理方法

序　号	故 障 现 象	原　　因	处 理 方 法
1	印浆偏移 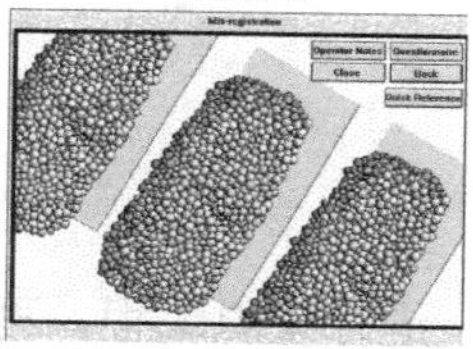	坐标偏移	调整坐标
		标号识别不良	重新视觉示教或重写标号
		钢网固定松动	检查钢网固定
		PCB 停板时不平稳	检查定位针、托盘治具及真空能否吸稳 PCB
		摄像机碰到 PCB	锁好摄像机盖子
		标号识别图形呈现雪花	整理、扎紧信号线，检查视觉处理盒接线是否松动，更换摄像机
		某轴松动或电动机/电动机驱动卡异常	观察确认哪个方向偏移，对应检查轴固定螺钉、联轴器、电动机驱动卡/电动机
2	印浆连锡 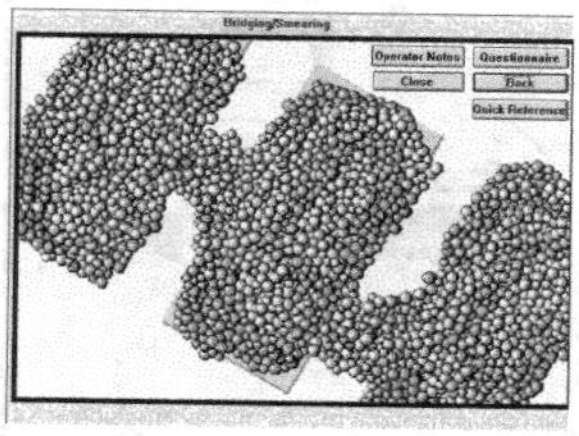	锡浆太稀	更换锡浆
		钢网与 PCB 有间隙	检查定位针、托盘治具，SNAP OFF 写为 0，重测钢网高度
		刮刀刮不干净	检查刮刀是否装好，重测刮刀水平
		钢网擦拭不干净	检查钢网，定时人工手动擦拭
		钢网开孔问题	重开钢网
3	印刷高度过高（锡尖） 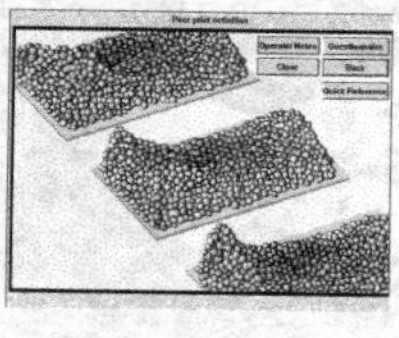	钢板损坏	更换钢板
		印刷区域热或焊膏黏	环境制冷
		刮刀钝； 刮刀刀片损坏	更换刮刀
		刮刀压力太低	调高刮刀压力
		基板不良	更换基板
		印刷间隙大	调节基板

续表

序 号	故 障 现 象	原 因	处 理 方 法
4	锡凹	印刷区域热或焊膏黏	环境制冷
		刮刀压力太高	调低刮刀压力
	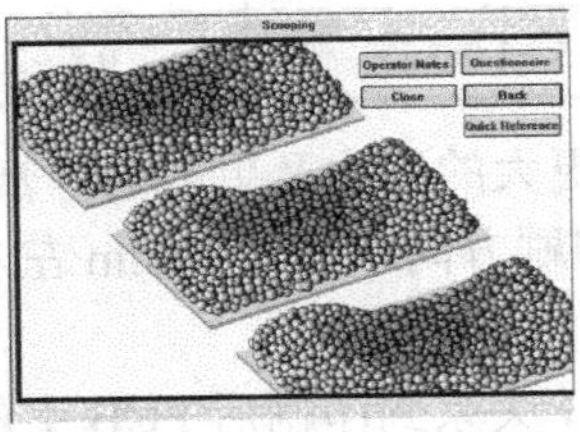	基板不良	更换基板
5	不完整的印刷	钢板焊膏塞孔	清洗钢板
		钢板损坏	更换钢板
	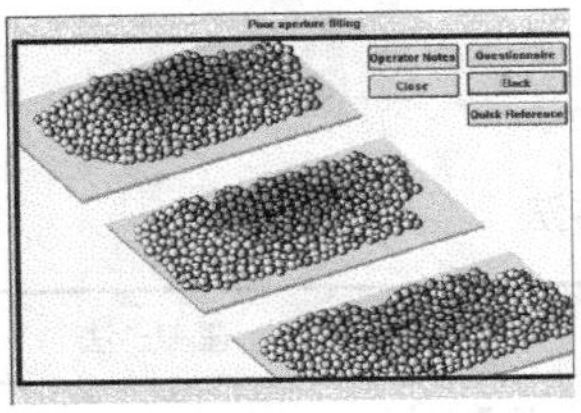	用旧的或过干的焊膏	更换焊膏
		刮刀损坏或磨钝	更换刮刀
		刮刀压力过低	调高刮刀压力
		刮刀压力过高	调低刮刀压力
		焊膏中有异物	去除异物
		基板不良	更换基板
		印刷偏移	基板重新定位

5.2 丝印机实训

丝印机虚拟制造系统如图 5.4 所示，先读入 EDA 设计文件，进行模拟编程，再进行丝印机工作过程 3D 动画仿真，最后进行丝印机操作使用和维修保养。

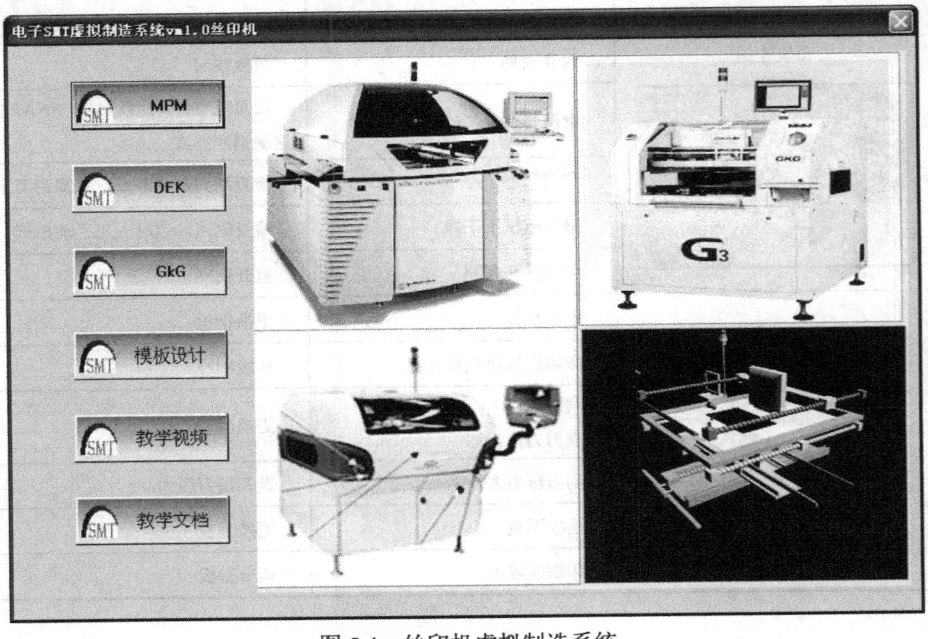

图 5.4 丝印机虚拟制造系统

5.2.1　丝印机 CAM 程式编程

丝印机主流机型包括 MPM、DEK 和 GKG。CAM 程式编程先读入 EDA 设计文件，再进行模板设计，最后模拟丝印机的界面、编程过程及控制参数的设置。

1．模板设计

模板设计主界面如图 5.5 所示。

第一步：单击输入 PCB 静态模型，自动调出 PCB 静态仿真模型，得到主要 PCB 设计参数。

第二步：单击“模板开口与厚度设计”按钮，根据 5.1.2 节，导入设计的元器件清单，逐个选择元器件设计模板厚度，如图 5.6 所示，模板厚度与元器件间距的参考关系如表 5.7 所示。

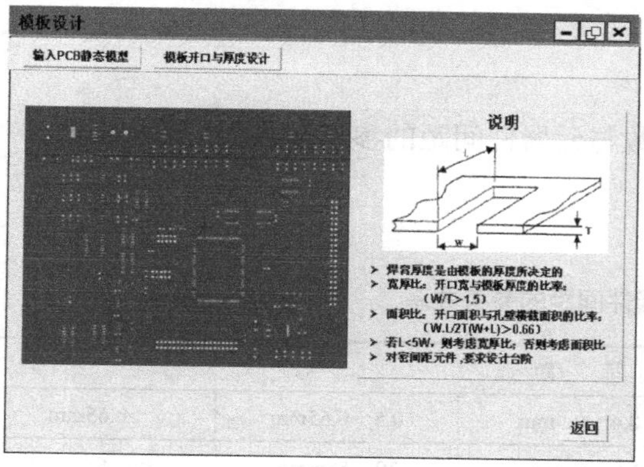

图 5.5　模板设计主界面

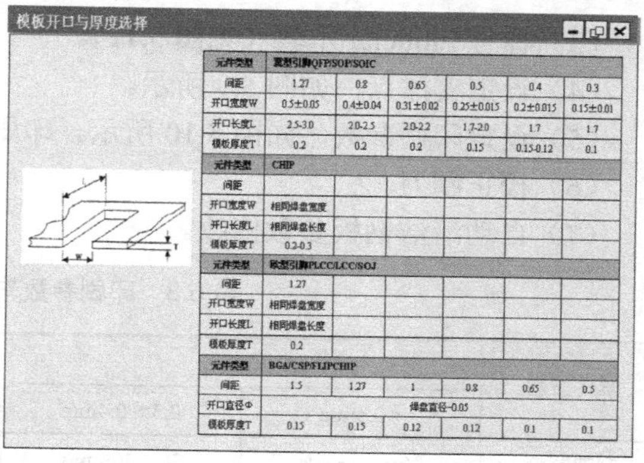

图 5.6　模板开口与厚度设计

表 5.7　模板厚度与元器件间距的参考关系　（mm）

封装形式	间距							
	1.5	1.27	1.0	0.8	0.65	0.5	0.4	0.3
QFP/SOP/SOIC	—	0.2	—	0.2	0.2	0.15	0.15～0.12	0.1
CHIP	—	0.2	—	—	—	—	—	—
PLCC/LCC/SOJ	—	0.2	—	—	—	—	—	—
BGA/CSP/FC	0.15	0.15	0.12	0.12	0.1	0.1	—	—

2．MPM 丝印机 CAM 程式编程

MPM 丝印机主界面如图 5.7 所示，MPM 编程界面如图 5.8 所示。

第一步：单击“Utilities”菜单，进行系统工具设置，包括印刷头方向、焊膏参数、钢板工具和支撑点工具。

第二步：单击“Configure”菜单进行机器设置，包括机台基本方向，进板、出板及输送带速度。

第三步：CAM 程式编程。

（1）建立 PCB 名，读入 EDA 设计文件。

（2）设定 PCB 数据，包括 PCB 尺寸、Stencil（钢板）等。

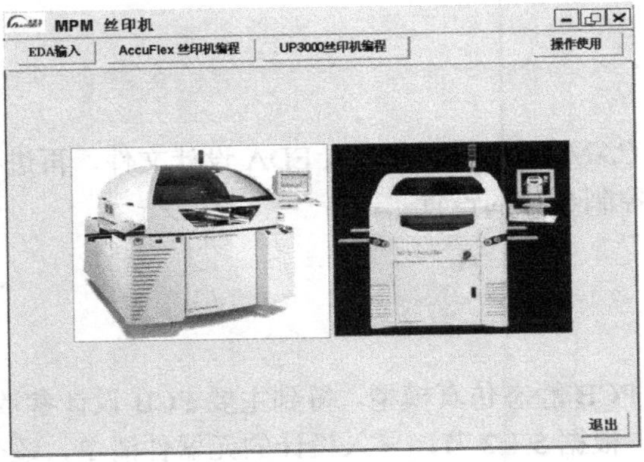

图 5.7　MPM 丝印机主界面

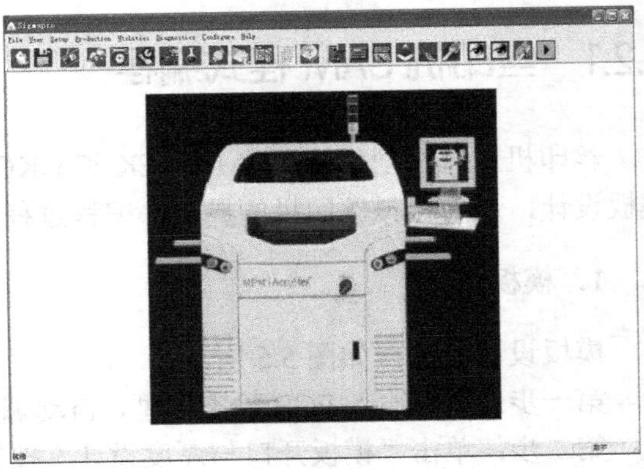

图 5.8　MPM 编程界面

（3）标号 Fiducial 示教（见图 3.11）。

（4）设定支撑点，如图 5.9 所示。

（5）设定印刷参数，如图 5.10 所示。印刷参数与元器件间距的参考关系如表 5.8 所示。

（6）校正刮刀。

（7）自动清洁钢板参数修改。

表 5.8　印刷参数与元器件间距的参考关系

类　型	间　距				
	≤0.3mm	0.3～0.4mm	0.4～0.5mm	0.5～0.65mm	>0.65mm
刮刀速度	20～30mm/s	20～30mm/s	20～30mm/s	30～65mm/s	30～65mm/s
分离速度	0.1～0.5mm/s	0.1～0.5mm/s	0.3～1.0mm/s	0.5～1.0mm/s	0.8～2.0mm/s
刮刀压力	1～10kg/25mm				

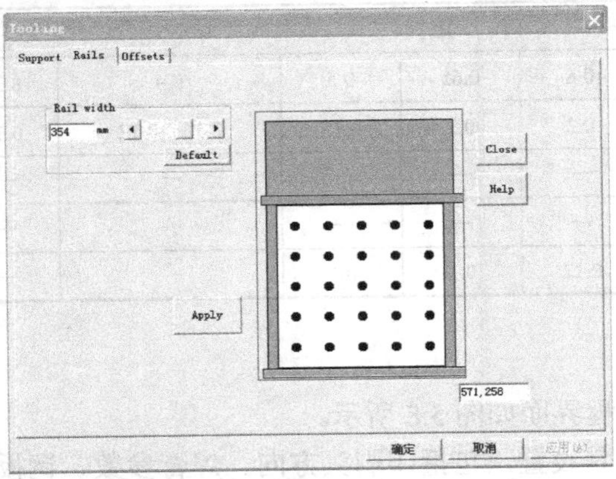

图 5.9　设定支撑点

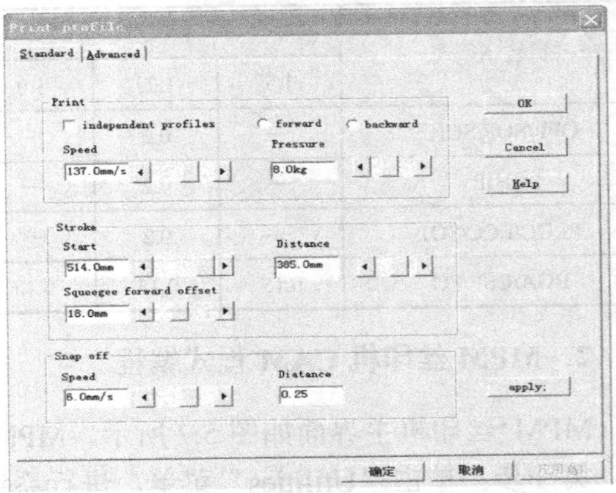

图 5.10　设定印刷参数

第四步：开始印刷。

（1）监控。印刷开始后，可监控印刷情况，如图 5.11 所示。

（2）钢板视觉检测，如图 5.12 所示。

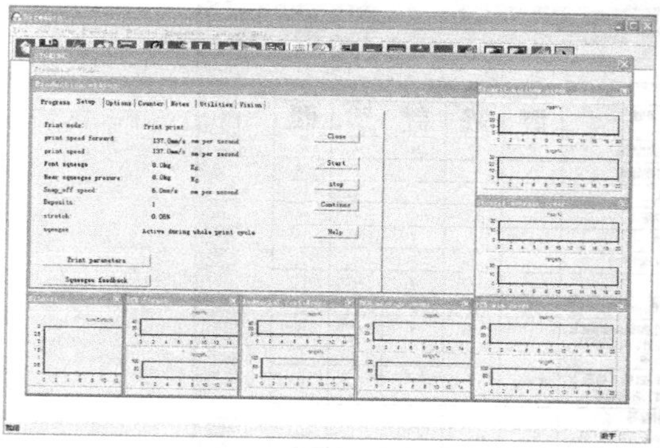

图 5.11　监控印刷情况

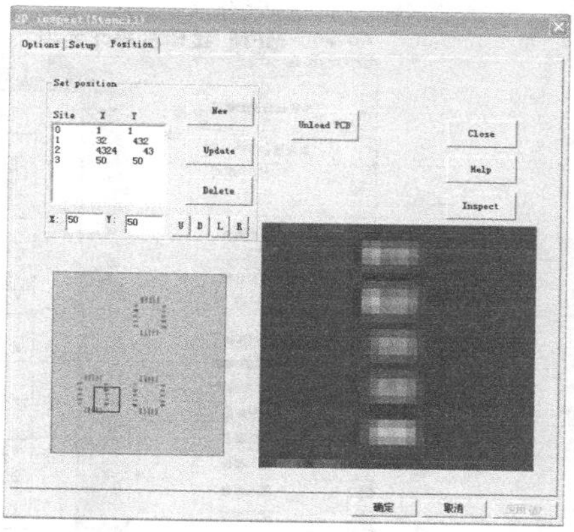

图 5.12　钢板视觉检测

3．其他丝印机 CAM 程式编程

DEK 265 和 GKG 丝印机 CAM 程式编程方法与 MPM 丝印机相似，本书不再详细介绍，具体详见软件系统中的“导引说明”。

5.2.2　丝印机 3D 模拟仿真

丝印机 3D 模拟仿真包括静态仿真和动画仿真，静态仿真可进行缩放、旋转、平移等操作；动画仿真根据控制参数的设置，能采用 3D 动画模拟丝印机工作过程，如图 5.13 所示。

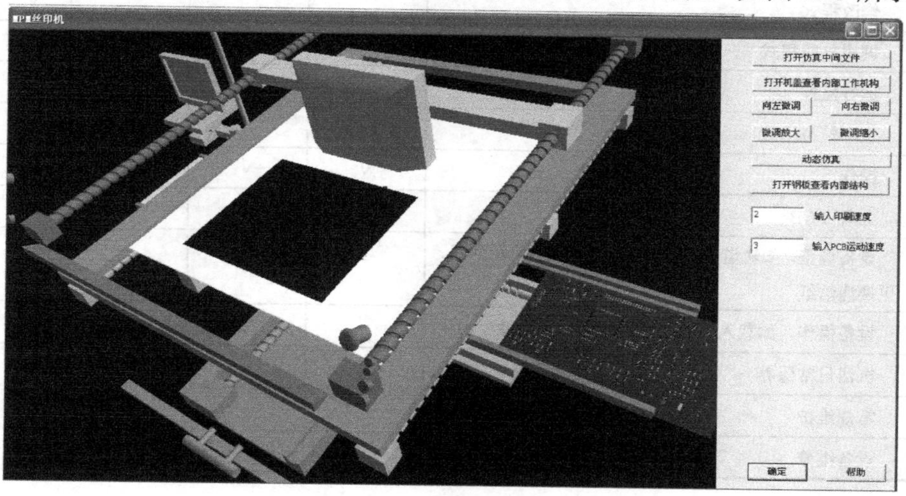

图 5.13　丝印机 3D 模拟仿真

5.2.3　丝印机操作技能

在 MPM 丝印机主界面单击“操作使用”按钮，即进入 MPM 丝印机操作使用界面，如图 5.14 所示。首先掌握丝印机操作技工（师）职能，如表 5.9 所示。

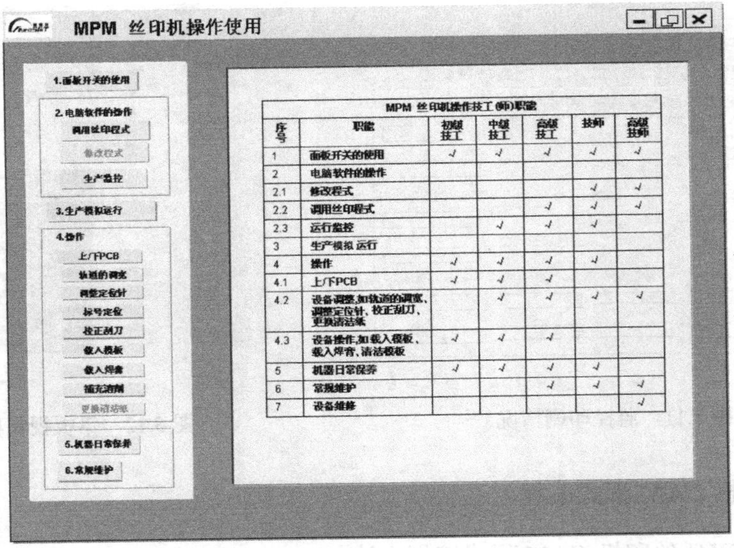

图 5.14　MPM 丝印机操作使用界面

表 5.9　丝印机操作技工（师）职能

序　　号	职　　能	初级技工	中级技工	高级技工	技师	高级技师
1	面板开关的使用	√	√	√	√	√
2	电脑软件的操作					
2.1	修改程式				√	√
2.2	调用丝印程式			√	√	√
2.3	运行监控		√	√	√	
3	生产模拟运行					
4	操作	√	√	√	√	
4.1	上/下 PCB	√	√	√		
4.2	设备调整，如轨道的调宽、调整定位针、校正刮刀、更换清洁纸		√	√	√	√
4.3	设备操作，如载入模板、载入焊膏、清洁模板	√	√	√		
5	机器日常保养	√	√	√	√	
6	常规维护			√	√	√
7	设备维修					√

1．面板开关的使用

单击“1.面板开关的使用”按钮，调出动画，显示面板各种开关的作用和使用。

2．电脑软件的操作和生产模拟运行

单击“调用丝印程式”按钮，调用 Demo CAM 程式；再单击“3.生产模拟运行”按钮，调用丝印机 3D 模拟仿真，丝印机按 Demo CAM 程式运行，可检查所设计 CAM 程式的错误，最后单击“生产监控”按钮，调用监控程序监控生产。

3．操作

单击“上/下 PCB”“轨道的调宽”“调整定位针”“校正刮刀”“更换清洁纸”“载入模板”“载入焊膏”等按钮，调出动画，显示各种操作。

5.2.4　丝印机维修保养

在 MPM 丝印机操作使用界面，单击“5.机器日常保养”和“6.常规维护”按钮，调出说明文档，如表 5.10 和表 5.11 所示。

1．维护保养

维护保养的目的是延长机器使用寿命，确保 SMT 稳定生产，保证产品质量。丝印机日常维护检查项目及检查周期如表 5.10 所示，丝印机的内部结构如图 5.15 所示。

表 5.10　丝印机日常维护检查项目及检查周期

检查项目				检查周期		
机器部位	零件	检查维护内容	图示	每日	每周	每月
工作台	导轨	清洁、喷油润滑	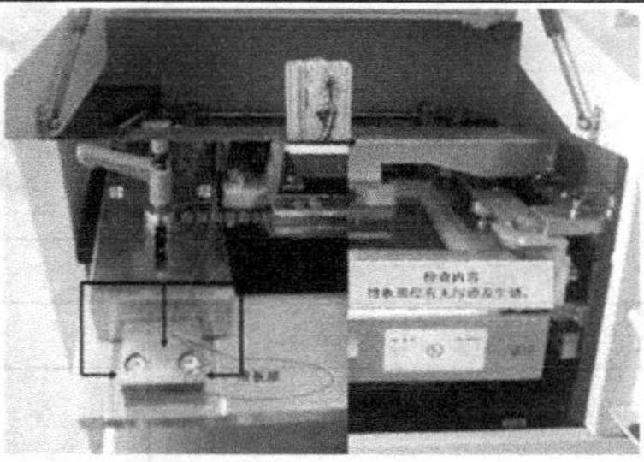			√
工作台	滚珠丝杠	清洁、注油润滑 	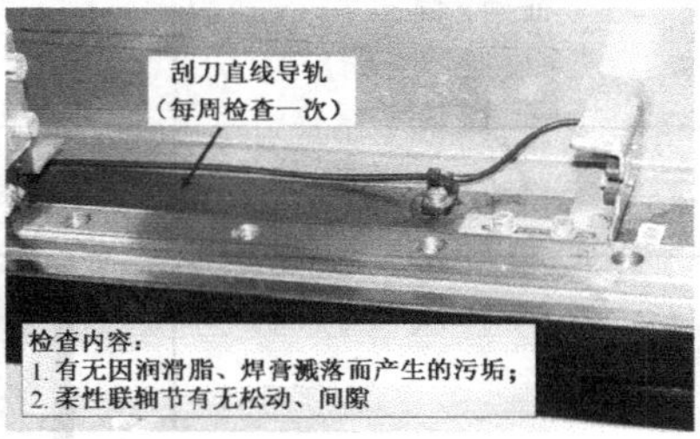			√
工作台	皮带	张力及磨损情况				√
工作台	电缆	电缆包覆层有无损坏				√
刮刀	丝杠	清洁、喷油润滑				√
刮刀	导轨	清洁、注油润滑	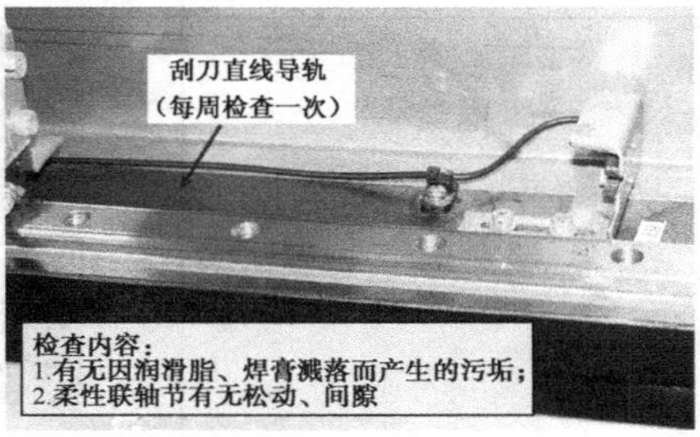			√

续表

检查项目				检查周期		
机器部位	零件	检查维护内容	图示	每日	每周	每月
刮刀	皮带	张力及磨损情况				√
	电缆	电缆包覆层有无损坏				√
清洗装置	清洗纸	用完后更换	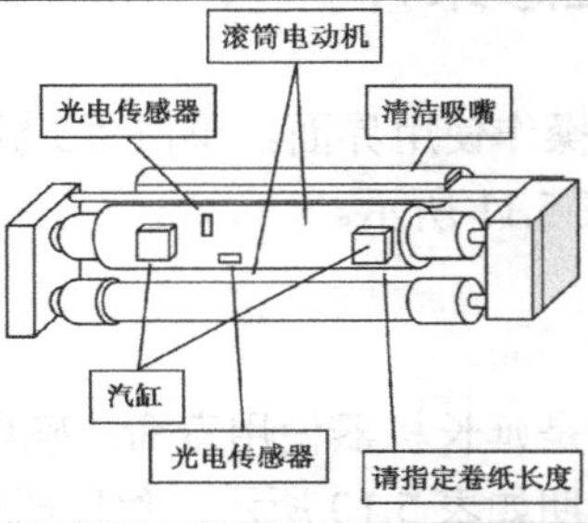	√		
	酒精	检查液位并加注酒精		√		
视觉部分	滚珠丝杠	清洁、喷油润滑	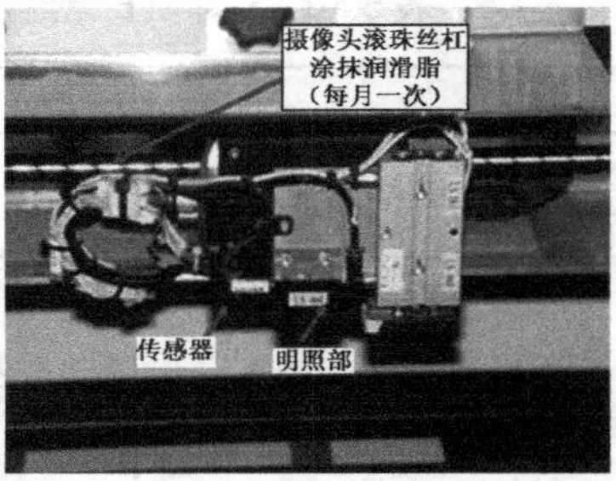			√
	导轨	清洁、注油润滑				√
	电缆	电缆包覆层有无损坏				√
网板	放置位置	正确、固定		√		
	顶面、底面	清洁及磨损		√		
PCB运输部分	滚珠丝杠	清洁、喷油润滑	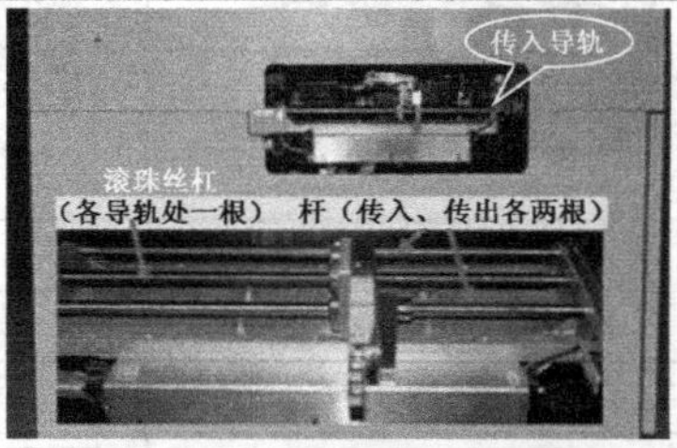			√
	停板汽缸	磨损情况				√

续表

检查项目				检查周期		
机器部位	零　件	检查维护内容	图　示	每日	每周	每月
PCB运输部分	阻挡螺钉	磨损情况		√		
	皮带、皮带轮及轴承	张紧是否适宜，有无滑脱、磨损及转动情况	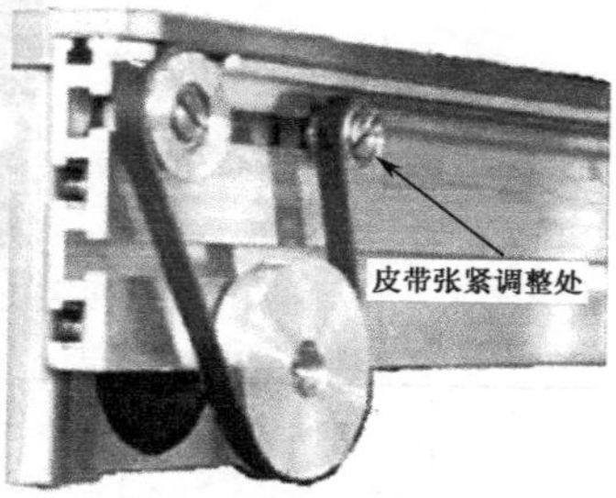皮带张紧调整处		√	
空气压力	压力计	压力设置	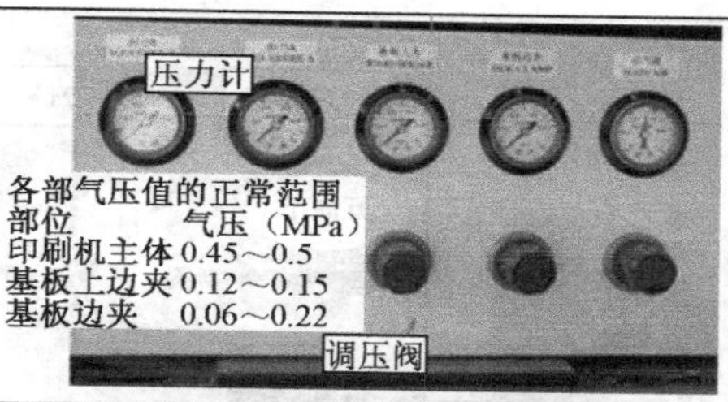压力计 各部气压值的正常范围 部位　气压（MPa） 印刷机主体 0.45～0.5 基板上边夹 0.12～0.15 基板边夹 0.06～0.22 调压阀	√		
	空气过滤装置	清洁、正常工作	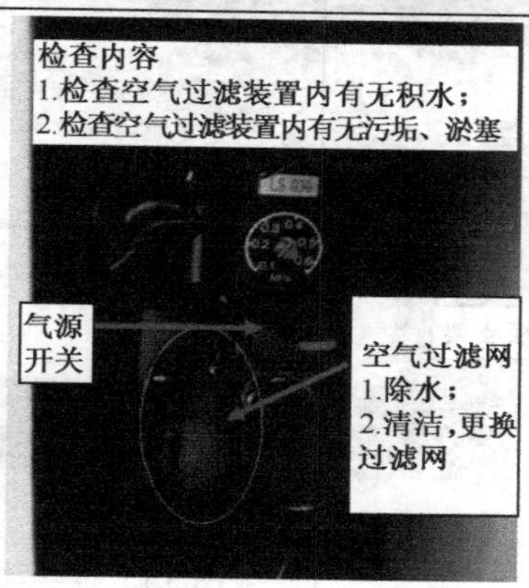检查内容 1.检查空气过滤装置内有无积水； 2.检查空气过滤装置内有无污垢、淤塞 气源开关 空气过滤网 1.除水； 2.清洁,更换过滤网			√
	所有气路	漏气情况				√
	速度控制	每个运动部分的速度				√
控制电路	计算机	板卡松动	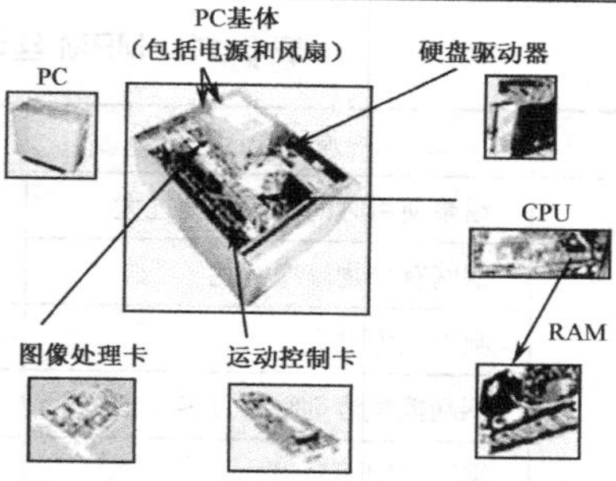PC基体 （包括电源和风扇） 硬盘驱动器 PC CPU RAM 图像处理卡 运动控制卡			√

续表

检查项目				检查周期		
机器部位	零件	检查维护内容	图示	每日	每周	每月
控制电路	电气控制	松动、断开	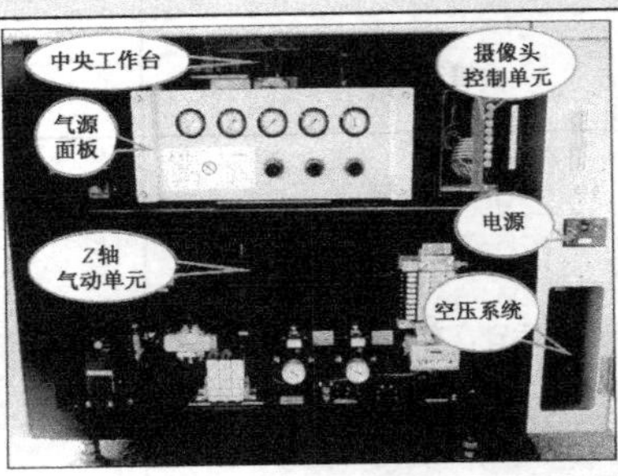			√
其他	设备整体	清洁			√	

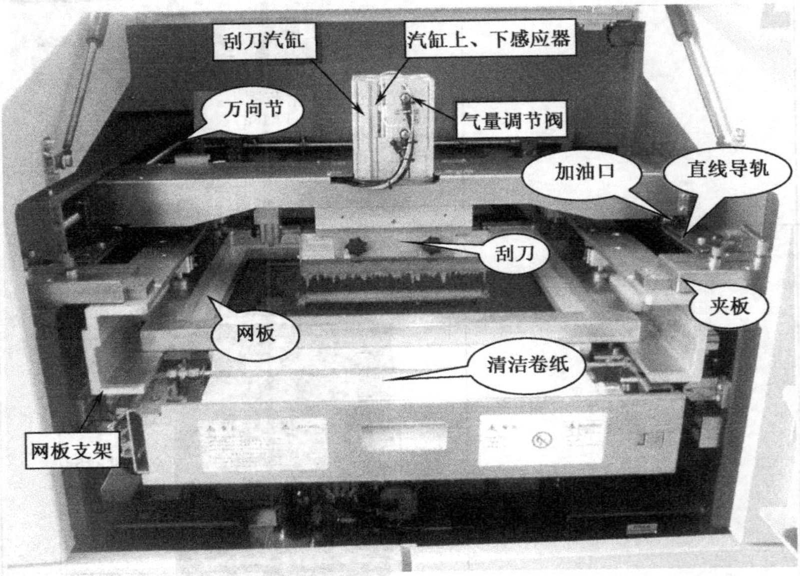

图 5.15　丝印机的内部结构

2．操作维修

MPM 丝印机操作维修如表 5.11 所示。

表 5.11　MPM 丝印机操作维修

序号	故障现象	原因	处理方法	注意事项
1	印浆塞孔	锡浆使用时间长，黏度过大	清洗钢网，更换新锡浆	
		钢网有异物堵塞网孔		
		刮刀压力过大	调整刮刀压力，使其刚好能刮干净锡浆	
		钢网擦拭溶剂喷得过多	关闭溶剂，干擦	
		钢网孔壁不光滑	重开钢网	

续表

序号	故障现象	原因	处理方法	注意事项
2	印浆时死机，显示器没有显示	机器总电源异常	检查机器总电源	
		机器电源3FU熔断器烧毁	更换熔断器	
		计算机主机电源异常	① 检察计算机主机电源开关； ② 检查计算机主机电源，如电源没有输出，则更换电源	
		计算机主机板卡异常，无法启动	更换相应NG板卡	
3	不能自动擦网	擦网纸感应传感器感应不良	检查、调整擦网纸感应传感器	注意检查I/O板接口是否松动及对应继电器（RELAY）指示是否正常
		擦网纸没装好	重装擦网纸	
		擦网传感器感应不良	检查擦网传感器电路及调整挡片	
		擦网纸导杆固定螺钉松脱或折断	重新固定/更换擦网纸导杆	
		擦网卷纸轴断裂	更换擦网卷纸轴	
		擦网纸驱动链条异常	检查擦网纸驱动链条	
		擦网纸驱动电动机异常	检查擦网纸驱动电动机及其驱动卡	
		刮刀没有升起来	检查其气路及电磁阀	
4	*Y*轴视觉不到位	*Y*轴视觉感应不良	进入I/O检查感应状态及其电路，或调整感应位置	
5	停板不到位	轨道进、出板不顺畅	① 调整轨道宽度，检查轨道皮带； ② 板停止传感器没有擦拭清洁，更换时将固定座一起更换	注意检查I/O板接口是否松动及对应继电器（RELAY）指示是否正常
		机器参数出错	复位机器	
		程序错误	调整程序	
		定位针或托盘治具没装好	调整定位针、托盘治具位置	
		板停止传感器感应不良	① 板停止传感器损坏，更换板停止传感器； ② I/O板接口松动，接触不良，清洁插紧接口； ③ 检查传感器电源电路	
6	擦网不到位，擦网后用照相机拍摄标号时*X-Y*轴移动速度慢	擦网时擦网传感器感应不良	检查擦网传感器电路及调整其挡片	
7	无法测钢网高度及刮刀水平，探头无法归零	探头传感器的探头不灵活	清洁探头	注意检查I/O板接口是否松动及对应继电器（RELAY）指示是否正常
		探头上升传感器感应不良	检查探头传感器电路或更换传感器	
		探头传感器电动机驱动电路异常	检查探头传感器电动机驱动电路	
		探头传感器电动机驱动卡出错	更换探头传感器电动机驱动卡	
		探头传感器线扎得太紧，汽缸下降时拉住	整理扎线	
		探头传感器电动机损坏	更换探头传感器电动机	

续表

序号	故障现象	原因	处理方法	注意事项
8	未发现信号	PCB 标号不良	重写标号	
		摄像机棱镜表面有异物	清洁棱镜	
		钢网标号不黑，对比度不好	涂黑标号或降低接收水平	
		摄像机照明电路接触不良	检查、整理有关电路	
		照明灯亮度不够或烧坏	更换照明灯	
9	卡板	轨道前后宽度不一致	调整轨道前后宽度一致	控制卡跳线需正确，接头要锁紧
		轨道皮带破损	更换轨道皮带	
		传送电动机/驱动卡异常	检查电动机及电路，更换传送驱动卡/电动机	
10	*Z* 平台不能升起	*Z* 轴控制卡损坏	更换 *Z* 轴控制卡	控制卡跳线需正确，接头要锁紧
		Z 轴电动机损坏	更换 *Z* 轴电动机	
11	印刷 *X* 方向不规则移位，复位后 *X* 轴报警	*X* 轴控制卡损坏	更换 *X* 轴控制卡	
		X 轴联轴器松动或断裂	检查、更换 *X* 轴联轴器	
		X 轴电动机损坏	更换 *X* 轴电动机	
12	*Z* 轴高度不对	*Z* 轴原点错误	调整 *Z* 轴原点	
13	*X-Y* 轴无法归零	*X-Y* 轴控制卡不良	更换 *X-Y* 轴控制卡	控制卡跳线需正确，接头要锁紧（其他轴不能归零，思路类似）
		X-Y 轴联轴器松动或断裂	检查、更换 *X-Y* 轴联轴器	
		X-Y 轴极限开关（LIMIT）感应挡片变形跑位	校正、调整感应挡片	
		X-Y 轴极限开关感应不良	检查 *X-Y* 轴极限开关状态及电路	
		X-Y 轴电动机损坏	检查电动机电路，更换 *X-Y* 轴电动机	
14	*X-Y* 轴超极限，软件报警	程序错误	重做程序	
15	气压下降	总气压不足	检查气压，正常指示在 85 PSI 以上，气压不足通知水电部	
		总进气阀漏气	检查总进气阀及气路	
		总气压感应传感器不良	检查气压感应状态及其电路	
16	轨道碰到传感器，软件报警	轨道宽度小，平台上升时碰到传感器	调整轨道宽度	
		托盘治具、真空隔板没装好，碰到传感器	检查托盘治具、真空隔板固定位置	
		轨道传感器异常	检查轨道传感器及其电路	
		轨道传感器松动，碰到托盘治具、真空隔板	调整轨道传感器位置	

5.3 认证考试举例

本章认证考试分专业知识和实践技能两部分，在 SMT 专业技术资格认证培训和考评平台

AutoSMT-VM1.1 上完成。本章测试重点是丝印机 CAM 程式编程和操作使用。

【例 5.1】间距 0.5mm QFP 模板开口与厚度为（　　）。

A．开口宽度 0.25±0.015mm，开口长度 1.7～2.0mm，模板厚度 0.15mm

B．开口宽度 0.2±0.015mm，开口长度 1.7mm，模板厚度 0.15～0.12mm

C．开口宽度 0.15±0.01mm，开口长度 1.7～2.0mm，模板厚度 0.1mm

答案：A

【例 5.2】一般把刮刀压力设定为（　　）。

A．0.5kg/25mm　　B．0.25kg/25mm　　C．0.5kg/50mm

答案：A

【例 5.3】印刷焊膏厚度（　　）。

A．由模板的开口尺寸 *W*×*L* 决定，印刷厚度的微量调整经常是通过调节刮刀速度及刮刀压力来实现的

B．由模板的厚度决定，印刷厚度的微量调整经常是通过调节刮刀速度来实现的

C．由模板的厚度决定，印刷厚度的微量调整经常是通过调节刮刀速度及刮刀压力来实现的

D．由模板的开口尺寸 *W*×*L* 决定，印刷厚度的微量调整经常是通过调节刮刀压力来实现的

答案：C

【例 5.4】MPM 丝印机印刷参数包括（　　）。

A．Print Speed（印刷速度，1～200mm/min）、Pressures（刮刀压力，0～20kg/mm）

B．Start（起始点，−20～514mm）、Print Distance（印刷行程，50～514mm）、Squeegee Forward Offset（刮刀前进补偿值，0～50mm）

C．Separating Speed（脱离速度，0.2～10mm/s）、Separating Distance（脱离距离，0～1mm）

答案：A

【例 5.5】试通过操作培训平台，选择软件中自带的演示 PCB 设计的 Demo 板，进行 Protel 设计的双面混装 PCB（THC 在 A 面，SMC/SMD 在 A 面，SMC 在 A 面、B 面）的 MPM 丝印机操作。任务是首先进入 MPM 丝印机操作使用界面，再进行开机、调用丝印程式、进板、载入模板、载入焊膏、3D 模拟运行、生产监控等操作（注意：退出后系统会自动采集编程数据，并自动打分）。

操作提示：单击进入丝印机 CAM 程式编程培训模块，按题目要求完成操作。全部题目完成后必须返回认证考评界面，单击“完成提交”按钮后系统自动批卷。

【例 5.6】试通过操作培训平台，选择软件中自带的演示 PCB 设计的 Demo 板，进行 Protel 设计的单面贴装 PCB 的 MPM 丝印机操作。任务是首先进入 MPM 丝印机操作使用界面，再进行开机、调用丝印程式、载入模板、载入焊膏、进板、3D 模拟运行、生产监控等操作（注意：退出后系统会自动采集编程数据，并自动打分）。

操作提示：单击进入丝印机操作使用培训模块，按题目要求完成操作。全部题目完成后必须返回认证考评界面，单击“完成提交”按钮后系统自动批卷。

【例 5.7】试通过操作培训平台，选择软件中自带的演示 PCB 设计的 Demo 板，进行 Protel 设计的双面贴装 PCB 的正（A）面丝印机模板操作。任务是首先进行 EDA 输入，再进入丝印机界面，最后进行丝印机模板设计（注意：退出后，考试平台系统会自动采集实操数据，并自动打分）。

操作提示：单击进入丝印机 CAM 程式编程培训模块，按题目要求完成操作。全部题目完成后必须返回认证考评界面，单击“完成提交”按钮后系统自动批卷。

思考题与习题

5.1 关于印刷速度的选择，正确的是（　　）。

A．一般选择在 30～65mm/s 之间。最大印刷速度取决于 PCB 上的最小引脚间距，在进行高精度印刷时（引脚间距≤0.5mm），印刷速度一般在 20～30mm/s 之间

B．一般选择在 60～100mm/s 之间。最大印刷速度取决于 PCB 上的最小引脚间距，在进行高精度印刷时（引脚间距≤0.5mm），印刷速度一般在 20～30mm/s 之间

C．一般选择在 30～65mm/s 之间。最大印刷速度取决于 PCB 上的最大引脚间距，在进行高精度印刷时（引脚间距≤0.5mm），印刷速度一般在 50～60mm/s 之间

D．一般选择在 60～100mm/s 之间。最大印刷速度取决于 PCB 上的最小引脚间距，在进行高精度印刷时（引脚间距≤0.5mm），印刷速度一般在 50～60mm/s 之间

5.2 印刷引脚间距小于 0.3mm，元器件的分离速度是（　　）。

A．0.1～0.5mm/s　　B．0.3～1.0mm/s

C．0.5～1.0mm/s　　D．0.8～2.0mm/s

5.3 焊膏桥接产生的原因是（　　）。

A．锡粉量少、黏度低、粒度大、室温高、印膏太厚、放置压力太大等

B．锡粉量多、黏度低、粒度小、室温高、印膏太厚、放置压力太大等

C．锡粉量少、黏度高、粒度大、室温高、印膏太厚、放置压力太小等

D．锡粉量多、黏度高、粒度大、室温高、印膏太厚、放置压力太大等

5.4 克服焊膏桥接产生的对策是（　　）。

A．提高焊膏中金属成分比例到 58%以上，增加焊膏的黏度到 50 万 CPS 以上，减小锡粉的粒度（如由 200 目降到 300 目），降低环境的温度至 27℃以下，提高印刷焊膏的精准度，降低零件放置所施加的压力，调整预热及熔焊的温度曲线

B．提高焊膏中金属成分比例到 88%以上，增加焊膏的黏度到 70 万 CPS 以上，减小锡粉的粒度（如由 200 目降到 300 目），降低环境的温度至 27℃以下，提高印刷焊膏的精准度，降低零件放置所施加的压力，调整预热及熔焊的温度曲线

C．提高焊膏中金属成分比例到 88%以上，增加焊膏的黏度到 70 万 CPS 以上，减小锡粉的粒度（如由 200 目降到 300 目），降低环境的温度至 35℃以下，提高印刷焊膏的精准度，提高零件放置所施加的压力，调整预热及熔焊的温度曲线

D．提高焊膏中金属成分比例到 58%以上，增加焊膏的黏度到 70 万 CPS 以上，减小锡粉的粒度（如由 200 目降到 300 目），降低环境的温度至 35℃以下，提高印刷焊膏的精准度，降低零件放置所施加的压力，调整预热及熔焊的温度曲线

5.5 MPM 丝印机印刷模式包括（　　）。

A．Print print（向前/后均印）、Print flood（只向前印）、Flood print（只向后印）、Print gap（印刷间距 0～5mm）

B．Time delay（延迟时间，1～15min）、Number of cycle（搓揉次数，2～10 次）

C．Align every print（每一次印刷均校准）、Align on first print（第一次印刷才校准）、No alignment（不测）

5.6 丝印机中级技工主要职能包括（　　）。

A．面板开关的使用、生产运行、设备调整（如轨道的调宽、调整定位针、校正刮刀、更换清洁纸）、设备操作（如上/下 PCB、载入模板、载入焊膏、清洁模板）及机器日常保养

B．面板开关的使用、调用丝印程式、生产运行和监控、设备调整（如轨道的调宽、调整定位针、校正刮刀、更换清洁纸）、机器日常保养及常规维护

C．面板开关的使用、调用丝印程式、修改程式、设备调整（如轨道的调宽、调整定位针、校正刮刀、更换清洁纸）及常规维护

5.7 丝印机生产中的操作工作主要有（　　）。

A．轨道的调宽、调整定位针、校正刮刀、更换清洁纸

B．上/下 PCB、载入模板、载入焊膏、清洁模板

C．开机、调用丝印程式、生产运行和监控

5.8 丝印机每周维护检查项目主要有（　　）。

A．滚珠丝杠导轨清洁润滑、板卡松动检查、每个运动部分的速度检查、漏气情况检查

B．更换清洁纸、清洁模板和压力表、清洁模板位置检查

C．运输皮带、皮带轮及轴承磨损、清洁设备

5.9 丝印机印刷焊膏桥接的主要原因是（　　）。

A．坐标偏移、标号识别不良、钢网固定松动、某轴松动或电动机/电动机驱动卡异常

B．锡浆太稀、钢网与 PCB 有间隙、刮刀刮不干净、钢网擦拭不干净、钢网开孔问题

C．轨道前后宽度不一致、轨道皮带破损、传输电动机/电动机驱动卡异常

5.10 焊膏丝印中有哪几个关键的要素？

5.11 印刷模板。

（1）常见制作模板的工艺有哪几种？

（2）什么是三球定律？

（3）模板宽厚比是多少？模板面积比是多少？什么情况下考虑宽厚比？

（4）请总结 QFP、BGA 模板开口尺寸。

（5）什么是台阶与陷凹台阶的模板？

5.12 常见刮板类型有几种？刮板有几种形式？

5.13 印刷参数。

（1）一般把刮刀压力设定为_________kg/25mm。

（2）请总结印刷厚度与引脚间距的关系。

（3）最大印刷速度取决于什么？在进行高精度印刷时（引脚间距≤0.5mm），印刷速度一般为__________mm/s。

（4）SOT 元器件印刷焊膏偏移量小于 15%锡盘宽度，是否为允收标准？

5.14 无铅焊膏的印刷与锡铅焊膏的印刷有何差别？

5.15 试简述焊膏印刷缺陷产生的原因及对策。

5.16 试通过操作培训平台，选择软件中自带的演示 PCB 设计的 Demo 板，进行 Protel 设计的 FPGA 双面贴装 PCB 的 MPM 丝印机操作。任务是首先进入 MPM 丝印机操作使用界面，再进行开机、调用丝印程式、进板、载入模板、载入焊膏、3D 模拟运行及生产监控等操作（注意：退出后系统会自动采集编程数据，并自动打分）。

5.17 试通过操作培训平台，选择软件中自带的演示 PCB 设计的 Demo 板，进行 Protel 设计的单面贴装 PCB 的丝印机模板设计。任务是首先进行 EDA 输入，再进入丝印机界面，最后进

行丝印机模板设计（注意：退出后，考试平台系统会自动采集实操数据，并自动打分）。

5.18 试通过操作培训平台，选择软件中自带的演示 PCB 设计的 Demo 板，进行 Protel 设计的双面贴装 PCB 的 MPM 丝印机编程。任务是首先进行 EDA 输入，再进入 MPM 丝印机编程界面，最后设置各种印刷参数，并通过 3D 仿真查看编程错误，进行修改（注意：退出后系统会自动采集编程数据，并自动打分）。

第6章 点胶技术

【目　　的】

（1）掌握点胶基本原理；

（2）掌握点胶机 CAM 程式编程。

【内　　容】

（1）点胶机编程；

（2）点胶机静态仿真；

（3）点胶机动态仿真，按照模拟编程的 CAM 程式，自动进行点胶机工作过程 3D 模拟仿真；

（4）根据动态仿真，读者再修改 CAM 程式的设计错误。

【实训要求】

（1）掌握国际市场上主流点胶机机型（Fuji、ANDA）的模拟编程；

（2）掌握点胶机参数设置，如标号、点胶速度、点胶压力等；

（3）通过 PCB 设计 Demo 板文件，设计点胶机程式，采用 3D 动画显示 PCB 的点胶过程，再修改编程设计错误；

（4）撰写实验报告。

6.1 点胶技术概述

随着 SMT 技术的复杂化，以及人们对其要求的提高，有效地涂布（Dispensing，一般称为点胶）贴片胶（Surface Mount Adhesive，SMA）也变得越来越重要。在片式元件与插装元器件混装时，需要用贴片胶把片式元件暂时固定在 PCB 的焊盘位置上，防止其在传递过程中或插装元器件、波峰焊等工序中掉落。在双面回流焊工艺中，为防止已焊好面上的大型器件因焊接受热熔化而掉落，也需要用贴片胶固定。

6.1.1 SMA 涂布方法

涂布可以分为两种技术：接触式和非接触式（如喷射，避免与板的物理接触），又分为不同的方法，SMA 涂布方法比较如表 6.1 所示。

表 6.1　SMA 涂布方法比较

方　法	针式转移法	注　射　法	模板印刷法
特点	• 适用于大批量生产； • 所有胶点一次成型； • 基板设计改变，针板设计有相应改变； • 胶液暴露在空气中； • 对黏结剂黏度控制要求严格；	• 灵活性大； • 通过压力的大小及加压的时间来调整点胶量，因而点胶量调整方便； • 胶液与空气不接触； • 工艺调整速度慢，程序更换复杂； • 对设备维护要求高； • 速度慢，效率不高；	• 所有胶点一次操作完成； • 可印刷双胶点和特殊形状的胶点； • 网板的清洁对印刷效果影响很大； • 胶液暴露在空气中，对外界环境湿度、温度要求较高； • 只适用于平整表面； • 模板调节裕度小；

续表

方　法	针式转移法	注　射　法	模板印刷法
特点	• 对外界环境温度的控制要求高； • 只适用于表面平整的电路板； • 欲改变胶点的尺寸比较困难	• 胶点的大小与形状一致	• 元器件种类受限，主要适用片式矩形元器件及 MELF 元器件； • 位置准确、涂布均匀、效率高
速度	30000 点/时	20000～40000 点/时	15～30 秒/块
胶点尺寸影响因素	• 针头的直径； • 黏结剂的黏度	• “止动”高度； • 胶嘴针孔的内径； • 涂布压力、时间、温度	• 黏结剂的黏度； • 模板开孔的形状与大小； • 模板厚度
黏结剂的要求	• 不吸潮； • 黏度在 15Pa·s 左右	• 能快速点涂； • 形状及高度稳定； • 黏度范围为 70～100Pa·s	• 不吸潮； • 黏度范围为 200～300Pa·s

6.1.2 点胶设备

点胶设备可分为手动点胶设备和全自动点胶设备两种。全自动涂覆需要专门的全自动点胶机（见图 6.1），有些全自动贴片机上配有点胶头。手动点胶机用于试验或小批量生产中，如图 6.2 所示。点胶头的结构直接决定点胶的质量，如图 6.3 所示。

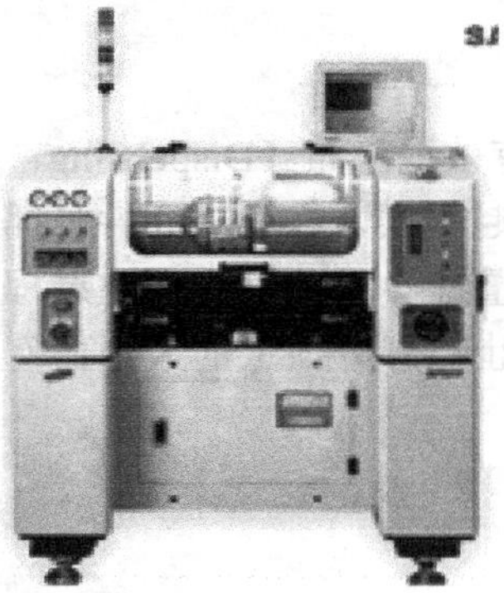

图 6.1　高速点胶机 DP50

图 6.2　I&J2300 手动点胶机

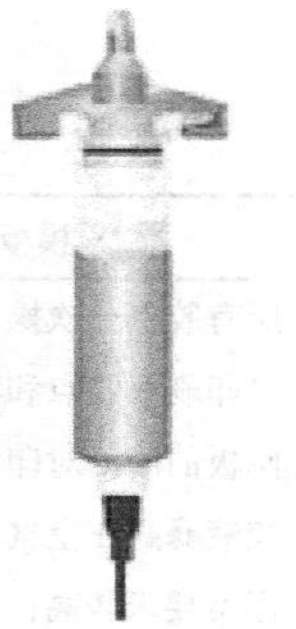

（a）在通过针管之前注射器内全部材料被压缩

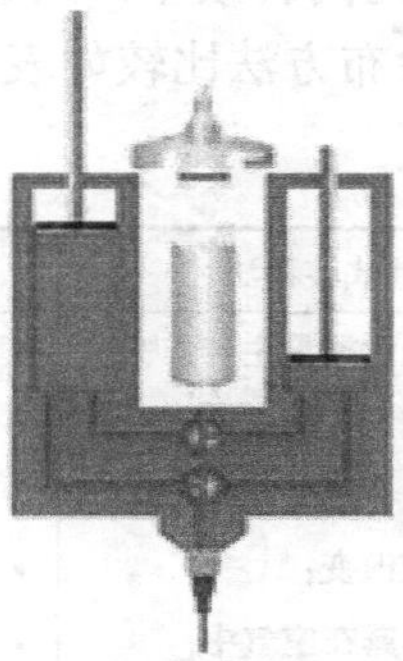

（b）在整个通往点胶嘴的过程中材料被压缩

图 6.3　点胶头的结构

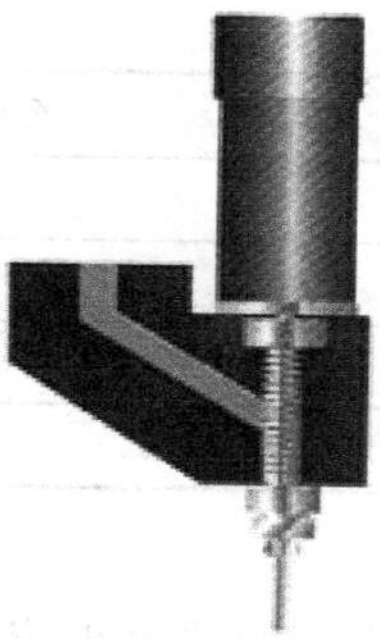

（c）在通过针管之前进给螺杆周围的所有材料均被压缩

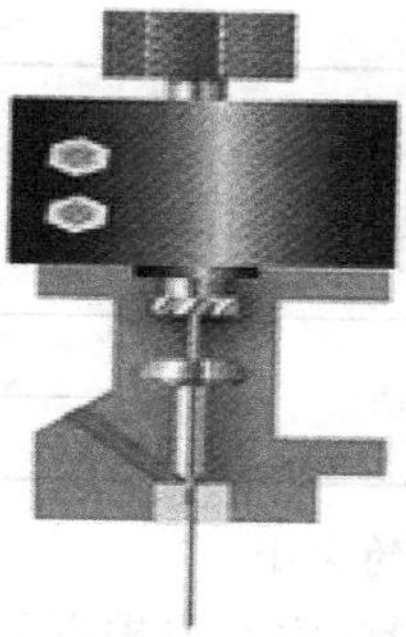

（d）只有要滴出的材料才被压缩

图 6.3 点胶头的结构（续）

6.1.3 点胶工艺控制

1. 工艺控制

在元器件混合装配结构的电路板生产过程中，涂覆贴片胶是重要的工序之一。图 6.4（a）所示是先插装引线元器件，后贴装 SMT 元器件的方案；图 6.4（b）所示是先贴装 SMT 元器件，后插装引线元器件的方案。比较这两个方案，后者更适合用自动化生产线进行大批量生产。表 6.2 所示为点胶的材料、工艺和工具参数。

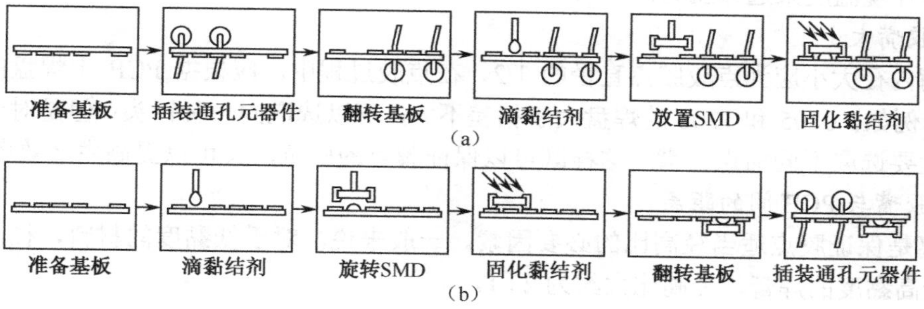

图 6.4 混合装配结构生产过程中的贴片胶涂覆工序

表 6.2 点胶的材料、工艺和工具参数

材料参数		工艺/工具参数	
干燥/老化特性	温度	节拍时间	泵控制精度
流动特性	黏性	针嘴离基板的距离	X/Y 精度与可重复性
混合物的同质性	湿润特性	针嘴内径	Z 轴精度与可重复性
空气出现与否		针嘴设计	

1）黏度

如表 6.3 所示，黏结剂的黏度直接影响点胶的质量。黏度大，则胶点会变小，甚至拉丝；黏度小，胶点会变大，进而可能渗染焊盘。点胶过程中，对应不同黏度的胶水，应选取合理的压力和点胶速度。

表 6.3 黏结剂的黏度要求

涂布方式	SMC/SMD 形状（mm）	黏度（Pa·s）
针印法	圆柱形ϕ2.2×6	15±5
注射法	矩形	70±5
丝网漏印法	矩形	300±10
	圆柱形ϕ1.5×3.5	200±10

2）点胶量的大小

贴片点胶量的大小要根据元器件的尺寸和重量来确定，胶点直径的大小应为焊盘间距的一半，这样就可以保证有充足的胶水来黏结元件，同时又避免了过多胶水渗染焊盘。胶点的大小由点胶时间及点胶量来决定。

3）贴片胶的点涂位置

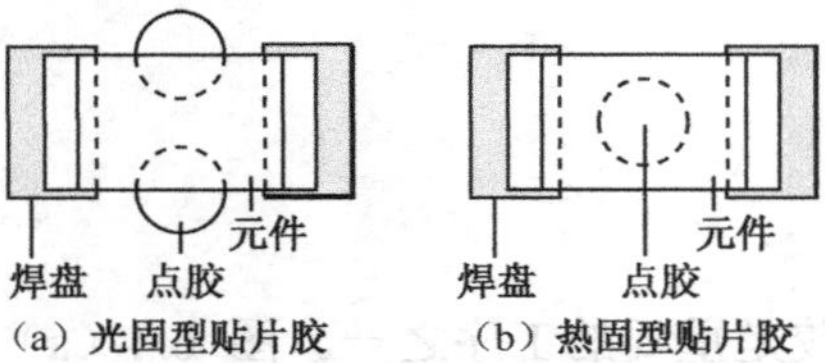

图 6.5 贴片胶的点涂位置

涂覆光固型贴片胶和热固型贴片胶的技术要求不同，如图 6.5（a）所示为光固型贴片胶的点涂位置，贴片胶至少应该从元器件的下面露出一半，才能被光照射而实现固化；图 6.5（b）所示为热固型贴片胶的点涂位置，因为采用加热固化的方法，所以贴片胶可以完全被元器件覆盖。

4）点胶压力

点胶机通过给点胶针头胶筒施加一个压力来保证有足够的胶水挤出。压力太大易造成点胶量过大；压力太小则会出现点胶断续现象。应根据胶水的品质及工作环境温度来选择压力。

5）点胶嘴大小

点胶嘴内径大小应为点胶胶点直径的 1/2，在点胶过程中，应根据 PCB 上焊盘的大小来选取点胶嘴。例如，0805 和 1206 的焊盘大小相差不大，可以选取同一种针头；但是对于相差悬殊的焊盘，就要选取不同的点胶嘴，这样既可以保证胶点的质量，又可以提高生产效率。

6）点胶嘴与 PCB 间的距离

该距离是保证胶点适当径高比的必要因素。一般来说，对于低黏度的材料，径高比大约为 3 : 1，对于高黏度的焊膏，径高比大约为 2 : 1。

7）胶水温度

一般环氧树脂胶水应保存在 0～5℃的冰箱中，使用时应提前半小时拿出。胶水的使用温度应为 23～25℃，环境温度对胶水的黏度影响很大，温度过低则胶点会变小，出现拉丝现象。环境温度相差 5℃，会造成 50%点胶量的变化，因而应对环境温度加以控制。

8）贴片胶的固化

涂覆贴片胶以后进行元器件贴装时需要固化贴片胶，把元器件固定在电路板上。固化贴片胶可以采用多种方法，比较典型的方法有以下三种。

（1）用电热烘箱或红外线辐射的方法，对贴装了元器件的电路板加热一定时间。

（2）在黏结剂中混合添加一种硬化剂，使黏结了元器件的贴片胶在室温中固化，也可以通过提高环境温度来加速固化。

（3）采用紫外线辐射固化贴片胶。

2．点胶工艺中常见的缺陷与解决方法

点胶工艺中常见的缺陷与解决方法如表 6.4 所示。

表 6.4　点胶工艺中常见的缺陷与解决方法

序号	项　目	现　象	产 生 原 因	解 决 方 法
1	拉丝/拖尾	拉丝/拖尾，是点胶中常见的缺陷	① 胶嘴内径太小，点胶压力太高； ② 胶嘴离 PCB 的间距太大； ③ 黏结剂过期或品质不好； ④ 贴片胶黏度太高； ⑤ 从冰箱取出后未恢复到室温； ⑥ 点胶量太大等	① 改换内径较大的胶嘴，降低点胶压力； ② 调节“止动”高度，换胶； ③ 选择黏度适合的胶种； ④ 从冰箱中取出后应恢复到室温（约 4h）； ⑤ 调整点胶量
2	胶嘴堵塞	胶嘴出胶量偏少或没有胶点出来	① 针孔内未完全清洗干净； ② 贴片胶中混入杂质； ③ 有堵孔现象； ④ 不兼容的胶水相混合	① 更换清洁的针头； ② 更换质量较好的贴片胶； ③ 贴片胶牌号不应搞错
3	空打	只有点胶动作，无出胶量	① 混入气泡； ② 胶嘴堵塞	① 注射筒中的胶应进行脱气泡处理（特别是自己装的胶）； ② 按胶嘴堵塞方法处理
4	元器件偏移	固化元器件移位，严重时元器件引脚不在焊盘上	① 贴片胶出胶量不均匀； ② 贴片时，组件移位； ③ 贴片胶黏度下降； ④ 点胶后 PCB 放置时间太长； ⑤ 胶水半固化	① 检查胶嘴是否堵塞； ② 排除出胶不均匀现象； ③ 调整贴片机工作状态； ④ 更换胶水； ⑤ 点胶后 PCB 放置时间不应过长（小于 4h）
5	固化后，元器件黏结强度不够，波峰焊后会掉片	固化后，元器件黏结强度不够，低于规范值，有时用手触摸会出现掉片现象	① 固化后工艺参数不到位； ② 温度不够； ③ 组件尺寸过大，吸热量大； ④ 光固化灯老化； ⑤ 胶水不够； ⑥ 组件/PCB 有污染	① 调整固化曲线，特别是提高固化温度，通常热固化胶的峰值固化温度很关键，达到峰值温度易引起掉片； ② 对于光固化胶来说，应观察光固化灯是否老化，灯管是否有发黑现象； ③ 增加胶水的用量； ④ 检查组件/PCB 是否有污染
6	固化后，组件引脚上浮/移位	固化后组件引脚浮起来或移位，波峰焊后焊料会进入焊盘	① 贴片胶不均匀； ② 贴片胶量过大； ③ 贴片时组件偏移	① 调整点胶工艺参数； ② 控制点胶量； ③ 调整贴片工艺参数

6.1.4　印胶技术

所谓印胶，就是通过丝网印刷工艺将胶状物料按规定的要求印到 PCB 上。就工艺参数扰动对其工艺过程的影响而言，触变性是印胶工艺的一大特性。就印胶机理而言，PCB 的湿吸附力、印胶黏性及印胶表面张力间相互作用的平衡使得网板漏孔中的部分印胶被吸到 PCB 上。

虽然印胶工艺与点胶工艺有相近之处，但它们属于两种不同的生产工艺。与后者相比，印胶工艺有如下特点。

（1）它能非常稳定地控制印胶量。对于焊盘间距在 5～10mil 之间的 PCB，印胶工艺可以很容易并十分稳定地将印胶厚度控制在 2±0.2mil 范围内。

（2）可以在同一块 PCB 上通过一次印刷行程实现不同大小、不同形状的印胶。点胶机则是一点一点按顺序地将胶水置于 PCB 上，点胶所需时间根据胶点数目而定。

6.2　点胶机实训

点胶机虚拟制造系统如图 6.6 所示，先读入 EDA 设计文件，进行模拟编程，再进行点胶机工作过程 3D 动画仿真，最后进行点胶机操作使用和维修保养。

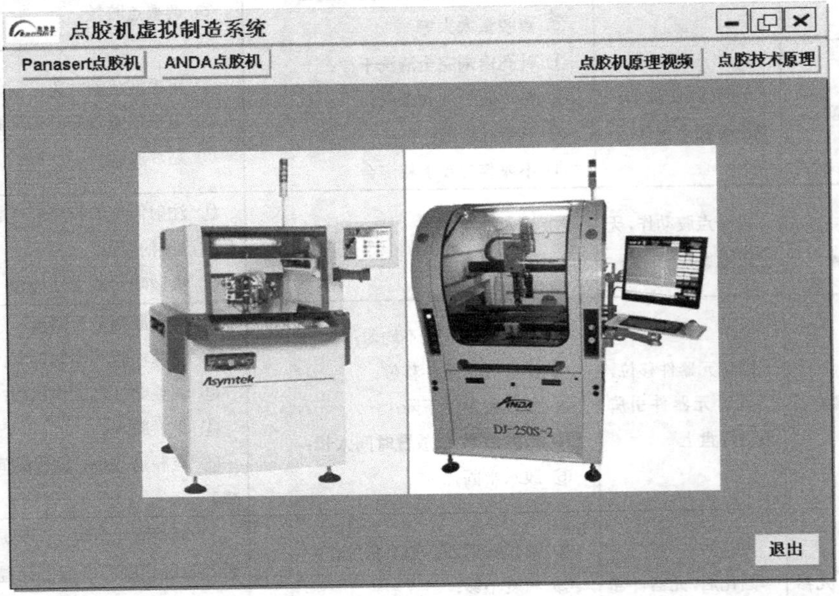

图 6.6　点胶机虚拟制造系统

6.2.1　点胶机 CAM 程式编程

点胶机主流机型包括 Asymtek、Panasert 和 ANDA。CAM 程式编程时先读入 EDA 设计文件，再进行系统设置，最后进行 CAM 程式编程，必要时进行机器参数设置。下面以 Panasert HDF 点胶机（见图 6.7）为例进行介绍。

1．系统设置

Panasert HDF 点胶机编程界面如图 6.8 所示，单击“Setup”按钮，进入系统设置界面，如图 6.9 所示，主要对 PCB 材质（常用）、胶的颜色、点胶范围、Mark（标号）识别参数等进行设置。必要时进行机器参数设置，如图 6.10 所示，以便于后面进行 CAM 程式编程。具体请参照系统说明进行。

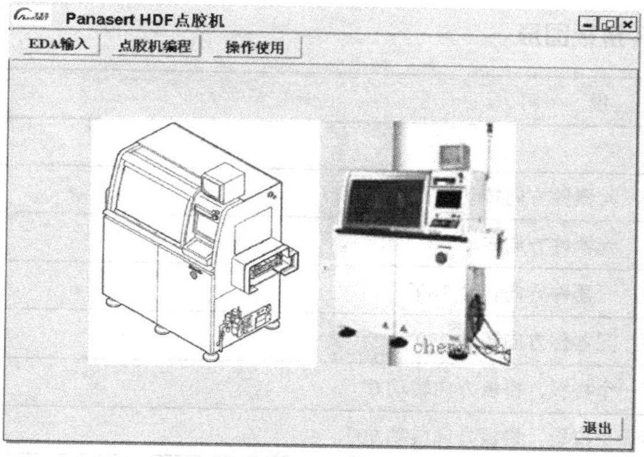

图 6.7　Panasert HDF 点胶机

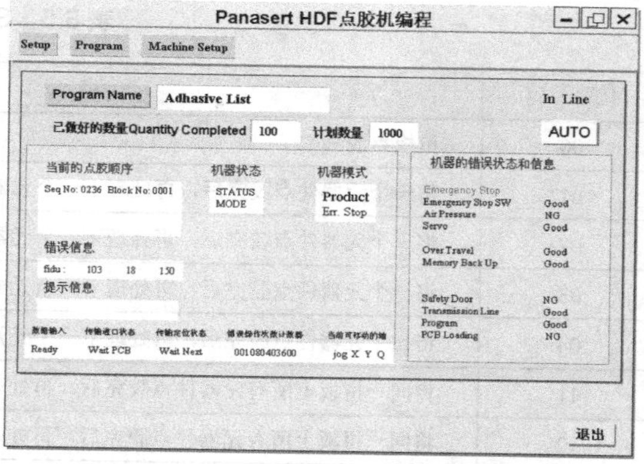

图 6.8　Panasert HDF 点胶机编程界面

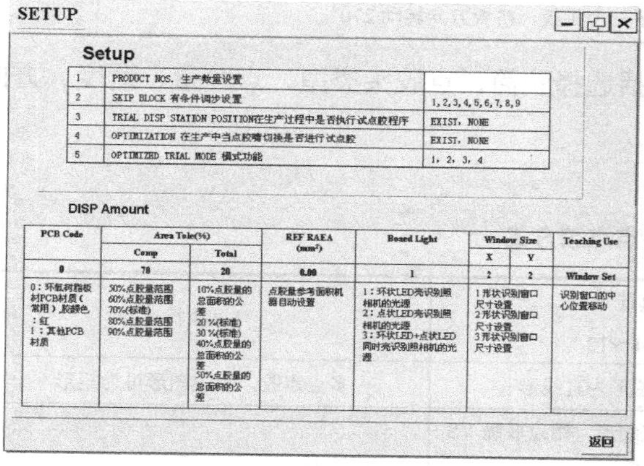

图 6.9　系统设置界面

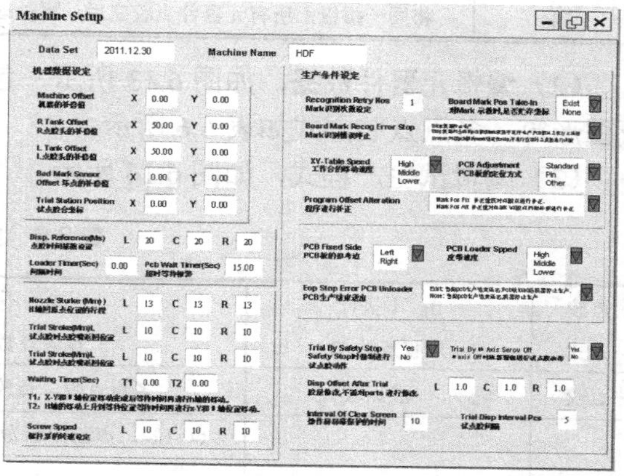

图 6.10　机器参数设置

2. CAM 程式编程

第一步：导入 EDA 设计文件，确定 PCB 尺寸。

第二步：调用 PCB 示教静态仿真，确定 Mark 点，如图 6.11 所示。

第三步：进行点胶机程式编程。

（1）编辑顺序程式，如图 6.12 所示。先导入元器件清单和元器件中心坐标，再按元器件清单顺序，参照说明逐个设置点胶量、S&R 拼板图形（见表 6.5）及旋转方向等参数。

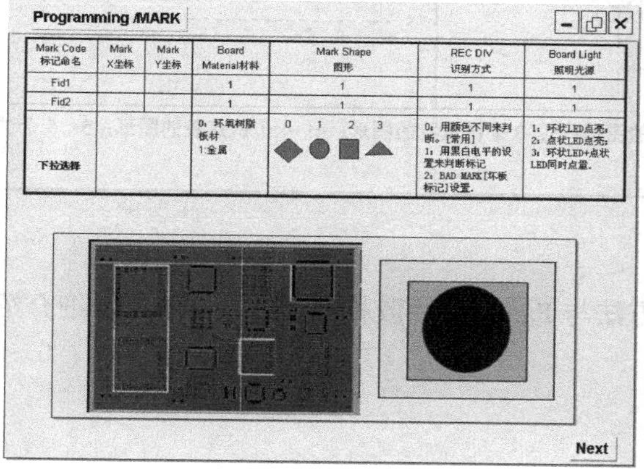

图 6.11　确定 Mark 点

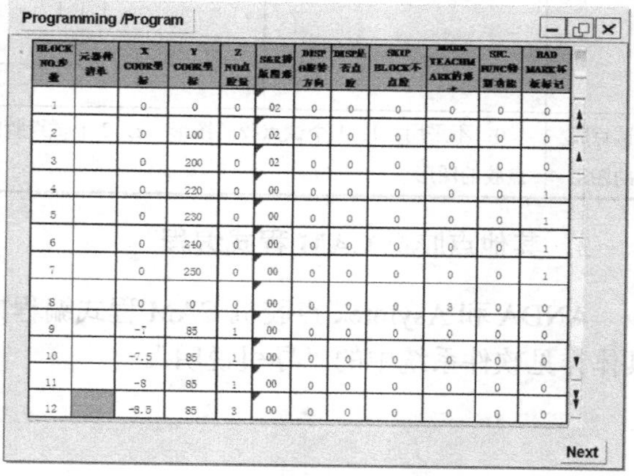

图 6.12　编辑顺序程式

表 6.5　S&R 拼板图形

代　码	说　明
00	单板点胶
01	将一个元器件点胶完后，再处理下一个元器件，元器件方向转动 0°
02	将一个元器件点胶完后，再处理下一个元器件，元器件方向转动 90°
03	将一个元器件点胶完后，再处理下一个元器件，元器件方向转动 180°
04	将一个元器件点胶完后，再处理下一个元器件，元器件方向转动 270°
11	将同一拼板上所有元器件点胶完后，再处理下一个拼板，拼板方向转动 0°
12	将同一拼板上所有元器件点胶完后，再处理下一个拼板，拼板方向转动 90°
13	将同一拼板上所有元器件点胶完后，再处理下一个拼板，拼板方向转动 180°
14	将同一拼板上所有元器件点胶完后，再处理下一个拼板，拼板方向转动 270°

（2）编辑元器件数据，如图 6.13 所示，包括选择胶筒、点胶头类型、点胶量、速度、方向及图形等。多点点胶方式如表 6.6 所示。

（3）编辑试生产程式，如图 6.14 所示。

表 6.6　多点点胶方式

点胶方式	0：不执行 点胶点数=0	0：不执行 点胶点数=1～12	1：执行
点胶	一点点胶	多点点胶，点胶图形为直线形	多点点胶，点胶图形可为矩形
多点点胶图示	用点胶嘴 VS 进行点胶 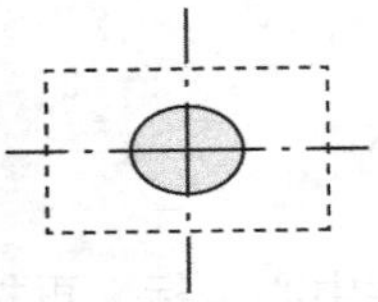	2 点点胶，点胶图形为直线形，用点胶嘴 VS 进行点胶 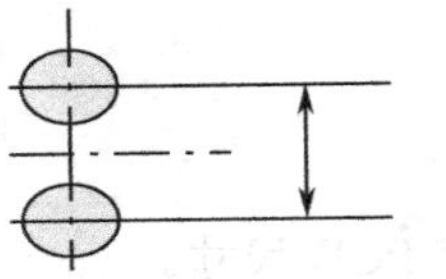 2 点点胶，点胶图形为直线形，用点胶嘴 S 进行点胶 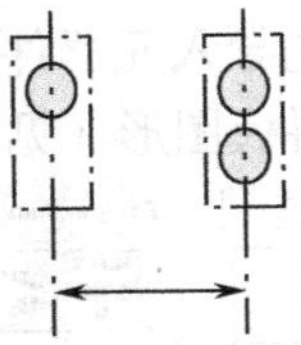	4 点点胶，点胶图形为矩形，用点胶嘴 S 进行点胶 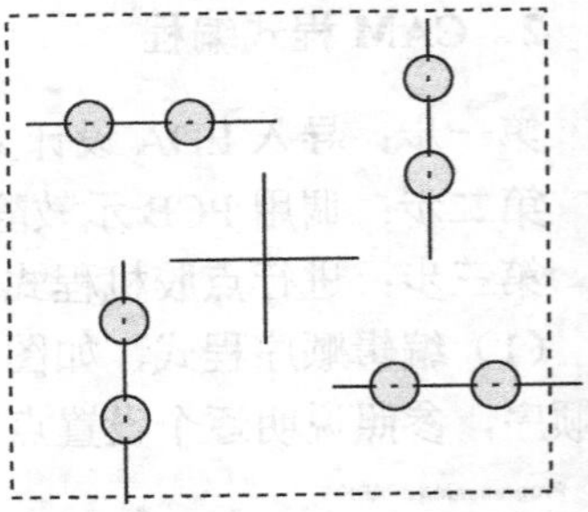
试点胶的图形	0：不采用；1：1 个试点胶的图形；2：2 个试点胶的图形；3：3 个试点胶的图形；4：4 个试点胶的图形；5：5 个试点胶的图形		

3．其他点胶机 CAM 程式编程

ANDA 和 Asymtek 点胶机 CAM 程式编程方法与 Panasert 点胶机相似，本书不再详细介绍，具体详见软件系统中的“导引说明”。

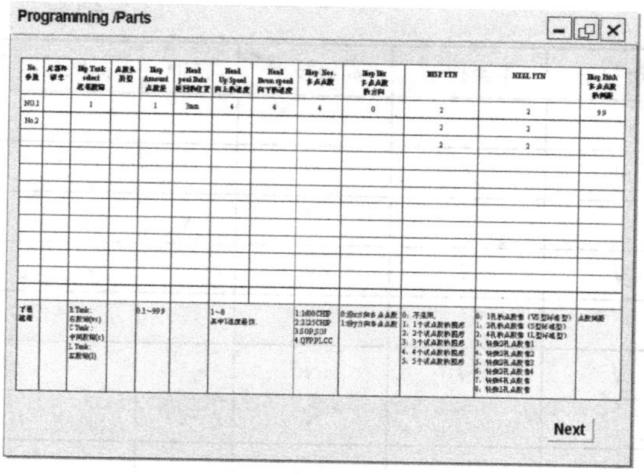

图 6.13　编辑元器件数据

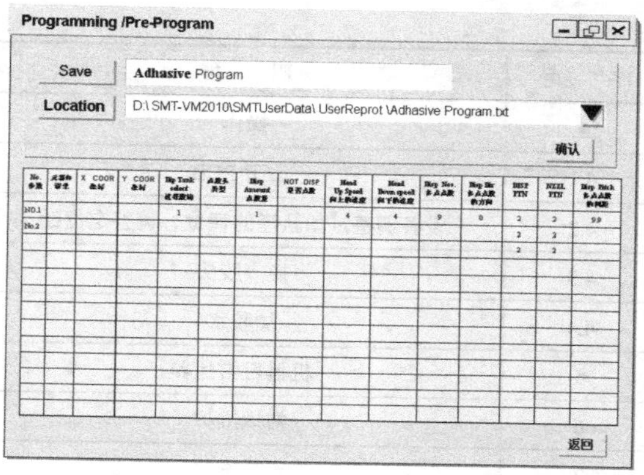

图 6.14　编辑试生产程式

6.2.2　点胶机操作技能

在 Panasert HDF 点胶机主界面上单击“操作使用”按钮，即进入点胶机操作使用界面，如图 6.15 所示。点胶机操作技工（师）职能如表 6.7 所示。

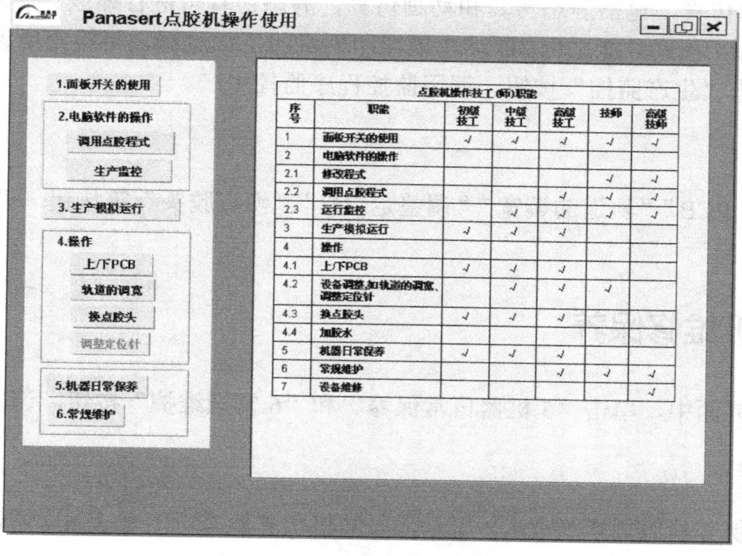

图 6.15　点胶机操作使用界面

表 6.7　点胶机操作技工（师）职能

序　号	职　能	初级技工	中级技工	高级技工	技师	高级技师
1	面板开关的使用	√	√	√	√	√
2	电脑软件的操作					
2.1	修改程式				√	√
2.2	调用点胶程式			√	√	√
2.3	运行监控		√	√	√	√
3	生产模拟运行	√	√	√		

续表

序　号	职　能	初级技工	中级技工	高级技工	技师	高级技师
4	操作					
4.1	上/下 PCB	√	√	√		
4.2	设备调整，如轨道的调宽、调整定位针		√	√	√	
4.3	换点胶头	√	√	√		
4.4	加胶水					
5	机器日常保养	√	√	√		
6	常规维护			√	√	√
7	设备维修					√

1．面板开关的使用

单击“1.面板开关的使用”按钮，调出动画，显示面板各种开关的作用和使用情况。

2．电脑软件的操作和生产模拟运行

单击“调用点胶程式”按钮，调用 Demo CAM 程式；再单击“3.生产模拟运行”按钮，调用点胶机 3D 模拟仿真，包括静态仿真和动画仿真，静态仿真可进行缩放、旋转、平移等操作，动画仿真根据 CAM 程式，能采用 3D 动画模拟印刷机的工作过程，可检查所设计的 CAM 程式的错误；最后单击“生产监控”按钮，调用监控程序监控生产。

3．操作

单击“上/下 PCB”“轨道的调宽”“调整定位针”“换点胶头”等按钮，调出动画，显示各种操作。

6.2.3 点胶机维修保养

在操作使用界面中，单击“5.机器日常保养”和“6.常规维护”按钮，调出说明文档。

1．维护保养

点胶机日常保养检查周期如表 6.8 所示，点胶机保养检查项目如表 6.9 所示。

表 6.8　点胶机日常保养检查周期

分　类	检查项目	步　骤
日保养	点胶系统	检查喷头是否有堵塞，洗净喷头内的残留物，检查 PE 管连接处是否有漏或堵塞现象，喷头须日常用毛刷蘸上工业酒精或清洗剂刷喷嘴
		检查伺服阀能否正常工作
	传输系统	检查输送电动机运行及齿轮啮合状况，并在齿轮上涂一层润滑油脂
	视觉系统	检查 CCD 上有无灰尘

续表

分　类	检 查 项 目	步　骤
月保养	*XY* 平台	检查 *XY* 平台电动机运行，并在滚珠丝杠上涂一层润滑油脂
	点胶系统	检查电动机运行状况，并在传动机构上涂一层润滑油脂
	传输系统	检查输送电动机运行及齿轮啮合状况，并在齿轮上涂一层润滑油脂
	PCB 定位	检查 PCB 定位针及机构
年保养	检查项目	检查点胶精度
	更换部件	更换有损部件

表 6.9　点胶机保养检查项目

序号	检 查 项 目				确认
1	电气控制部分	变压器盒	电源电压	AC 100V	
				AC 200V	
		P783 主控制器	连接器松弛		
			电压	+5.00～+5.25V	
				+12.00～+12.60V	
				−12.60～−12.00V	
				+15.00～+15.75V	
				−15.75～−15.00V	
		AC 伺服驱动器	连接器松弛		
		配电盘	5V 电源	4.9～5.3V	
			24V 电源	24.3～24.7V	
			电压（100VL）	0～1V	
			电压（100VH）	95～110V	
		冷却风扇	电动机	正常旋转	
			过滤器	堵塞、污垢	
		MMI	连接器松弛		
2	气压控制部分	主气压调节表	气压	0.5MPa（$5kg\cdot f/cm^2$）	
		气压下降调节表		0.4MPa（$4kg\cdot f/cm^2$）	
		支承台上下调节表		0.5MPa（$5kg\cdot f/cm^2$）	
		主调节表	气压	运转中的安定度	
			压力开关	0.39MPa（$4kg\cdot f/cm^2$）	
			过滤器的堵塞、轧辊内的沉淀物		
		配管	各部分的磨损、损伤，连接部分的松动		
3	基准销	位置精度	在手动数字控制程序中移动 *Y* 轴到 7.5mm 处	7.5±0.1mm	
4	基板下面的尺寸	间隙	在 *XY* 工作台平面度或直角度治具下面和支承销之间的间隙	30mm 以上	
5	*Y* 工作台	平行度	固定导轨	0.1mm 以内	
		平面度	基板支架（最大宽度时，测定为 9 磅）	0.1mm 以内	

续表

序号	检查项目					确认
5	*Y* 工作台	高度	皮带上面和支承台	32±0.15mm		
		导轨宽度调整	旋转转矩	8.8N·cm 以下		
6	基板搬送	上载导轨	搬送皮带的张力			
			搬送皮带的磨损、清扫			
			左侧 *Y* 工作台和上载导轨之间的间隙	5±0.5mm		
			左侧 *Y* 工作台和上载导轨皮带的级差	0～0.2mm		
		下载导轨	搬送皮带的张力			
			搬送皮带的磨损、清扫			
			右侧 *Y* 工作台和下载导轨之间的间隙	5±0.5mm		
			右侧 *Y* 工作台和下载导轨皮带的级差	−0.1～0mm		
7	同步皮带	*θ* 轴	张力	45.1±4.9N（4.6±0.5kg·f）		
			皮带的磨损、清扫			
		导轨宽度调整	张力	29.4±9.8N（3.0±1.0kg·f）		
			皮带的磨损、清扫			
		导轨自动宽度调整	张力	29.4±9.8N（3.0±1.0kg·f）		
			皮带的磨损、清扫			
8	点胶头部	偏心度	喷嘴尖端	0.05mm 以内		
		平行度	*X* 方向	0.1mm 以下		
			Y 方向	0.8mm 以下		
		高度	喷嘴尖端和 *XY* 工作台平面度或直角度治具	13.00～13.05mm		
9	点胶头部表面	高度	以 *XY* 工作台平面度或直角度治具上面为基准	−0.30～−0.25mm		
		平面度	试打点胶头部表面	0.02mm 以内		
10	*XY* 工作台	滑行移动力	*X* 轴	49.0～78.5N（5.0～8.0kg·f）		
			Y 轴	88.3N 以下（9kg·f 以下）		
11	轴	极限		M 尺寸	XL 尺寸	
			X 轴极限（±1.0mm）	+374.0mm	+319.0mm	
				−289.0mm	−399.0mm	
			X 轴安全极限（±1.0mm）	+378.0mm	+323.0mm	
				−293.0mm	−403.0mm	
			Y 轴极限（±1.0mm）	+201.0mm	+258.0mm	
				−113.0mm	−245.0mm	
			Y 轴安全极限（±1.0mm）	+207.0mm	+261.0mm	
				−119.0mm	−248.0mm	
			H 轴第一极限（±0.05mm）	+14.00mm		
				−3.00mm		
			θ 轴第一极限（±1°）	±93.5°		
12	点胶精度	十字形点胶（0° 方向、90° 方向）	VS 喷嘴	±0.03mm		
			S 喷嘴	±0.03mm		
			L 喷嘴	±0.1mm		

续表

序号	检查项目				确认
13	导轨自动宽度调整（选购件）	停止位置精度	最大基板（M 尺寸：250mm；XL 尺寸：460mm）	0.1mm 以内	
			最小基板（50mm）		
		极限	上载导轨	原点：0.6～1.0mm 极限：+1～+3mm M 尺寸：−203～−201mm XL 尺寸：−413～−411mm	
			下载导轨		
			Y 工作台		
		反复操作中没有出现问题			
		无异常声音			
14	销自动宽度调整（选购件）	极限	*Y* 工作台	原点 M 尺寸：320±0.1mm XL 尺寸：500±0.1mm （+）极限：0.5～1.5mm	
15	动作确认	手动	按副操作盘上的开关，确认所有的手动操作		
		半自动	确认 *XY* 工作台的定位操作		
		全自动	确认基板搬送操作		
			确认恢复操作		
16	关于数控数据的功能检查		数控数据输入/输出状态		
			人工数据输入状态		
17	专用治具工具	音波式皮带张力计、点胶嘴高度确认用治具、基板下 30mm 治具、上部导轨平面度治具、*XY* 工作台平面度或直角度治具、支持高度确认用治具、喷嘴平行度用治具、亮度调整治具、弹簧压紧支架、胶嘴高度确认用治具、百分表安装用治具			

2．操作维修

维修更换部件见系统说明，如表 6.10 所示。

表 6.10 维修更换部件

序号	项 目	步 骤	图 示
1	更换基板相机的 LED 照明	① 关闭电源； ② 拔下 LED 用的插头； ③ 拧松法兰盘螺栓（4 个），卸下法兰盘； ④ 拧松基板上的螺钉（3 个），卸下基板； ⑤ 拧松法兰盘内部的螺钉（2 个），从法兰盘上卸下 LED 用基板； ⑥ 将新的 LED 用基板安装到法兰盘上，拧紧螺钉； ⑦ 将基板放入法兰盘内侧，拧紧基板螺钉； ⑧ 将法兰盘放入相机一侧的筒内，拧紧螺钉； ⑨ 插上 LED 用插头	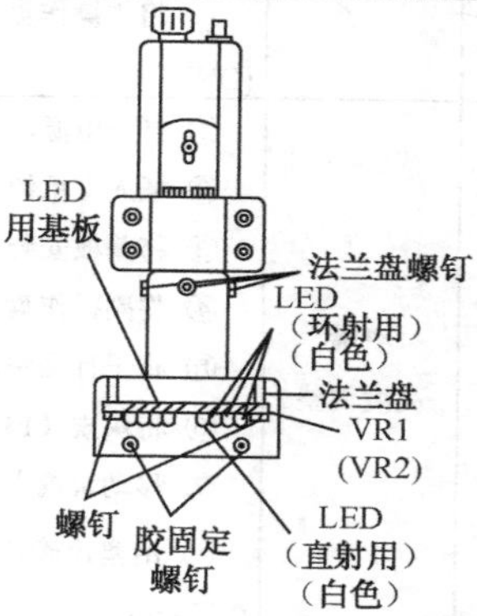

续表

序号	项　目	步　骤	图　示
2	更换 H 轴电动机	① 打开电源，返回原点； ② 将主操作盘上的“SERVO MOTOR”（伺服电动机）置于[OFF]； ③ 为了方便操作，手动移动头组件； ④ 卸下电动机电缆的连接器； ⑤ 拧松联轴节电动机一侧的锁紧螺母； ⑥ 卸下电动机螺栓，从电动机托架上卸下电动机； ⑦ 将新的电动机安装到电动机托架上，拧紧螺栓； ⑧ 连接电动机电缆的连接器； ⑨ 拧紧联轴节电动机一侧的锁紧螺母； ⑩ 将主操作盘上的“SERVO MOTOR”（伺服电动机）置于[ON]； ⑪ 调整 H 轴原点和极限	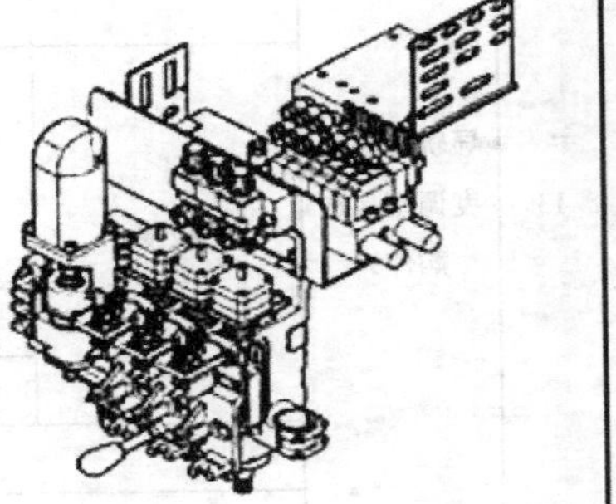
3	更换 θ 轴电动机	① 打开电源，返回原点； ② 将主操作盘上的“SERVO MOTOR”（伺服电动机）置于[OFF]； ③ 卸下 θ 轴电动机的配线； ④ 拧松电动机机架螺栓（3 个）； ⑤ 拧松张力调整螺栓； ⑥ 取下同步皮带； ⑦ 拆卸 θ 轴的（+）极限传感器和（−）极限传感器的配线； ⑧ 卸下电动机机架螺栓（3 个），朝下卸下电动机机架； ⑨ 拧松电动机皮带轮螺栓，卸下电动机皮带轮； ⑩ 卸下电动机螺栓（4 个），拆卸 θ 轴电动机； ⑪ 将 θ 轴电动机安装到电动机机架上，以标记为基准，安装皮带轮； ⑫ 从下部将 θ 轴电动机安装到原位置，暂时拧紧机架螺栓； ⑬ 安装同步皮带，暂时拧紧电动机机架螺栓； ⑭ 调整喷嘴平行度； ⑮ 调整 θ 轴同步皮带张力，张力为 45.1±4.9N（4.6±0.5kg·f）； ⑯ 手动旋转电动机皮带轮，确认皮带是否被正确安装到各皮带轮的凹槽内； ⑰ 将主操作盘上的“SERVO MOTOR”（伺服电动机）置于[ON]	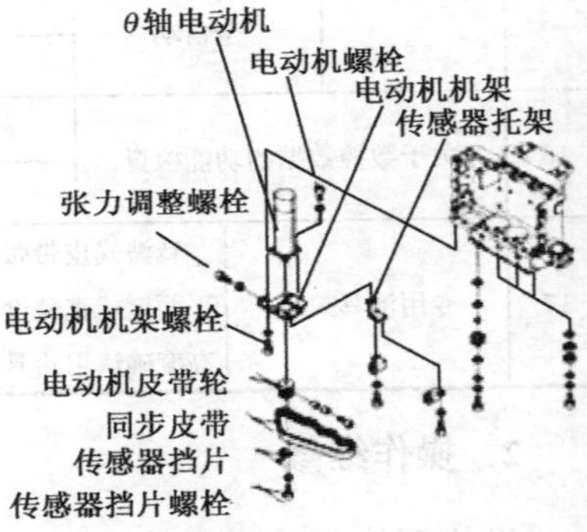
4	喷嘴 高度调整	① 打开电源，返回原点； ② 插入支承销； ③ 将基板安装到工作台上； ④ 将副操作盘上的“SUPPORT UP”（支承台上升）置于[ON]； ⑤ 将平行调整治具安装到要检查的喷嘴头上； ⑥ 将块规（13.0mm）安装到基板上面； ⑦ 移动块规上的头组件； ⑧ 用塞尺确认喷嘴平行调整治具和块规之间的间隙为 0～0.05mm；	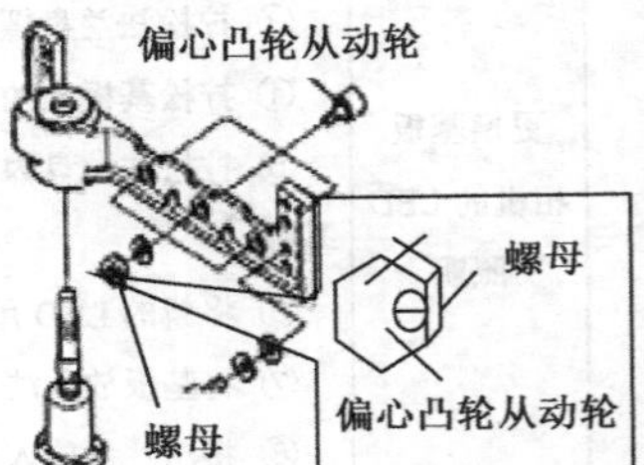

续表

序号	项　目	步　骤	图　示
4	喷嘴高度调整	⑨ 在规格值以外时，用胶带保护压力计； ⑩ 切断通信电缆，拆卸机盖； ⑪ 切断相机的通信电缆； ⑫ 卸下六角形螺栓（4 个），抬起前板，用胶带将其固定； ⑬ 安装弹簧，压紧托架，释放 L、VS 喷嘴，在点胶状态下调整； ⑭ 在调整 S 喷嘴高度时，拧松 H 轴电动机联轴节，再调整块规和治具之间的间隙，偏心凸轮从动轮从最低点开始旋转 90°，然后将其固定； ⑮ 在调整 L、VS 喷嘴高度时，拧松螺母，用螺钉旋具旋转偏心凸轮从动轮进行调整； ⑯ 拧紧螺母； ⑰ 再次确认平行调整治具和块规之间的间隙； ⑱ 安装前面托架	
5	喷嘴平行度调整	① 打开电源，返回原点； ② 将喷嘴平行调整治具安装到 S 喷嘴前端； ③ 将 Y 工作台导轨的宽度设置为最小值； ④ 将磁性表架安装到导轨上面，使百分表与治具侧面接触； ⑤ 将百分表设置为 0； ⑥ 确认平行度，平行度在 0.1mm 以内； ⑦ 拆卸喷嘴平行调整治具，安装喷嘴，确认平行度； ⑧ 用同样的方法把喷嘴平行调整治具安装到 VS 喷嘴上，确认平行度； ⑨ 拆卸喷嘴平行调整治具，安装 VS 喷嘴，确认平行度； ⑩ 在规格值以外时，拧松各个喷嘴的皮带轮螺栓（3 个），进行调整； ⑪ 拧紧螺栓； ⑫ 再次确认平行度； ⑬ 如再次在规格值以外，则拧松螺栓，锁紧螺母，缓解张力； ⑭ 卸下喷嘴皮带轮处的皮带，错开皮带轮和皮带的位置； ⑮ 将皮带安装到喷嘴皮带轮； ⑯ 再次确认平行度； ⑰ 在数控轴移动中，旋转喷嘴 90°； ⑱ 使百分表与治具侧面相接触； ⑲ 确认喷嘴 Y 方向的平行度，Y 方向平行度应在 0.8mm 以内； ⑳ 用同样的方法确认其他所有的头组件	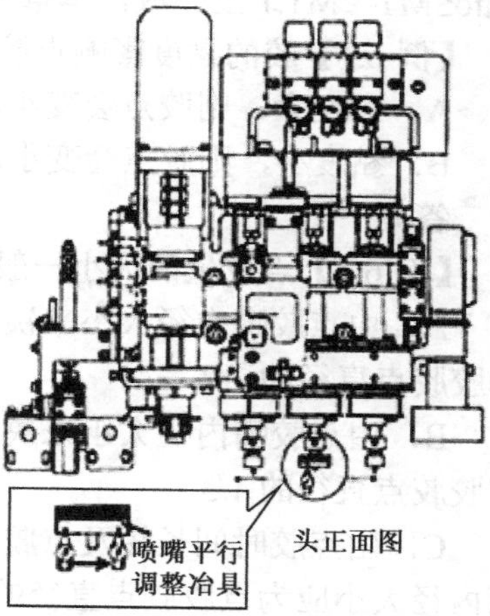

续表

序号	项　目	步　骤	图　示
6	支承台平面度调整	① 打开电源，返回原点； ② 卸下所有的支承销； ③ 使 Y 工作台自动宽度调整返回原点； ④ 将副操作盘上的"SUPPORT UP"（支承台上升）置于[ON]； ⑤ 将块规安装到支承台上的 A 处； ⑥ 将磁性表架安装到头组件上，使百分表与块规上面接触； ⑦ 将百分表设定为 0（基准）； ⑧ 一边移动块规到 B～I 的位置，一边确认百分表的平面度，平面度应在 0.1mm 以内； ⑨ 确认调整螺栓（5 个）的平面度； ⑩ 如在规格值以外，则拧松螺母，用螺钉旋具调整平面度； ⑪ 拧紧螺母； ⑫ 再次确认平面度； ⑬ 如还在规格值以外，则从最初开始处再重做一遍	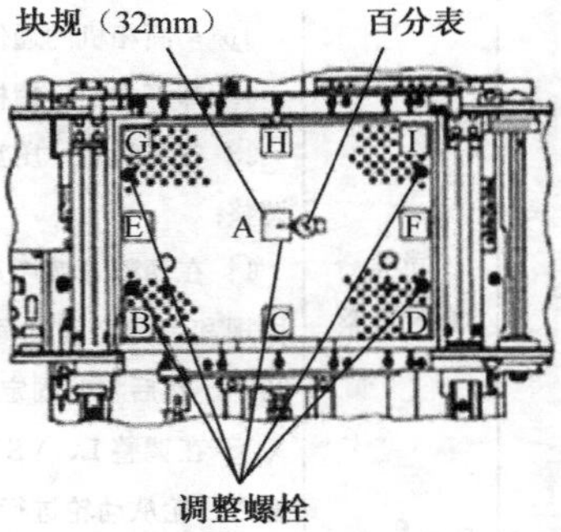

6.3　认证考试举例

本章认证考试分专业知识和实践技能两部分，在 SMT 专业技术资格认证培训和考评平台 AutoSMT-VM1.1 上完成。本章测试重点是点胶机 CAM 程式编程和操作使用。

【例 6.1】胶的黏度影响点胶的质量，（　　）。

A．黏度大，则胶点会变小，甚至拉丝；黏度小，胶点会变大，进而可能渗染焊盘

B．黏度小，则胶点会变小，甚至拉丝；黏度大，胶点会变大，进而可能渗染焊盘

答案：A

【例 6.2】点胶量的大小一般（　　）。

A．由点胶嘴内径大小来决定，胶点直径的大小应为焊盘间距的 1/2，点胶嘴内径大小应为点胶胶点直径的 1/2

B．由点胶嘴内径大小来决定，胶点直径的大小应为焊盘间距的 1/3，点胶嘴内径大小应为点胶胶点直径的 1/3

C．由点胶时间长短及点胶嘴内径大小来决定，胶点直径的大小应为焊盘间距的 1/2，点胶嘴内径大小应为点胶胶点直径的 1/2

D．由点胶时间长短及点胶嘴内径大小来决定，胶点直径的大小应为焊盘间距的 1/3，点胶嘴内径大小应为点胶胶点直径的 1/3

答案：C

【例 6.3】相对焊膏印刷而言，丝印法印胶模板设计中，（　　）。

A．印胶金属模板的厚度相对要薄一些（0.1～2.0mm），模板漏孔的尺寸也应小些

B．印胶金属模板的厚度相对要薄一些（0.1～2.0mm），模板漏孔的尺寸也应大些

C．印胶金属模板的厚度相对要厚一些（0.1～2.0mm），模板漏孔的尺寸也应小些

D．印胶金属模板的厚度相对要厚一些（0.1～2.0mm），模板漏孔的尺寸也应大些

答案：C

【例 6.4】Panasert HDF 点胶机标号识别方式设置为 0 表示（　　）。

A．用颜色不同来判断标记

B．用黑白电平的设置来判断标记

C．坏板标号设置

答案：C

【例 6.5】点胶机点胶时拉丝/拖尾的主要原因是（　　）。

A．胶嘴内径太小及点胶压力太高、胶嘴离 PCB 的间距太大、黏结剂过期或品质不好、贴片胶黏度太高、胶水从冰箱取出后未恢复到室温、点胶量太大等

B．针孔内未完全清洗干净、贴片胶中混入杂质、有堵孔现象、不兼容的胶水相混合等

C．贴片胶出胶量不均匀、贴片时组件移位、贴片胶黏度下降、点胶后 PCB 放置时间太长、胶水半固化等

答案：A

【例 6.6】试通过操作培训平台，选择软件中自带的演示 PCB 设计的 Demo 板，进行 Protel 设计的混装 PCB（SMC 在 B 面，THC 在 A 面）反面的 Panasert HDF 点胶机的点胶顺序程式编程。任务是首先进行 EDA 输入，再进入 Panasert HDF 点胶机的点胶编程界面，导入 EDA 数据，进行点胶顺序程式编程（注意：退出后系统会自动采集编程数据，并自动打分）。

操作提示：单击进入点胶机 CAM 程式编程培训模块，按题目要求完成操作。全部题目完成后必须返回认证考评界面，单击“完成提交”按钮后系统自动批卷。

【例 6.7】试通过操作培训平台，选择软件中自带的演示 PCB 设计的 Demo 板，进行 Protel 设计的混装 PCB（SMC 在 B 面，THC 在 A 面）反面的 Panasert HDF 点胶机的操作。任务是首先进入点胶机操作使用界面，再进行开机→调用程式→上/下 PCB→生产模拟运行→轨道的调宽→换点胶头→生产监控等操作（注意：退出后系统会自动采集编程数据，并自动打分）。

操作提示：单击进入点胶机操作使用培训模块，按题目要求完成操作。全部题目完成后必须返回认证考评界面，单击“完成提交”按钮后系统自动批卷。

思考题与习题

6.1 Panasert HDF 点胶机照明光源设置为 3 表示（　　）。

A．环状 LED 点亮

B．点状 LED 点亮

C．环状 LED+点状 LED 同时点亮

6.2 Panasert HDF 点胶机 S&R 拼板图形设置为 12 表示（　　）。

A．将同一拼板上所有元器件点胶完后，再处理下一个拼板，拼板方向转动 0°

B．将同一拼板上所有元器件点胶完后，再处理下一个拼板，拼板方向转动 90°

C．将同一拼板上所有元器件点胶完后，再处理下一个拼板，拼板方向转动 180°

6.3 Panasert HDF 点胶机点胶头类型是 VS 时用于（　　）。

A．1608R/C　　B．2125C/R　　C．SOIC　　D．MELF　　E．QFP

6.4 Panasert HDF 点胶机点胶 QFP18×18 一般在 QFP 四角点（　　）个胶点。

A．2　　B．4　　C．8　　D．16

6.5 Panasert HDF 点胶机的操作任务和步骤是（　　）。

A．加载点胶程式，单击“LOADER”按钮→加载或更换点胶头（胶水）和点胶嘴；单击

“RESET”按钮→程式运行；单击“START”按钮→在主界面观察机器运行情况→停止运行；单击“CYCLE STOP”按钮

B．加载点胶程式，单击“RESET”按钮→加载或更换点胶头（胶水）和点胶嘴；单击“LOADER”按钮→程式运行；单击“START”按钮→在主界面观察机器运行情况→停止运行；单击“CYCLE STOP”按钮

C.加载点胶程式，单击“LOADER”按钮→加载或更换点胶头（胶水）和点胶嘴；单击“RESET”按钮→程式运行；单击“CYCLE STOP”按钮→在主界面观察机器运行情况→停止运行；单击“START”按钮

D．加载点胶程式，单击“RESET”按钮→加载或更换点胶头（胶水）和点胶嘴；单击“LOADER”按钮→程式运行；单击“CYCLE STOP”按钮→在主界面观察机器运行情况→停止运行；单击“START”按钮

6.6 点胶机高级技工的主要职能是（　　）。

A．面板开关的使用、生产运行、设备调整（轨道的调宽、调整定位针）、设备操作（如上/下PCB、换点胶头、加胶水）、机器日常保养

B．面板开关的使用、调用点胶程式、生产运行和监控、设备调整（轨道的调宽、调整定位针）、机器日常保养、常规维护

C．面板开关的使用、调用点胶程式、修改程式、设备调整（轨道的调宽、调整定位针）、常规维护

6.7 点胶机每日维护检查项目主要有（　　）。

A．*XY*平台滚珠丝杠导轨清洁润滑、贴片头吸嘴夹持器检查、视觉CCD检查、传输系统检查、漏气情况检查

B．点胶头检查、点胶头容器检查、气动部件检查

C．传输系统极限开关检查、冷却系统检查、清洁设备

6.8 SMA涂布方法有几种？并对其进行比较。

6.9 胶点直径。

（1）胶点直径的大小应为焊盘间距的多少？贴片后胶点直径应为点胶后胶点直径的多少？

（2）点胶嘴内径大小应为点胶胶点直径的多少？

6.10 试简述点胶工艺中常见的缺陷与解决方法。

6.11 印胶工艺。

（1）什么是印胶工艺？

（2）印胶模板开孔直径为多少？

（3）不同于焊膏印刷，印胶时机器的印刷间隙通常设置为0吗？

（4）印胶用环氧树脂类胶水时，采用什么方向印刷？

6.12 试通过操作培训平台，选择软件中自带的演示PCB设计的Demo板，进行Protel设计的FPGA双面混装PCB（THC在A面，SMC/SMD在A面，SMC在A面、B面）反面的Panasert HDF点胶机的点胶顺序程式编程。任务是首先进行EDA输入，再进入Panasert HDF点胶机的点胶编程界面，导入EDA数据，进行点胶顺序程式编程（注意：退出后系统会自动采集编程数据，并自动打分）。

6.13 试通过操作培训平台，选择软件中自带的演示PCB设计的Demo板，进行Protel设计的双面混装PCB（SMC、SMD和THC均在A面）反面的Panasert HDF点胶机的操作。任务是首先进入点胶机操作使用界面，再进行开机→调用程式→上/下PCB→生产模拟运行→轨道的调宽→换点胶头→生产监控等操作（注意：退出后系统会自动采集编程数据，并自动打分）。

第7章 贴片技术

【目　　的】

（1）掌握贴片机基本原理；

（2）掌握贴片机CAM程式编程。

【内　　容】

（1）国际市场上主流贴片机机型（Yamaha、Fuji、Siemens、Panasonic、Samsung、Hitaich）的模拟编程；

（2）贴片机静态仿真；

（3）贴片机动态仿真，按照模拟编程CAM程式，自动进行贴片机工作过程3D模拟仿真；

（4）根据动态仿真，学生再修改CAM程式设计错误。

【实训要求】

（1）掌握国际市场上主流贴片机机型（Yamaha、Fuji、Siemens、Panasonic、Samsung、Hitaich）的模拟编程；

（2）掌握贴片机元器件视觉对中设计；

（3）掌握贴片机PCB和元器件参数设置；

（4）掌握送料器（Feeder）布置；

（5）通过PCB设计Demo板文件，设计贴片机程式，采用3D动画显示PCB的贴片过程，再修改编程设计错误；

（6）撰写实验报告。

7.1 贴片技术概述

7.1.1 贴片机分类

全自动贴片机是由计算机、光学系统、精密机械、滚珠丝杠、直线导轨、线性电动机、谐波驱动器及真空系统和各种传感器所构成的机电一体化高科技装备。不同类型的贴片机在组装速度、精度和灵活性方面各有特色，要根据产品的品种、批量和生产规模进行选择。目前，国内电子产品制造企业中使用最多的是顺序式贴片机。

贴片机有如下分类。

（1）按速度分类，有中速贴片机、高速贴片机、超高速贴片机。

（2）按功能分类，有高速贴片机、多功能贴片机。

（3）按贴装方式分类，有流水作业式贴片机、顺序式贴片机、同时式贴片机、顺序-同时式贴片机，如图7.1所示。

（4）按自动化程度分类，有手动式贴片机、半自动式贴片机、全自动式贴片机。

（5）按贴片机结构分类，有动臂式贴片机、转塔式贴片机、复合式贴片机。

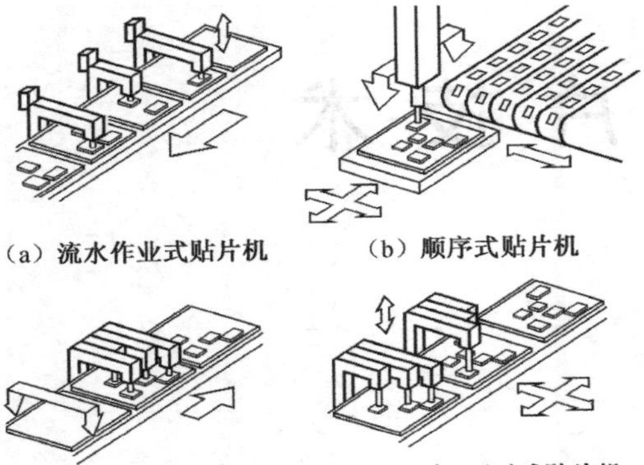

（a）流水作业式贴片机　（b）顺序式贴片机

（c）同时式贴片机　（d）顺序-同时式贴片机

图 7.1　片状元器件贴片机的类型

动臂式贴片机的安装精度较好，安装速度为每小时 5000～20000 个元器件。复合式贴片机和转塔式贴片机的组装速度较高，一般为每小时 20000～50000 个元器件。大规模平行系统（为顺序-同时式贴片机）的组装速度最快，可达每小时 50000～100000 个元器件。一般推荐的 SMT 生产线由两台贴片机组成，即一台片式元器件贴片机（高速贴片机）和一台 IC 元器件贴片机（高精度贴片机），它们各司其职，有利于发挥出最高的贴片效率。一台多功能贴片机在保持较高贴片速度的情况下，可以完成所有元器件的贴装工作，减少了投资。

1．动臂式贴片机

动臂式贴片机是最传统的贴片机，其结构如图 7.2 所示，元器件送料器和基板（PCB）是固定的，贴片头（安装有多个真空吸料嘴）在送料器与基板之间来回移动，将元器件从送料器取出，先对元器件位置与方向进行调整，然后将元器件贴放在基板上。动臂式贴片机由贴片头安装于拱架型的 *X*/*Y* 坐标移动横梁上而得名。绝大多数贴片机厂商均推出了采用动臂式机器结构的高精度贴片机和中速贴片机，如 Universal 公司的 GSM 系列、Assembleon 公司的 ACM 系列、Yamaha 公司的 W 系列、Juki 公司的 KE 系列、Fuji 公司的 QP-341E 和 XP 系列、Panasonic 公司的 BM221 系列及 Samsung 公司的 CP60 系列。

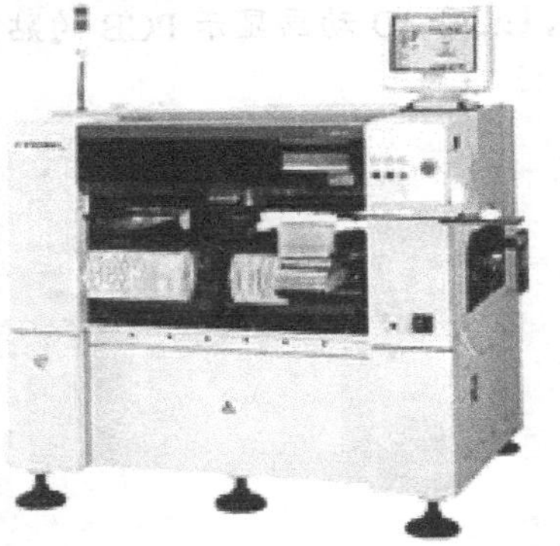

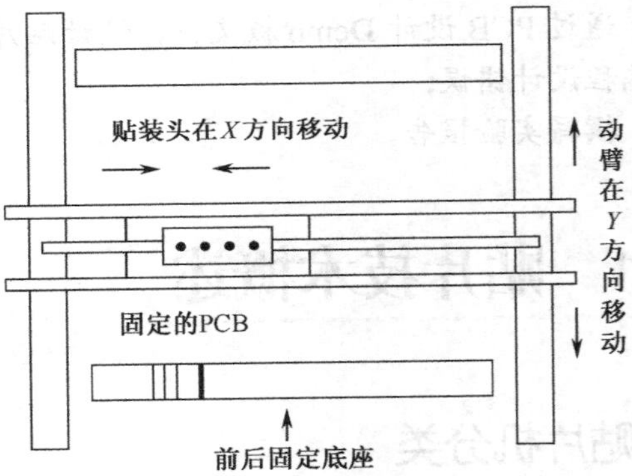

图 7.2　动臂式贴片机的结构

动臂式贴片机分为单臂式贴片机和多臂式贴片机两种，单臂式贴片机是最早发展起来且现在仍在使用的多功能贴片机。在单臂式贴片机的基础上发展起来的多臂式贴片机可成倍提高工作效率，如美国 Universal 公司的 GSM2 贴片机就有两个动臂安装头，可交替对一块 PCB 进行安装。这种方式下，由于贴片头来回移动的距离长，所以速度受到限制，现在一般采用多个真空吸料嘴同时取料（多达数十个），采用双梁系统来提高速度，在一个梁上的贴片头取料的同时，另一个梁上的贴片头贴放元器件，速度几乎比单梁系统快一倍。但实际应用中同时取料的条件较难达到，而且不同类型的元器件需要换用不同的真空吸料嘴，有时间上的延误。

这类机型的优势在于系统结构简单、精度高，适用于各种大小、形状的元器件，甚至是异形元器件，送料器有带状、管状和托盘形式，适于中、小批量生产，也可多台机器组合，用于大批量生产。

2．转塔式贴片机

转塔式贴片机的结构如图 7.3 所示。元器件送料器放于一个单坐标移动的料车上，基板（PCB）放于一个 *X/Y* 坐标系统移动的工作台上，贴片头安装在一个转塔上，工作时料车将元器件送料器移到取料位置，贴片头上的真空吸料嘴在取料位置取元器件，经转塔转到贴片位置（与取料位置成 180° 角），在转动过程中经过对元器件进行位置与方向的调整，之后将元器件贴放于基板上。生产转塔式贴片机的厂商主要有 Panasonic、Hitachi 及 Fuji。

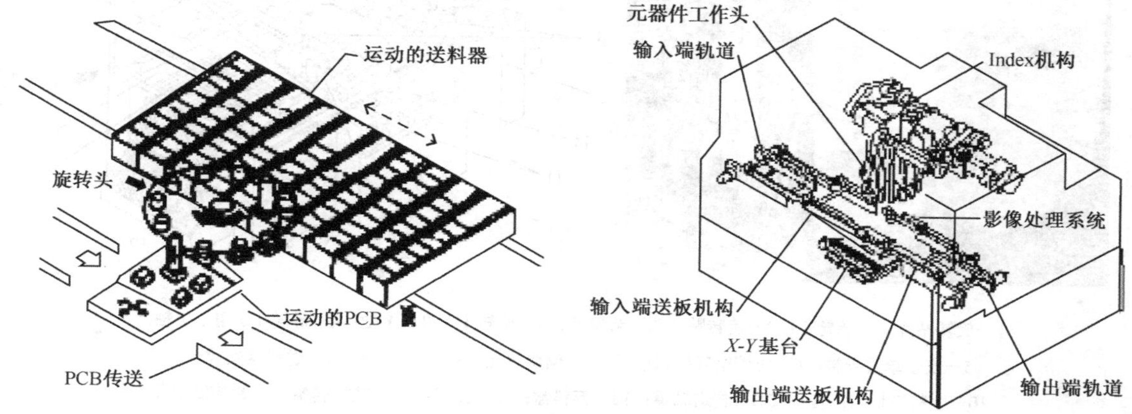

图 7.3　转塔式贴片机的结构

一般转塔上安装有十几到二十几个贴片头，每个贴片头上安装 2～6 个真空吸嘴。由于转塔的特点，可将动作细微化，选换吸嘴送料器移动到位取元器件，元器件识别、角度调整、工作台移动（包含位置调整）及贴放元器件等动作都可以在同一时间周期完成，所以可以实现真正意义上的高速度加工，目前最快可以达到一片元器件只需 0.08～0.10s。

转塔式贴片机在速度上是优越的，主要应用于大规模的计算机板卡、移动电话和家电等产品的生产。这是因为在这些产品中，阻容元器件多、装配密度大，所以很适合采用这一机型进行生产。但其只能采用带状包装的元器件，如果是细间距的集成电路（IC），只有托盘包装，则无法完成，因此还有赖于与其他机型共同合作。这种设备结构复杂，造价昂贵，价格是动臂式贴片机的 3 倍以上。

3．复合式贴片机

复合式贴片机是从动臂式贴片机发展而来的，它集合了转塔式贴片机和动臂式贴片机的特点，在动臂上安装有转盘，像 Siemens 的 Siplace80S 系列贴片机，有两个带有 12 个吸嘴的转盘，如图 7.4 所示。Universal 公司也推出了采用这一结构的贴片机 Genesis，有两个带有 30 个吸嘴的旋转头，贴片速度达到每小时 60000 片。从严格意义上来说，复合式贴片机仍属于动臂式结构。由于复合式贴片机可以通过增加动臂数量来提高速度，具有较大的灵活性，因此它的发展前景被看好，例如，Siemens 的 HS60 机器就安装有 4 个旋转头，贴装速度可达每小时 60000 片。

4．大规模平行系统

大规模平行系统使用一系列小的、单独的贴装单元，每个单元有自己的丝杠位置系统、相机和贴片头。每个贴片头可吸取有限的送料器上的元器件，贴装 PCB 的一部分，PCB 以固定的时间间隔在机器内步步推进。单独的各个单元机器运行速度较慢，可是它们连续或平行地运行会有很高的产量，如 Philips 公司的 FCM 有 16 个安装头，实现了 0.0375 秒/片的贴装速度。这种机型也主要适用于规模化生产，生产大规模平行系统的厂商主要有 Philips 和 Fuji 公司。

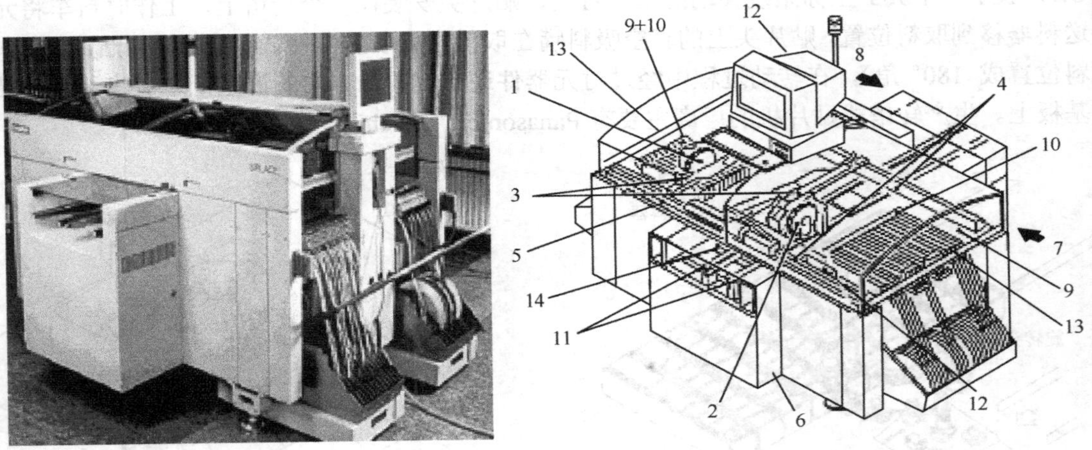

1—旋转贴片头，悬臂Ⅰ；2—旋转贴片头，悬臂Ⅱ；3—旋转Ⅰ、Ⅱ、*X* 轴；4—旋转Ⅰ、Ⅱ、*Y* 轴；5—安全罩及导轴；6—压缩空气控制单元；7—伺服单元；8—控制单元；9—送料器安放台；10—空料带切刀；11—PCB，传送轴道；12—弃料盒；13—条码；14—PCB 传输、夹紧控制单元

图 7.4 复合式贴片机结构

7.1.2 贴片机结构

贴片机结构如图 7.5 所示。

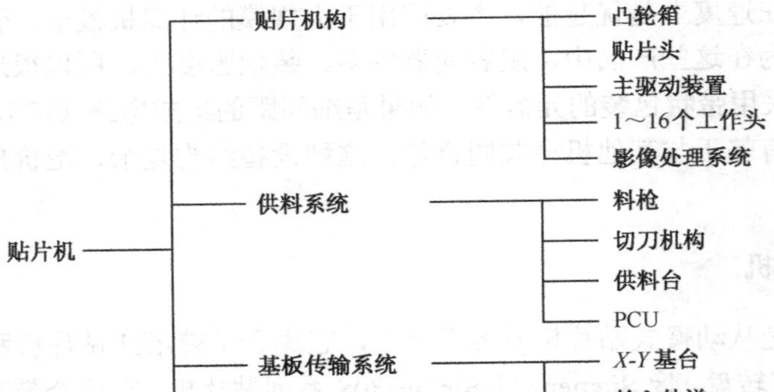

图 7.5 贴片机结构

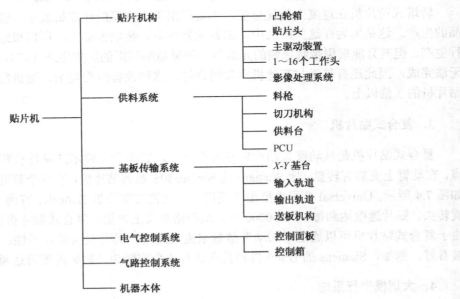

1. 贴片头

贴片头是贴片机上最复杂、最关键的部件，它相当于机械手，用来拾取和贴放元器件。它拾取元器件后能在校正系统的控制下自动校正位置，并将元器件准确地贴放到指定的位置上，贴片头的发展是贴片机进步的标志。固定式贴片头如图 7.6 所示，旋转式贴片头如图 7.7 所示。

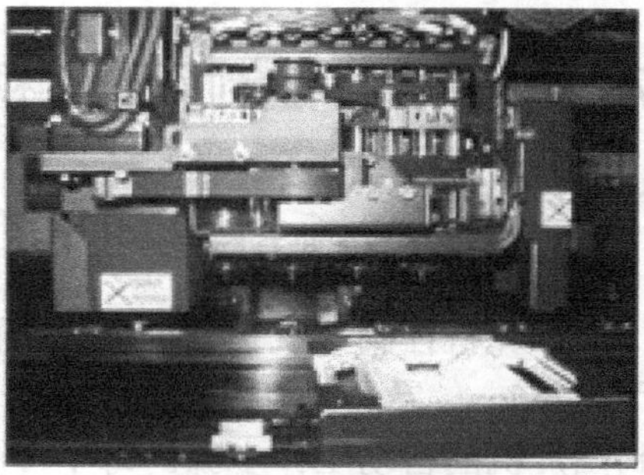

图 7.6　固定式贴片头

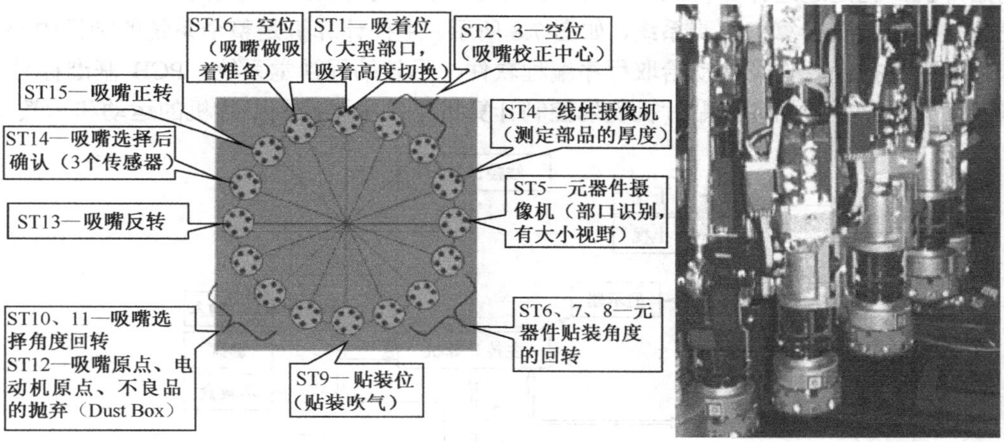

图 7.7　旋转式贴片头

2. 送料器

送料器的作用是将片式元器件 SMC/SMD 按照一定规律和顺序提供给贴片头，以便贴片头准确、方便地拾取，它是选择贴片机和安排贴片工艺的重要部件。适合于表面组装元器件的送料装置有带装送料器、管装送料器、托盘送料器和散装送料器等几种形式，如表 7.1 所示。送料系统的工作状态根据元器件的包装形式和贴片机的类型而定。贴片前，将各种类型的供料装置分别安装到相应的送料器支架上，装载着多种不同元器件的散装料仓随着贴片进程水平旋转，把即将贴装的元器件转到料仓门的下方，便于贴片头拾取。带装送料器上的元器件的编带随编带架垂直旋转，管装送料器上的定位料斗在水平面上二维移动。

表 7.1　贴片机送料器的基本类型

序　号	类　型	说　明
1	带装送料器	有 8mm、12mm、16mm、24mm、32mm、44mm、56mm 等种类； 12mm 以上的送料器输送间距可根据元器件情况进行调整
2	管装送料器	高速管装送料器； 高精度多重管装送料器； 高速层式管装送料器
3	托盘送料器	手动换盘式； 自动换盘式； 自动换盘拾取式换盘送料
4	散装送料器	振动式和吹气式，目前较少使用

7.1.3 计算机控制系统和视觉系统

1. 计算机控制系统

计算机控制系统是贴片机所有操作的指挥中心，目前大多数贴片机的计算机控制系统均采用 Windows 界面，可以通过高级语言软件在线或离线编制计算机程序并自动进行优化，从而控制贴片机的自动工作步骤。每个片状元器件的精确位置都要编程后输入计算机。具有视觉检测系统的贴片机，也是通过计算机来实现对电路板上贴片位置的图形识别的。

贴片机采用二级计算机控制系统，如图 7.8 所示。主控计算机是整个系统的指挥中心，主要运行和存储中央控制软件及自动拾取程序编程软件、示教编程视觉系统、PCB 基准标号坐标数据，以及细间距器件数据库。贴片机现场控制计算机系统主要控制贴片机的运动和示教功能。

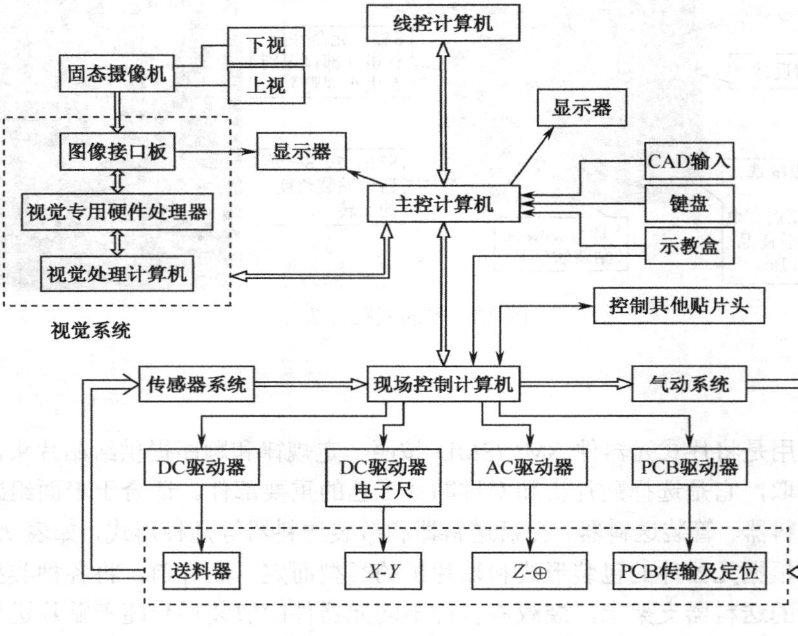

图 7.8　贴片机二级计算机控制系统

贴片机中装有多种传感器，如压力传感器、负压传感器和位置传感器，随着贴片机智能化程度的提高，可进行元器件的电气性能检查。它们像贴片机的眼睛一样，时刻监视机器的运转状态。传感器运用越多，表示贴片机的智能化水平越高。

2. 视觉系统

视觉系统由光源、CCD、显示器，以及数/模转换与图像处理系统组成，即 CCD 在给定的视野范围内将实物图像的光强度分布转换为模拟信号，模拟信号再通过 A/D 转换器转换为数字信号，经图像系统处理后再转换为模拟图像，最后由显示器显示出来。

贴片机视觉系统由 PCB 定位下视系统和器件对中系统组成。

1）PCB 定位下视系统

安装在贴片机头部的 CCD，首先通过对 PCB 上所设定的定位标号（Mark）的识别来实现对 PCB 位置的确认，所以通常在设计 PCB 时应设计定位标号。CCD 确认定位标号后，将其反馈给计算机，计算机计算出贴片原点位置误差（ΔX、ΔY），同时反馈给运动控制系统，以实现 PCB 的识别过程。

标号有三种，参见图 7.9 中的 PCB 基准标号。

- Global 为 PCB 标号，确定整个 PCB 的位置，并用于坐标补偿；
- Image 为拼板图形标号，便于重复贴片；
- Local 为器件两角上的标号，决定器件的位置和方向。

图 7.10 所示为视觉系统搜索目标区域。

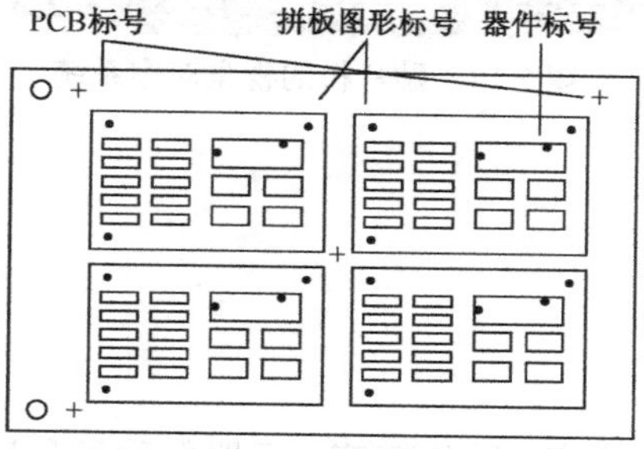

图 7.9　PCB 基准标号

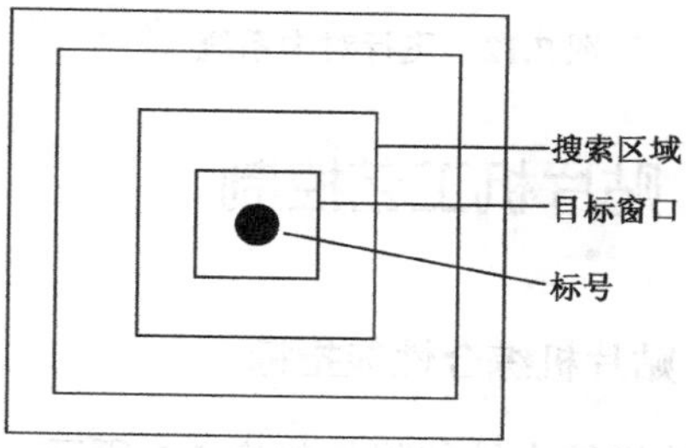

图 7.10　视觉系统搜索目标区域

图 7.11 所示为基板标号的种类，因为基板识别摄像机的视野范围是 7.2mm，所以基板标号必须在其范围内。标号尺寸的确认允许值在±20%以内。

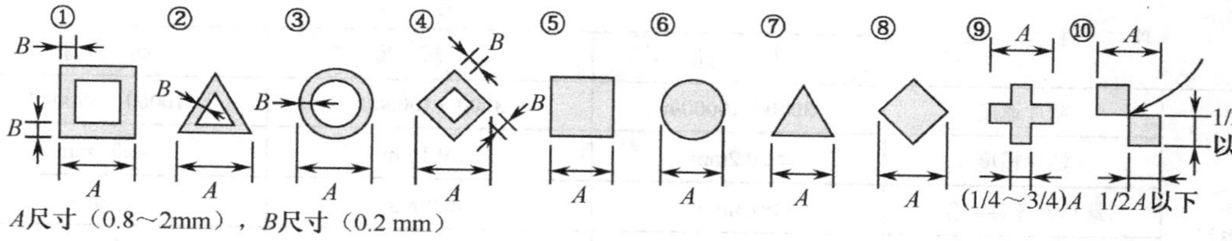

图 7.11　基板标号的种类

2）器件对中系统

在确认 PCB 位置后，接着应对元器件进行确认，包括元器件的外形是否与程序一致，元器件中心是否居中，以及元器件引脚的共面性和形变。对中系统有机械对中系统、激光对中系统、激光加视觉对中系统及全视觉对中系统。

（1）激光对中系统。如图 7.12 所示的飞行对中系统，允许“飞行中”修正，有能力处理所有形状和大小的元器件，并且能精确地决定元器件的位置和方向。但是，即使最复杂的激光系统也不能测量引脚和引脚间距，所以对于有引脚的元器件，如 SOIC、QFP 和 BGA，则需要用第三维的摄像机进行检测。这样每个元器件的对中又需要增加数秒的时间。很显然，这对整个贴片机系统的速度将产生很大的影响。

（2）视觉对中系统。如图 7.13 所示为贴片机的视觉对中系统。贴片头吸取元器件后，CCD 摄像机对元器件进行成像，将其转化为数字图像信号，经计算机分析出元器件的几何尺寸和几何中心，并与控制程序中的数据进行比较，计算出吸嘴中心与元器件中心的ΔX、ΔY 和$\Delta \theta$ 的误差，并及时反馈至控制系统进行修正，保证元器件引脚与 PCB 焊盘重合。

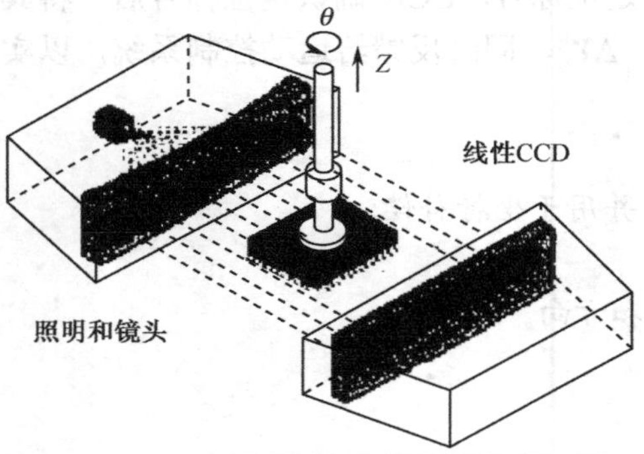

图 7.12　飞行对中系统

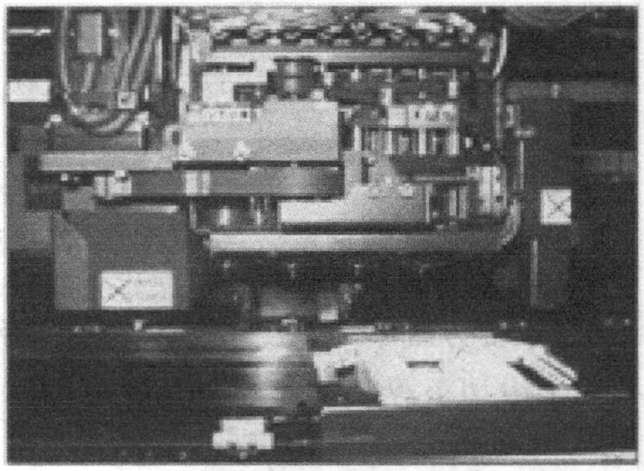

图 7.13　贴片机的视觉对中系统

7.1.4　贴片机工艺控制

1．贴片机综合性能指标

贴片机综合性能指标如表 7.2 所示，重要的是贴片速度、贴片精度、元器件种类和最小元器件间距。

表 7.2　贴片机综合性能指标

项　目		类　型		
		中　速	高 精 度	高　速
综合指标	贴片速度	3000～10000/h	3000～10000/h	10000～55000/h
	贴片精度	>±0.2mm	<±0.1mm	>±0.3mm
	最小元器件间距	>0.4mm	<0.8mm	>0.5mm
	PCB 最大翘曲	<1mm	1～5mm	<1mm
	元器件种类	Chip、MELF、SOT、PLCC、QFP、BGA		
	PCB 尺寸	50mm×50mm×0.5mm～600mm×600mm×5mm		
贴片头	*X-Y* 重复精度	>±0.01mm	<±0.01mm	>±0.01mm
	X-Y 分辨率	<0.1mm	≤0.001mm	≤0.1mm
	θ 分辨率	0.1°～0.3°	0.01°～0.1°	0.1°～0.3°
	贴片头数	2～5 个	1～2 个	8～72 个
	X-Y 控制	步进、DC/AC 伺服、编码器、电子尺		
	Z 控制	气动、步进、DC/AC 伺服		
	元器件对中	机械、激光、视觉		
	吸嘴自动更换	6～9 个		
	点胶头数	1～2 个		—
送料器	类型	编带 8、12、16、24、32、42，管式，盘式		
	8mm 数量	50～200 个		
PCB 传输	PCB 定位	孔、边缘		
	PCB 传输	DC、AC 步进		

续表

项　目		类　型		
		中　速	高 精 度	高　速
视觉系统	下视 PCB 定位	有/无	有	有/无
	上视元器件对中	无	有	有/无
	水平视觉对中	无	有	有
计算机控制	编程	CAD、示教、键盘、自动编程		
	与其他机型联机	能/不能		
	生产线管理	工艺、供料、CIM		
	控制台数	1～8 台		
	电参数检测	有/无		
	诊断、检测	故障自动诊断、BGA 检查、共面性检查		

1）贴片精度

贴片精度是贴片机技术规格中的主要指标之一，不同的贴片机制造厂家，使用的贴片精度体系有不同的定义。贴片精度与贴片机的对中方式有关，其中全视觉对中的精度最高。一般来说，贴片精度体系应该包含三个项目：贴装精度、分辨率和重复精度，三者之间有一定的相关关系。贴装精度是指元器件端子偏离指定位置最大值的综合误差，有 X-Y-θ 精度值，如图 7.14 所示。分辨率用来描述分辨空间连续点的能力，由电动机和编码器或电子尺的分辨率来决定。重复精度是描述重复返回标定点的能力，如图 7.15 所示。贴片精度必须指明正态分布的区域，一般为 3～6σ。SMT 一般规律是贴片精度应比器件引线间距小一个数量级，即 10∶1 规律，才能确保 SMD 贴装的可靠性。

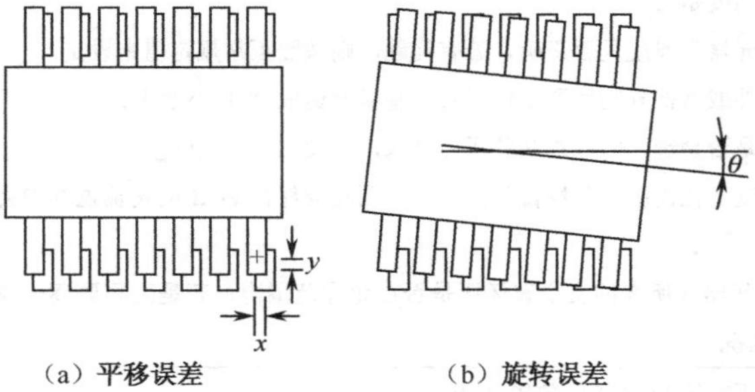

图 7.14　贴片机的贴装精度

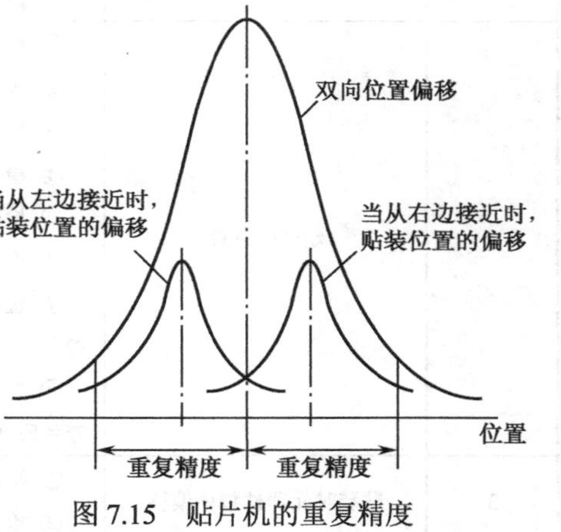

图 7.15　贴片机的重复精度

机器能力指数（cmk）可用来计算贴装精度，若规格极限（3SL）为 50μm，贴装偏移（u）为 6μm，标准偏差（3σ）为 24μm，则

$$\text{cmk} = \frac{3\text{SL} - u}{3\sigma} = \frac{50-6}{24} \approx 1.83$$

- 3σ工艺能力，cmk 达到 1.00，百万缺陷率为 DPM 2700。
- 4σ工艺能力，cmk 达到 1.33，百万缺陷率为 DPM 60。
- 6σ工艺能力，cmk 达到 2.66，百万缺陷率为 DPM 0.002。

2）贴片速度

贴片速度是在排除外部因素之一后一小时内完成贴装的周期数，实际应用时应乘以 65%～70%。必须注意片状元器件和 PLCC、QFP 元器件贴片速度的差别，前者一般为后者的两倍以上，贴片速度主要取决于 *X-Y* 轴的速度和元器件的对中速度。

贴片机的过程能力指数 cpk：$1.33 < \mathrm{cpk} \leq 2$ 表示能力因素充足；$1 \leq \mathrm{cpk} \leq 1.33$ 表示能力因素尚可；$1 > \mathrm{cpk}$ 表示能力因素欠缺。

3）适应性

所能贴装元器件的种类和最小间距除与精度密切相关外，还与 PCB 定位方法、元器件对中装置和送料器有关；对于异形元器件，还与 *Z* 轴高度是否可调和吸嘴吸力是否可调有关。

（1）送料器的种类和数量应根据元器件的封装形式和元器件的种类进行配置，必须适当，并且适当多配置几个，用于在补充元器件或更换元器件时提前做好准备，以免影响贴装速度。

（2）根据贴装元器件的贴装精度要求去选择摄像机。

（3）根据元器件的封装形式和种类去配置吸嘴，它是易损件。

2. 贴片问题、原因及对策

贴片过程中的主要问题、产生原因及对策如表 7.3 所示，贴片机的常见故障及解决方法如图 7.16 所示。

表 7.3　贴片过程中的主要问题、产生原因及对策

序　号	问　题	原因分析及相应的简单对策
1	贴装时料带浮起	① 料带是否散落或断落在感应区域； ② 检查机器内部有无其他异物并排除； ③ 检查料带浮起感应器是否正常工作
2	贴装时飞件	① 检查吸嘴是否堵塞或表面不平，造成元器件脱落，若是则更换吸嘴； ② 检查元器件有无残缺或不符合标准； ③ 检查支承针的高度是否一致； ④ 检查程序设定元器件厚度是否正确，若有问题，则按照正常规定值来设定； ⑤ 检查有无元器件或其他异物残留于传送带或基板上造成 PCB 不水平； ⑥ 检查贴片高度是否合理，太低则贴装压力过大，致使元器件被弹飞； ⑦ 检查焊膏的黏度变化情况，若焊膏黏性不足，则元器件在 PCB 的传输过程中会掉落； ⑧ 检查机器贴装元器件所需的真空破坏压是否在允许范围内，若是则需要逐一检查各段气路的通畅情况
3	贴装时元器件整体偏移	① 检查是否按照正确的 PCB 流向放置 PCB； ② 检查 PCB 版本是否与程序设定一致
4	PCB 在传输过程中进板不到位	① 检查是否是传送带有油污所导致的； ② 检查 PCB 处是否有异物影响停板装置正常动作； ③ 检查 PCB 边是否有脏物（锡珠），是否符合标准
5	气压降	检查各供气管路、气压监测感应器是否正常工作
6	坏吸嘴检查	检查机器提示的吸嘴是否出现堵塞、弯曲变形、残缺折断等问题
7	在元器件吸取或贴装过程中吸嘴 *Z* 轴错误	① 查看送料器的取料位置是否有料或是散乱； ② 检查机器吸取高度的设置是否得当； ③ 检查元器件的厚度参数设定是否合理

续表

序　号	问　题	原因分析及相应的简单对策
8	抛料	
	吸取不良	① 检查吸嘴是否堵塞或表面不平，造成吸取时压力不足或偏移，在移动和识别过程中掉落，若是则更换吸嘴； ② 检查送料器的进料位置是否正确，可通过调整使元器件在吸取的中心点上； ③ 检查程序中设定的元器件厚度是否正确，可参考来料标准数据值进行设定； ④ 检查对元器件取料高度的设定是否合理，可参考来料标准数据值进行设定； ⑤ 检查送料器的卷料带是否正常卷取塑料带，太紧或太松都会影响对物料的吸取
	识别不良	① 检查吸嘴的表面是否堵塞或不平，造成元器件识别有误差，若是则更换或清洁吸嘴； ② 若带有真空检测，则检查所选用的吸嘴是否能够满足需要的真空值，一般真空检测选用带有橡胶圈的吸嘴； ③ 检查吸嘴的反光面是否有脏污或划伤，造成识别不良，若是则更换或清洁吸嘴； ④ 检查元器件识别相机的玻璃盖和镜头是否散落或有灰尘，影响识别精度； ⑤ 检查元器件的参考值设定是否得当，选取标准的或最接近的参考值

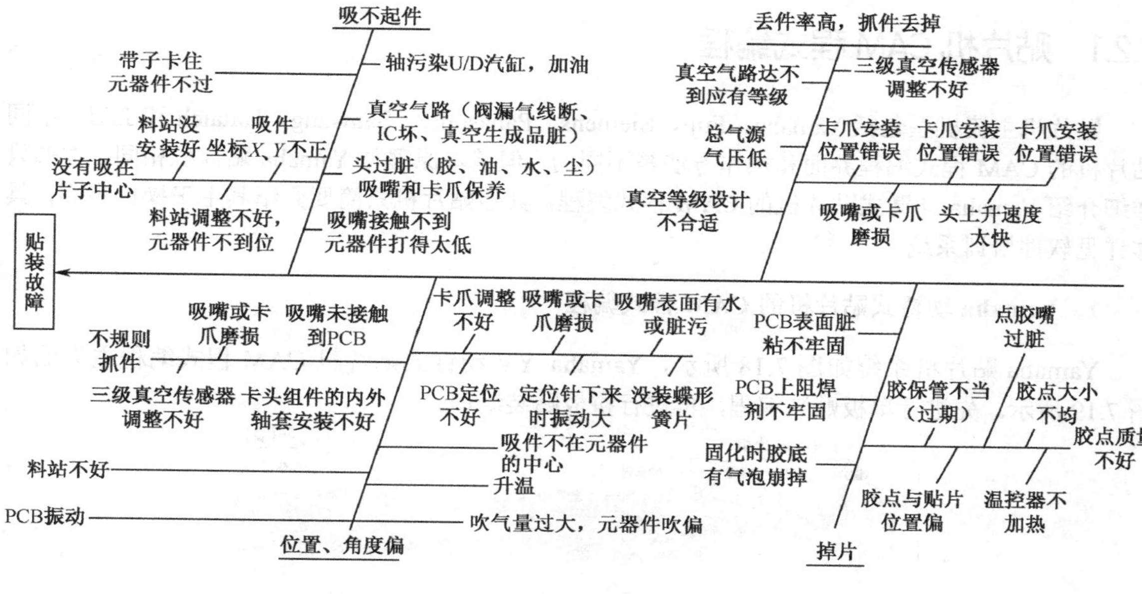

图 7.16　贴片机的常见故障及解决方法

7.2　贴片机实训

贴片机实训界面如图 7.17 所示，先读入 EDA 设计文件，进行模拟编程，再进行贴片机工作过程的 3D 动画仿真，最后进行贴片机操作使用和维修保养。

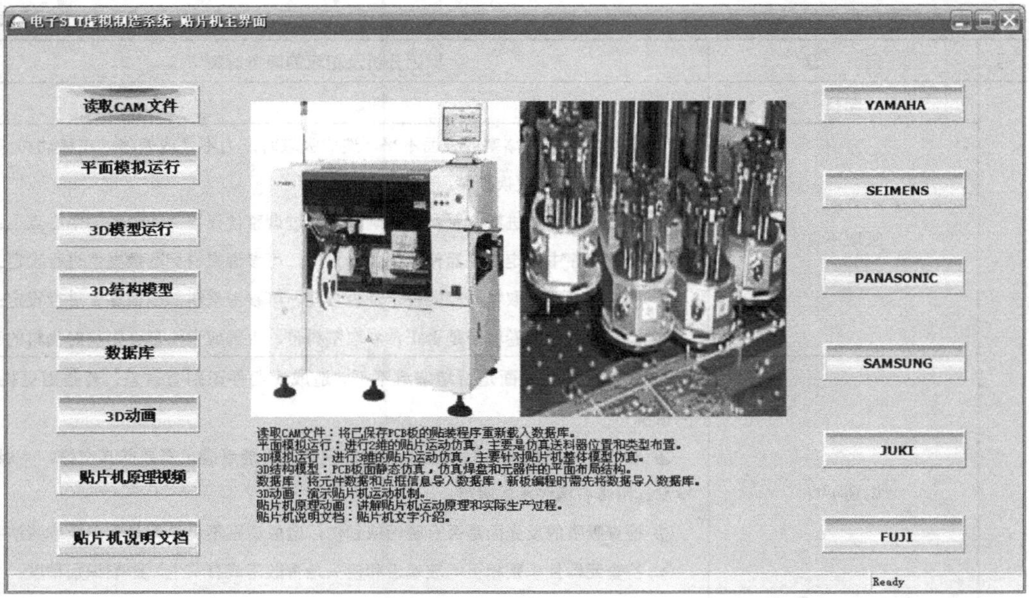

图 7.17　贴片机实训界面

7.2.1　贴片机 CAM 程式编程

贴片机主流机型包括 Yamaha、Fuji、Siemens、Panasonic、Samsung、Hataich 和 Juki，不同贴片机的 CAM 程式编程界面和操作方法是不同的，但基本原理与 Yamaha 贴片机相同。本书只详细介绍 Yamaha 动臂式贴片机的 CAM 程式编程，其他贴片机只简要介绍其主干操作步骤，具体详见软件培训系统。

1．Yamaha 动臂式贴片机的 CAM 程式编程

Yamaha 贴片机系统如图 7.18 所示，Yamaha YV 动臂式贴片机 CAM 程式编程主界面如图 7.19 所示。先进行单板贴装编程，再进行拼板贴装编程。

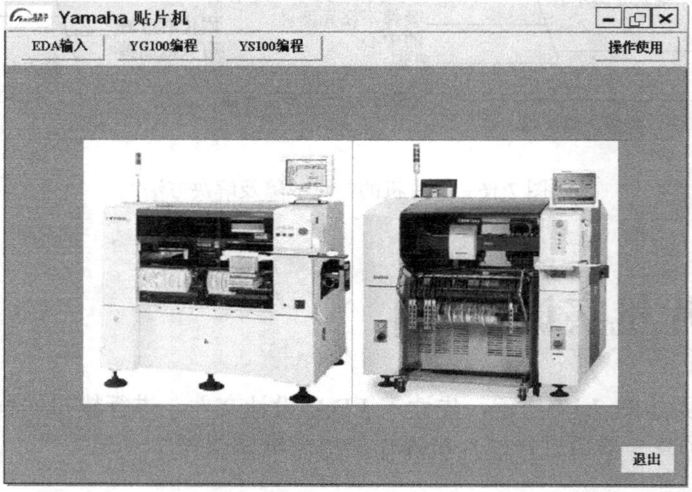

图 7.18　Yamaha 贴片机系统

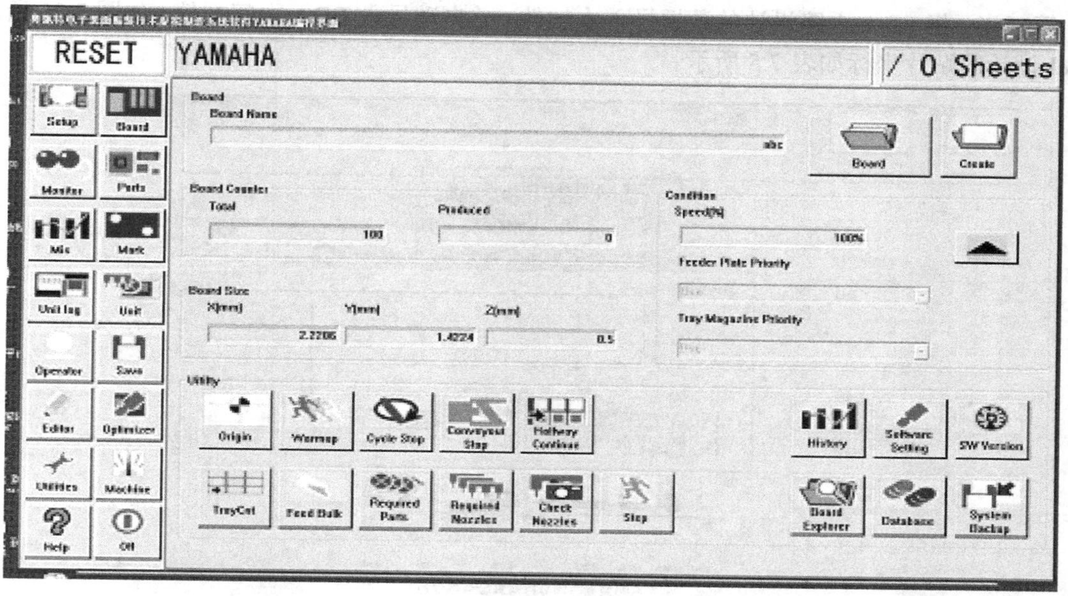

图 7.19　Yamaha YV 动臂式贴片机 CAM 程式编程主界面

第一步：输入密码。进入密码界面，选择自己的权限，输入密码后，单击“OK”按钮即可。

第二步：贴片机设置。在基本界面中单击“Setup”按钮，进入设置界面，输入生成设置列表，如表 7.4 所示。

表 7.4　设置列表

序　号	按　钮	作　用	输　入
1	Origin	机器所有运动部分回原点（电动机回零点）	—
2	Warming Up	机器热身，一般热身的时间为 10min	—
3	Cycle Stop	循环停止	No
4	STEP	机器生产循环动作流程的设定	—
5	Conveyor Out Stop	基板搬出后，停止	No
6	Halfway Continue	中途停机后继续生产的设定	Yes
7	Tray Count	设定当前散装盘中的吸取位置	1
8	Feed Bulk	振动送料器的用料状况	Use
9	Required Parts	需要的元器件材料	—
10	Required Nozzles	需要的吸嘴信息	Use
11	Nozzle Check	状况检查	Use
12	History	指定需要显示的生产信息	Use
13	Soft Setting	对输入方式、相关信息存盘位置及用户权限的设定	1
14	SW Vision	查看软件的版本信息	—
15	Board Explorer	程序网上传输	No
16	System Backup	系统复位	No
17	Data Base	数据库	—

第三步：将 EDA 电路设计的数据导入本软件，并自动导入 EDA 中间文件，如图 7.20 所示。Protel 设计的贴片坐标如表 7.5 所示。

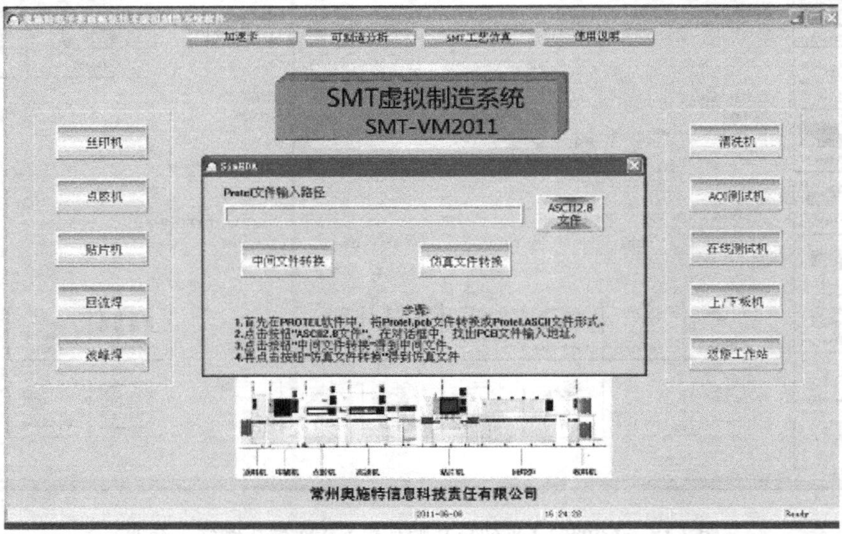

图 7.20　EDA 电路设计的数据导入

表 7.5　Protel 设计的贴片坐标　(mm)

位　号	封　装	器件中心 X 坐标	器件中心 Y 坐标	第一引脚中心 X 坐标	第一引脚中心 Y 坐标	标号中心 X 坐标	标号中心 Y 坐标	TB 正反面	角　度
R56	RES2	637.921	1045.337	828.294	1426.083	639.064	1045.337	T	180°
R21	RES2	631.3424	1062.8884	821.7154	1443.6344	632.4854	1062.8884	T	180°
R60	RES2	572.7954	1081.63479	763.1684	1462.38079	573.9384	1081.63479	T	180°
C25	RAB0.01	548.9956	1113.5614	626.9736	1164.3614	550.7736	1113.5614	T	180°
D35	Specialdiode	539.5341	1125.7534	535.5336	1125.7534	535.5336	1125.7534	T	360°
L1	Inductance	495.8842	1125.347	556.2092	1148.715	495.8842	1122.807	T	270°
PR3	PR	566.4835	1125.22003	563.88	1127.252	565.15	1126.236	T	270°
…									

第四步：基板信息。

（1）基板名。在基本界面中单击“Create”按钮，进入建立基板名的界面，生成基板名列表。

（2）基板信息。在基本界面中单击“Board”按钮，进入基板信息界面，生成基板信息列表，如图 7.21 所示。

（3）原点/拼板校正。在基板信息界面中单击“Offset”按钮，进入基板/校正界面，如图 7.22 所示，生成原点/拼板校正列表，如表 7.6 所示。

原点/拼板校正以大板左下角为原点，来校正各个拼板（Block）左下角的坐标，便于在第一个（Block Top1）拼板贴装程序做完后，系统自动生成整板贴装程序。拼板方位以左下角第一个（Block Top1）方向为基准，决定其他拼板的方位（*R*），在做拼板时一定要注意角度。

第五步：标号 Fiducial 定位。

在基板信息界面中单击“Fiducial”或“BadMark”按钮，进入标号定位模块，系统自动生成标号列表，单击“Edit”按钮可编辑。

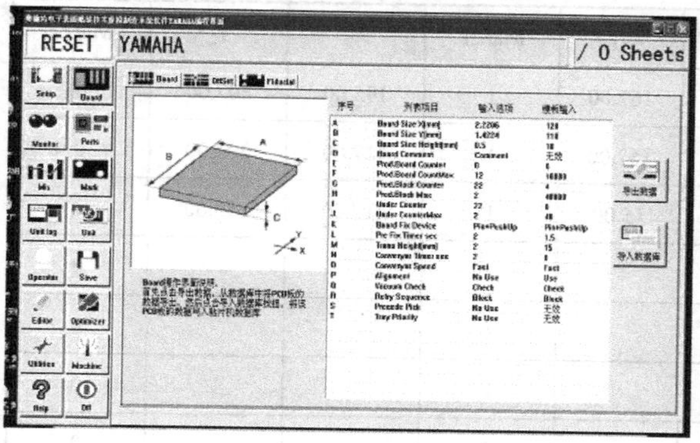

图 7.21　基板信息界面

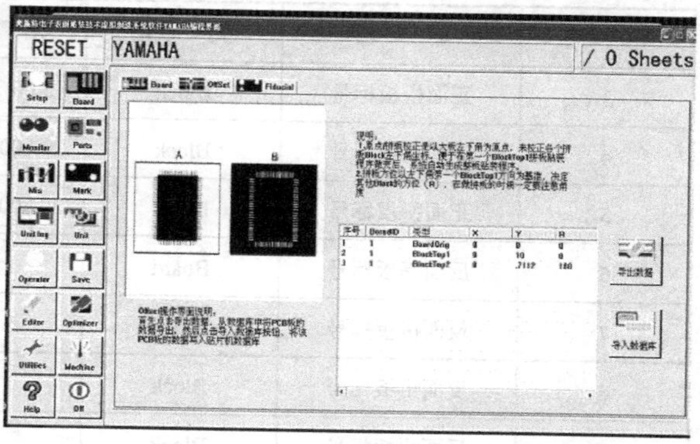

图 7.22　基板/校正界面

表 7.6　原点/拼板校正列表

序　　号	名　　称	类　　型	X	Y	R
1	Yamaha	Board Origi.（原点/拼板校正）	0.00	0.00	0.00
2		Block Top1 Offset（拼板 1 校正）	0.00	10.00	0.00
3		Block Top2 Offset（拼板 2 校正）	0.00	212.00	0.00
4		Block Top3 Offset（拼板 3 校正）	202.00	212.00	180.00
5		Block Top4 Offset（拼板 4 校正）	202.00	10.00	180.00
…					

（1）单击“Fiducial”按钮，进入 EDA 输入界面，系统自动输入 EDA 的 Fiducial 坐标，如图 7.23 所示。标号坐标列表如表 7.7 所示，所有标号 Fiducial 均必须进行 Mark 设置。

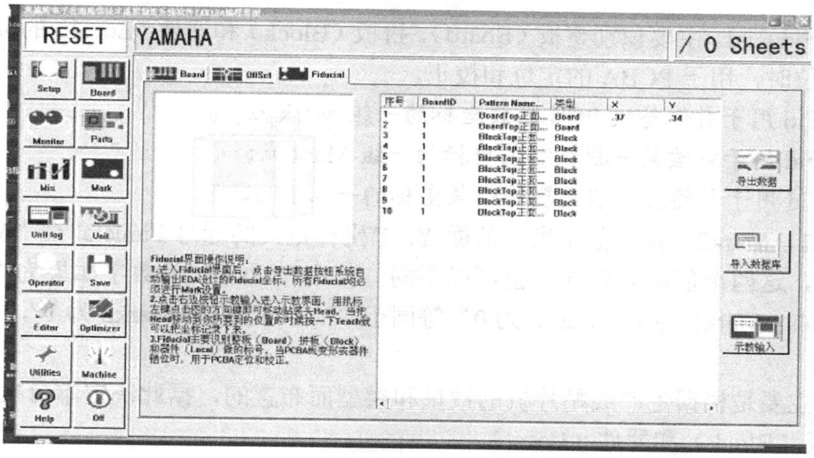

图 7.23　输入 EDA 的 Fiducial 坐标

表 7.7　标号坐标列表

序　号	名　　称	类　　型	X_1	Y_1	Mark1	X_2	Y_2	Mark2
1	正面基板标号	Board	5.00	5.00	1	417.00	317.00	0
2	正面拼板标号	Block	5.00	15.00	1	195.00	155.00	0

续表

序　号	名　称	类　型	X_1	Y_1	Mark1	X_2	Y_2	Mark2
3	正面拼板标号	Block	5.00	167.00	1	195.00	307.00	0
4	正面拼板标号	Block	207.00	167.00	1	417.00	307.00	0
5	正面拼板标号	Block	207.00	15.00	1	417.00	155.00	0
6	反面基板标号	Board			1			0
7	反面拼板标号	Block			1			0
8	反面拼板标号	Block			1			0
9	反面拼板标号	Block			1			0
10	反面拼板标号	Block			1			0
11	正面器件标号	Local	30.00	75.00	1	100.00	130.00	0
12	正面器件标号	Local			1			0
13	正面器件标号	Local			1			0
14	坏板标号	BadMark	20.00	5.00	4			
15	坏板标号	BadMark			4			
16	坏板标号	BadMark			4			

（2）若 EDA 没有设计标号 Fiducial，则将器件 IC 第一引脚和对角对应引脚作为标号。单击右边的“Teach”按钮，进入示教界面，如图 3.11 所示。单击图中的方向键即可移动贴片头（十字标签）。当把贴片头移到所要到达的位置时，单击“Teach”按钮就可以把坐标记录下来。

（3）标号 Fiducial。主要识别整板（Board）、拼板（Block）和器件（Local）的标号，当 PCBA 变形或器件错位时，用于 PCBA 的定位和校正。

- Board Fid 用于补偿整块 PCB 贴装坐标的一组 Mark 点；
- Block Fid 用于补偿某一拼板贴装坐标的一组 Mark 点；
- Local Fid 用于补偿某一组元器件贴装坐标的一组 Mark 点。

（4）Mark1、Mark2。该列数字表示前面 *X*、*Y* 坐标定义的标号 Fiducial 在“Mark 类型表”中的对应代码，这两个值可以相同，也可以不同，其中，Mark2 的数字如果为“0”则表示与 Mark1 相同，如“Mark1 为 1，Mark2 为 0”等同于“Mark1 为 1，Mark2 为 1”，但是 Mark1 的数字不能为 0。

BadMark 主要是根据生产线贴片机的数量和类型而布置的，据此决定本台机器是否贴整板（Board）、拼板（Block）和器件（Local）。

（5）Mark 设置。找好了标号 Fiducial 的坐标之后，还要对这个点进行设置。在基本界面中单击“Mark”按钮，进入 Mark 界面，如图 7.24 所示。

单击 Fiducial 标号列表一行，再单击“MarkData”按钮和典型标号类型数据列表中已经选好的 Mark，通常采用 ϕ1mm 的圆形，再分别设置 Basic（基本）参数、Shape（形状）参数和 Vision（识别）参数，如表 7.8 所示。

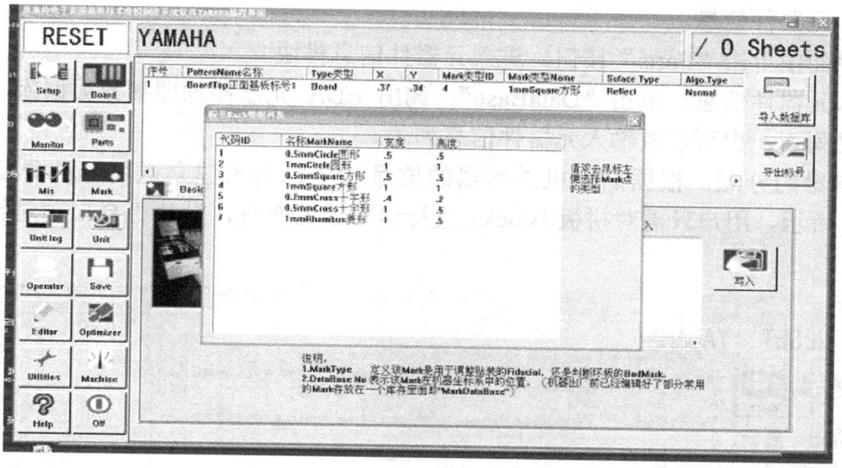

图 7.24　Mark 界面

表 7.8　Mark 设置列表

序　号	按　钮	作　用	输　入
1	Basic（基本）参数设定		
	① Mark Type	定义该 Mark 是用于调整贴装的 Fiducial，还是判断坏板的 BadMark	Fiducial
	② Database No	表示该 Mark 在机器坐标系中的位置（机器出厂前已经编辑好了部分常用的 Mark 并存放在“Mark Database 里”）	1
2	Shape（形状）参数设定		
	① Shape Type	设定该 Mark 的形状，有圆形、长方形、三角形等多种选择	Circle
	② Mark Out Size	设定该 Mark 的外形尺寸	1.00
3	Vision（识别）参数设定		
	① Surface Type	设定该 Mark 的表面类型，有 Nonreflect（不反光）和 reflect（反光）两种选择	Nonreflect
	② Algorithm Type	设定运算方式	Normal
	③ Mark Threshold	计算机语言通过灰阶值来描述一个黑白像素的色度	100
	④ Tolerance	表示识别该 Mark 时允许的误差	20
	⑤ Search Area *X*	设定机器识别 Mark 时在 *X* 方向上的搜索范围	4.50
	⑥ Search Area *Y*	设定机器识别 Mark 时在 *Y* 方向上的搜索范围	4.50
	⑦ Outer Light	用于照亮 Mark 的外圈灯光，可以选择不同的亮度	Standard
	⑧ Inner Light	用于照亮 Mark 的内圈灯光，可以选择不同的亮度	Standard
	⑨ Coaxial Light	用于照亮 Mark 的同轴光，可以选择不同的亮度	OFF
	⑩ IR Outer Light	用于照亮 Mark 的 IR 外圈光，可以选择不同的亮度	Standard
	⑪ IR Inner Light	用于照亮 Mark 的 IR 内圈光，可以选择不同的亮度	Standard
	⑫ Cut Outer Noise	滤掉 Mark 外部影响正常识别的干扰噪点	1
	⑬ Cut Inner Noise	滤掉 Mark 内部影响正常识别的干扰噪点	1
	⑭ Sequence	有 Quick、Normal 和 Fine 三种模式，分别表示不同的运算精度	Normal

重复上述过程，直到 Fiducial 标号列表的所有行输入完成为止。

第六步：元器件信息。

在基本界面中单击“Parts”按钮，进入元器件信息模块。

（1）输入元器件信息。单击“DataBase”，调出 EDA 元器件物理参数数据库，系统自动生成元器件信息列表，也可示教输入元器件信息列表。

（2）送料器的分配。根据贴片机送料器的位号和坐标列表建立送料器的分配列表，如图 7.25 和表 7.9 所示。用户只需对拼板 Block1 进行送料器的布置，贴片机会自动对整板进行送料器的布置。

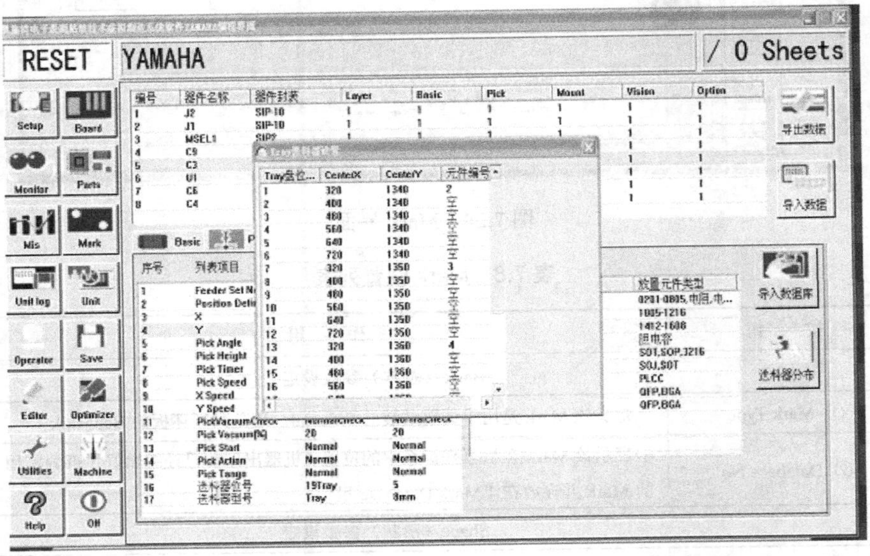

图 7.25 送料器的分配

表 7.9 贴片机送料器的分配列表

元 器 件	类 型	型 号	位 号
0201-0805、电阻、电容	Tape	8mm	1
1005-1216	Tape	12mm	1
1412-1608	Tape	16mm	2
钽电容	Tape	24mm	3
3216、SOT、SOP	Tape	32mm	4
SOJ、SOT	Stick	Stick1、2	3
PLCC	Stick	Stick3、4	4
电阻	Bulk	Bulk	5
QFP、BGA、CSP	Tray	Tray	10

顺序单击元器件信息列表的每一行，首先根据元器件的类型和尺寸确定送料器的类型，再根据贴片机自身送料器的位号和坐标来设置列表，确定送料器在机器上的位置。一般要求先布置贴片机前半部分，后布置后半部分，若送料器离要贴的 PCB 位置最近，则贴片机的 8 个头同步吸贴或路径最短。重复上述过程，直到所有行元器件设置输入完成为止。

（3）元器件信息设置。单击元器件信息列表的一行，顺序单击“Basic”“Pick”“Mount”“Vision”“Shape”“Tray”“Option”按钮，分别进入相应界面，输入参数。然后单击元器件信息列表的下一行，再顺序单击“Basic”“Pick”“Mount”“Vision”“Shape”“Tray”“Option”按钮，分别进入相应界面，输入参数。贴片机贴片头、吸嘴和上视 CCD 的列表如表 7.10 所示。

表 7.10　贴片机贴片头、吸嘴和上视 CCD 的列表

元 器 件	贴 片 头	吸 嘴	上视 CCD
Chip 0402、0603	Hand1、2、3、4	Nozzle1	Chip
1005～2012	Hand1、2、3、4	Nozzle2	Chip
3612	Hand1、2、3、4	Nozzle3	Chip
钽电容	Hand1、2、3、4	Nozzle4	Chip
MELF	Hand5、6	Nozzle5	Chip
SOP、SOJ、SOT	Hand5、6	Nozzle5	IC Body
PLCC	Hand5、6	Nozzle6	IC Body
QFP	Hand7、8	Nozzle7	IC Leader
BGA	Hand7、8	Nozzle8	BALL Body
CSP、FC	Hand7、8	Nozzle8	BALL Leader
Connecter、Other	Hand7、8	Nozzle7	Special

重复上述过程，直到所有行元器件设置输入完成为止。

第七步：建立单板贴装程序文件。

单击基本界面左边的“Save”按钮，进入建立和保存程序界面，如图 7.26 所示。单击单板贴装程序，先进入基板/校正界面，如图 7.22 所示。单击 Block1 行，再进入基板/标号界面，如图 7.23 所示。单击 Block1 Fid.行和 Local Fid.行，调出确定窗口，这时就可以打开 Fiducial 使用了。返回建立和保存程序界面后，单击显示程序，系统自动建立和显示程序，如图 7.26 所示，选择格式和地址，保存程序。单板贴装程式如表 7.11 所示。

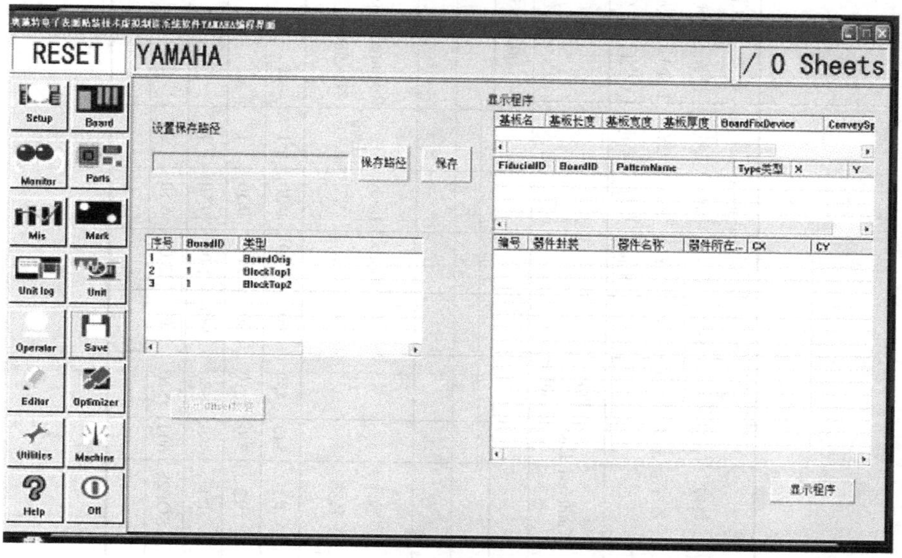

图 7.26　建立和保存程序界面

表 7.11　单板贴装程式

序号	编号	基板名称	传输速度	固定	正面板标号 1X 坐标	正面板标号 1Y 坐标	正面板标号 2X 坐标	正面板标号 2Y 坐标	正面拼板 1 标号 1X 坐标	正面拼板 1 标号 1Y 坐标	正面拼板 1 标号 2X 坐标	正面拼板 1 标号 2Y 坐标	正面拼板 2 标号 1X 坐标	正面拼板 2 标号 1Y 坐标	正面拼板 2 标号 2X 坐标	正面拼板 2 标号 2Y 坐标	正面拼板 3 标号 1X 坐标	正面拼板 3 标号 1Y 坐标	正面拼板 3 标号 2X 坐标	正面拼板 3 标号 2Y 坐标	正面拼板 4 标号 1X 坐标	正面拼板 4 标号 1Y 坐标	正面拼板 4 标号 2X 坐标	正面拼板 4 标号 2Y 坐标
1	1.1	Yamaha1	Fast	Pin+ PushUP																				
2	1.1								505.00	455.00														
3	1.1										695.00	595.00												
	Parts ID（编号）	器件名称	X	Y	θ	Body X	Body Y	Head	Required Nozzle	Local X_1	Local Y_1	Local X_2	Local Y_2	Package	Feeder Type	Feeder X	Feeder Y	Try Pos. X	Try Pos. Y	Pick Angle	Pick Height	Align. Group	Mount Height	
4	1.1	R1	540	480	90	0.60	0.30	1	1					0603	1	100	80			90	0.00	Chip	0.20	
5	1.1	R2	540	510	90	0.60	0.30	1	1					0603	1	120	80			90	0.00	Chip	0.20	
6	1.1	C1	580	550	180	1.00	0.50	1	2					1005	2	140	80			180	0.00	Chip	0.20	
7	1.1	SOP28	600	510	0	13.00	6.50	2	5					SOP	7	560	1200			0	-1.00	IC	0.20	
…	…																							

第八步：建立拼板贴装程序文件。

单击基本界面左边的“Save”按钮，进入建立和保存程序界面，单击拼板贴装程序。

（1）输入完小板的信息后，在基板信息界面单击“Fiducial”，进入 Fiducial 界面，单击并确定 Block1 或 Local Fid.行，如图 7.23 所示。

（2）在基板信息界面单击“Offset”，进入基板/校正界面，如图 7.22 所示，在做小板的时候一定要注意角度。

（3）程序的转换。再单击基本界面左边的“Editor”按钮，进入 Editor 界面，单击“Edit”按钮，再单击“Distribute with note data”，单板贴装程序自动转换为拼板贴装程序，如图 7.27 所示。

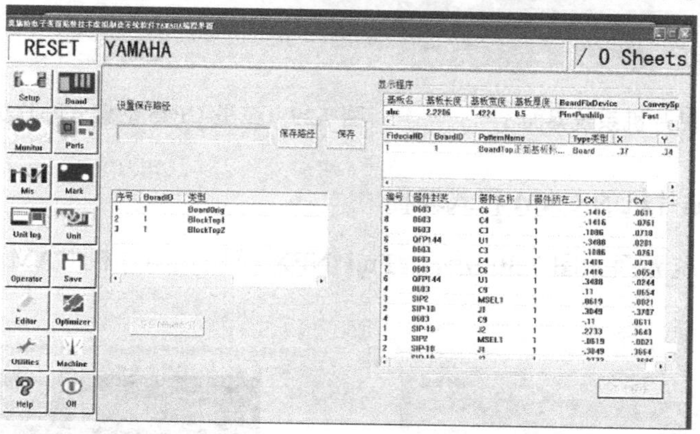

图 7.27　显示程序

（4）返回建立和保存程序界面后，单击“显示程序”按钮，系统自动建立和显示程序；再返回建立和保存程序界面，选择格式和地址，保存程序。

第九步：程序优化。

单击基本界面左边的“Optimize”，进入 Optimize 的设置界面，在优化时要对吸嘴和送料器进行设置，系统自动进行程序优化。

第十步：程序执行。

本软件可演示贴片机的程序执行、生产监控及常用单元调节，用户只需按系统“导引说明”操作即可。

2. 三星动臂式贴片机的 CAM 程式编程

三星贴片机系统界面如图 7.28 所示，三星-CP45 动臂式贴片机的 CAM 程式编程界面如图 7.29 所示。先进行单板贴装编程，再进行拼板贴装编程。

编程步骤如下，详见软件培训系统。

（1）导入 EDA 数据。

（2）制作基板和标号。

（3）编辑元器件。

- 建立元器件数据，软件自动导入 EDA 电路设计文件。
- 基本贴装设定，包括送料器设定、吸嘴选择、相机选择、拾取位置及贴放位置确定。
- 基本元器件辨识设定。

（4）送料器（Feeder）的设定，包括 Type（带式）、Stick（管式）和 Tray（盘式）。

（5）程式的制作。

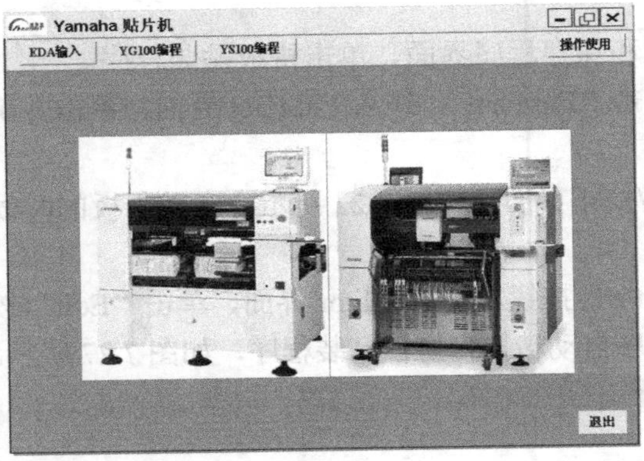

图 7.28　三星贴片机系统界面

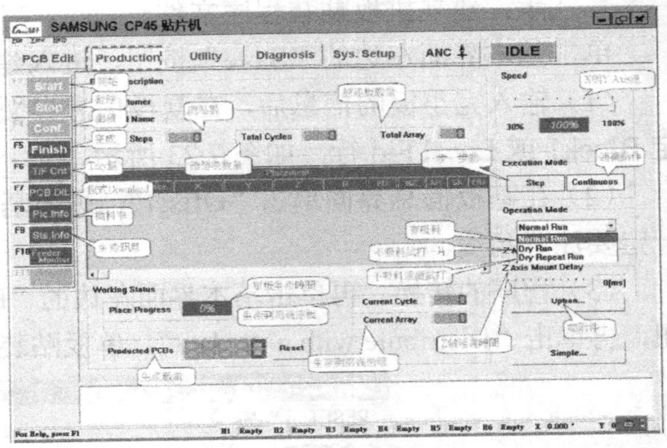

图 7.29　三星-CP45 动臂式贴片机的 CAM 程式编程界面

3. Fuji 模块式贴片机的 CAM 程式编程

Fuji 贴片机的系统界面如图 7.30 所示，Fuji NEX 模块式贴片机 CAM 程式的编程主界面如图 7.31 所示。

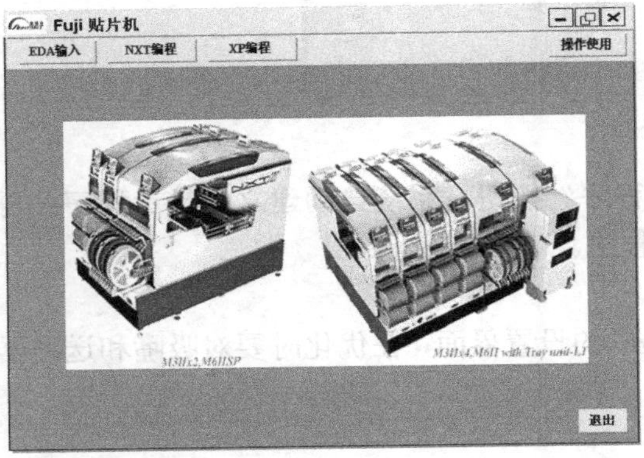

图 7.30　Fuji 贴片机的系统界面

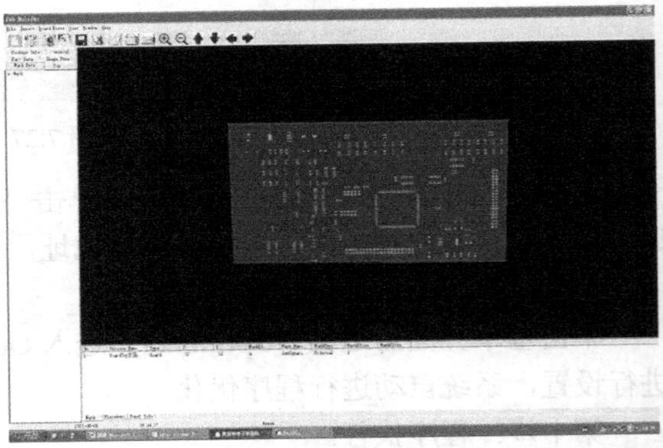

图 7.31　Fuji NEX 模块式贴片机 CAM 程式的编程主界面

CAM 程式编程方法如下，详见软件培训系统。

（1）创建一个程式（JOB）。

（2）导入 EDA 数据。

（3）建立元器件数据：

- 导入程式中需要的零件资料，软件自动导入 EDA 电路设计文件；
- 建立典型元器件数据库，软件自动导入 EDA 电路设计文件中的元器件数据。

（4）在 JOB 中导入定位点数据，软件自动导入 EDA 电路设计文件中的 Mark 数据。

（5）给 JOB 增加一条生产线：

- 模组设置；
- 送料器设置；
- 输入机器的配置和处理数据。

（6）基板的设定。设定 JOB 尺寸，将 Mark 数据分配到各机器。

（7）生成生产程序。平衡生产线，优化程序，生成和传送生产程序。

4. Panasonic 转塔式贴片机的 CAM 程式编程

Panasonic 贴片机的系统界面如图 7.32 所示，Panasert MSR 转塔式贴片机 CAM 程式编程方法如下，详见软件培训系统。

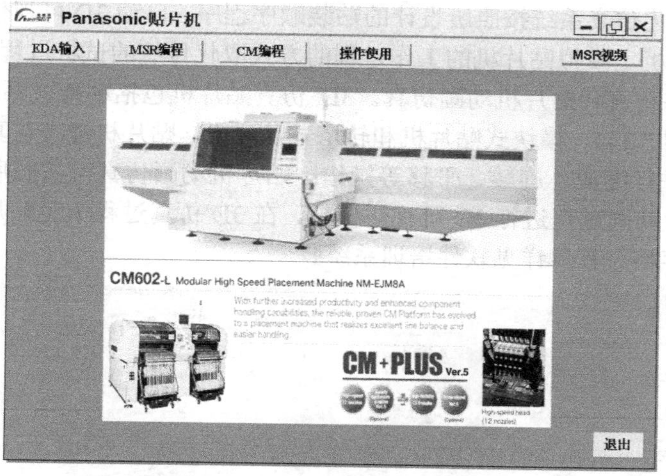

图 7.32 Panasonic 贴片机的系统界面

（1）导入 EDA 数据。

（2）制作标号。

（3）制作数控程序，包括校正、送料器设定、拾取位置确定、贴放位置确定、拼板设置和 Mark 设置。

（4）元器件编辑。建立元器件数据，软件自动导入 EDA 电路设计文件，进行贴片头的速度设定。

（5）送料器的设定，包括料台设置、器件包装基准和散装盘设置。

（6）系统管理和设置。

（7）程序执行。

5. Siemens 旋转式贴片机的 CAM 程式编程

Siemens 旋转式贴片机 SIPLACE Pro CAM 程式编程方法如下，详见软件培训系统。

（1）导入 EDA 数据。

（2）元器件编辑。

- 元器件编辑器。软件自动导入 EDA 电路设计文件。
- 元器件外形。一个元器件分配一个元器件外形（GF），而一个 GF 可以分配给多个元器件，因此，GF 要单独描述，要给 GF 指定一个参考号码以供机器视像系统识别。本软件自动导入 EDA 电路设计文件中的元器件数据。
- 基本贴装设定。包括送料器设定、吸嘴选择、相机选择、拾取位置和贴放位置确定。

（3）PCB 编辑，创建新的 PCB 和 PCB 设置，创建标号，建立贴片顺序列表。

（4）机器与生产线设置，包括机器编辑、料台设置、送料器基准设置、散装盘设置及生产线编辑。

（5）作业与优化，建立程式、作业与优化数据导入及导出。

（6）线控图形用户界面设置。

7.2.2 贴片机 3D 可视化仿真

贴片机 3D 可视化仿真系统按照所设计的贴装顺序程序，自动 3D 可视化模拟贴片机的贴片动画过程，以在计算机上模拟贴片机的工作过程的方式取代传统的试机过程。贴片机 3D 可视化仿真包括贴片机静态仿真和贴片机动画仿真。3D 仿真贴片机包括动臂式贴片机（见图 7.33）、旋转式贴片机（见图 7.34）、模块式贴片机和转塔式贴片机。贴片机静态仿真包括贴片机外部和内部静态仿真，可进行缩放、旋转、平移等操作；贴片机动画仿真可按照所设计的贴装顺序程序，对贴片机的贴片动画过程进行 3D 可视化模拟，在 3D 仿真过程中对贴片机编程的错误进行检测，实时提示并存档。具体详见软件培训系统。

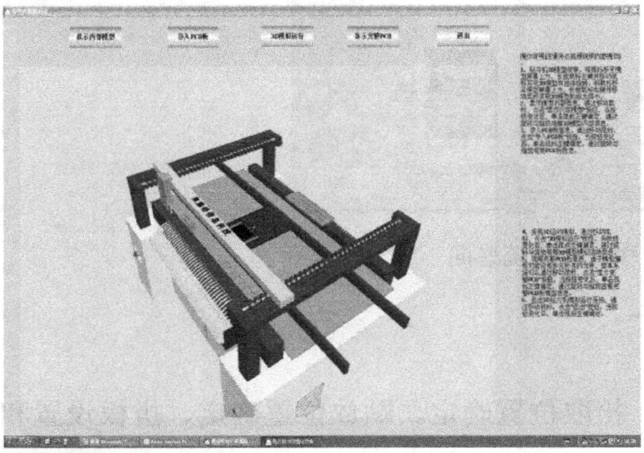

图 7.33　动臂式贴片机

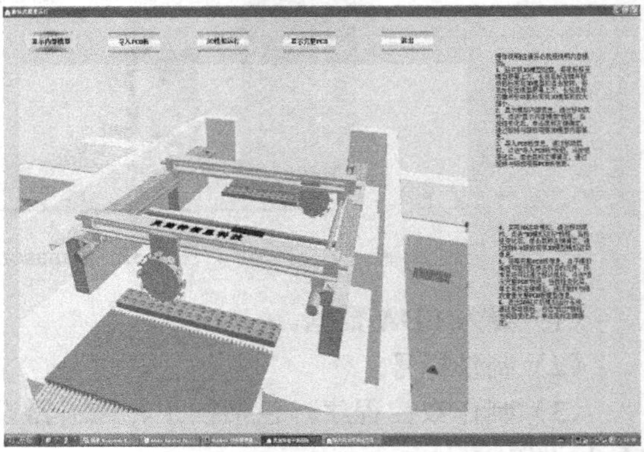

图 7.34　旋转式贴片机

7.2.3 贴片机操作技能

1．动臂式贴片机的操作使用

在动臂式贴片机主界面单击“操作使用”按钮，即进入操作使用界面，如图 7.35 所示，生产操作如图 7.36 所示。首先掌握动臂式贴片机操作技工（师）职能，如表 7.12 所示。

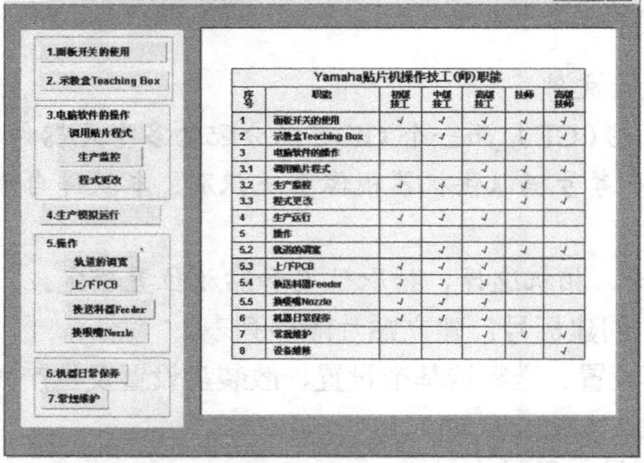

图 7.35　动臂式贴片机操作使用界面

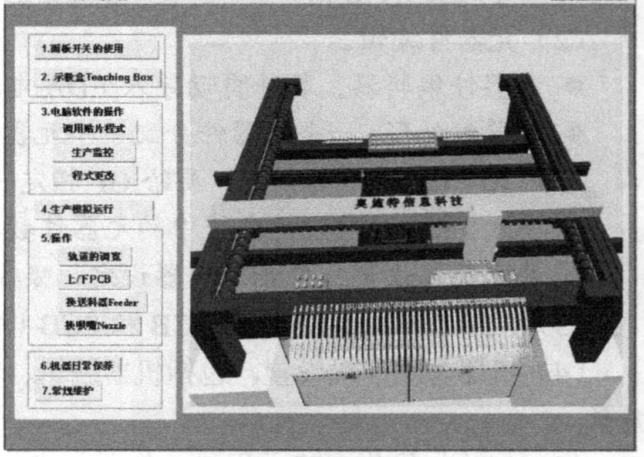

图 7.36　生产操作

表 7.12　动臂式贴片机操作技工（师）职能

序　号	职　能	初级技工	中级技工	高级技工	技　师	高级技师
1	面板开关的使用	√	√	√	√	√
2	示教盒 Teaching Box		√	√	√	√
3	电脑软件的操作					
3.1	调用贴片程式			√	√	√
3.2	生产监控	√	√	√	√	
3.3	程式更改				√	√
4	生产模拟运行	√	√	√		
5	操作					
5.1	轨道的调宽		√	√	√	√
5.2	上/下 PCB	√	√	√		
5.3	换送料器 Feeder	√	√	√		
5.4	换吸嘴 Nozzle	√	√	√		
6	机器日常保养	√	√	√		
7	常规维护			√	√	√
8	设备维修					√

1）面板开关和示教盒的使用

单击“1.面板开关的使用”“2.示教盒 Teaching Box”按钮，调出动画，可显示面板各种开关和示教盒的作用和使用方法。

2）电脑软件的操作和生产模拟运行

单击“调用贴片程式”按钮，调用 Demo CAM 程式；再单击“4.生产模拟运行”按钮，调用贴片机 3D 模拟仿真，包括静态仿真和动画仿真，动画仿真根据 CAM 程式，采用 3D 动画模拟贴片机的工作过程，可检查所设计的 CAM 程式的错误，并可修改程式；最后单击“生产监控”按钮，调用监控程序监控生产。

3）操作

如图 7.35 所示，单击“上/下 PCB”“轨道的调宽”“换送料器 Feeder”“换吸嘴 Nozzle”等按钮，调出动画，显示各种操作。

2．其他贴片机的操作使用

模块式贴片机的操作使用如图 7.37 所示，转塔式贴片机的操作使用如图 7.38 所示。不同类型贴片机的操作使用是不同的，详见软件培训系统。

7.2.4　贴片机维修保养

在操作使用界面，单击“机器日常保养”“常规维护”按钮，调出说明文档。

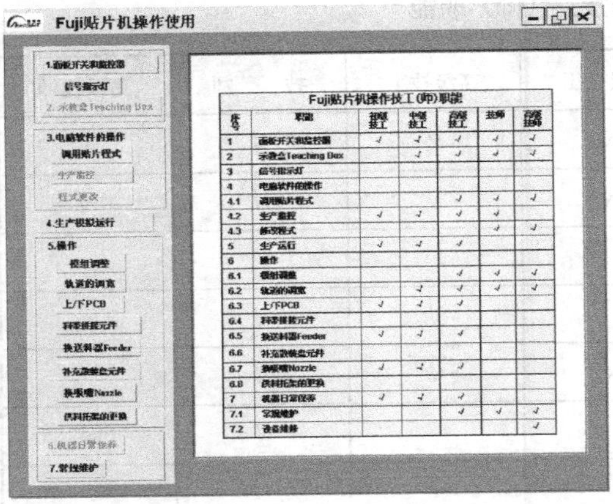

图 7.37　模块式贴片机的操作使用

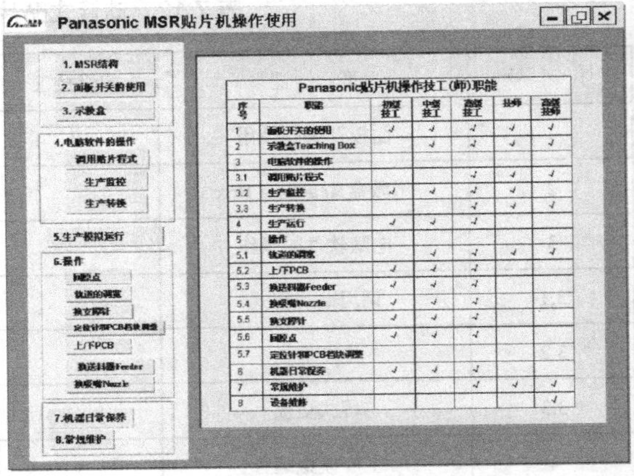

图 7.38　转塔式贴片机的操作使用

1．动臂式贴片机的维修保养

1）维护保养

Samsung 贴片机的保养检查周期表如表 7.13 所示，Samsung 贴片机的保养解决方案如表 7.14 所示。

表 7.13　Samsung 贴片机的保养检查周期表

检查项目			检查周期			更换周期
机器部位	检查维护内容	图示	每日	每周	每月	
XY 平台	以不含纤维屑的布擦拭滚珠丝杠				√	
	清洁润滑导轨				√	
	清洁润滑滚珠丝杠				√	
	检查是否连接离合器				√	
	张紧皮带				√	
	驱动连线				√	
贴片头	检查吸嘴夹持器导管是否生锈、松动和弯曲	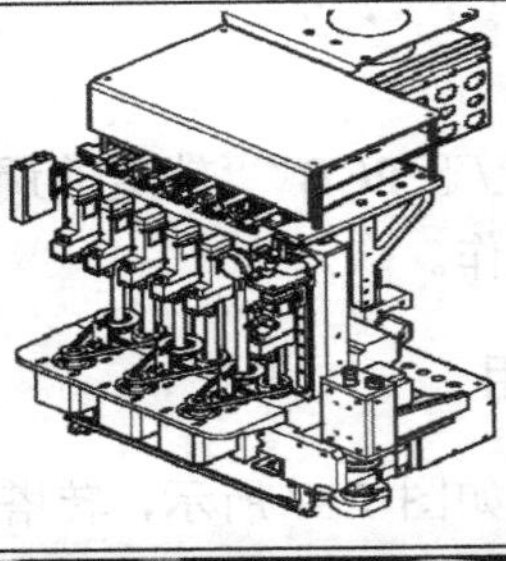			√	
	检查吸嘴是否生锈、损坏和弯曲		√			2 年
	检查飞行对中视觉 CCD 是否有污点				√	
	检查过滤器是否污染				√	6 个月
传输系统	张紧皮带				√	3 年
	检查传感器污点				√	
	检查止动块是否损坏				√	
	检查定位销是否损坏				√	
	检查插装头与零点极限开关的一致性			√		

续表

检查项目			检查周期			更换周期
机器部位	检查维护内容	图示	每日	每周	每月	
送料器	检查送料器是否损坏	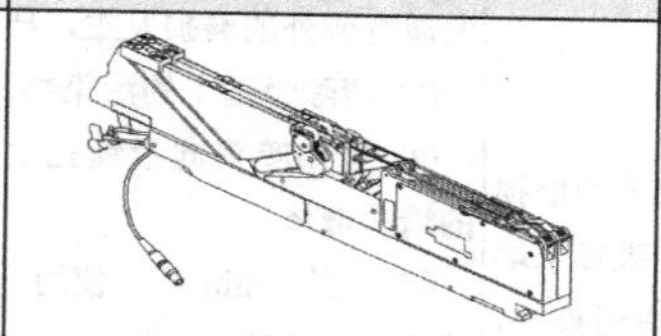	√			
气动部件	保证供给气动系统清洁、干燥的压缩空气，保证气动系统的气密性，保证气动元件和系统得到规定的工作条件，如使用压力、电压等	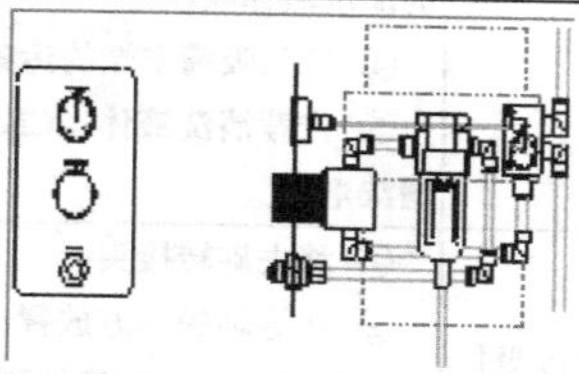	√			
	用干净的抹布对过滤器进行擦拭、清洗				√	1 年
冷却系统	检查外置风扇、PC 风扇、过滤器风扇是否正常			√		6 个月
计算机、电气装置	检查计算机是否正常				√	
	检查电气开关、继电器、熔断器是否正常				√	

表 7.14 Samsung 贴片机的保养解决方案

项目	检查	解决方案	图示
贴片头	Flying Vision（飞行对中）： 当反射镜片上面有污染物时，系统有可能不能进行正常的视觉识别，所以需要经常去除反射镜片上的污染物	① 停止设备运行，尽可能远距离地向前移动贴片头组件； ② 将反射镜片向上移动； ③ 关闭设备电源，向前拉动 X 轴组件； ④ 使用气枪吹去镜片上面的灰尘	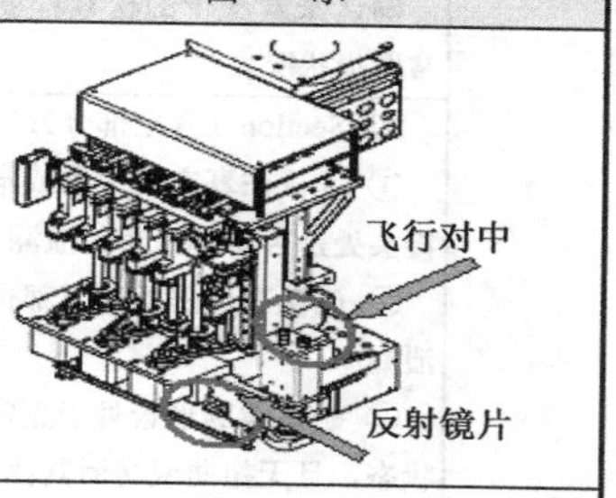
	Nozzle Holder（吸嘴夹持器）： 由于吸嘴夹持器容易损坏和歪曲，检查装配组件，确认弹簧动作的正确性，且保证无歪曲	使用 7mm 和 8mm 的扳手拆卸吸嘴座，并且以相反的方向装配新的吸嘴夹持器： ① 拆卸吸嘴夹持器时先使用 7mm 的扳手夹住头部的槽口（如右图所示）； ② 然后使用 8mm 的扳手夹住六角形图示部分，松开吸嘴夹持器直到手能松开螺钉； ③ 当需要将吸嘴夹持器装配至头部时，采用与拆卸相反的方向进行装配	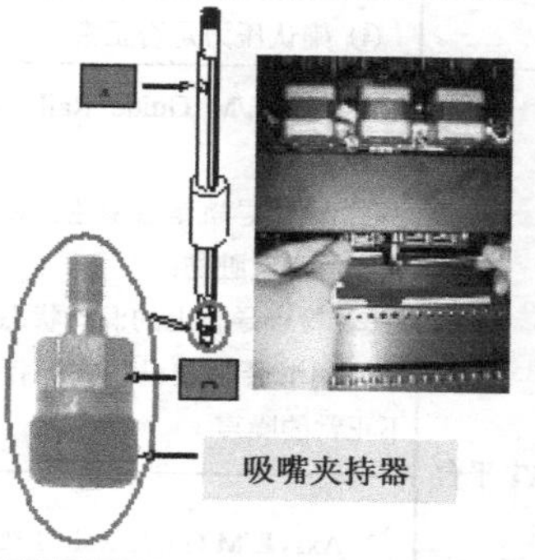
	Nozzle Holder Tube（吸嘴夹持器外套）： 设备长时间运行会使吸嘴夹持器外套的弹性减弱，在吸嘴交换时引起夹紧误差，所以需要经常检查	在更换吸嘴夹持器外套时必须关闭气源，否则会影响贴片头的功能	

续表

项　目	检　　查	解 决 方 案	图　　示
贴片头	Nozzle（吸嘴）： 检查吸嘴，确认是否有额外的磨损发生，或者是否由于碰撞使吸嘴末端发生变形。另外，检查是否有污染物，如焊膏等阻塞吸嘴	如果有污染物，则使用清洗液清洗。若发现有额外的磨损发生，要更换吸嘴。 ① 清除吸嘴上的污染物； ② 使用喷管向吸嘴孔上喷射推荐使用的清洗液体； ③ 大约 1min 后，使用压缩气体将吸嘴的清洗液体吹出； ④ 清除吸嘴末端的污染物； ⑤ 推荐清洗液体：Chemtech 杆式喷雾清洗剂	
	Spindle（导轴）： 导轴上的污染物会引起设备吸取功能减弱，导轴内部的污染物必须清除	① 移去旋转接头； ② 在导轴的下方放置一块柔软的布，同时在其顶部注入少量的酒精； ③ 使用气枪将有可能在导轴内部的杂质和酒精清理干净	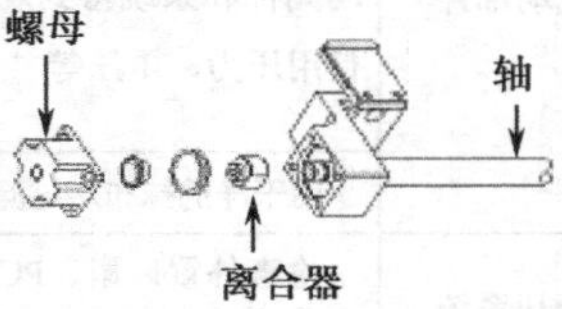
	Vacuum Filter（过滤器）： 定期检查过滤器，确保它处于洁净状态，以避免由于空气中存在杂质或焊膏使过滤器污染而引起问题	参照右图更换过滤器，同时清洗导轴上的杂质。 ① 使用螺钉旋具拆下贴片头部位的盖子； ② 更换过滤器	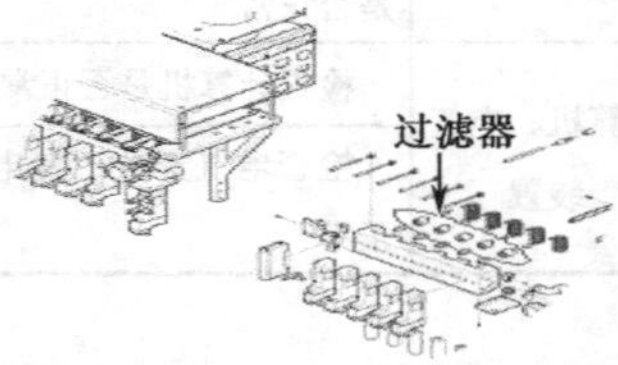
	Timing Belt（张紧皮带）： 确认张紧皮带的松紧程度及非正常磨损状况	皮带上的任何缺陷都会导致它的快速磨损，如果有此种情况发生，请与三星公司联系	
	Air Section（真空部分）： ① 确认在真空发生器或电磁阀连接头处是否有不正常的泄漏； ② 确认在电磁阀出气部位是否有泄漏； ③ 确认螺旋形管处于正常的盘旋状态，且无扭曲或妨碍其他部件； ④ 确认压力是否正常	① 如果压力表上指示的压力小于 0.1MPa，则检查压力表和过滤器连接处是否有泄漏； ② 如果在过滤器的连接处有泄漏，则拧紧过滤器部位，如果有损坏请联系三星公司； ③ 当风室没有被拧紧时会导致漏气，拧紧以维持其紧固状态，同时采取相应的预防措施以保证位于风室内部的用于包装的 O 形环不会脱开； ④ 如果有软气管互相缠绕，则顺着过滤器连接机架的方向解开	
XY 平台	X-Axis L/M Guide Rail（*X* 轴导轨）： ① 检查导轨是否变色，以及是否存在污点或脏物； ② 检查导轨上的润滑状态，不充分的润滑会导致设备在运行时产生不正常的噪声	清除导轨上的污染物，如果有必要请使用油脂来清除	
	Y-Axis L/M Guide Rail（*Y* 轴导轨）： ① 检查导轨是否变色，以及是否存在污点或脏物； ② 检查导轨上的润滑状态，不充分的润滑会导致设备在运行时产生不正常的噪声		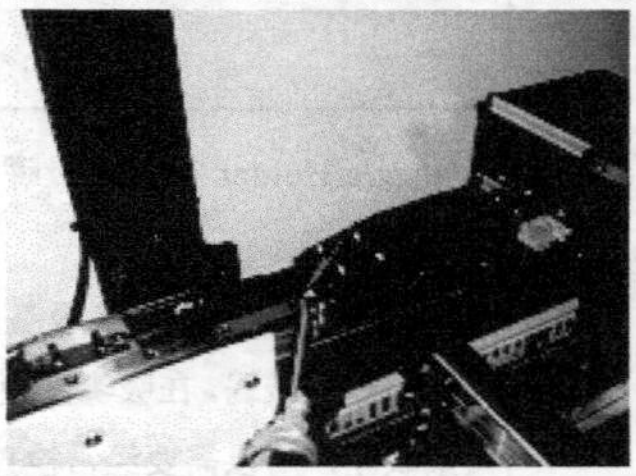

续表

项　目	检　　查	解 决 方 案	图　　示
XY 平台	X-Axis Ball Screw（*X* 轴丝杠）： ① 检查导轨是否变色，以及是否存在污点或脏物； ② 检查导轨上的润滑状态，不充分的润滑会导致设备在运行时产生不正常的噪声	清除导轨上的污染物，若有必要请使用油脂来清除	
	Y-Axis Ball Screw（*Y* 轴丝杠）： ① 检查导轨是否变色，以及是否存在污点或脏物； ② 检查导轨上的润滑状态，不充分的润滑会导致设备在运行时产生不正常的噪声	清除导轨上的污染物，若有必要请使用油脂来清除	
	X/Y-Axis Coupling（*X*/*Y* 轴耦合器）： 检查耦合器的紧固力是否正常	紧固耦合器的连接螺钉	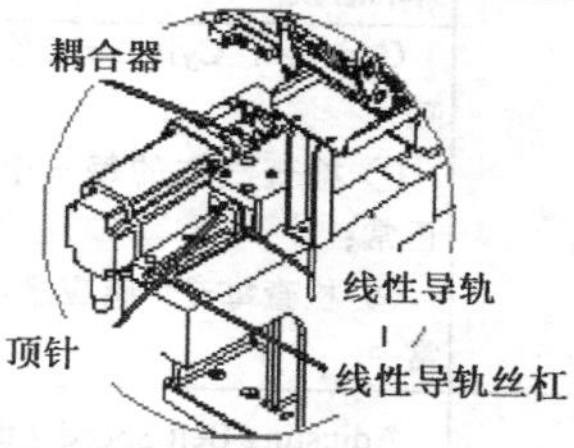
传输系统	Belt（皮带）： ① 检查皮带的张紧状态； ② 检查皮带是否有不正常的磨损； ③ 检查驱动电动机滑轮是否有不正常的磨损； ④ 检查惰轮是否有不正常的滑轮； ⑤ 检查皮带是否偏移或打滑	① 如果发现皮带太紧或太松，则利用惰轮来调节皮带的松紧程度； ② 如果发现皮带有不正常的磨损，请联系三星公司服务部门进行更换	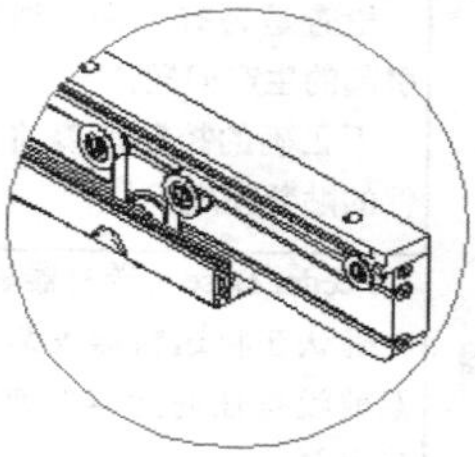
	Lead Screw（引导丝杠）： ① 检查引导丝杠的组件及灰尘、脏污情况； ② 不充分的引导丝杠部件润滑将引起轨道调节困难，要经常检查润滑情况	清除引导丝杠上的污染物，若有必要请使用油脂来清除	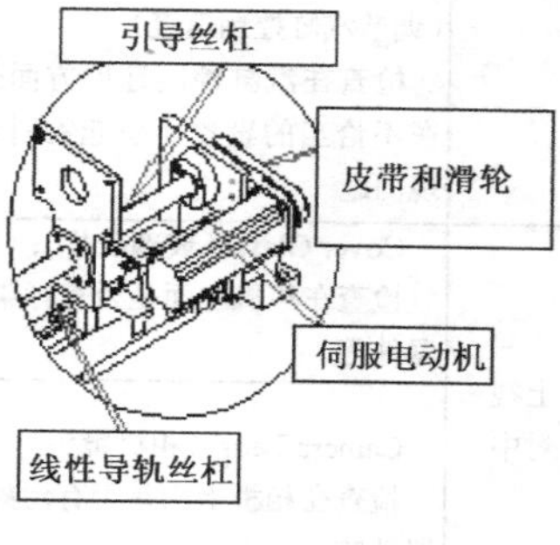
	L/M Guide Rail（导轨）： ① 检查导轨的组件及灰尘、脏污情况； ② 不充分的导轨部件润滑将引起轨道调节困难，所以要经常检查润滑情况	清除导轨上的污染物，若有必要请使用油脂来清除	
	Belt and Pulley（皮带轮）： ① 检查皮带是否太松或太紧； ② 检查皮带和滑轮是否有不正常磨损	如果通过皮带张紧调节机构来调节皮带的张紧力，则将影响到驱动电动机，如果需要调节张紧力，请联系三星公司服务部门	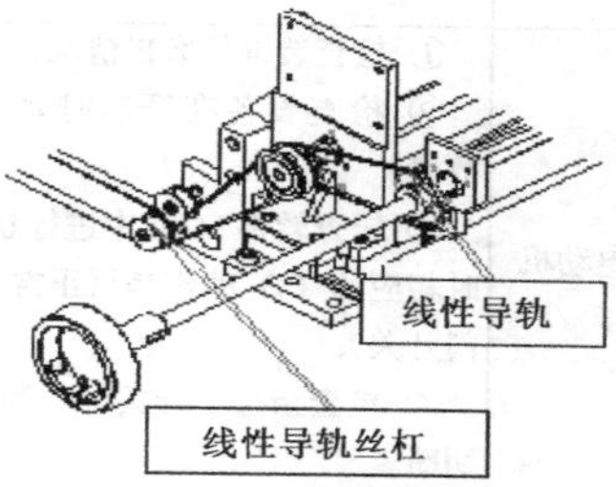

续表

项 目	检 查	解 决 方 案	图 示
传输系统	Chain and Pulley（链轮）： ① 检查链条上是否有污染物； ② 不充分的链条部件润滑将引起轨道调节困难，所以要经常检查润滑情况	清除链条上的污染物，若有必要请使用油脂来清除	
	PCB Detect Sensor（感应器）： ① 检查在感应窗体区域是否有污染物； ② 检查感应器的功能情况	① 使用软布擦除感应窗体的脏污物； ② 检查感应器的灵敏度； ③ 如果发现感应器一直处于工作状态，请联系服务部门予以更换	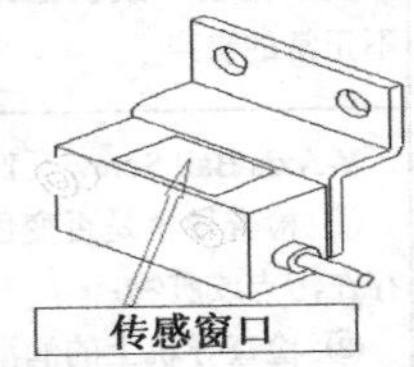
	Stopper（停止挡块）： 检查停止挡块上半部分是否有额外的磨损	若有磨损请更换停止挡块的上半部分	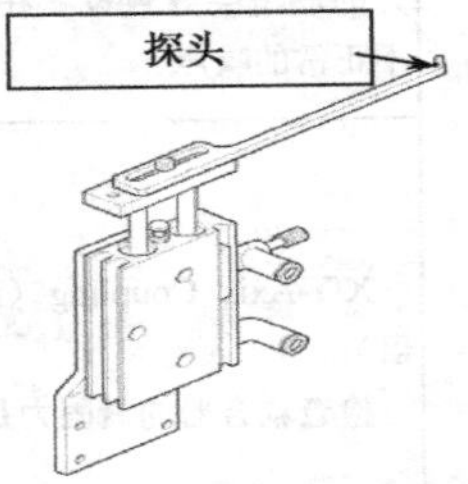
	Conveyor Cylinder（停止挡块汽缸）： ① 检查汽缸的每一个动作是否正常； ② 检查每一个感应器功能是否正常	① 可以使用软件 MMI 中的<Setup/Manual Control>命令或<Setup/Diagnostics/Self Diagnosis>命令来检查汽缸的动作； ② 如果发现汽缸不能正常动作，请联系三星公司服务部门	
送料器	Adjusting Belt Speed（调节带速）： 检查是否有因为轨道系统速度而引起的生产问题； 不正确的控制速度将会影响元器件的贴装精度	通过调节位于设备后面的调速器来调节传输带的速度	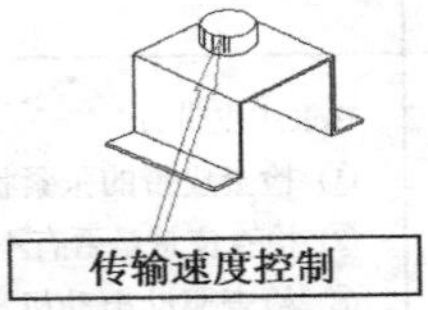
	Feeder Base（送料器基架）： 确认在将送料器安装到送料器基架前没有任何元器件或其他物体在其上面	使用软布清除送料器基架上的元器件和其他杂物	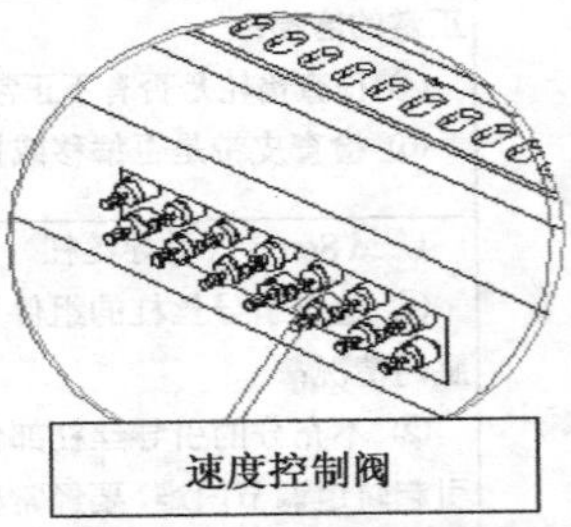
	Adjustment of Multi Cylinder Speed（调节汽缸控制速度）： 检查在汽缸控制速度方面是否存在不恰当的设置而引起物料供给出现问题	使用复合汽缸上的调节阀门来调节汽缸的控制速度	
上视对中	Cover Glass（玻璃盖片）： 检查在相机上面是否有污染物、元器件等	① 拆除相机上四面的螺钉后移走 LED 集成； ② 使用软布清洁玻璃； ③ 将 LED 集成到相机上	
	Camera Lens（相机镜头）： 检查在相机上面是否有污染物、元器件等		
电动机	① 检查装置的磨损情况； ② 检查设备在开启时是否发生故障； ③ 检查软件 MMI 中进行 I/O 操作时相应的 I/O 动作是否正常（急停/门开关）； ④ 检查当拉下开关时电源是否被切断	当上述情况发生时请联系三星公司服务部门	

续表

项　目	检　　查	解 决 方 案	图　示
气动系统	Pressure Setting（压力设置）： 检查外部所提供的压力是否和所设置的压力一致	通过旋转（顺时针/逆时针）调节器调整压力	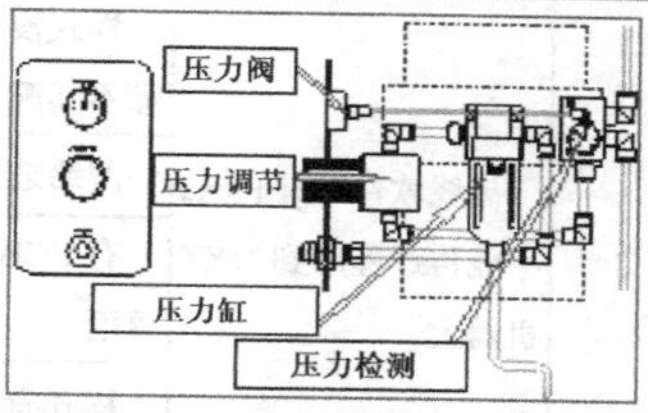
	Pressure Switch（压力开关）： 检查压力开关是否在低压状态下被开启/激活	如果压力开关不能正确显示真正的压力，请联系三星公司的客户部门	
	Air Filter & Auto Drainer（空气过滤器）： ① 检查空气过滤器是否潮湿和含有水分； ② 检查空气过滤器部件是否堵塞； ③ 检查空气过滤器部件是否存在变色现象； ④ 检查空气过滤器是否完全干燥； ⑤ 检查管子是否和空气干燥器连接好	① 降下放置空气过滤器的机械手柄并将其旋转至取下位置； ② 取走已经受污染的过滤装置； ③ 按照与拆除相反的过程安装新的过滤装置； ④ 安装盛有空气过滤器的容器	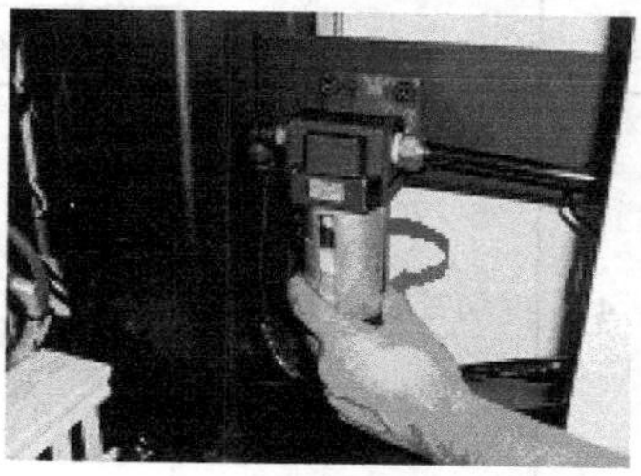

（1）维护步骤组成。

① 检查与更换，包括日常检查、有效期限制与易磨损部件的更换。

② 润滑和加油。

（2）设备维护注意事项。

① 在进行设备维护作业时，需要确认已经结束所有的作业、设备的电源开关已经关闭、设备的主电源已经关闭，然后按照日常检查清单进行维护。

② 结束维护作业后，去除设备附近的障碍物，确认已经正常组装设备的部件，打开设备的主电源开关，确认设备是否正常动作。

2）维修

贴片过程中的主要问题、产生原因及对策如表 7.3 所示，贴片机的常见故障及解决方法如图 7.16 所示。

2．其他贴片机的维修保养

不同类型贴片机的维修保养是不同的，详见软件培训系统。Fuji NEX 贴片机的维修如表 7.15 所示。

表 7.15　Fuji NEX 贴片机的维修

序　号	故 障 现 象	原　因	处 理 方 法
1	贴片头 Z 轴报警	Z 轴编码器报警	关机，重新初始化
		换吸嘴错误	拉出模组，取下吸嘴，放在吸嘴座中，手推 Z 轴归零
		Z 轴跑位（非正常关机，异常断电）	拉出模组，手动 Z 轴套住轴顶部的传运部件。注意吸嘴状况，避免撞坏吸嘴
2	传送轨道报警	传感器出错	传感器数值有点小，擦拭传感器
		PCB 在传送中有抖动，波动超过了传感器范围	检查传送轨道水平；调整传感器强度
		卡板	检查程式设置（PCB 宽度、传送宽度）和进出板的信号

续表

序　号	故障现象	原　　因	处理方法
3	离线软件 Fuji Flexa 不能传送程序到 NXT 机器上	程式没有执行优化步骤，程式所需吸嘴不匹配	优化程式后再重新传送到机器
		网络连接失败	检查网络
		有 PCB 在机器中生产，或没有回到主界面	传送程式前先清空机器，再停机
		程式有问题，设定不当	检查并修改程式
		软件文件被破坏	需要重新安装，或者升级软件
4	切带单元错误	注意：在拆机器部件时，一定要关掉电源，以免触电或损坏机器部件	① 检查切带单元原点； ② 拔掉切带单元的气管，手推切带单元运作，发现 X019 有信号，但 X01A 始终没有信号； ③ 用同样的办法测试其他模组时，X01A 有信号，因此判定是切带单元的传感器信号有问题； ④ 如果是传感器坏，则更换
5	无法开机	初始化时显示“1394 not insert”，网线连接局域网络中断	① 检查断路器； ② 检查贴片头的相机与模组的 1394 连接是否中断
6	吸嘴报警	贴片头在非正常停机时会检测不到贴片头的位置	取下吸嘴夹持器上的吸嘴，放回吸嘴座中，然后复位机器
		换吸嘴出错	取下吸嘴，放回吸嘴座中
		吸嘴上粘有异物	清除吸嘴上的异物
7	不进板	轨道的水平高度不一致	检查各传感器信号或确认轨道的水平高度
		轨道传感器位置偏移或灵敏度不好	调整传感器的位置或灵敏度
		与前面的传输带的信号不连接	检查周边传输带的信号有无问题
8	机器的模组一直处于下载状态	网线接触不良	① 关机重新启动； ② 检查机器或网络的相关接口； ③ 删除机器上所有的程序，再传程序后问题解决
9	在正常生产时突然死机		① 关机重新启动； ② 观察影像处理过程，检查各元器件数据
10	模组不能生产，机器内一直显示 PCB 在轨道上		① 检查模组的轨道，确定有无 PCB； ② 检查各相关传感器，确定有无异常； ③ 把模组拉出来再检查。注意：在拉模组出来时，千万不要把机器轨道两边的传感器撞坏； ④ 关机，把基座与模组的连线拔出来再重新接上去，然后开机
11	模组突然取不到料	贴片头坏，重新开机后出现错误代码 8EC41911	更换贴片头后生产正常
12	进出板不顺畅	轨道水平高度不一致	调整前后轨道的水平高度
		传板信号控制卡不符	更换内传板控制卡
13	贴片飞件、打翻、不规则移位等	吸嘴不良	清洁吸嘴，若坏掉则要更换
		真空过滤棉太脏	检查真空过滤棉是否干净、损坏

续表

序号	故障现象	原因	处理方法
13	贴片飞件、打翻、不规则移位等	可能上贴片头不正常	把置件头和其他模组对换，再进行观察
		PCB没有夹紧	检查托盘和夹边，发现PCB没有夹紧，汽缸没有上升到位
		平台的汽缸不正常	拆下托盘，检查汽缸能否上下自由活动
		送料器不良	更换不良送料器
		元器件数据或对中类型不正确	检查元器件的高度或对中类型是否正确
14	抛料	元器件数据错误	检查元器件的尺寸或对中类型是否正确
		送料器不良	更换不良送料器
		镜头脏，有杂物或零件	清洁镜头
		真空吸力不足，吸料不稳	检查真空吸力
		真空切换异常	检查真空切换是否正常
		来料不良（氧化、变形等）	更换材料
		吸嘴选用不对	选择合适的吸嘴
		吸嘴坏	更换吸嘴
15	移位	程序坐标偏移	调整坐标
		夹板不紧	检查夹板
		支承针没顶好	调整支承针
		真空吸力不足，吸料不稳	检查真空吸力
		料架不良，取料吸偏	更换料架，调整取料位置或使用Auto offset（自动校正）功能
		贴片头导杆松动	更换贴片头导杆
		平台不平	校正平台水平
16	漏件	支承针没顶好	调整支承针
		真空吸力不足，吸料不稳	检查真空吸力
		真空切换异常	检查真空切换是否正常
		使用的吸嘴大小不合适	选用最合适的吸嘴，适当调整贴片高度
		吸嘴磨损	更换吸嘴
		平台不平	校正平台水平
		元器件数据错误	检查元器件的尺寸或对中类型是否正确
17	Mark点识别不良	① 同一基座的两个模组都显示89274E08错误 ② 关机重新启动，模组初始化不能完成（黑屏） ③ 用指令也不能把模组松开或夹紧	重新检查各网线接头，关电并用手把这两个模组松开后，初始化才可以完成。 注意：在出现故障时，一般情况下都会有一个错误提示或错误代码，我们可以在它所附带的软件内查询，能够得到一些提示或帮助
18	更换了吸嘴，用编辑方式传送程式时，两条轨道的程式有一条被自动删除	在程式里更换了吸嘴，使用了优化功能，并且用编辑方式（MEDIT）传送程式时有一条轨道有板	在浏览器中删除程式，然后用传输控制方式把程式传送到后台，再在机器上传送到前台。 改变了程式中的吸嘴后，如果要用编辑方式（MEDIT）传送程式，不要用优化功能，直接生成程序，最好在两条轨道都没板的情况下传送
19	把模组拉出来再放进去，开机就会报警	连接在主板上的线头有松动	检查模组的主板是否有问题，必要时进行更换

续表

序　号	故障现象	原　因	处理方法
20	吸嘴不复位	吸嘴在夹持器中不复位	把吸嘴 Z 轴滑动杆上的脏油抹掉之后可以开机。 注意：做完这个动作后，要手动把吸嘴从贴片头上取下来放到吸嘴座中，并通知到生产员（PM），一定要用与机器相匹配的油
21	吸嘴座不能回位	显示错误 86312108、8CC51908。 直接原因是吸嘴座不能自动复位，怀疑是伺服箱出错	① 重启机器； ② 更换贴片头； ③ 更换吸嘴座； ④ 更换吸嘴座的座子； ⑤ 复位 I/O 信号； ⑥ 更换模组

7.3 认证考试举例

本章认证考试分专业知识和实践技能两部分，在 SMT 专业技术资格认证培训和考评平台 AutoSMT-VM1.1 上完成。本章测试重点是贴片机 CAM 程式编程和操作使用。

【例 7.1】贴片机的综合指标重要的是（　　）。

A．结构、精度，能贴元器件的种类和最小间距

B．速度、精度，能贴元器件的种类和最小间距

C．速度、视觉，能贴元器件的种类和最小间距

答案：B

【例 7.2】下视系统是安装在贴片机头部的 CCD，对 PCB 上所设定的标号进行识别，标号类型包括（　　）。

A．整板标号、拼板标号、器件标号、坏板标号

B．整板标号、拼板标号

C．器件标号、坏板标号

答案：C

【例 7.3】3σ工艺能力是指（　　）。

A．cmk 达到 1.00，百万缺陷率为 DPM 2700

B．cmk 达到 1.33，百万缺陷率为 DPM 60

C．cmk 达到 2.66，百万缺陷率为 DPM 0.002

答案：A

【例 7.4】贴装 0201 的重要因素是（　　）。

A．拾取和贴装时的 Z 高度控制，3σ的贴装精度为±60μm，贴装力与速度

B．吸嘴设计，拾取和贴装时的 Z 高度控制，3σ的贴装精度为±60μm，贴装力与速度

C．吸嘴设计，拾取和贴装时的 Z 高度控制，3σ的贴装精度为±30μm，贴装力与速度

D．拾取和贴装时的 Z 高度控制，3σ的贴装精度为±30μm，贴装力与速度

答案：B

【例 7.5】旋转式（复合式）贴片机（ ）。

A．集合了转塔式和动臂式的特点，在动臂上安装有转盘

B．集合了转塔式和动臂式的特点，在转盘上安装有动臂

C．集合了转塔式和动臂式的特点，在动臂上安装有贴片头

答案：A

【例 7.6】Yamaha 动臂式贴片机 Fiducial 一般采用（ ）。

A．EDA 输入　　B．示教输入　　C．手动输入

答案：B

【例 7.7】关于 Yamaha 动臂式贴片机 Mark Shape Type 设置，正确的是（ ）。

A．在机器自带的圆形、长方形、三角形等多种选择中选择与 PCB 所设计的 Mark 形状一致的

B．机器只有圆形一种选择

C．不必根据 PCB 决定，机器可有圆形、长方形、三角形等多种选择

答案：A

【例 7.8】Yamaha 贴片机 Parts 编辑方法是（ ）。

A．同时对所有元器件分别进行统一的“Basic”“Pick”“Mount”“Vision”“Shape”“Tray”“Option”设置

B．必须对每一个元器件分别进行“Basic”“Pick”“Mount”“Vision”“Shape”“Tray”“Option”设置

C．只需对部分元器件分别进行“Basic”“Pick”“Mount”“Vision”“Shape”“Tray”“Option”设置

答案：B

【例 7.9】Yamaha 贴片机拼板贴装程式的设置方法是（ ）。

A．以大板右下角为原点，来校正各个拼板右下角的坐标；拼板方位以左下角第一个拼板的方向为基准，决定其他拼板的方位（R）；第一个拼板贴装程序做完后，系统自动生成各个拼板的贴装程式

B．以大板左下角为原点，来校正各个拼板左下角的坐标；拼板方位以左下角第一个拼板的方向为基准，决定其他拼板的方位（R）；第一个拼板贴装程序做完后，系统自动生成各个拼板的贴装程式

C．以大板左下角为原点，来校正各个拼板左下角的坐标；拼板方位以左下角第一个拼板的方向为基准，决定其他拼板的方位（R）；第一个拼板贴装程序做完后，再人工生成各个拼板的贴装程式

D．以大板右下角为原点，来校正各个拼板右下角的坐标；拼板方位以左下角第一个拼板的方向为基准，决定其他拼板的方位（R）；第一个拼板贴装程序做完后，再人工生成各个拼板的贴装程式

答案：B

【例 7.10】在 Yamaha 贴片机程式的吸嘴优化设置中，Current 是指（ ）。

A．自动分配吸嘴类型

B．按照当前的吸嘴配置，不会重新分配吸嘴

C．人为选择某一个贴片头，使用某一种吸嘴

答案：B

【例 7.11】Samsung 贴片机 Array 是设定各拼板原点的补正值，（　　）。

A．XY 是各拼板相对于 PCB 原点的补正值，R 是各拼板相对于第一拼板的旋转方向

B．XY 是各拼板相对于第一拼板原点的补正值，R 是各拼板相对于第一拼板的旋转方向

C．XY 是各拼板相对于 PCB 原点的补正值，R 是各拼板相对于 PCB 的旋转方向

D．XY 是各拼板相对于第一拼板原点的补正值，R 是各拼板相对于 PCB 的旋转方向

答案：A

【例 7.12】Samsung 贴片机中视觉对中辨识采用的算法是（　　）。

A．利用定义的外框来寻找组件的中心点

B．利用左、右两边引脚的中心点，来定义组件的中心点

C．利用定义所有引脚中心点的平均值，来定义组件的中心点

答案：A

【例 7.13】Samsung 贴片机视觉系统对于 IC 类组件的 All Body 检测算法是（　　）。

A．本体为黑色，专为辨识 IC 种类的组件，处理辨识 IC 的速度较快

B．本体不是纯黑色，适合不同种类的组件，但其组件的辨识时间较长，可用于非 IC 类型或辨识较困难的组件

C．组件外框识别，但不包含引脚

D．组件外框识别，包含引脚

答案：B

【例 7.14】Fuji NEX 贴片机从 EDA 文件创建程式采用的方法是（　　）。

A．Centroid CAD（中央 CAD）：导入生产线主机数据

B．Sequence（序列）：手动输入序列数据

C．CCIMF/MCIMF：导入原有程式文件

D．EDA 导入（ALLEGRO、MENTOR、CR5000、OrCAD、SFX-J1、Specctra、PowerPCB、PanaCAD）数据

答案：D

【例 7.15】Panasert MSR 贴片机 Mark 外形设置为 2 是（　　）。

A．圆形　　B．方形　　C．菱形

D．三角形　　E．十字形　　F．翼形

答案：C

【例 7.16】在 Panasert MSR 贴片机数控编程 S&R 拼板状态所使用的指令中，11 是（　　）。

A．Normal mounting 0°　　B．Step repeat 0°

C．Step repeat 90°　　D．Step repeat 180°

E．Pattent repeat 0°　　F．Pattent repeat 90°

G．Pattent repeat 270°

答案：C

【例 7.17】Siemens 贴片机 Siplace Pro 软件的送料器设置方法是（　　）。

A．先按元器件列表设置，再按机器类型与多机联机优化设置，贴片头 12 个吸嘴吸取的 12 个元器件的送料器的位置尽量靠近

B．先按机器类型与多机联机设置，再按元器件列表优化设置，贴片头 12 个吸嘴吸取的 12 个元器件的送料器的位置不必靠近

C．先按元器件列表设置，再按机器的类型与多机联机优化设置，贴片头 12 个吸嘴吸取的

12 个元器件的送料器的位置不必靠近

D．先按机器类型与多机联机设置，再按元器件列表优化设置，贴片头 12 个吸嘴吸取的 12 个元器件的送料器的位置尽量靠近

答案：A

【例 7.18】贴片机贴装时飞件的主要原因是（　　）。

A．吸嘴堵塞或表面不平、元器件残缺或不符合标准、PCB 弯曲、设定元器件厚度不正确、贴片高度太低、真空破坏

B．吸嘴堵塞或表面不平、进料位置不正确、设定元器件厚度不正确、取料高度不合理、卷料带太紧或太松

C．吸嘴堵塞或表面不平、真空破坏、反光面脏污或有划伤、镜头有灰尘

答案：A

【例 7.19】试通过操作培训平台，选择软件中自带的演示 PCB 设计的 Demo 板，进行 Protel 设计的单面贴装 SMB 的 Yamaha 贴片机的 Feeder 编程。任务是首先进行 EDA 输入，再进入 Yamaha 贴片机的编程界面，导入 EDA 数据；然后进入 Yamaha 贴片机的编程 Feeder 界面，对每个元器件进行 Feeder 设置（注意：退出后系统会自动采集编程数据，并自动打分）。

操作提示：单击进入贴片机 CAM 程式编程培训模块，按题目要求完成操作。全部题目完成后必须返回认证考评界面，单击“完成提交”按钮后系统自动批卷。

【例 7.20】试通过操作培训平台，选择软件中自带的演示 PCB 设计的 Demo 板，进行 Protel 设计的单面贴装 SMB 的 Yamaha 贴片机的拼板贴片顺序程式编程。任务是首先进行 EDA 输入，再进入 Yamaha 贴片机的编程界面，导入 EDA 数据；然后进入 Yamaha 贴片机编程界面，进行贴片顺序程式编程（包括 Board、Fiducial、Feeder、Parts、Placinglist），生成拼板贴片顺序程式（注意：退出后系统会自动采集编程数据，并自动打分）。

操作提示：单击进入贴片机 CAM 程式编程培训模块，按题目要求完成操作。全部题目完成后必须返回提示界面，单击“完成提交”按钮后系统自动批卷。

【例 7.21】试通过操作培训平台，选择软件中自带的演示 PCB 设计的 Demo 板，进行 Protel 设计的单面贴装 SMB 的 Yamaha 贴片机的操作使用。任务是首先进入 Yamaha 贴片机的操作使用界面，再进行生产，包括调用贴片程式、生产模拟运行、生产监控、操作（轨道的调宽、上/下 PCB、换送料器、换吸嘴）（注意：退出后系统会自动采集数据，并自动打分）。

操作提示：单击进入贴片机的操作使用培训模块，按题目要求完成操作。全部题目完成后必须返回认证考评界面，单击“完成提交”按钮后系统自动批卷。

【例 7.22】试通过操作培训平台，选择软件中自带的演示 PCB 设计的 Demo 板，进行 Protel 设计的单面贴装 SMB 的 Panasonic 贴片机的拼板贴片顺序程式编程。任务是首先进行 EDA 输入，再进入 Panasonic 贴片机的编程界面，导入 EDA 数据；然后进入 Panasonic 贴片机的编程界面，进行贴片顺序程式编程（包括 Board、Mark、NC、Feeder、Parts、Placinglist），生成贴片顺序程式（注意：退出后系统会自动采集编程数据，并自动打分）。

操作提示：单击进入贴片机的 CAM 程式编程培训模块，按题目要求完成操作。全部题目完成后必须返回认证考评界面，单击“完成提交”按钮后系统自动批卷。

【例 7.23】试通过操作培训平台，选择软件中自带的演示 PCB 设计的 Demo 板，进行 Protel 设计的单面贴装 SMB 的 Samsung 贴片机的 Board 编程。任务是首先进行 EDA 输入，再进入 Samsung 贴片机的编程界面，导入 EDA 数据；然后进行原点/拼板校正设置，通过示教方法确定整板和拼板标号的坐标，最后设置标号的各种参数（Mark 界面）（注意：退出后系统会自动采

集编程数据，并自动打分）。

操作提示：单击进入贴片机的 CAM 程式编程培训模块，按题目要求完成操作。全部题目完成后必须返回认证考评界面，单击“完成提交”按钮后系统自动批卷。

思考题与习题

7.1 贴片精度的一般规律是（　　）。

A．贴片精度应比器件的引脚间距小两个数量级，即“20 : 1”规律，才能确保 SMD 贴装的可靠性

B．贴片精度应比器件的引脚间距小三个数量级，即“30 : 1”规律，才能确保 SMD 贴装的可靠性

C．贴片精度应比器件的引脚间距小一个数量级，即“10 : 1”规律，才能确保 SMD 贴装的可靠性

7.2 管状送料器主要用于（　　）。

A．Chip，PLCC、SOJ“丁形脚”和 SOP“鸥翼脚”

B．PLCC、SOJ“丁形脚”和 SOP、QFP“鸥翼脚”

C．PLCC、SOJ“丁形脚”和 SOP“鸥翼脚”

7.3 上视系统是安装在贴片机平台上的 CCD，对元器件对中，CCD 类型主要有（　　）。

A．Chip、SOP、QFP、异形

B．Chip、QFP、BGA、PLCC

C．Chip、IC（SOP、QFP）、BGA、异形

7.4 6σ工艺能力是（　　）。

A．cmk 达到 1.00，百万缺陷率为 DPM 2700

B．cmk 达到 1.33，百万缺陷率为 DPM 60

C．cmk 达到 2.66，百万缺陷率为 DPM 0.002

7.5 对球栅直径为 0.3mm、间距为 0.5mm 的μBGA 和 CSP 封装的贴装精度要求为（　　）。

A．0.15mm　　　B．50μm　　　C．0.5mm

7.6 动臂式贴片机的优势是（　　）。

A．系统结构复杂，可实现高精度，适用于各种大小、形状的元器件甚至异形元器件，适用于中、小批量生产，也可多台机组合用于大批量生产

B．系统结构简单，可实现高精度，适用于各种大小、形状的元器件甚至异形元器件，适用于中、小批量生产，也可多台机组合用于大批量生产

C．系统结构简单，可实现高精度，适用于各种大小、形状的元器件甚至异形元器件，适用于大批量生产

D．系统结构复杂，可实现高精度，适用于各种大小、形状的元器件甚至异形元器件，适用于中、小批量生产

7.7 高速贴片机多采用旋转式多头结构，旋转式多头又分为（　　）。

A．水平旋转/转塔式、垂直方向旋转/转盘式、倾斜方向旋转/转盘式

B．水平旋转/转塔式、垂直方向旋转/转盘式

C．水平旋转/转塔式、倾斜方向旋转/转盘式

7.8 Yamaha 动臂式贴片机 Local Bad Mark 是（ ）。

A．用于判断整块 PCB 是否贴装的 Bad Mark

B．用于判断某一拼板是否贴装元器件的 Bad Mark

C．判断某一个元器件是否贴装的 Bad Mark

7.9 动臂式贴片机送料器（Feeder）的设置原则是（ ）。

A．根据元器件的类型决定送料器的类型，元器件尺寸相同或相近的尽量排在一起，吸嘴同时更换，贴片机的 8 个头尽量同步吸贴

B．根据元器件的类型和尺寸决定送料器的类型，元器件类型和尺寸相同或相近的尽量排在一起，吸嘴不同时更换，贴片机的 8 个头尽量不同步吸贴

C．根据元器件的类型和尺寸决定送料器的类型，元器件类型和尺寸相同或相近的尽量排在一起，吸嘴同时更换，贴片机的 8 个头尽量同步吸贴

D．根据元器件的尺寸决定送料器的类型，元器件类型和尺寸相同或相近的尽量排在一起，吸嘴不同时更换，贴片机的 8 个头尽量不同步吸贴

7.10 Yamaha 贴片机的 Parts 对中方法区分为（ ）。

A．Chip、Ball、IC、Special 4 个组别

B．Chip、Ball、QFP、Special 4 个组别

C．Chip、MELF、IC、Special 4 个组别

7.11 Yamaha 贴片机的 Pick＆Mount Vacuum，Normal Check 是（ ）。

A．在对元器件吸取和贴装时通过真空吸力大小来控制贴片头动作

B．通过真空吸力大小来控制贴片头动作，通过真空吸力大小检测来判断元器件是否被机器正确吸附，如果真空吸力过小，则认为没有正确吸附，会做抛料动作

C．通过真空吸力大小来控制贴片头动作，通过真空吸力大小检测来判断元器件是否被机器正确吸附，如果真空吸力过大，则认为没有正确吸附，会做抛料动作

7.12 在 Yamaha 贴片机程式吸嘴优化设置中，Free 是指（ ）。

A．自动分配吸嘴类型

B．按照当前的吸嘴配置，不会重新分配吸嘴

C．人为地选择某一个贴片头，使用某一种吸嘴

7.13 在 Yamaha 贴片机程式送料器优化设置中，All Feeders Move 是指（ ）。

A．机器进行程序优化时根据原来的贴装顺序适当地分配材料的站位

B．所有送料器位置按照优化前的设定站位不发生改变

C．优化前程序中没有设定具体站位的送料器，由系统自动分配位置，已经设定好位置的送料器则不改变其位置

D．优化程序时，送料器可以移动，但仅限于在当前的站位表（Table）内移动

E．所有送料器根据具体情况自动分配位置

F．优化当前程序时会参考所选择的“Fixed PCB”程序，将两个程序中相同的材料分配到相同的站位

7.14 在 Samsung 贴片机 Array 中，（X，Y，R）是设定各拼板原点的补正值，↓方向的拼板的 R 值是（ ）。

A．0° B．90° C．180° D．270°

7.15 在 Samsung 贴片机 Fiducial Mark 设置中，Head1-6 CAM 是（ ）。

A．Fly Cam 飞行对中，对 Chip、SOP、SOT、PLCC、SOJ 对中

B. Fix Cam1 上视对中，对 QFP、SOP、QFN 对中

C. Fix Cam2 上视对中，对 BGA、CSP、FC 对中

7.16 如果 Samsung 贴片机设定元器件在 Feeder↑方向上为 0°，则←方向的元器件拾取 Fly Cam 视觉对中的 Part R 值是（　　）。

A. 0°　　B. 90°　　C. 180°　　D. 270°

7.17 Fuji NEX 贴片机 Flexa New Part 工具包括（　　）。

A. 零件编辑器、零件号码编辑器、外形编辑器、封装编辑器、零件模板编辑器

B. 零件编辑器、零件号码编辑器、外形编辑器、零件模板编辑器

C. 零件编辑器、零件号码编辑器、外形编辑器、封装编辑器

7.18 Fuji NEX 贴片机 M3 模组是（　　）。

A. 贴片速度为 80000 片/时，元器件类型为 Chip、PLCC、SOP、SOJ、MELF，送料器 20 个（8mm tape），PCB 尺寸为 50mm×50mm～250mm×510mm

B. 贴片速度为 37600 片/时，元器件类型为 BGA、QFP、QFN，送料器 45 个（8mm tape），PCB 尺寸为 50mm×50mm～250mm×50mm～534mm×510mm

7.19 假设 Panasert MSR 贴片机零件的贴片角度逆时针为正，若元器件在 PCB 上←方向的贴片角度为 0°，则元器件在 PCB 上↑方向的贴片角度为（　　）。

A. 0°　　B. 90°　　C. 180°　　D. 270°

7.20 Panasert MSR 贴片机辨识方法设置 Class-Type 为 4-0 是（　　）。

A. 正方形芯片零件　　B. 小晶体管

C. QFP　　D. 钽质电容　　E. LED　　F. PLCC

7.21 Siemens 贴片机 Siplace Pro 软件的元器件编辑是（　　）。

A. 一个元器件（Component）分配一个元器件外形（GF），而一个 GF 只可以分配给一个元器件，元器件有定义送料器的功能

B. 一个元器件（Component）分配一个元器件外形（GF），而一个 GF 可以分配给多个元器件，元器件/GF 都有定义送料器的功能

C. 一个元器件（Component）分配一个元器件外形（GF），而一个 GF 可以分配给多个元器件，元器件有定义送料器的功能

D. 一个元器件（Component）分配一个元器件外形（GF），而一个 GF 只可以分配给一个元器件，元器件/GF 都有定义送料器的功能

7.22 Siemens 贴片机的 Siplace Pro 软件推荐使用元器件拾取角度的参考方向是（　　）。

A. 方形吸嘴的长边与元器件 X 轴平行

B. 第一个引脚在左边底部或左边中部，二极管的正极方向为 X 轴方向

C. 多脚在底边

D. 异形脚在底边

7.23 Siemens 贴片机的 Siplace Pro 软件优化类型有（　　）。

A. 固定送料器，送料器和吸嘴可更换，贴片程式顺序可变

B. 固定送料器，吸嘴可更换，贴片程式顺序可变

C. 固定吸嘴，送料器可更换，贴片程式顺序可变

7.24 贴片机高级技工的主要职能是（　　）。

A. 面板开关的使用、生产运行、设备调整（如轨道的调宽、调整定位针）、设备操作（如上/下 PCB、换送料器、换吸嘴），以及机器日常保养

B．面板开关的使用、调用贴片程式、生产运行和监控、设备调整（如轨道的调宽、调整定位针）、机器日常保养、常规维护

C．面板开关的使用、调用贴片程式、修改程式、设备调整（如轨道的调宽、调整定位针）、常规维护

7.25 贴片机的每日维护检查项目主要有（ ）。

A．*XY* 平台滚珠丝杠导轨的清洁润滑，贴片头吸嘴夹持器、飞行视觉 CCD、传输系统、漏气情况的检查

B．吸嘴、送料器、气动部件的检查

C．传输系统极限开关、冷却系统的检查及清洁设备

7.26 贴片机贴装时识别不良的主要原因是（ ）。

A．吸嘴堵塞或表面不平、元器件残缺或不符合标准、PCB 弯曲、设定元器件厚度不正确、贴片高度太低、真空被破坏

B．吸嘴堵塞或表面不平、进料位置不正确、设定元器件厚度不正确、取料高度不合理、卷料带太紧或太松

C．吸嘴堵塞或表面不平、真空被破坏、反光面脏污或有划伤、镜头有灰尘

7.27 模组贴片机编程的基本原则是（ ）。

A．IC 器件由高精度模组独立编程和贴片

B．IC 器件由高速度模组独立编程和贴片

C．IC 器件由高速度模组和高精度模组共同编程和贴片

7.28 贴片机类型。

（1）贴片机的类型有哪些？

（2）动臂式贴片机的类型有哪些？

7.29 贴片头。

（1）贴片头的种类有哪些？

（2）松下 MSR 贴片头 16 个工位的作用各是什么？

（3）请总结动臂式贴片机运动轴的作用。

（4）贴片机送料器的类型有哪些？

7.30 贴装参数。

（1）贴装精度包括哪些内容？

（2）什么是 cmk？对于 4σ工艺能力，当 cmk 达到 1.33 时，百万缺陷率 DPM 为多少？

（3）简述影响贴装精度的关键因素。

7.31 贴装故障。

（1）请分析元器件贴装发生无规则偏移的原因。

（2）造成吸着率低的因素有哪些？

7.32 基准标号。

（1）基准标号有几种？

（2）简述下视 PCB 定位系统视觉辨识方法或示教方法。

（3）器件对中的种类有哪些？

（4）简述松下元器件视觉识别的顺序。

7.33 试通过操作培训平台，选择软件中自带的演示 PCB 设计的 Demo 板，进行 Mentor 设计的双面混装 PCB（SMC、SMD 和 THC 均在 A 面和 B 面）正面的 Yamaha 贴片机的基板编程。

任务是首先进行 EDA 输入，再进入 Yamaha 贴片机的编程界面，导入 EDA 数据；然后进行原点/拼板校正设置，通过示教方法确定整板和拼板标号的坐标；最后设置标号的各种参数（Mark 界面）（注意：退出后系统会自动采集编程数据，并自动打分）。

7.34 试通过操作培训平台，选择软件中自带的演示 PCB 设计的 Demo 板，进行 Protel 设计的单面贴装 SMB 的 Yamaha 贴片机的 Parts 编程。任务是首先进行 EDA 输入，再进入 Yamaha 贴片机的编程界面，导入 EDA 数据；然后进入 Yamaha 贴片机的 Parts 编程界面，对每个元器件进行设置（注意：退出后系统会自动采集编程数据，并自动打分）。

7.35 试通过操作培训平台，选择软件中自带的演示 PCB 设计的 Demo 板，进行 Mentor 设计的单面贴装 SMB 的 Yamaha 贴片机的贴片顺序程式编程。任务是首先进行 EDA 输入，再进入 Yamaha 贴片机的编程界面，导入 EDA 数据；然后进入 Yamaha 贴片机编程界面进行贴片顺序程式编程（包括 Board、Fiducial、Feeder、Parts、Single Placinglist），生成贴片顺序程式（注意：退出后系统会自动采集编程数据，并自动打分）。

7.36 试通过操作培训平台，选择软件中自带的演示 PCB 设计的 Demo 板，进行 Protel 设计的双面混装 PCB（THC 在 A 面，SMC/SMD 在 A 面，SMC 在 A 面、B 面）正面的 Yamaha 贴片机的操作使用。任务是首先进入 Yamaha 贴片机的操作使用界面，再进行生产，包括调用贴片程式、生产模拟运行、生产监控、操作（轨道的调宽、上/下 PCB、换送料器、换吸嘴）（注意：退出后系统会自动采集编程数据，并自动打分）。

7.37 试通过操作培训平台，选择软件中自带的演示 PCB 设计的 Demo 板，进行 Protel 设计的混装 PCB（SMC 在 B 面，THC 在 A 面）反面的 Fuji 贴片机的贴片顺序程式编程。任务是首先进行 EDA 输入，再进入 Fuji 贴片机的编程界面，导入 EDA 数据；然后进入 Fuji 贴片机的编程界面，进行贴片顺序程式编程（包括 Board、Fiducial、Feeder、Parts、Single Placinglist），生成贴片顺序程式（注意：退出后系统会自动采集编程数据，并自动打分）。

7.38 试通过操作培训平台，选择软件中自带的演示 PCB 设计的 Demo 板，进行 Protel 设计的双面贴装 PCB 正面的 Fuji 贴片机的操作使用。任务是首先进入 Fuji 贴片机的操作使用界面，再进行生产，包括调用贴片程式、生产模拟运行、生产监控、操作（轨道的调宽、上/下 PCB、换送料器、换吸嘴）（注意：退出后系统会自动采集编程数据，并自动打分）。

7.39 试通过操作培训平台，选择软件中自带的演示 PCB 设计的 Demo 板，进行 Protel 设计的双面混装 PCB（THC 在 A 面，SMC/SMD 在 A 面，SMC 在 A 面、B 面）正面的 Panasonic 贴片机的贴片顺序程式编程。任务是首先进行 EDA 输入，再进入 Panasonic 贴片机的编程界面，导入 EDA 数据；然后进入 Panasonic 贴片机的编程界面，进行贴片顺序程式编程（包括 Board、Mark、NC、Feeder、Parts、Placinglist），生成贴片顺序程式（注意：退出后系统会自动采集编程数据，并自动打分）。

7.40 试通过操作培训平台，选择软件中自带的演示 PCB 设计的 Demo 板，进行 Protel 设计的 FPGA 双面混装 PCB（THC 在 A 面，SMC/SMD 在 A 面，SMC 在 A 面、B 面）正面的 Panasonic 贴片机的操作使用。任务是首先进入 Panasonic 贴片机的操作使用界面，再进行生产，包括调用贴片程式、生产模拟运行、生产监控、操作（轨道的调宽、上/下 PCB、换送料器、换吸嘴）（注意：退出后系统会自动采集编程数据，并自动打分）。

7.41 试通过操作培训平台，选择软件中自带的演示 PCB 设计的 Demo 板，进行 Protel 设计的 FPGA 双面贴装 PCB 正面的 Samsung 贴片机的 Board 编程。任务是首先进行 EDA 输入，再进入 Samsung 贴片机的编程界面，导入 EDA 数据；然后进行原点/拼板校正设置，通过示教方法确定整板和拼板标号的坐标；最后设置标号的各种参数（Mark 界面）（注意：退出后系统会自动采集编程数据，并自动打分）。

7.42　试通过操作培训平台，选择软件中自带的演示 PCB 设计的 Demo 板，进行 Mentor 设计的单面贴装 SMB 的 Samsung SM321 贴片机的操作使用。任务是首先进入 Samsung SM321 贴片机的操作使用界面，再进行生产，包括调用贴片程式、生产模拟运行、生产监控、操作（轨道的调宽、上/下 PCB、换送料器、换吸嘴）（注意：退出后系统会自动采集编程数据，并自动打分）。

第8章 回流焊技术

【目　　的】

（1）掌握回流焊接的基本原理；

（2）掌握回流炉的 CAM 程式编程；

（3）掌握回流温度曲线的设定。

【内　　容】

（1）国际上主流回流炉机型（Vitronics、Heller、EASA、SUNEAST）的模拟编程；

（2）回流炉的静态仿真；

（3）回流炉的动态仿真，按照模拟编程编制 CAM 程式，自动进行回流炉工作过程的 3D 模拟仿真；

（4）根据动态仿真，学生再修改 CAM 程式设计中的错误。

【实训要求】

（1）掌握国际上主流回流炉机型（Vitronics、Heller、EASA、SUNEAST）的模拟编程；

（2）掌握有铅和无铅回流温度曲线的设定；

（3）了解回流炉控制参数的设置；

（4）通过 PCB 设计的 Demo 板文件，设计回流炉程式，采用 3D 动画显示 PCB 的回流过程，再修改编程设计中的错误；

（5）撰写实验报告。

8.1 回流焊

焊接质量的好坏是决定整个产品质量的最关键因素，而焊接质量取决于焊接材料、焊接设备及技术，焊接设备的温度精度和温度稳定性及均匀性是关键的指标。SMT 采用软钎焊技术，主要有波峰焊和回流焊，SMT 的焊接设备及技术如表 8.1 所示。

表 8.1　SMT 的焊接设备及技术

焊接方法		原理与特点	产　量	成　本	温度特性			应　用
					温度曲线	稳定性	温度精度	
回流焊	热板	利用热板传导加热，不适合大型基板	中	低	好	好	±2℃	小型基板，元器件不多
	红外（加热风）	利用红外线加热，不同元器件吸收热量不同，易产生翘曲、元器件直立	中	低	一般 不均匀	中	±2℃ PCB 左右大于 2℃	小型基板，元器件均匀
	热风	高温空气在炉内循环加热，温区独立控制，加热均匀，易控制，强风可能使元器件易位	高	中	缓慢	好	±2℃ PCB 左右小于 3℃	适用面广

续表

焊接方法		原理与特点	产　量	成　本	温度特性			应　用
					温度曲线	稳定性	温度精度	
回流焊	气相	利用非活性溶剂的蒸汽加热，温度易控制，维护费用高	中	高	改变难	好	±1℃ PCB 左右小于 6℃	品种不经常换
	激光	利用激光加热，设备费用不高	低	中	试验	一般	±1℃	集中小型加热
通孔回流焊		利用夹具漏印焊膏	高	低	好	好	±1℃	单品种大批量生产
波峰焊		利用流动焊料焊接，适合Ⅱ型组装方式	高	高	一般	好	±1～±2℃	适合 THC 和 SMC 焊接
选择性波峰焊		移动 PCB 或锡缸波峰移动	中	中	一般	中	±1～±2℃	适合特殊场合

8.1.1　回流焊分类

回流焊主要应用于各类表面组装元器件的焊接。预先在印制电路板的焊接部位施放适量和适当形式的焊膏，然后贴放表面组装元器件，焊膏将元器件黏在 PCB 上，利用外部热源加热，使焊料熔化而再次流动浸润，最后将元器件焊到印制电路板上。回流焊操作方法简单、效率高、质量好、一致性好、节省焊料（仅在元器件的引脚下有很薄的一层焊料），是一种适合自动化生产的电子产品装配技术。目前回流焊工艺已经成为 SMT 电路板安装技术的主流。

回流焊对焊料加热有不同的方法，就热量的传导来说，主要有辐射和对流两种方式。按照加热区域，可以分为对 PCB 进行整体加热和局部加热两大类：整体加热主要有红外线加热法、气相加热法、热风加热法和热板加热法；局部加热主要有激光加热法、红外线聚焦加热法、热气流加热法和光束加热法。

回流焊接设备正向着高效、多功能、智能化的方向发展，其中包括具有独特的多喷口气流控制的回流炉、氮气保护的回流炉、带局部强制冷却的回流炉、可监测元器件温度的回流炉、带有双路输送装置的回流炉、带中心支承装置的回流炉及智能化回流炉等。

1）热风回流焊

如图 8.1 所示，热风式回流炉通过热风的层流运动传递热能，利用加热器与风扇，使炉内空气不断升温并循环，待焊件在炉内受到炽热气体的加热而实现焊接。热风式回流炉加热温区如图 8.2 所示。各温区均采用强制独立循环、独立控制及上/下加热的方式，使炉腔温度准确、均匀，且热容量大，升温迅速（从室温升到工作温度所用时间不超过 20min）。各区可均匀地补给新风，并保持风压稳定，热容量大，补偿效率高。

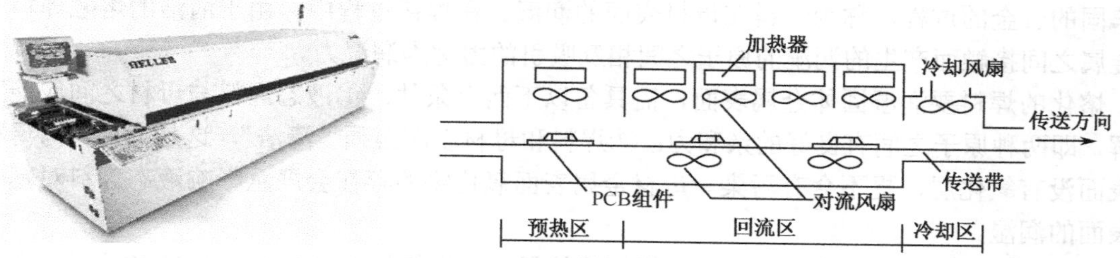

图 8.1　热风式回流炉

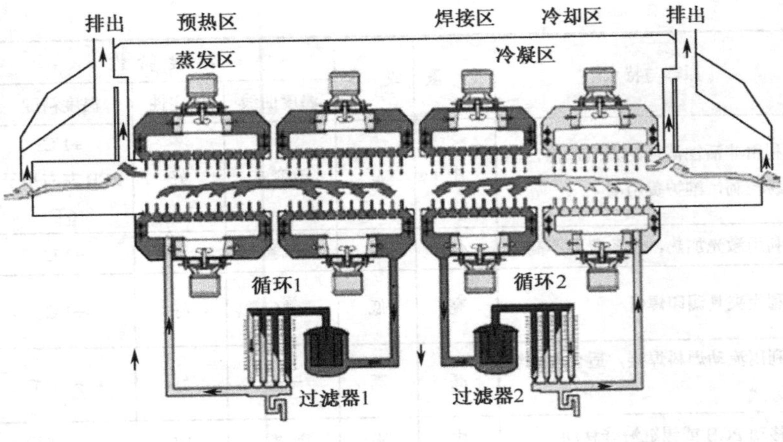

图 8.2 热风式回流炉加热温区

2）红外热风回流焊

这是一种将热风对流和远红外加热组合在一起的加热方式。采用此种方式，有效结合了红外回流焊和强制对流热风回流焊两者的长处，是目前较为理想的加热方式。由于它充分利用了红外线辐射穿透力强的特点，热效率高，节电，同时又有效地克服了红外回流焊的温差和遮蔽效应，因而弥补了热风回流焊对气体流速要求过快而造成的影响。

3）通孔回流焊

通孔回流焊可去除波峰焊环节，一个最大的好处就是可以在发挥表面贴装制造工艺优点的同时使用通孔插件来得到较好的机械连接强度。对于较大尺寸的 PCB，不能使所有表面贴装元器件的引脚都能和焊盘接触，并且就算引脚和焊盘都能接触上，它所提供的机械强度也往往是不够的，很容易在产品使用过程中脱开而成为故障点。

8.1.2 热风回流焊接原理

回流焊加热区域可以分为预热区、焊接区（回流区）和冷却区三个最基本的温度区域，主要有两种实现方法：一种是沿着传送系统的运行方向，让电路板顺序通过隧道式炉内的三个温度区域；另一种是把电路板停放在某一固定位置上，在控制系统的作用下，按照三个温度区域的梯度规律调节、控制温度的变化。

1. 焊接原理

（1）润湿。在焊接过程中，使熔融的焊料在被焊金属表面上形成均匀、平滑、连续并且附着牢固的合金的过程，称为焊料在母材表面的润湿。在焊接过程中，由于清洁的熔融焊料与被焊金属之间接触而产生的润湿的原子之间相互吸引的力称为润湿力。

熔化的焊料要润湿固体金属表面，需具备以下两个条件：①液态焊料与母材之间应能互相溶解，即两种原子之间有良好的亲和力；②焊料和母材表面必须“清洁”，这是指焊料与母材两者表面没有氧化层，更不会有污染。母材金属表面氧化物的存在会严重影响液态焊料对基体金属表面的润湿。

（2）焊点持久的机械连接。持久的机械连接只能在焊锡加热到熔点以上约 30℃时，在元器件引脚与电路板焊盘之间产生了金属间化合物时才能完成，如图 8.3 所示。

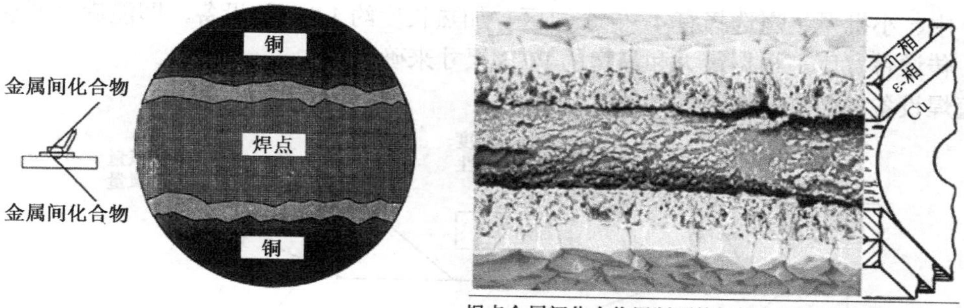

焊点金属间化合物层断面的扫描电子显微图像。Cu_3Sn（ε-相）及Cu_6Sn_5（η-相）组成了金属间化合物层

图 8.3　焊点持久的机械连接

（3）焊膏回流的四个阶段。焊膏回流可分为预热、保温、焊接和冷却四个阶段，BGA/CSP 元器件回流焊过程中的二次沉降如图 8.4 所示。

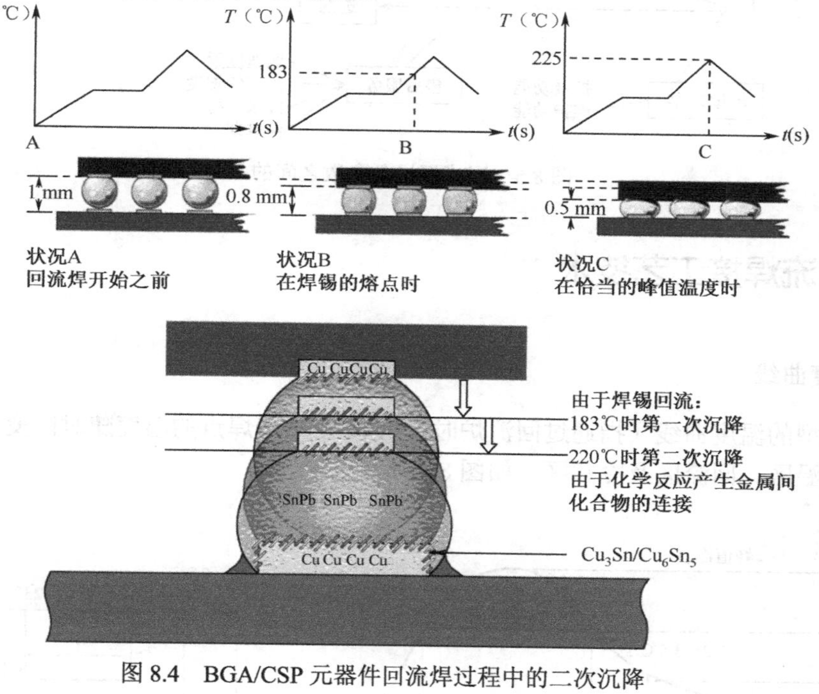

图 8.4　BGA/CSP 元器件回流焊过程中的二次沉降

2．热风式回流炉设备参数

设备参数通常包括设备的加热方式、可焊印制电路板的适用范围、传送形式、设备的温度特性、控制系统，以及功率的配置、外形结构等。设备的可靠性及辅助功能的配置也是不可忽略的因素。

（1）温度控制精度（指传感器灵敏度）。温度控制精度应该达到±0.1～±0.2℃。

（2）传输带横向温差。该参数要求在±5℃以下。

（3）温度曲线调试功能。如果设备无此装置，要外购温度曲线采集器。

（4）最高加热温度。最高加热温度一般为 300～350℃，如果考虑温度更高的无铅焊接或金属基板焊接，应该选择 350℃以上。

（5）加热区数量和长度。加热区数量越多、长度越长，越容易调整和控制温度曲线。一般情况下，中、小批量生产选择有 4～5 个温区、加热长度约 1.8m 的设备，即能满足要求。

（6）传送带宽度。根据最大和最宽的 PCB 尺寸来确定。

回流焊设备参数之间的关系如图 8.5 所示。

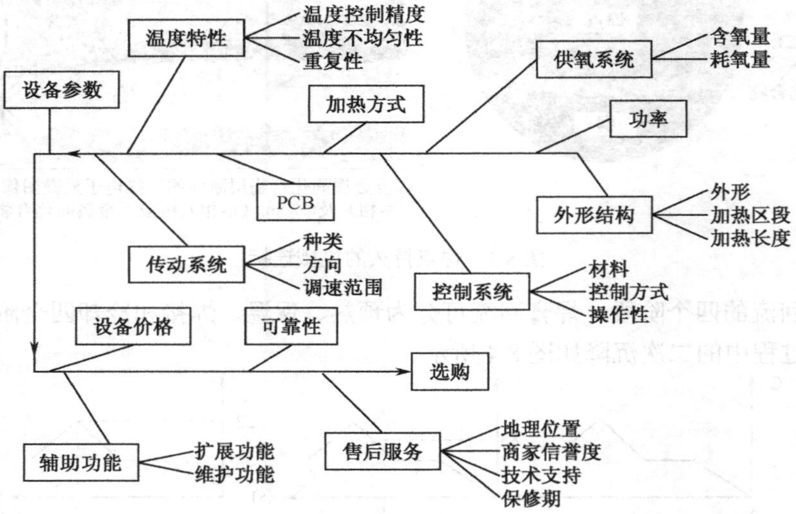

图 8.5　回流焊设备参数之间的关系

8.1.3　回流焊接工艺技术

1．温度曲线

一个典型的温度曲线（指通过回流炉时，PCB 上某一焊点的温度随时间变化的曲线）分为预热区、保温区、回流区及冷却区，如图 8.6 所示。

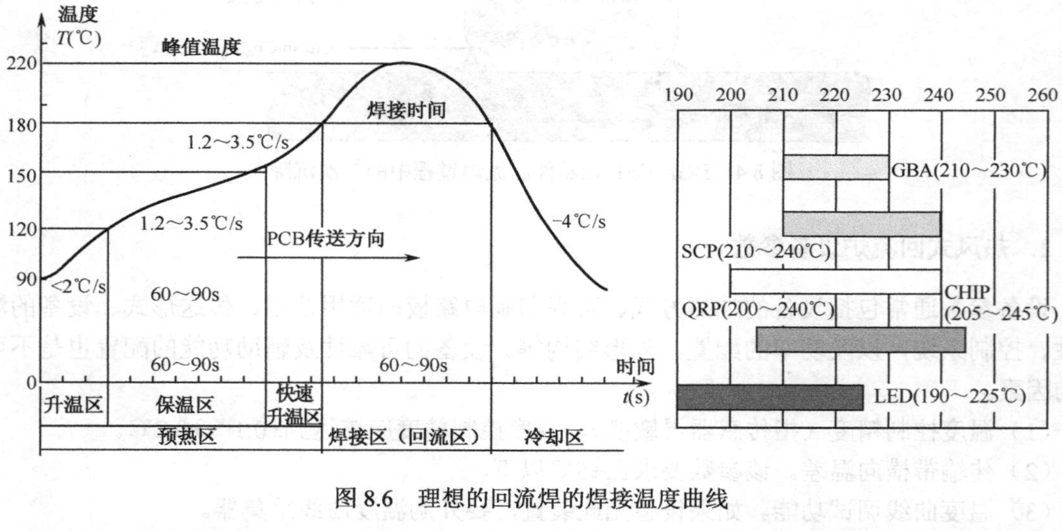

图 8.6　理想的回流焊的焊接温度曲线

（1）预热区。预热区的目的是使 PCB 和元器件预热，预热可使板面温度达到 150℃，而助焊剂在 120℃时的 90～150s 内，可除去焊膏中的水分、溶剂，以防焊膏发生塌落和焊料飞溅。升温速度要控制在适当的范围内，过快会产生热冲击，如引起多层陶瓷电容器开裂，造成焊料飞溅，使在整个 PCB 的非焊接区域形成焊料球和焊料不足的焊点；过慢则助焊剂活性不起作用。一般规定最大升温速率为 4℃/s，上升速率设定为 1～3℃/s，ECS 的标准为低于 3℃/s。

（2）保温区。保温区指从 120℃升温至 150℃的区域。其主要目的是使 PCB 上各元器件的温度趋于均匀，尽量减小温差，保证在达到回流温度之前焊料能完全干燥，到保温区结束时，焊盘、焊膏球及元器件引脚上的氧化物应被除去，整个电路板的温度达到均衡。此过程约 60～120s，根据焊料的性质而有所差异。ECS 的标准为 140～170℃，过程所需时间最大 120s。

（3）回流区。这一区域中加热器的温度设置得最高，焊接峰值温度视所用焊膏的不同而不同，一般推荐为焊膏的熔点温度加 20～40℃。此时焊膏中的焊料开始熔化，再次呈流动状态，替代液态焊剂润湿焊盘和元器件。有时也将该区域分为两个区，即熔融区和回流区。理想的温度曲线是超过焊锡熔点的“尖端区”覆盖的面积最小且左右对称，一般情况下超过 200℃的时间范围为 30～40s。ECS 的标准为焊接温度 210～220℃，超过 200℃的时间范围为 40±3s。

（4）冷却区。用尽可能快的速度进行冷却，将有助于得到明亮的焊点，且有饱满的外形和低的接触角度。缓慢冷却会导致焊盘的更多分解物进入锡中，产生灰暗毛糙的焊点，甚至造成焊点沾锡不良和焊点的弱结合力。降温速度一般在 4℃/s 以内，冷却至 75℃左右即可，一般情况下都要用离子风扇进行强制冷却。

2．回流温度曲线的设定

要得到优质的焊点，一条优化的回流温度曲线是最重要的因素之一。温度曲线是施加于电路板上的温度对时间的函数，在笛卡儿平面图上，代表 PCB 上一个特定点的温度形成的一条曲线。

1）温度曲线仪和热电偶

在开始作曲线之前，需要一些设备和辅助工具，即温度曲线仪、热电偶、将热电偶附着于 PCB 的工具和焊膏参数表。许多回流焊机器包括了一个板上测温仪，一般分为两类，一类是实时测温仪，它实时传送温度/时间数据和作出图形；而另一类测温仪则采样存储数据然后上载到计算机。

推荐使用 K 型、30AWG 的热电偶，热电偶必须足够长，直径较小，热质量小，响应快，得到的结果精确。有几种方法将热电偶附着于 PCB 上，较好的方法是使用高温焊锡，如银/锡合金。焊点尽量最小，附着的位置也要选择，通常最好是将热电偶尖附着在 PCB 焊盘和相应的元器件引脚或金属端之间，用高温焊锡合金或导电性胶来安装。

2）参数设定

有几个参数影响曲线的形状，其中最关键的是传送带速度和每个区的温度设定。

（1）传送带速度决定 PCB 暴露在每个区所设定的温度下的持续时间，增加持续时间可以使电路板接近该区的温度，各区所花的持续时间总和决定总的处理时间。

（2）每个区的温度设定影响 PCB 的温度上升速度，高温时在 PCB 与温区的温度之间产生一个较大的温差。增大温区的设定温度，允许 PCB 更快地达到给定温度，因此必须作出一个图形，来决定 PCB 的温度曲线。

3）温度曲线的设定

速度和温度确定后必须输入回流炉的控制器，其他需要调整的参数还包括冷却风扇速度、强制空气冲击和惰性气体流量。所有参数输入后，启动机器，回流炉温度稳定后，就可以开始作曲线。将 PCB 放入传送带，触发测温仪记录数据，一旦温度曲线图产生，就可以和焊膏制造商推荐的曲线进行比较，如图 8.7 所示。

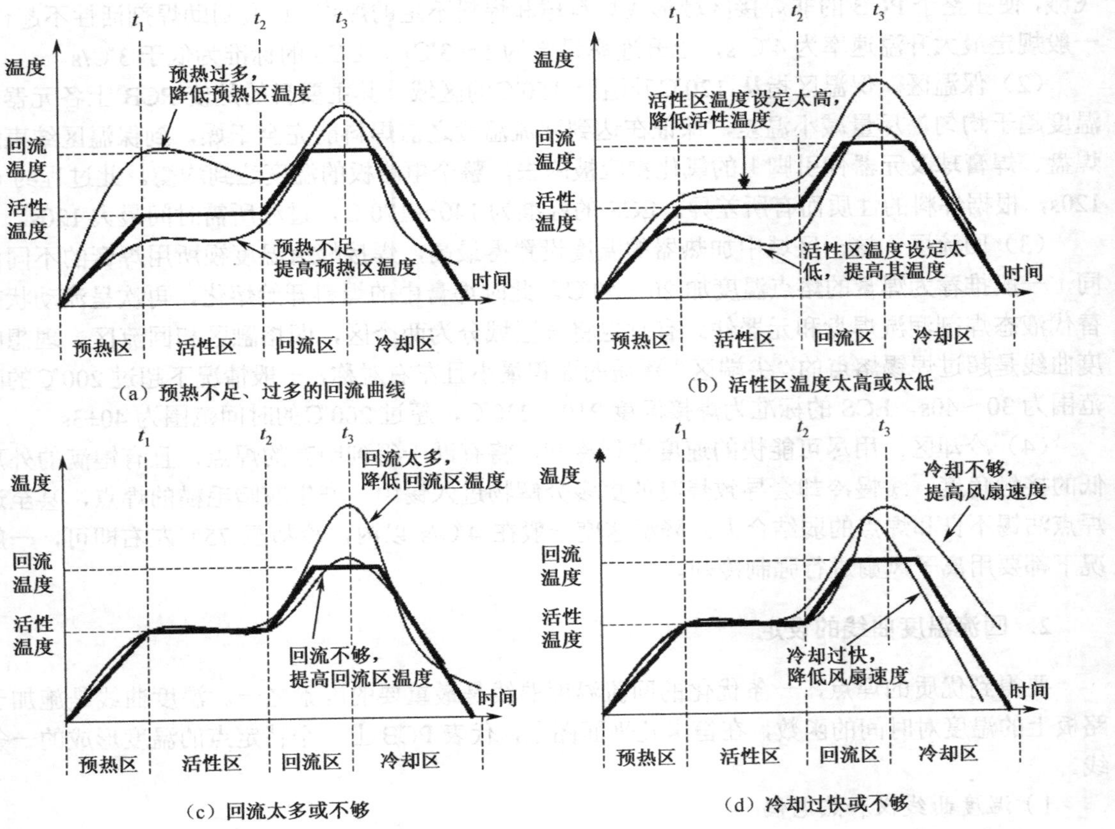

图 8.7　不良的回流曲线类型

图形曲线的形状必须和所希望的图形相比较，如果形状不协调，则同图 8.7 所示的图形进行比较，选择与实际图形形状最协调的曲线。应该按从左到右（流程顺序）的顺序考虑偏差，例如，如果预热和回流区中存在差异，首先将预热区的差异调整正确。一般最好每次调整一个参数，在进行进一步调整之前，运行这个曲线设定，这是因为一个给定区的改变，也将影响随后各区的结果。

当最后的曲线图尽可能地与所希望的图形相吻合时，应该将回流炉的参数记录或存储起来以备后用，典型 PCB 回流区间的温度设定如表 8.2 所示。虽然这个过程开始时很慢且费力，但最终可以变得熟练并且很快，能够实现高品质 PCB 的高效率生产。

表 8.2　典型 PCB 回流区间的温度设定

区　间	加 热 温 区	区间温度设定	区间末实际板温
预热	温区 1	210℃	130℃
	温区 2	210℃	140℃
	温区 3	210℃	150℃
保温	温区 4	180℃	160℃
	温区 5	200℃	170℃
	温区 6	200℃	180℃
	温区 7	200℃	185℃

续表

区　　间	加 热 温 区	区间温度设定	区间末实际板温
回流	温区 12	240℃	200℃
	温区 9	240℃	210℃
冷却	温区 10		100℃
带速	1.2m/min		

3．回流焊接缺陷分析和解决方法

回流焊接缺陷分析和解决方法如表 8.3 所示。

表 8.3　回流焊接缺陷分析和解决方法

序号	缺　　陷	原　　因	解 决 方 法
1	元器件移位 	安放的位置不对	校正定位坐标
		焊膏量不够或定位安放的压力不够	加大焊膏量，增加安放压力
		焊膏中焊剂含量太高，在回流过程中焊剂的流动导致元器件移位	减少焊膏中焊剂的含量
		锡膏印不准、厚度不均	调整预热及熔焊的参数
		传热不均、焊盘或引脚的焊锡性不良，焊盘比引脚大得太多	改进零件或电路板的焊锡性，增强焊膏中助焊剂的活性，改进零件与焊盘之间的尺寸比例，不可使焊盘太大
2	焊粉不能回流，以粉状形式残留在焊盘上	加热温度不合适，预热过度、时间过长或温度过高	改造加热设施和调整回流焊温度曲线
		焊膏变质	注意冷藏焊膏，并将焊膏表面变硬或干燥部分丢掉
3	焊点锡不足 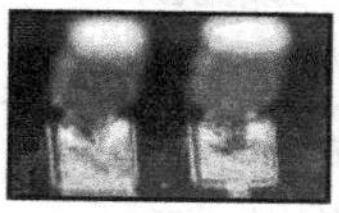	焊膏不够	扩大丝网和漏板孔径
		焊盘和元器件焊接性能差	改用焊膏或重新浸渍元器件
		回流焊时间短	加长回流焊时间
4	焊点锡过多	丝网或漏板孔径过大	减小丝网和漏板孔径
		焊膏黏度小	提高焊膏黏度
5	组件竖立（墓碑现象） 	安放位置的移位	调整印刷参数
		焊膏中的焊剂使元器件浮起	采用焊剂含量少的焊膏
		印刷焊膏的厚度不够	增加印刷厚度
		加热速度过快且不均匀	调整回流焊温度曲线
		焊盘设计不合理	严格按规范进行焊盘设计
		采用 Sn63/Pb37 焊膏	改用含 Ag 或 Bi 的焊膏
		组件可焊性差	选用焊接性好的焊膏
6	焊料球 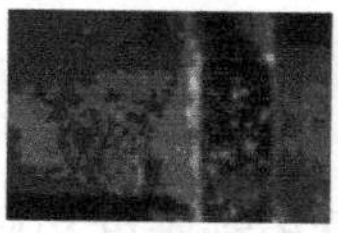	加热速度过快	调整回流焊温度曲线
		焊膏吸收了水分	降低环境湿度
		焊膏被氧化	采用新的焊膏，缩短预热时间
		PCB 焊盘污染	换 PCB 或增强焊膏活性

续表

序号	缺　陷	原　因	解 决 方 法
6	焊料球	元器件安放压力过大	减小压力
		焊膏过多	减小孔径，降低刮刀压力
7	虚焊	焊盘和元器件可焊性差	加强 PCB 和元器件的可焊性
		印刷参数不正确	减小焊膏黏度，检查刮刀压力及速度
		回流焊温度和升温速度不当	调整回流焊温度曲线
8	可洗性差，在清洗后留下白色残留物	焊膏中焊剂的可洗性差	用由可洗性良好的焊剂配制的焊膏
		清洗溶剂不能渗入细孔隙	改进清洗溶剂
		清洗方法不正确	改进清洗方法
9	塌落	焊膏黏度低，触变性差	选择合适的焊膏
		环境温度高	控制环境温度
10	桥接 	焊膏塌落	增加焊膏金属含量或黏度，更换焊膏
		焊膏太多	减小漏板孔径，降低刮刀压力
		在焊盘上多次印刷	用其他印刷方法
		加热速度过快	调整回流焊温度曲线
11	吹孔	焊点中所出现的孔洞，大者称为吹孔，小者称为针孔，皆由膏体中的溶剂或水分快速氧化所致	① 调整预热温度，赶走过多的溶剂； ② 调整焊膏黏度； ③ 提高焊膏中的金属含量百分比
12	空洞 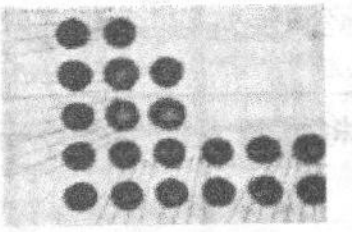	空调由焊点中的氧气在硬化前未及时溢出所致，使得焊点的强度不足，将衍生而致破裂	① 调整预热，赶走焊膏中的氧气； ② 增大焊膏的黏度； ③ 增加焊膏中的金属含量百分比
13	缩锡	零件引脚或焊盘的焊锡性不佳	① 改进电路板及零件的焊锡性； ② 增强焊膏中助焊剂的活性
14	焊点灰暗	可能有金属杂质污染或焊锡成分不在共熔点，或冷却太慢，使得表面不亮	① 防止焊后电路板在冷却中发生振动； ② 焊后加快电路板的冷却速度
15	不沾锡	引脚或焊盘的焊锡性太差，或助焊剂活性不足，或热量不足	① 提高熔焊温度； ② 改进零件及电路板的焊锡性； ③ 增强助焊剂的活性
16	焊后断开 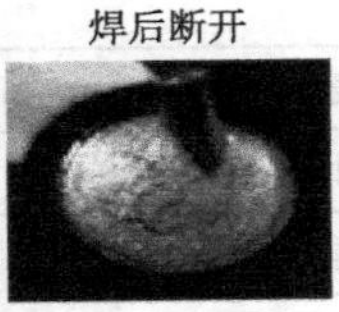	常发生于 J 形引脚与焊盘之间，其主要原因是各脚的共面性不好，以及引脚与焊盘之间的热容量相差太多（焊盘比引脚不容易加热及蓄热）	① 改进零件引脚的共面性； ② 增加焊膏厚度，克服共面性的小误差； ③ 调整预热，改善引脚与焊盘之间的温差； ④ 增强焊膏中助焊剂的活性； ⑤ 减小焊盘面积； ⑥ 调整熔焊方法

8.1.4 无铅回流焊

如图 8.8 所示，无铅焊料的高熔点、低润湿性导致工艺窗口变小，质量控制难度相应加大。

这要求回流焊炉必须减小大、小组件之间的峰值温差，且维持稳定的温度曲线。

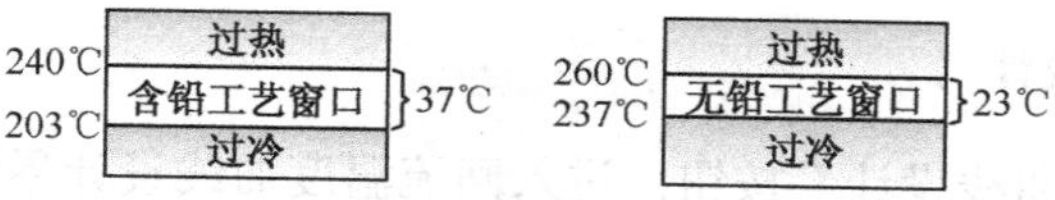

图 8.8 无铅回流焊工艺窗口变小

对于无铅焊膏，组件之间的温度差别必须尽可能地小。这也可以通过调节回流曲线来达到。用传统的温度曲线，虽然当电路板形成峰值温度时组件之间的温度差别是不可避免的，但可以通过以下几个方法来减小。

（1）延长预热时间。这将大大减小在形成峰值回流温度之前组件之间的温度差。大多数对流回流炉使用这个方法。可是，采用这个方法助焊剂可能蒸发太快，会造成润湿差，以及引脚与焊盘的氧化。

（2）提高预热温度。传统的预热温度一般为 140～160℃，对无铅焊锡要提高到 170～190℃。提高预热温度降低所要求的峰值温度，反过来减小组件（焊盘）之间的温差。可是，如果助焊剂不能接纳较高的温度水平，它又将蒸发，造成润湿差。

（3）梯形温度曲线（延长的峰值温度）。延长小热容量组件的峰值温度时间，将允许该组件与大热容量的组件达到所要求的回流温度，避免较小组件过热。

8.2 回流焊实训

回流焊虚拟制造系统界面如图 8.9 所示，先读入 EDA 设计文件，进行模拟编程，再进行回流焊工作过程的 3D 动画仿真，最后进行回流焊的操作使用和维修保养。

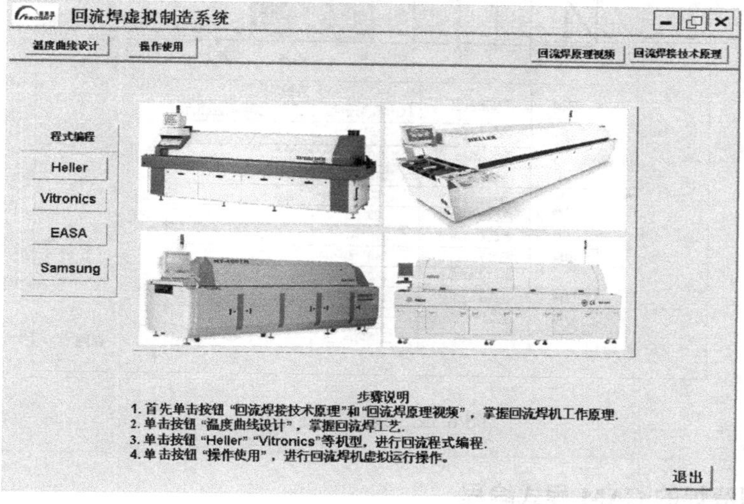

图 8.9 回流焊虚拟制造系统界面

8.2.1 回流焊 CAM 程式编程及 3D 动画仿真

回流炉主流机型包括 Vitronics、Heller、EASA、SUNEAST，CAM 程式编程最重要的是对温度曲线的设计和对控制参数的设置。

1．回流温度曲线的设计

在主界面单击“温度曲线设计”按钮，进入回流温度曲线设计界面，如图 8.10 所示，单击温度曲线区域，自动显示功能说明，首先选择合金，如图 8.11 所示，再设定区间温度，如图 8.12 所示，系统自动显示曲线。

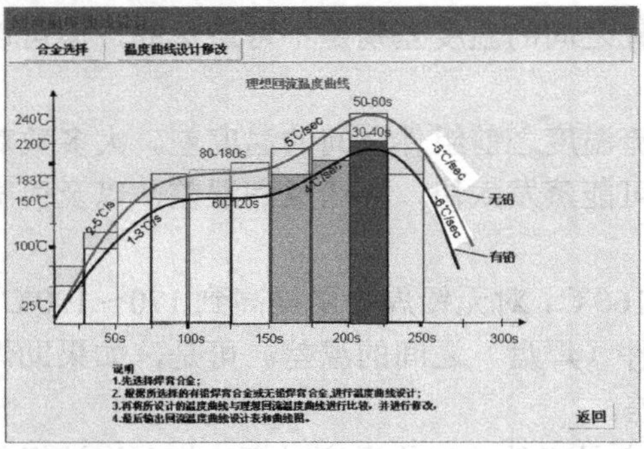

图 8.10　回流温度曲线设计界面

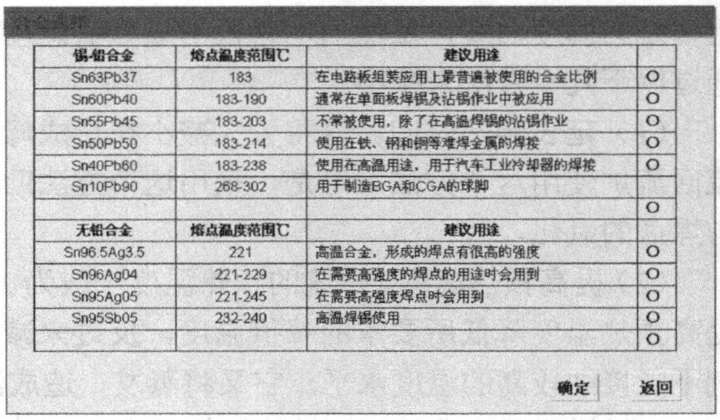

锡-铅合金	熔点温度范围℃	建议用途	
Sn63Pb37	183	在电路板组装应用上最普遍被使用的合金比例	O
Sn60Pb40	183-190	通常在单面板焊锡及沾锡作业中被应用	O
Sn55Pb45	183-203	不常被使用，除了在高温焊锡的沾锡作业	O
Sn50Pb50	183-214	使用在铁、钢和铜等难焊金属的焊接	O
Sn40Pb60	183-238	使用在高温用途，用于汽车工业冷却器的焊接	O
Sn10Pb90	268-302	用于制造BGA和CGA的球脚	
			O
无铅合金	熔点温度范围℃	建议用途	
Sn96.5Ag3.5	221	高温合金，形成的焊点有很高的强度	O
Sn96Ag04	221-229	在需要高强度的焊点的用途时会用到	O
Sn95Ag05	221-245	在需要高强度焊点时会用到	O
Sn95Sb05	232-240	高温焊锡使用	O
			O

图 8.11　选择合金

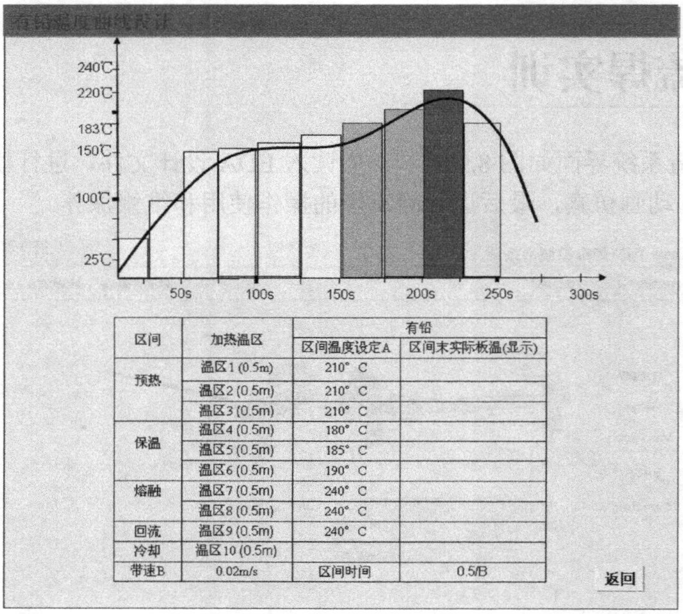

区间	加热温区	有铅	
		区间温度设定A	区间末实际板温(显示)
预热	温区1 (0.5m)	210° C	
	温区2 (0.5m)	210° C	
	温区3 (0.5m)	210° C	
保温	温区4 (0.5m)	180° C	
	温区5 (0.5m)	185° C	
	温区6 (0.5m)	190° C	
熔融	温区7 (0.5m)	240° C	
	温区8 (0.5m)	240° C	
回流	温区9 (0.5m)	240° C	
冷却	温区10 (0.5m)		
带速B	0.02m/s	区间时间	0.5/B

图 8.12　设定区间温度

2．Heller 回流焊的 CAM 程式编程

Heller 回流焊 CAM 程式编程界面如图 8.13 所示。

第一步：开、关机程序设置，具体详见软件系统中的“导引说明”。

第二步：编辑程序。

在“File”菜单下单击“Recipe Editor”就可以编辑程序，包括工作状态、温区设置（见图 8.14）、传输速度设置（见图 8.15）及冷却控制。

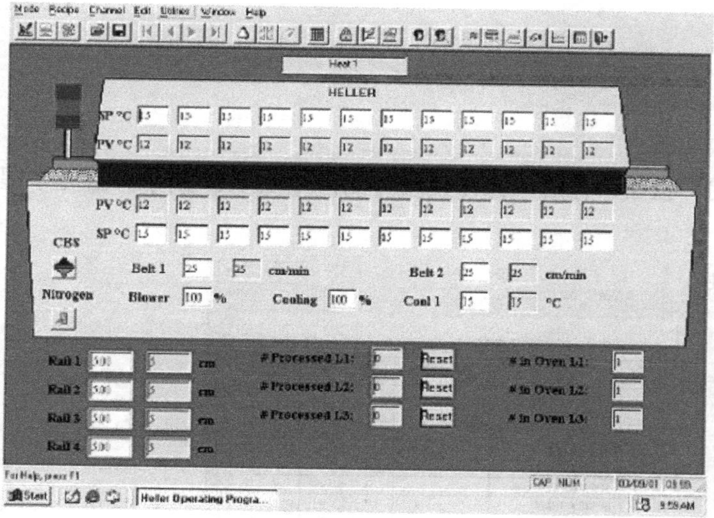

图 8.13　Heller 回流焊 CAM 程式编程界面

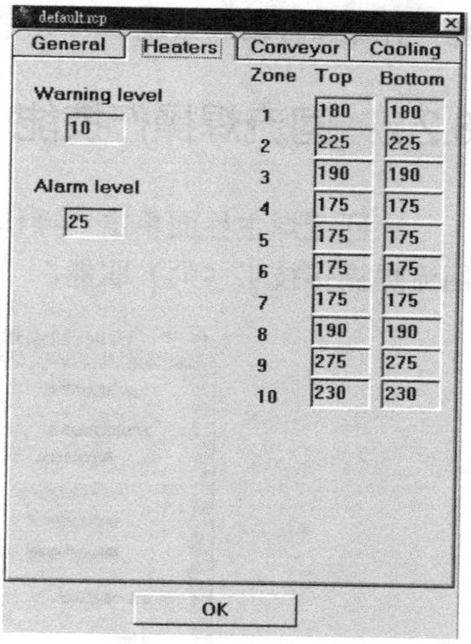

图 8.14　温区设置

第三步：机器设置。

在“Setup”菜单下可编辑机器的使用状况及控制校正项目，包括机器画面显示、传输校正、警告信号、自动开/关机、自动润滑系统及设备类型，如图 8.16 所示。

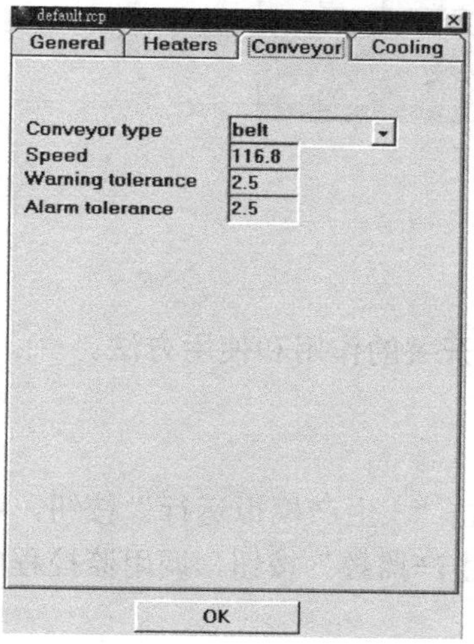

图 8.15　传输速度设置

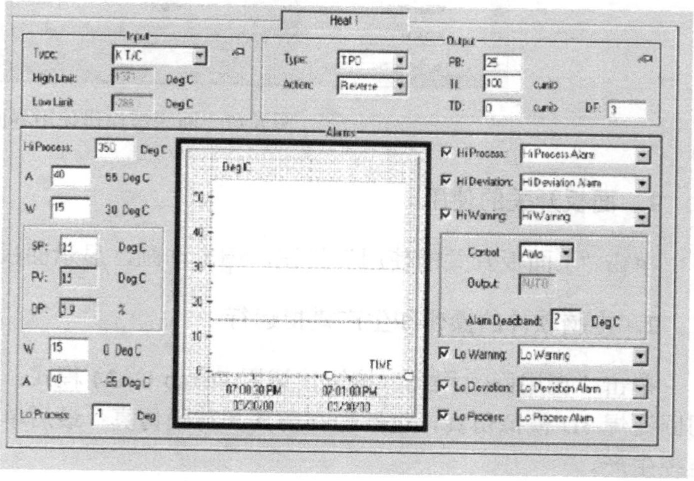

图 8.16　机器设置

第四步：测量温度曲线。

第五步：运行监控和机器检测。

3．其他回流炉的 CAM 程式编程

Vitronics、EASA、SUNEAST 回流炉的 CAM 程式编程方法与 Heller 回流炉相似，本书不再详细介绍，具体详见软件的培训系统。

4．回流焊 3D 动画仿真

回流焊 3D 模拟仿真包括静态仿真和动画仿真，静态仿真可进行缩放、旋转、平移等操作；动画仿真根据温区设置和传输速度设置，能用 3D 动画模拟回流焊的工作过程和温度曲线的变化，详见软件培训系统。

8.2.2 回流焊操作技能

在回流焊主界面单击“操作使用”按钮，即进入操作使用界面，如图 8.17 所示。首先掌握回流焊操作技工（师）职能。

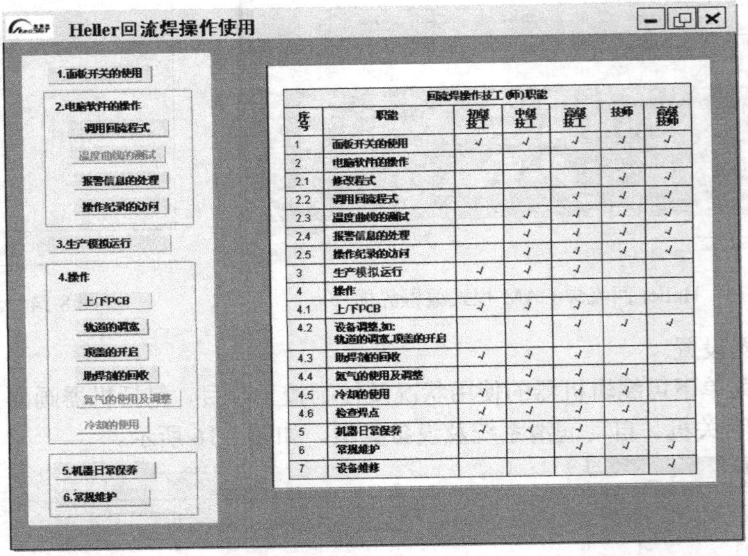

回流焊操作技工（师）职能						
序号	职能	初级技工	中级技工	高级技工	技师	高级技师
1	面板开关的使用	√	√	√	√	√
2	电脑软件的操作					
2.1	修改程式				√	√
2.2	调用回流程式			√	√	√
2.3	温度曲线的测试		√	√	√	√
2.4	报警信息的处理		√	√	√	√
2.5	操作纪录的访问		√	√	√	√
3	生产模拟运行	√	√	√		
4	操作					
4.1	上/下PCB	√	√	√		
4.2	设备调整,如: 轨道的调宽,顶盖的开启		√	√	√	√
4.3	助焊剂的回收	√	√	√		
4.4	氮气的使用及调整		√	√	√	
4.5	冷却的使用	√	√	√	√	
4.6	检查焊点	√	√	√	√	
5	机器日常保养	√	√	√		
6	常规维护			√	√	√
7	设备维修					√

图 8.17 回流焊操作使用界面

1．面板开关的使用

单击“1.面板开关的使用”按钮，调出动画，显示面板各种开关的作用和使用方法。

2．电脑软件的操作和生产模拟运行

单击“调用回流程式”按钮，调用 Demo CAM 程式；再单击“3.生产模拟运行”按钮，调用回流焊 3D 模拟仿真，包括静态仿真和动画仿真；最后单击“生产监控”按钮，调用监控程序监控生产。

3．操作

单击“上/下 PCB”“轨道的调宽”等按钮，调出动画，显示各种操作。

8.2.3 回流焊维修保养

在操作使用界面，单击“5.机器日常保养”和“6.常规维护”按钮，调出说明文档。

1．维护保养

回流焊日常保养检查周期如表 8.4 所示。

表 8.4　回流焊日常保养检查周期

分类	维护项目	步骤和维护用品	图示
日保养	① 擦拭清洁回流炉表面灰尘等脏物，注意勿将手深入炉膛内。 ② 检查自动加油器中高温链条油的存量	布、清洁剂、酒精、镊子、吸尘器	 
周保养	① 更换、清洁过滤网； ② 清洁炉膛内部及表面	布、清洁剂、酒精、镊子、吸尘器	位于机器底部
		① 选择 COOL DOWN 程序。 ② 调节炉膛升降开关至 OPEN，将炉膛升起，待炉温降至室温（20～30℃）方可进行保养	
		③ 用吸尘器将炉膛内的助焊剂等脏物吸附掉；用碎布或无尘纸蘸上炉膛清洁剂将吸尘器无法吸掉的焊剂等脏物擦拭干净	
		④ 对炉口进口处用布或擦拭纸进行擦拭清洁；方形轴杆和支承杆用细砂纸去屑，再以 D-TEK 高温润滑油润滑；导螺杆用 WD-40 清洁及除锈，用 D-TEK 高温润滑油润滑	
月保养	清洁机器内部和轨道出、入口	WD&40、轻质润滑油、T&D、高温润滑油、PCB、吸尘器、布、清洁剂、3D 脱脂剂	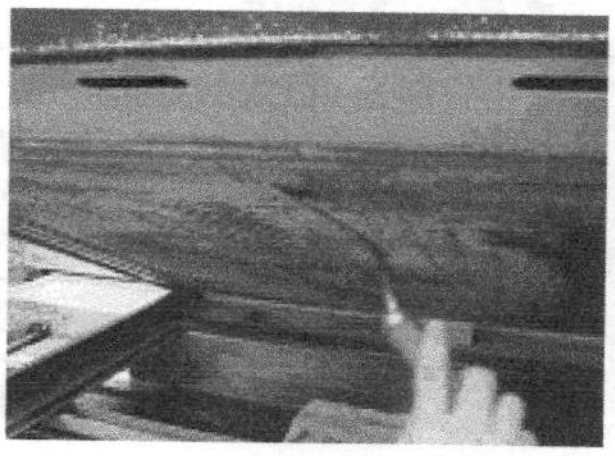
		① 观察炉膛出风口是否覆有助焊剂等脏物，如有可用铁铲将其铲尽，再用炉膛清洁剂清除。 ② 观察炉膛顶面是否覆有助焊剂等脏物，如有可用铁铲将其铲尽，再用炉膛清洁剂清除	

续表

分类	维护项目	步骤和维护用品	图示
月保养	清洁机器内部和轨道出、入口	③ 观察轨道固定边与轨道可动边的前、后钢铁板是否覆有助焊剂等脏物，如有可用铁铲将其铲尽，再用炉膛清洁剂清除	
	清洁机器热风电动机和排风管	① 将回流炉上盖打开 ② 检查其上端热风电动机及上盖散热风扇是否有污垢，如有污垢，可将其拆下用 CP-02 清洁再用 WD-40 除锈	
		③ 检查下端热风电动机是否有污垢，如有，可将其拆下用 CP-02 清洁再用 WD-40 除锈	
		④ 检查抽风扇是否有污垢、异物，排风管是否有破损（注：排风管以酒精清洁管壁）。 ⑤ 检查前、后抽风罩是否有污垢、异物，炉膛排风管是否有破损（依照排风指示用风速测量仪在抽风罩口测量风量是否足够）	
	清洁传动链轮，检查轨道前、中、后的平行度	① 检查链条是否有变形，与齿轮是否吻合，以及在链条与链条间孔是否被异物堵塞，如有，可用铁刷将其去除。 ② 检查前、中、后轨道的平行度，看其是否有变形，可用 PCB 在轨道上运行查看其与 PCB 之间的间隔是否出入过大。 ③ 检查传送网松紧度	
	润滑	① 润滑前、后方形轴。 ② 润滑各轴承。 ③ 润滑链条和轨道	
季保养	清洁 FLUX 过滤箱	布、清洁剂	位于机器背面底部
	检查 UPS	检查 UPS 工作状况是否良好，用万用表测量输入/输出端的电压（220±10V）	位于机器底部
	校正氧气分析仪	校正氧气分析仪	位于机器前部的下端
	检查轨道传动链轮的磨损情况	检查磨损情况	

续表

分类	维护项目	步骤和维护用品	图示
年保养	轨道平行度	① 以固定边轨道为基准，第 3、6、9、12 区至机台机座边缘需平行一致（允许误差范围在±1mm 以内）。 ② 进口处、中间传动组合及出板处测量要点：进口处与出板处放置 PCB 后间隙需 1～1.2mm，中间传动组合需比进口处和出板处宽 1～1.5mm（但需依据炉子轨道受热物理变化特性进行调整），可将回流炉加热至生产设定温度，实时打开炉膛盖，检测 PCB 是否能够顺畅滑动，不卡板、掉板，取 PCB 一端边缘顶到定位针的一端，来量取剩余的间隙，允许范围在 0.5～3mm 以内	① 以光标卡尺测量距离，以游标卡尺配合 PCB 生产基板测量。 ② 调整方式：以进口处宽度为基准，倘若出板处较宽或窄，以固定钳及 19mm 开口扳手将链条与轨道后端转动齿杆分开放松，再用手转动后端传动齿杆调整至与前、中端相同距离即可
	轨道移动装置	滚动滑轮需正常来回滑动	在 WAKE UP 温度挡中手动调整轨道宽度，开至极限来回行走，观察是否因阻力影响轨道宽度。如果太紧，则放松移动装置
	轨道固定边前、后钢铁板	① 检查是否偏移。 ② 检查轨道固定螺钉是否松脱	① 用水平仪检测平行度。 ② 用内六角扳手检查螺钉松紧度
	轨道移动边前、后钢铁板	① 检查是否偏移。 ② 检查轨道固定螺钉是否松动	
	轨道调宽	传动电动机带动各齿轮链条，链条带动主轴，固定主轴的内六角螺钉需上紧，检查松紧度	① 用内六角扳手调宽。 ② 用溶剂或酒精以碎布或无尘纸擦拭齿轮表面，再用润滑油润滑
	轨道调宽传动杆	① 轴杆需正常转动，不可有过脏、偏移、弯曲或变形等现象发生。 ② 轴杆 C 形环轴套需在正常位置，且不可有沟槽间隙产生	① 用溶剂或酒精以碎布或无尘纸擦拭齿轮表面，再用润滑油润滑。 ② 倘若必要，应更新备品
	前端及中间固定齿杆、齿轮	需与转动齿轮正常咬合，不可有过脏、偏位、弯曲及变形现象发生。 ① 用溶剂或酒精以碎布或无尘纸擦拭表面。 ② 倘若变形，应更新备品	
	前端与中间轨道运动轴杆	需与传动电动机同步移动，轴杆与轴杆间连接固定内六角螺钉，不可有过脏、偏移、弯曲或变形、螺钉松动及断裂现象发生	① 用内六角扳手上紧螺钉。 ② 用溶剂或酒精以碎布或无尘纸擦拭表面，等溶剂或酒精挥发完后再装回
	固定齿杆总成	需与传动电动机同步移动，行走顺畅	① 用内六角扳手上紧螺钉，检查与链动轴杆的咬合情况。 ② 用溶剂或酒精以碎布或无尘纸擦拭表面，等溶剂或酒精挥发完后再装回

续表

分类	维 护 项 目	步骤和维护用品	图 示
年保养	调整链条	① 如链条有油脂或异物堵塞，可将其拆下放于一铁盒中，用煤油燃烧使之蒸发。 ② 可将传动链条拆下以方便保养	
	清洁机器	清洁机器各部位	

2. 操作维修

Heller 回流焊操作维修如表 8.5 所示。

表 8.5 Heller 回流焊操作维修

序号	故 障	部 件	维 修	图 示
1	炉子无电源	主电源	确定炉子主电源开关是否在“ON”位置	
2			检查炉子的输入电压是否为炉子序列卷标上的电压，并用万用表的交流挡去检测接线端 L1、L2、L3 各线之间的电压，如果某个或多个线电压不正常，则说明设备的供电系统有问题	
3		次电源	确定炉子入口底板上的电压是否等于主电源的电压	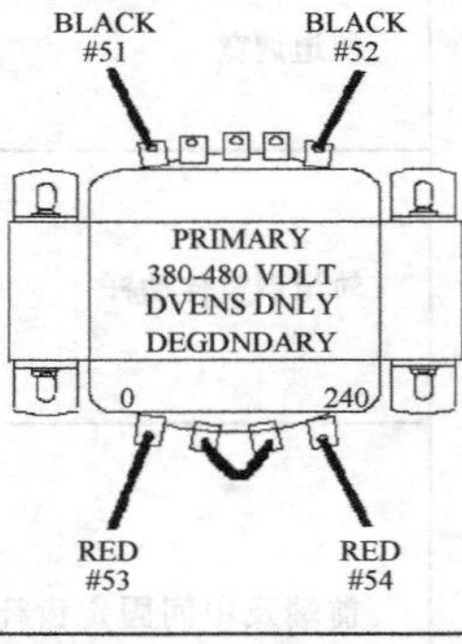
4			确定变压器次极端（SECONDARY 端）红线#53 和#54 之间的电压是否为 240V。电压过低表示变压器有问题，应更换变压器（对于低压电器来说，确定电路断路器 Q27 和 Q28 之间的电压在 208～240V 之间）	
5			检测电控板上方的一排无熔丝开关中的 Q27 和 Q28	
6		后备电源 BBU	确定安装在炉子底板上的备用电源是否安装正确，确定各插座包括 9 针 D 型插座已经安装好。确定 BBU 开关（总电源开关）已经打开	
7			连接 BBU 的输入电源线（POWER CORD）和输出电源线（LINE CORD），即绕过 BBU 进行检查。请按照原厂的说明书测试 BBU	
8		计算机	确定计算机和显示器都已连接，且电源开关都是打开的。 ① 检查计算机输入电压为 240V AC（对低压电器来说，电压应为 208～240V）。 ② 检查位于电控板左下部的断路器 Q31。 ③ 连接另一电源，检查计算机是否有故障（使用电压为 120V 或 240V）	
9	炉子无通信	电源	确认炉子前部的主电源开关是否在“ON”位置； 检查控制板 HC1-X 上的熔断器 F1 和 F2 是否被烧断	
10			检查各通信电路的连接是否正确或出现松动现象	

续表

序号	故　障	部　件	维　修	图　示
11	炉子无通信	软件	确定目前 Windows 环境中只有一个 Heller 操作系统在运行，按如下步骤去检查： ① 确定是否有其他程序运行可能使用 COM2 口进行连接。 ② 确定系统中 Windows 接口设置是否正确，确定 COM2 口的中断设置和其他设备（如调制解调器、网卡等）没有冲突	
12	炉子无通信	硬件	确定从炉子出来的通信线是否与计算机的 COM2 口相连接。用万用表欧姆挡检查 D 型接头连线两端，确认是否正常（有无断路或接触不良的现象）	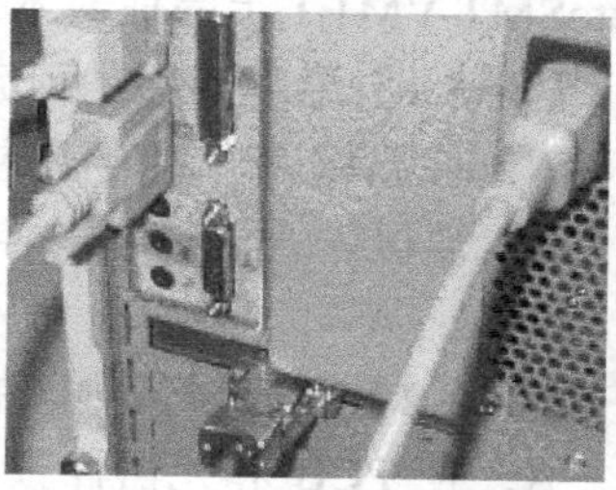
13	炉子无通信	硬件	确定有无其他设备（如调制解调器、网卡、COM 卡等）使用 COM2 口，使地址和中断发生冲突。确定计算机的 COM2 口工作正常（使用 RS-232 口检测器去检查第 3 口的数据传输情况，如有可能的话，换另一台计算机再测试	
14	炉子高温报警	软件	从主菜单中选择“Channel Setup”，并找出有问题的加热区； 确认“High Process Alarm”设定为 350°（注：High Process Alarm 温度应大于 High Deviation Alarm 温度）	
15	炉子高温报警	控制卡	① 如果在所有区域里，热电偶模组（TDM）读数均为 3277，那么重新设定热电偶模组，即将炉子的总电源开关关闭 10～15min，重新打开，如果问题依然存在，则可能是热电偶模组坏了，应予以更换。 ② 拆开有问题区域的热电偶线（注：参考主电路或查看电偶线上的号码），并在此热电偶线与控制卡连接处用一条短电线短接，此时计算机上的 PV 读数为 25，如果 PV 读数为 3277，则控制卡可能坏了，需要替换	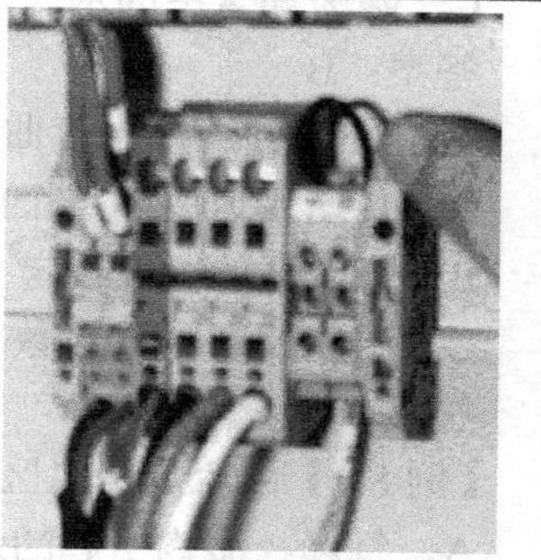
16		热电偶	检查有问题区域的热电偶是否开路，应遵循如下步骤。注：控制卡检查确认正常后，如果热电偶线开路，则计算机温度显示应为 327.7℃，检查热电偶线是否与控制卡正确连接，如果连接正确，则从控制卡上除去电偶线，并用欧姆挡测其是否断路（注：测量必须在冷、热状态下分别进行）。如果发生断路，应替换热电偶线	
17	炉子风机异响	风机	如果给电动机一点压力，噪声会消失或减弱，问题可能是电动机失去平衡。可以松开紧固螺栓重新安装电动机，必要时可增加垫片	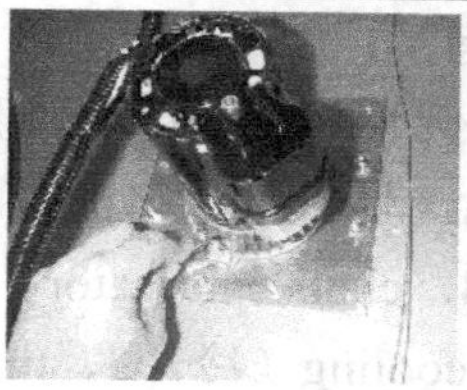
18	炉子风机异响	风机	也可能是由电动机叶轮摩擦模组内壁引起的，将电动机拆开重新调整叶片位置，可能会解决此问题	
19	炉子继电器自动跳开	加热器继电器	加热器或其电源线可能与地短接； Q29——24V DC 电源可能坏掉，需更换； Q31——计算机的安全电流为 6A，其连接的插座仅供主机和显示器使用，不要让其他设备使用此接口； Q30——输送带驱动电动机可能坏掉或超负荷运行	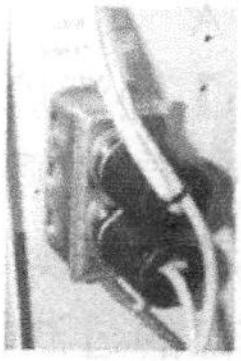
20	炉子氧气 PPM 值不稳定，或偏高	氮气	① 确保炉盖完全关闭，位于机器底部的过滤器入口盖被完全锁上。 ② 氧气 PPM 的读数如果不稳定，则原因如下： • 输入氮气压力低（100PSI）； • 氮气的输送设备可能损坏，需要更换氮气管； • 流速不足，调整流量计流速； • 氧气分析仪内的泵坏	

8.3 认证考试举例

本章认证考试分专业知识和实践技能两部分，在 SMT 专业技术资格认证培训和考评平台 AutoSMT-VM1.1 上完成。本章测试重点是回流焊 CAM 程式编程和操作使用。

【例 8.1】温度特性是回流焊设备热设计优劣的综合反映，包含的重要指标为（　　）。

A．控温精度、温度不均匀性、温度曲线的重复性

B．温区、升温速率、控温精度

答案：A

【例 8.2】回流焊预热区的目的是（　　）。

A．使 PCB 和元器件预热，达到平衡，除去焊膏中的水分、溶剂，以防焊膏发生塌落和焊料飞溅

B．使 PCB 和元器件预热，达到平衡

C．除去焊膏中的水分、溶剂，以防焊膏发生塌落和焊料飞溅

答案：B

【例 8.3】回流焊温度曲线主要设定参数是（　　）。

A．传送带速度和每个区的温度

B．每个区的温度设定

C．温度控制 PID 参数

答案：C

【例 8.4】回流焊保温区如果设置不当，造成的故障可能是（　　）。

A．气爆、溅锡引起的焊球、材料受热冲击损坏

B．热坍塌、连锡桥接、高残留物、焊球、润湿不良、气孔、立碑

C．润湿不良、吸锡、缩锡、焊球、IMC 形成不良、立碑、过热损坏、冷焊、焦炭、焊端溶解

答案：B

【例 8.5】Heller 回流焊接“Utilities”菜单系统参数设置包括（　　）。

A．炉子型号与机器的流向、N2 系统与轨道系统、Rails 结构、传输控制、温区控制

B．chain lubricator（传输链润滑）、PCB tracking（基板轨道）、condensate manag.（压缩管理）、cooling（冷却）、timer（定时器）、machine config.（机器结构）

答案：A

【例 8.6】回流炉高温报警主要检查项目是（　　）。

A．找出有问题的加热区、热电偶模组、热电偶线与控制卡连接

B．电动机平衡、电动机叶轮

C．底部的过滤器入口盖、氮气压力、氮气的输送设备、流量计、氧气分析仪

答案：A

【例 8.7】试通过操作培训平台，选择软件中自带的演示 Protel 设计的单面贴装 Demo 板，采用有铅合金 Sn63Pb37 焊膏，试设计 10 温区的回流温度曲线。任务是首先进行 EDA 输入，再进入回流焊界面，最后设置 10 温区的回流温度曲线（注意：退出后系统会自动采集编程数据，并自动打分）。

操作提示：单击进入回流焊 CAM 程式编程培训模块，按题目要求完成操作。全部题目完成后必须返回认证考评界面，单击“完成提交”按钮后系统自动批卷。

【例 8.8】试通过操作培训平台，选择软件中自带的演示 Protel 设计的单面贴装 Demo 板，采用有铅合金 Sn96.5Ag3.5 焊膏，进行回流焊炉 Vitronics 回流程式的编程。任务是首先进行 EDA 输入，然后进入回流焊界面，进行回流温度曲线设计，然后进入回流焊炉 Vitronics 编程界面，设置回流程式，最后通过 3D 仿真查看编程错误，进行修改（注意：退出后系统会自动采集编程数据，并自动打分）。

操作提示：单击进入回流焊 CAM 程式编程培训模块，按题目要求完成操作。全部题目完成后必须返回认证考评界面，单击“完成提交”按钮后系统自动批卷。

思考题与习题

8.1 回流焊的温度曲线（指通过回流炉时，PCB 上某一焊点的温度随时间变化的曲线）分为（　　）。

A．预热区、保温区、回流区及冷却区

B．加热区、回流区及冷却区

C．加热区、冷却区

8.2 对于无铅回流焊回流区，说法正确的是（　　）。

A．焊接峰值温度一般为焊膏的熔点温度加 40～60℃，超过 100℃的时间范围为 30～40s，超过 200℃的时间范围为 60±3s

B．焊接峰值温度一般为焊膏的熔点温度加 10～30℃，超过 100℃的时间范围为 30～40s，超过 200℃的时间范围为 30±3s

C．焊接峰值温度一般为焊膏的熔点温度加 20～40℃，超过 100℃的时间范围为 30～40s，超过 200℃的时间范围为 40±3s

8.3 有铅回流焊预热区设置的一般规定是（　　）。

A．预热温度一般在 170～190℃，最大升温速率为 2℃/s，上升速率设定为 1.0～1.5℃/s

B．预热温度一般在 180～210℃，最大升温速率为 5℃/s，上升速率设定为 2～4℃/s

C．预热温度一般在 140～160℃，最大升温速率为 2℃/s，上升速率设定为 0.1～1.5℃/s

8.4 有铅回流焊一般选择（　　）。

A．8 温区以上（三焊接区），冷速可控制在 3～6℃/s 之间

B．12 温区以上（三焊接区），冷速可控制在 4～7℃/s 之间

C．4 温区以上（三焊接区），冷速可控制在 2～5℃/s 之间

8.5 Sn63Pb37 合金（　　）。

A．主要应用于大多数电路板组装中

B．通常应用于单面板焊锡及沾锡作业中

C．主要应用于高温合金，形成的焊点有很高的强度

8.6 Vitronics XPM 回流炉观察机器控制板上操作开关的设定菜单命令是（　　）。

A．Service mode　　B．I/O digital input

C．I/O digital output　　D．I/O Anafaze dipswitch settings

8.7 ERSA 回流焊接程式设计主要参数有（　　）。

A．温区（温度、温度范围、上下温差）、传输（速度、宽度、起止位置）、中央支承（宽度）、冷却

B．温区（温度、温度范围、上下温差）、传输（速度、宽度、起止位置）

C．温区（温度、温度范围、上下温差）

8.8 ERSA 回流焊“Settings”设置包括（　　）。

A．chain lubricator（传输链润滑）、PCB tracking（基板轨道）、condensate manag.（压缩管理）、cooling（冷却）、timer（定时器）、machine config.（机器结构）

B．Conveyor（传输带）、heater blower（加热风机）、nitrogen（氮气）、conveyor width（轨道宽度）、center support width（中央支承宽度）

8.9 Heller 回流焊内部参数（Setup）中实际值的符号是（　　）。

A．A　　B．SP　　C．W　　D．PV　　E．OP

8.10 Heller 回流焊为避免清理炉膛不当，造成燃烧或爆炸，严禁使用（　　）。

A．高挥发性溶剂　　B．低挥发性溶剂

8.11 Heller 回流炉高温报警，须检查维修（　　）。

A．软体、控制卡、热电偶

B．风机、加热器、继电器

C．主电源、次电源、后备电源、计算机

8.12 回流焊中级技工的主要职能是（　　）。

A．面板开关的使用、生产运行、设备调整（如轨道的调宽、氮气调整、冷却调整）、设备操作（如上/下 PCB、检查焊点）、机器日常保养

B．面板开关的使用、调用回流程式、生产运行和监控、温度曲线的测试、设备调整（如轨道的调宽、氮气调整、冷却调整）、机器日常保养、常规维护

C．面板开关的使用、调用回流程式、修改程式、温度曲线的测试、设备调整（如轨道的调宽、氮气调整、冷却调整）、常规维护

8.13 焊接方法。

（1）为什么热风式回流炉成为 SMT 焊接的主流设备？

（2）有几种方法可以实现双面回流焊？

（3）请简述红外线回流焊的工艺流程和技术要点。

（4）请简述气相回流焊的工艺过程。

（5）简述什么叫浸焊，浸焊机是如何分类的？各类的特点是什么？

（6）什么是 AART 工艺？

（7）请列举其他的焊接方法。

8.14 热风式回流炉。

（1）请说明热风式回流炉的主要结构。

（2）回流焊设备的传送方式有几种？

（3）什么是松香回收管理系统？回流炉各温区的功能是什么？

（4）请总结回流焊的工艺特点与要求。

（5）试简述 SMT 印制电路板回流焊的工艺流程。

8.15 焊接机理。

（1）什么是润湿？

（2）焊点持久的机械连接的条件是什么？

（3）试简述焊膏回流的五个阶段。

（4）什么是 BGA/CSP/Flip Chip 元器件回流焊过程中的二次沉降？

8.16 回流参数。

（1）回流焊设备参数通常包括哪些？

（2）温度特性是回流焊设备热设计优劣的综合反映，包含几个重要指标？

（3）热风式回流焊设备应具有至少几个独立控温的加热区段？

8.17 回流温度曲线。

（1）回流温度曲线如何设定？

（2）如何适当地将热电偶安装于 SMA 上？

（3）试简述不良的回流曲线类型。

（4）实际温度曲线是什么？

8.18 回流炉故障。

（1）如何判断回流焊故障模式和温区的关系？

（2）常见工艺设置问题有哪些？

8.19 焊点缺陷分析。

（1）请总结回流焊接缺陷分析和处理办法。

（2）请简述立片（曼哈顿现象）产生的原因与控制方法。

（3）请简述虚焊产生的原因与控制方法。

（4）请简述桥接产生的原因与控制方法。

（5）请说明残留污物的种类，以及每种残留污物可能导致的后果。

8.20 试通过操作培训平台，选择软件中自带的演示 Protel 设计的双面混装 PCB（SMC 在 B 面，THC 在 A 面）的 Demo 板，采用有铅合金 Sn63Pb37 焊膏，试设计 10 温区的回流温度曲线。任务是首先进行 EDA 输入，再进入回流焊界面，最后设置 10 温区的回流温度曲线（注意：退出后系统会自动采集编程数据，并自动打分）。

8.21 试通过操作培训平台，选择软件中自带的演示 Mentor 设计的双面混装（THC 在 A 面，SMC/SMD 在 A 面，SMC 在 A 面、B 面）的 Demo 板，采用有铅合金 Sn63Pb37 焊膏，进行 Vitronics 回流焊炉回流程式的编程。任务是首先进行 EDA 输入，再进入回流焊界面，进行回流温度曲线设计；然后进入回流焊 Vitronics 编程界面，设置回流程式；最后通过 3D 仿真查看编程错误，进行修改（注意：退出后系统会自动采集编程数据，并自动打分）。

8.22 试通过操作培训平台，选择软件中自带的演示 Mentor 设计的双面贴装 Demo 板，采用有铅合金 Sn63Pb37 焊膏，进行 Heller 回流焊炉回流程式的编程。任务是首先进行 EDA 输入，再进入回流焊界面，进行回流温度曲线设计；然后进入回流焊 Heller 编程界面，设置回流程式；最后通过 3D 仿真查看编程错误，进行修改（注意：退出后系统会自动采集编程数据，并自动打分）。

8.23 试通过操作培训平台，选择软件中自带的演示 Protel 设计的 FPGA 双面混装（THC 在 A 面，SMC/SMD 在 A 面，SMC 在 A 面、B 面）的 Demo 板，采用有铅合金 Sn63Pb37 焊膏，进行 Heller 回流焊炉回流程式的编程。任务是首先进行 EDA 输入，再进入回流焊界面，进行回流温度曲线设计；然后进入回流焊 Heller 编程界面，设置回流程式；最后通过 3D 仿真查看编程错误，进行修改（注意：退出后系统会自动采集编程数据，并自动打分）。

第9章 波峰焊技术

【目　　的】

（1）掌握波峰焊基本原理；

（2）掌握波峰焊 CAM 程式编程；

（3）掌握波峰焊温度曲线设定。

【内　　容】

（1）国际市场上主流波峰焊机型（ANDA、EASA、SUNEAST）的模拟编程；

（2）波峰焊静态仿真；

（3）波峰焊动态仿真，按照模拟编程编制 CAM 程式，自动进行波峰焊工作过程的 3D 模拟仿真；

（4）根据动态仿真，学生再修改 CAM 程式设计错误。

【实训要求】

（1）国际市场上主流波峰焊机型（ANDA、EASA、SUNEAST）的模拟编程；

（2）掌握有铅和无铅波峰焊温度曲线的设定；

（3）了解波峰焊控制参数设置；

（4）通过 PCB 设计 Demo 板文件，设计波峰焊程式，采用 3D 动画显示 PCB 的波峰焊过程，再修改编程设计错误；

（5）撰写实验报告。

9.1 双波峰焊

波峰焊是将熔融的液态焊料借助泵的作用，在焊料槽液面形成特定形状的焊料波，将插装了元器件的 PCB 置于传送链上，通过某一特定的角度及一定的浸入深度穿过焊料波峰而实现焊点焊接的过程。波峰焊主要用于传统通孔插装印制电路板的电装工艺，以及表面组装与通孔插装元器件的混装工艺。

9.1.1 双波峰焊结构和原理

波峰焊有单波峰焊和双波峰焊之分。当单波峰焊用于 SMT 时，由于焊料的“遮蔽效应”，容易出现较严重的质量问题，如漏焊、桥接和焊缝不充实等缺陷；而双波峰焊则较好地克服了这个问题，因此，目前在表面组装中广泛采用双波峰焊。

双波峰焊机由助焊剂系统、预热系统、焊接系统、冷却系统、运输系统、控制系统和氮气保护系统组成，如图 9.1 所示。波峰焊机类型如表 9.1 所示，双波峰焊机的工作过程如图 9.2 所示。

图 9.1　双波峰焊机

表 9.1　波峰焊机类型

结　构	类　型	特　点	主要技术要求
助焊剂系统	喷雾式	免清洗，加防氧化装置	整个基板涂覆； 焊剂比重控制
	喷射式	适合长/短脚元器件	
	发泡式	适合短脚元器件	
预热系统	电阻丝	需加热电偶，寿命短	预热温度为 130～150℃，1～3min
	石英管	寿命长	
焊接系统	喷射式	效率低，适应性差	焊料温度为 240～250℃； 焊料不纯物控制； 倾角为 6°～11°
	双波峰	不同机型焊 SMD 效果不一样	
	Ω 形波	双向宽平波加振动波，取得双波峰效果	
运输系统	框架式	PCB 宽度调节难	传输平稳； 导轨角度可调，为 6°～11°； 平进平出
	可调框架式	PCB 宽度调节容易	
	手爪式	产量大	
控制系统	模拟仪表控制	调节控制不便，开环控制	可靠、操作方便
	微机控制	功能强，闭环控制	
氮气保护系统		防止氧化，免清洗	防漏

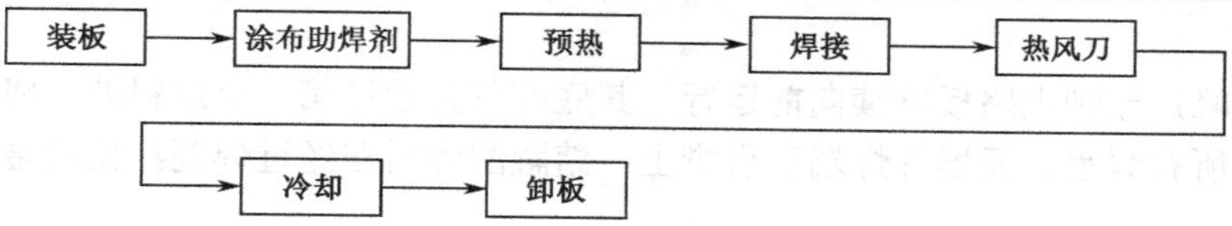

图 9.2　双波峰焊机的工作过程

1．助焊剂系统

助焊剂系统是保证焊接质量的第一个环节，其主要作用是均匀地涂覆助焊剂，除去 PCB 和元器件焊接表面的氧化层，并防止其在焊接过程中再次氧化。助焊剂的涂覆一定要均匀，尽量不产生堆积，否则将导致焊接短路或开路。

2．预热系统

助焊剂中的溶剂成分在通过预热器时，将会受热挥发，从而避免溶剂成分在经过液面时因高温汽化而造成炸裂，最终防止了产生锡粒等品质隐患。待浸锡产品搭载的部品在通过预热器时缓慢升温，可避免过波峰时因骤热产生的物理作用而造成部品损伤情况的发生。预热后的部品或端子在经过波峰时不会因自身温度较低而大幅度降低焊点的焊接温度，从而确保焊接在规定的时间内达到温度要求。

波峰焊机常见的预热方法有三种，即空气对流加热、红外加热器加热，以及热空气和辐射相结合加热，后两种加热方法如图 9.3 所示。

（a）红外加热器加热　　（b）热空气和辐射相结合加热

图 9.3　预热方法

3．焊接系统

双波峰焊机特别适合焊接 THT+SMT 混合元器件的电路板。双波峰焊机的焊料波形如图 9.4 所示，使用这种设备焊接印制电路板时，THT 元器件要采用“短脚插焊”工艺。

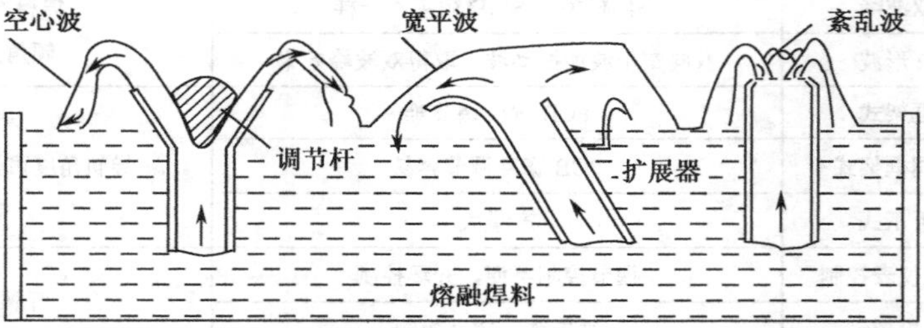

图 9.4　双波峰焊机的焊料波形

1）波峰

第一个波峰：印制电路板继续向前运行，其底面首先通过第一个焊料波。将焊料打到印制电路板底面的所有焊盘、元器件焊端和引脚上；熔融的焊料在经过焊剂净化的金属表面上浸润和扩散。

第二个波峰：印制电路板的底面通过第二个焊料波，平滑波将引脚及焊端之间的连桥分开，并去除拉尖（冰柱）等焊接缺陷。

2）脱离区

之后是锡波出口的“脱离区”，此时焊点已经形成，而各种不良缺陷也陆续出现。难舍难分的拖锡，就会成为不良锡桥或锡尖甚至锡球形成的主要原因。其脱离的快慢虽然取决于输送速度，但当将输送带平面上仰 4°～12° 时，则还可借助重力的协同更干脆而方便地分开。

20 世纪 90 年代出现的新技术是 SMA 刚离开焊接波峰后，在 SMA 的下方放置一个窄长的“腔体”，窄长的开口处能吹出（4～20）×0.068 个标准大气压的气流，犹如刀状，称为热风刀。热风刀的高温高压气流吹向 SMA 上尚处于熔融状态的焊点，过热的风可以吹掉多余的焊锡，还可以填补金属化孔内焊锡的不足，有桥接的焊点也可以立即得到修复。同时，可以延长焊点的熔化时间，因而原来那些带有气孔的焊点也能得到修复，可以大大减少焊接缺陷。

3）绿色环保节能装置

（1）锡波喷嘴宽窄调节装置。波峰焊最耗成本的就是锡渣，而锡渣是指锡炉里的高温锡面与空气中的氧气产生化学反应而形成的氧化物。波峰焊机焊锡时，PCB 的宽度越小，没有被 PCB 覆盖的锡波面积越大，产生的锡渣就越多。就普通波峰焊机而言，一台波峰焊机每天产生的锡渣为 3～6kg/8h，从而大大增加了生产成本，而使用锡波喷嘴宽窄调节装置（如图 9.5 所示），8h 锡渣量可控制在 1kg 以内，大大降低了锡条成本。

（2）锡渣还原装置。如图 9.6 所示，锡渣还原装置可进一步还原产生的锡渣，还原率在 70%～80%之间，还原后的锡条可再次投入使用，因而大大降低了锡渣的浪费，并增加了锡炉焊锡的使用周期。

（3）自动加锡装置。如图 9.7 所示，自动加锡装置可根据锡量自动加锡。

图 9.5　锡波喷嘴宽窄调节装置

图 9.6　锡渣还原装置

图 9.7　自动加锡装置

4）波峰焊点形成

如图 9.8 所示，当 PCB 进入波峰面前端时，基板与引脚被加热，在未离开波峰面之前，整个 PCB 浸在焊料中，即被焊料桥连。但在离开波峰尾端的瞬间，少量的焊料由于润湿力的作用会黏附在焊盘上，并由于表面张力的原因，会以引线为中心收缩至最小状态，此时焊料与焊盘之间的润湿力大于两焊盘之间焊料的内聚力，因此会形成饱满、圆整的焊点。离开波峰尾部的多余焊料，由于重力的原因，将回落到锡锅中。

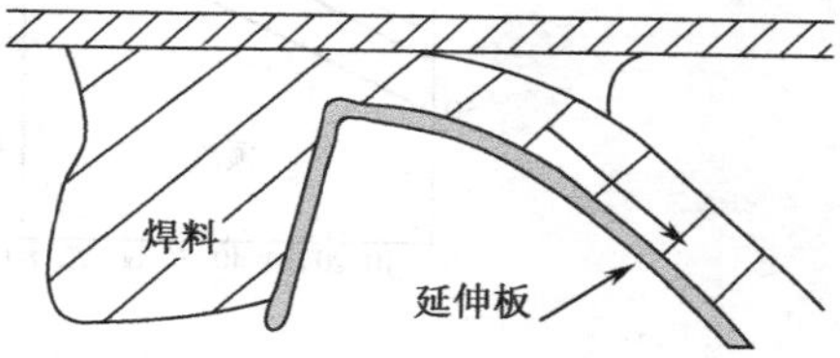

图 9.8　双波峰焊接过程

4．运输系统

运输系统有手爪式和框架式两种，一般采用手爪式，如图 9.9 所示。特殊耐高温树脂爪不易沾锡。与金属钛爪相比，吸收热量少，靠近运输爪的基板部位不会产生温度较低的现象。自动循环清洗链爪机构采用优质微型水泵，用丙醇作为清洗剂，波峰焊机通常传送倾角控制在 3°～7°之间，通过对倾斜角的调节，可以调控 PCB 与波峰面的焊接时间，适当的倾角有利于焊料与 PCB 更快地剥离，使之返回锡锅中。

5．冷却系统

适当的冷却有助于增强焊点的接合强度，同时，更有利于炉后操作人员的作业，冷却系统如图 9.10 所示。

图 9.9　运输系统

图 9.10　冷却系统

9.1.2　波峰焊工艺控制

1．波峰焊工艺曲线

理想双波峰焊的焊接温度曲线如图 9.11 所示。从图中可以看出，整个焊接过程被分为预热、焊接和冷却三个温度区域。实际的焊接温度曲线可以通过对设备的控制系统进行编程来调整。

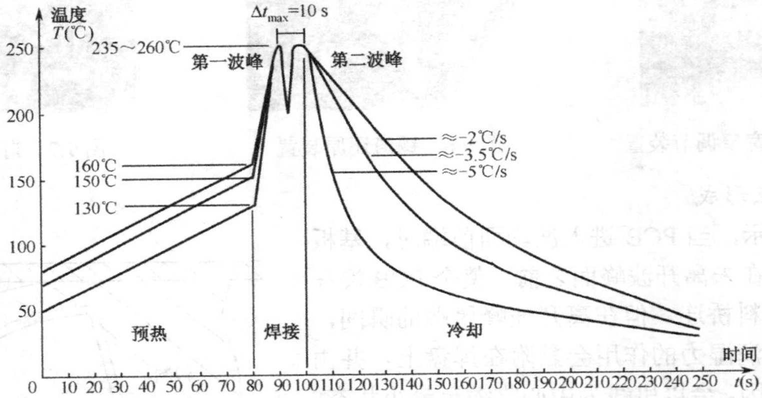

图 9.11　理想双波峰焊的焊接温度曲线

（1）预热温度。预热温度是指 PCB 与波峰面接触前达到的温度。印制电路板预热温度和时间要根据其大小、厚度、元器件的大小和多少，以及贴装元器件的多少来确定。预热温度在 90～130℃之间（PCB 表面温度），多层板及有较多贴装元器件时预热温度取上限。预热时间由传送带速度来控制。波峰焊最佳预热温度如表 9.2 所示。

表 9.2　波峰焊最佳预热温度

SMA 类型	元　器　件	预热温度（℃）
单面板组件	通孔器件与混装	90～100
双面板组件	通孔器件	100～110
	混装	
多层板	通孔器件	115～125
	混装	

（2）焊接温度。焊接温度通常高于焊料熔点（183℃）50～60℃，大多数情况是指焊锡炉的

温度。在实际运行时，所焊接的 PCB 焊点温度要低于炉温，这是 PCB 吸热的结果。焊接温度与预热温度、焊料波峰的温度、导轨的倾斜角度、传输速度都有关系。

2. 波峰焊的主要工艺参数调整

1）助焊剂涂覆量

要求在印制电路板底面有薄薄的一层助焊剂，且要均匀，不能太厚，对于免清洗工艺还应特别注意不能过量。助焊剂涂覆量要根据波峰焊机的助焊剂系统及采用的助焊剂类型进行设置。一般采用定量喷射方式，助焊剂是密闭在容器内的，不会挥发，不会吸收空气中的水分，也不会被污染。因此，助焊剂成分要保持不变，关键是要求喷头能够控制喷雾量，应经常清理喷头，喷射孔不能堵塞。

2）预热温度

一般预热温度控制在 180～210℃之间，预热时间为 1～3min。

3）波峰焊接

（1）波峰高度。波峰高度是指波峰焊中的 PCB 吃锡高度，其数值通常控制在 PCB 厚度的 1/2～2/3，过大会导致熔融的焊料流到 PCB 的表面，形成“桥连”。

（2）锡温。焊料的合金成分仍以 Sn63Pb37 与 Sn60Pb40 居多，故其作业温度控制在 260±5℃为宜。但仍须考虑待焊板与零件的总体重量，大型板可升温到 280℃，小型板或对热量太敏感的产品，则可稍降到 230℃。较理想的做法是针对输送速度加以变换，而对锡温则以不变为宜，因为锡温会影响熔融焊锡的流动性，进而会冲击焊点的品质，且焊温升高时，铜的溶入速度也会跟着增快，非常不利于整体焊接的品质管理。

（3）焊料纯度。在波峰焊过程中，焊料的杂质主要来源于 PCB 上焊盘的铜浸析，过量的铜会导致焊接缺陷增多。

4）运输系统

（1）传送倾角。通过调节传送装置的倾角，可以调控 PCB 与波峰面的焊接时间，适当的倾角有助于焊料液与 PCB 更快剥离，使之返回锡锅内。输送组装板的传动面须呈 4°～12°的仰角。

（2）输送速度。自组装板的底面行进接触到上涌的锡波起，到完全通过脱离熔融焊锡涌出面的接触为止，其相互密贴的时间须控制在 3～6s 之间。焊接时间的长短取决于输送速度及波形与浸深所组成的“接触长度”。时间太短，则焊锡性能不能完全发挥；时间太长，则会对板材或敏感零件造成伤害。

5）氮气环境

通过众多试验得出，氮气环境锡池区的残氧率在 100ppm 以下时焊锡性最为良好。为了节省开支，一般都将残氧率设定在 500～1000ppm。氮气波峰焊具有下列效益：①提升焊接质量；②减少助焊剂的用量；③改善焊点的外观及焊点形状；④降低助焊剂残渣的附着性，使之较易清除；⑤减小机组维修的概率，增加产出效益；⑥大量减少锡池表面浮渣的发生，节省焊锡用量，降低处理成本。

3. 计算生产能力

在计算生产能力时还要考虑 PCB 之间的间隔，PCB 的长度为 L，间隔为 L_1，传递速度为 V，停留时间为 t，每小时产量为 N，波宽为 W，则传递速度

$$V = NW/t = 60V/(L_1+L)$$

4．波峰焊中常见的缺陷与解决方法

波峰焊中常见的缺陷与解决方法如表 9.3 所示。

表 9.3　波峰焊中常见的缺陷与解决方法

序号	问　　题	原因及对策
1	沾锡不良	① 外界的污染物，如油脂、腊等，通常可用溶剂清洗，此类油污有时是在印刷防焊剂时沾上的。 ② 硅油（Silicon Oil）通常用于脱模及润滑，一般会在基板及零件引脚上发现，不易清理，它会蒸发沾在基板上，造成沾锡不良。 ③ 基板氧化，而当助焊剂无法去除时会造成沾锡不良，过二次锡可解决此问题。 ④ 助焊剂涂覆方式不正确，使基板部分没有沾到助焊剂。 ⑤ 吃锡时间不足或锡温不足，会造成沾锡不良，沾锡总时间约为 3s
2	局部沾锡不良	与沾锡不良相似，不同的是不会露出铜箔面，只有薄薄的一层锡无法形成饱满的焊点
3	冷焊或焊点不亮	焊点看似碎裂、不平，大部分是由零件在焊锡正要冷却形成焊点时振动造成的，注意锡炉输送是否有异常振动
4	焊点破裂	通常是由焊锡、基板、导通孔及零件引脚之间膨胀系数不配合造成的，应在基板材质、零件材料及设计上进行改善
5	焊点锡量太大	① 锡炉输送角度不正确会造成焊点过大，倾斜角度为 1°～7°，角度越大沾锡越薄，角度越小沾锡越厚。 ② 提高锡槽温度，加长焊锡时间，使多余的锡再回流到锡槽中。 ③ 提高预热温度，可减少基板沾锡所需热量，增强助焊效果。 ④ 略为降低助焊剂比重，通常比重越高吃锡越厚，也越易短路，比重越低吃锡越薄，但越易造成锡桥、锡尖
6	锡尖 （冰柱）	① 基板的可焊性差，通常伴随着沾锡不良，可试着提升助焊剂比重来改善。 ② 基板上 PAD 面积过大，可用绿（防焊）漆线分隔来改善，原则上用绿漆线将大 PAD 面分隔成 5mm×10mm 的区块。 ③ 锡槽温度不足，沾锡时间太短，可提高锡槽温度，加长焊锡时间。 ④ 出波峰后的冷却风流角度不对，不可朝锡槽方向吹。 ⑤ 手焊时产生锡尖，通常为烙铁温度太低，导致焊锡温度不足无法立即因内聚力回缩形成焊点，改用较大功率烙铁，并加长烙铁对被焊对象的预热时间
7	防焊绿漆上留有残锡	① 在基板制作时，残留有某些与助焊剂不能兼容的物质，在过热之后产生黏性，黏着焊锡形成锡丝，可用氯化烯类溶剂来清洗；若清洗后还是无法改善，则可能基板履铜（Curing）不正确，应及时反馈给基板供货商。 ② 不正确的基板履铜（Curing）会造成此现象，可在插件前烘烤两小时（120℃）。 ③ 锡渣被泵打入锡槽内再喷流出来，造成基板面沾上锡渣。正常状况下，当锡槽不喷流时，锡面离锡槽边缘高度为 10mm
8	白色残留物	基板上的白色残留物通常是松香的残留物，不会影响表面电阻值，但客户不接受。 ① 助焊剂通常是产生此问题的主要原因，松香类助焊剂常在清洗时产生白斑。 ② 基板制作过程中的残留杂质在长期存储情况下也会产生白斑，清洗即可。 ③ 不正确的履铜也会造成白斑，通常是某一批量单独产生，清洗即可。 ④ 使用的助焊剂与基板氧化保护层不兼容，应请供货商协助解决。 ⑤ 因基板制作过程中所使用的溶剂使基板材质变化，尤其是在镀镍过程中的溶液常会造成此问题，建议存储时间越短越好。 ⑥ 助焊剂使用过久老化，暴露在空气中吸收水汽劣化，建议更新助焊剂。 ⑦ 使用松香型助焊剂，过完焊锡炉，停放时间太久才清洗，导致产生白斑。 ⑧ 清洗基板的溶剂水分含量过高，降低清洗能力并产生白斑，应更新溶剂

续表

序号	问　题	原因及对策
9	深色残余物及浸蚀痕迹	黑色残余物发生在焊点的底部或顶端，通常是未正确使用助焊剂造成的。 ① 松香型助焊剂焊接后未立即清洗，留下黑褐色残留物，尽量提前清洗即可。 ② 酸性助焊剂留在焊点上造成黑色腐蚀颜色，且无法清洗，此现象在手焊中经常发现，可改用酸性较弱的助焊剂并尽快清洗。 ③ 有机类助焊剂在较高温度下烧焦而产生黑斑，确认锡槽温度，改用比较耐高温的助焊剂即可
10	绿色残留物	绿色残留物通常是腐蚀造成的，一般可用清洗来改善。 ① 通常发生在裸铜面或含铜合金上，这种腐蚀物质内含铜离子，因此呈绿色，一般是在使用非松香助焊剂后未正确清洗。 ② 铜锈是氧化铜与 Abietic Aicd（松香主要成分）的化合物，应清洗。 ③ 基板制作上的残余物在焊锡后会产生绿色残余物，应要求基板制作厂清洗
11	白色腐蚀物	第 8 项所说的白色残留物是指基板上的白色残留物，而本项所说的是零件引脚及金属上的白色腐蚀物。主要是因为氯离子易与铅形成氯化铅，再与二氧化碳形成碳酸铅（白色腐蚀物）
12	针孔及气孔	针孔是焊点上的一个小孔，气孔则是焊点上较大的孔，可看到内部，是因焊锡在气体尚未完全排除即已凝固形成的。 ① 有机污染物：基板与零件引脚都可能产生气体而造成针孔或气孔，用溶剂清洗；但如污染物为硅油，因其不容易被溶剂清洗，故应考虑其他代用品。 ② 基板有湿气：如使用较便宜的基板材质，或使用较粗糙的钻孔方式，在贯孔处容易吸收湿气，在焊锡过程中受到高热而蒸发出来，解决方法是放在烤箱中烤两小时（120℃）。 ③ 电镀溶液中的光亮剂：使用大量光亮剂电镀时，光亮剂常与金同时沉积，遇到高温挥发而造成电镀溶液中出现光亮剂，特别是镀金时，改用含光亮剂较少的电镀液，这要反馈给供货商
13	污染基板	氧化防止油被打入锡槽内经喷流涌出而污染基板，此问题原因为锡槽焊锡液面过低，锡槽内追加焊锡即可改善
14	焊点灰暗	焊锡过后一段时间（约半年）焊点颜色转暗，制造出来的成品焊点即是灰暗的。 ① 焊锡内有杂质。必须每三个月定期检验焊锡内的金属成分。 ② 助焊剂在热的表面上也会产生某种程度的灰暗色，清洗应可改善。 ③ 在焊锡合金中，锡含量低者（如 40/60 焊锡）焊点也较灰暗
15	焊点表面粗糙	焊点表面呈砂状突出表面，而焊点整体形状不改变。 ① 金属杂质的结晶。必须每三个月定期检验焊锡内的金属成分。 ② 锡渣。被泵打入锡槽内经喷流涌出，因锡内含有锡渣而使焊点表面有砂状突出，原因为锡槽焊锡液面过低，锡槽内追加焊锡并清理锡槽及泵，即可改善。 ③ 外来物质，如毛边、绝缘材料等藏在零件引脚，也会产生粗糙表面
16	黄色焊点	因焊锡温度过高造成，立即查看锡温及温控器是否有故障
17	短路	过大的焊点造成两焊点相接。 ① 基板吃锡时间不够，预热不足，调整锡炉即可。 ② 助焊剂不良：助焊剂比重不当、劣化等。 ③ 基板行进方向与锡波配合不良，更改吃锡方向。 ④ 电路设计不良：电路或节点间太过接近（应有 0.6mm 以上间距），如为排列式焊点或 IC，则应考虑盗锡焊盘，或使用文字白漆予以区分，此时白漆厚度需为两倍焊盘（金道）厚度以上。 ⑤ 被污染的锡或积聚过多的氧化物被泵带上造成短路，应清理锡炉或全部更新锡槽内的焊锡

9.1.3 无铅波峰焊

无铅波峰焊预热区温度爬升斜率一般小于 2℃/s，温度由 110～130℃升高到 120～160℃，预热区长度由 1.2m 增至 1.5m 或 1.8m，满足预热温度比波峰温度低 100℃的基本原则。如果 PCB 在高的预热温度下易发生变形，则采用较低的预热温度。为了保证充足的预热，就需要较长的预热区。PCB 上表面最高预热温度，有铅工艺一般为 110℃，无铅工艺一般为 130℃，对多层板预热不足时，有必要安装顶部预热单元。

无铅波峰焊工艺中，焊炉温度升高到 255～265℃，温度控制精度小于±2℃，波峰与预热区之间的温差不大于 100℃，两波峰之间温度跌落不超过 50℃，高可靠产品不超过 30℃。为了满足以上工艺要求，在波峰与预热区之间安装热补偿设备，两波峰喷嘴距离缩减到 70mm 或 60mm，两波峰之间距离缩减到 30mm。此外，无铅工艺中还要求扰动波接触时间为 0.8s，平波接触时间为 3.5～4s，最少不得低于 3s，相比传统的 0.5s 和 2.6s 而言，焊接时间延长。

在无铅焊接工艺过程中，通孔 PCB 波峰焊接时常常会发生剥离缺陷，产生的原因是，在冷却过程中，焊料合金的冷却速率与 PCB 的冷却速率不同。特别是无铅化推广前期，无铅焊料与镀有 Sn-Pb 合金的元器件会有一段时间共存，如果采用的是含合金元素 Bi 的无铅焊料，此种现象会更为突出。目前解决的最好方法是在波峰焊出口处加冷却系统，至于冷却方式及冷却速度则须根据具体情况而定，因为冷却速度超过 6℃/s，设备冷却系统要采用冷源方式，大多数采用冷水机或冷风机。

9.1.4 选择性波峰焊

一般情况下，选择性波峰焊在电路板装配完其他元器件以后进行，这是因为大多数需要采用选择性波峰焊的元器件都无法承受表面组装器件在回焊炉里进行大批量焊接时所经受的高温。选择性波峰焊机如图 9.12 所示。

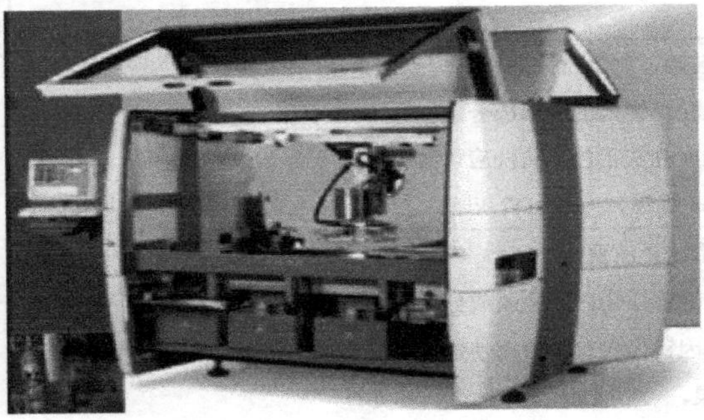

图 9.12　选择性波峰焊机

选择性波峰焊的最大优点在于它的适用性比较强，能够很好地焊接各种元器件、引脚及处于不同位置的焊点。例如，它可以焊接电路板底面的表面组装器件，也可以翻转电路板在板子的两面进行焊接，不论是大面积针栅阵列（PGA）封装还是带有较大散热器的元器件，它都能轻松焊接。由于选择性波峰焊是一种由机器控制的工艺，重复性较好，可以得到非常一致的焊接效果。

通孔元器件和混合型电路板还将继续使用，选择性波峰焊技术的作用也将越来越大，还有很多种元器件没有表面组装封装形式，例如，很重的元器件、连接器、周围的连接片及屏蔽罩连接端片等，这类器件大多数都必须承受一定的机械负荷力，再加上外形等因素，所以都不会改成表面组装形式。

1. 简单系统

简单的选择性波峰焊设备称为简单系统，如图 9.13（a）所示。它利用锡槽和一种泵压结构，使熔融焊料向上喷出，通过特殊的喷嘴形成一定的流量和形状，喷出的焊料再接触电路板的底部和要进行焊接的元器件。这种小型设备配备标准喷嘴，每次只喷出少量焊锡，夹具调整范围为 5cm×15cm～30cm×46cm。在有些场合，一些大电路板（如背板）可能有两三个不同的区域，这时可用带多个喷头和工具的系统同时进行加工。

选择性波峰焊技术的基本工艺比较简单，只需将焊料加热到高于熔点，一旦达到了所要求的温度，就可利用离心泵系统将焊料压送到输送管道及后面的喷嘴中。

2．复杂系统

复杂的选择性波峰焊设备则是一种全自动化系统，称为复杂系统，如图 9.13（b）所示。每台设备装有许多微小的喷嘴，可一次同时完成多个元器件或电路板的焊接，并且可以和全自动生产线整合在一起。

（a）简单系统　　（b）复杂系统

图 9.13　简单系统和复杂系统

大型设备都带有边沿传动带传输系统和一个移动的牵引装置，使传送系统每次移动一定的距离而将电路板停放在预定的位置。这类系统可减少传送时间，速度较快，能提供准确的位置以进行助焊剂涂覆、预热及选择性焊接。选择性焊接设备所使用的助焊剂和焊接材料与普通波峰焊系统所使用的相同，同时它也可以配备喷雾式助焊剂涂覆装置。

选择性波峰焊焊接原理如图 9.14 所示。选择性波峰焊技术的可控性非常好，它能根据不同元器件或不同运行条件进行优化。这种设备能够调整的控制参数包括焊锡温度、波峰位置、微波峰的数目、焊锡流动方向、波峰高度（和流速有关）、焊锡实际浸润时间及氮气含量。

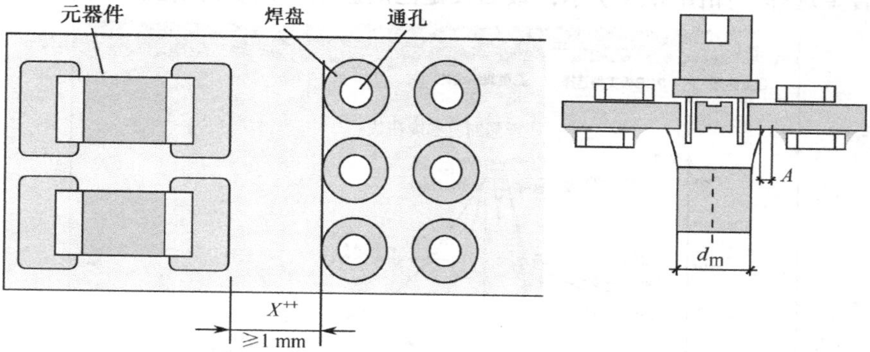

图 9.14　选择性波峰焊焊接原理

9.2　波峰焊实训

波峰焊虚拟制造系统界面如图 9.15 所示，先读入 EDA 设计文件，进行模拟编程，再进行波峰焊工作过程 3D 动画仿真，最后进行波峰焊操作使用和维修保养。

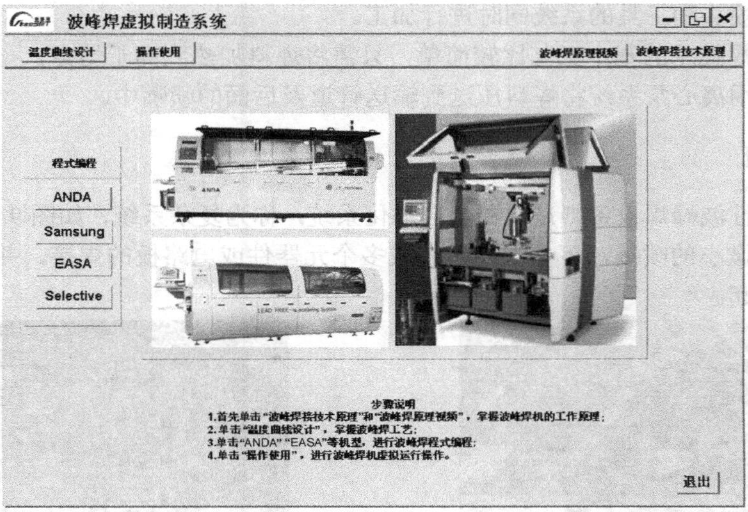

图 9.15　波峰焊虚拟制造系统界面

9.2.1　波峰焊 CAM 程式编程及 3D 动画仿真

波峰焊主流机型包括 ANDA、Samsung、EASA、Selective，CAM 程式编程最重要的是温度曲线的设计和控制参数的设置。

1．波峰焊温度曲线设计

在主界面中，单击波峰焊“温度曲线设计”按钮，进入波峰焊温度曲线设计界面，如图 9.16 所示，单击温度曲线区域，自动显示功能说明。首先进行 PCB 类型选择，如图 9.17 所示；然后进行波峰焊合金选择，如图 9.18 所示；最后设定区间温度，系统自动显示曲线。

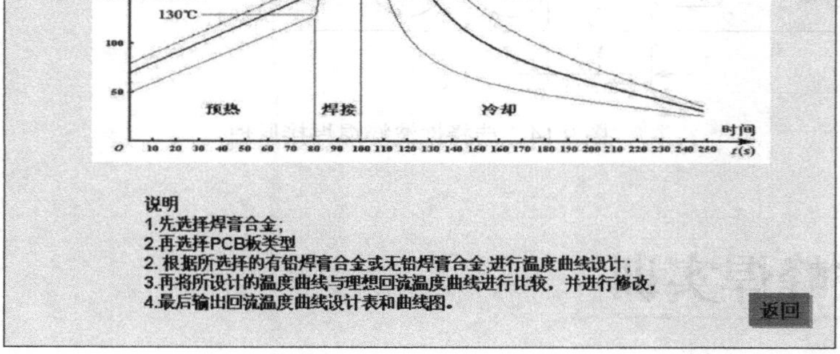

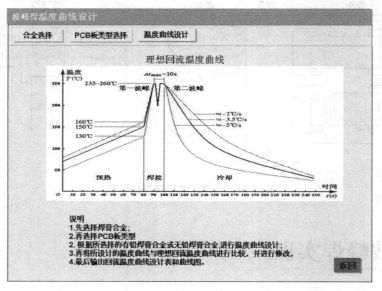

图 9.16　波峰焊温度曲线设计

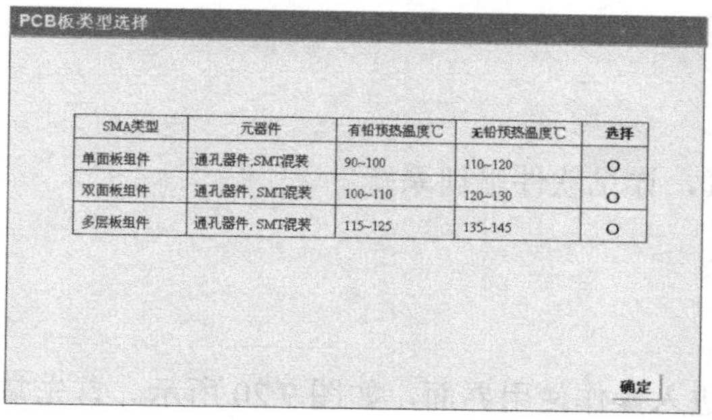

SMA类型	元器件	有铅预热温度℃	无铅预热温度℃	选择
单面板组件	通孔器件,SMT混装	90~100	110~120	O
双面板组件	通孔器件, SMT混装	100~110	120~130	O
多层板组件	通孔器件, SMT混装	115~125	135~145	O

图 9.17　PCB 类型选择

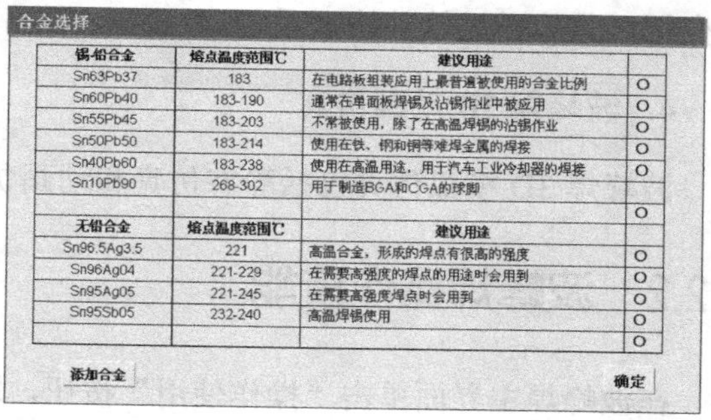

锡-铅合金	熔点温度范围℃	建议用途	
Sn63Pb37	183	在电路板组装应用上最普遍被使用的合金比例	O
Sn60Pb40	183-190	通常在单面板焊锡及沾锡作业中被应用	O
Sn55Pb45	183-203	不常被使用，除了在高温焊锡的沾锡作业	O
Sn50Pb50	183-214	使用在铁、钢和铜等难焊金属的焊接	O
Sn40Pb60	183-238	使用在高温用途，用于汽车工业冷却器的焊接	O
Sn10Pb90	268-302	用于制造BGA和CGA的球脚	
			O
无铅合金	熔点温度范围℃	建议用途	
Sn96.5Ag3.5	221	高温合金，形成的焊点有很高的强度	O
Sn96Ag04	221-229	在需要高强度的焊点的用途时会用到	O
Sn95Ag05	221-245	在需要高强度焊点时会用到	O
Sn95Sb05	232-240	高温焊锡使用	O
			O

图 9.18　波峰焊合金选择

2．ANDA 波峰焊 CAM 程式编程

ANDA 波峰焊 CAM 程式编程界面如图 9.19 所示。

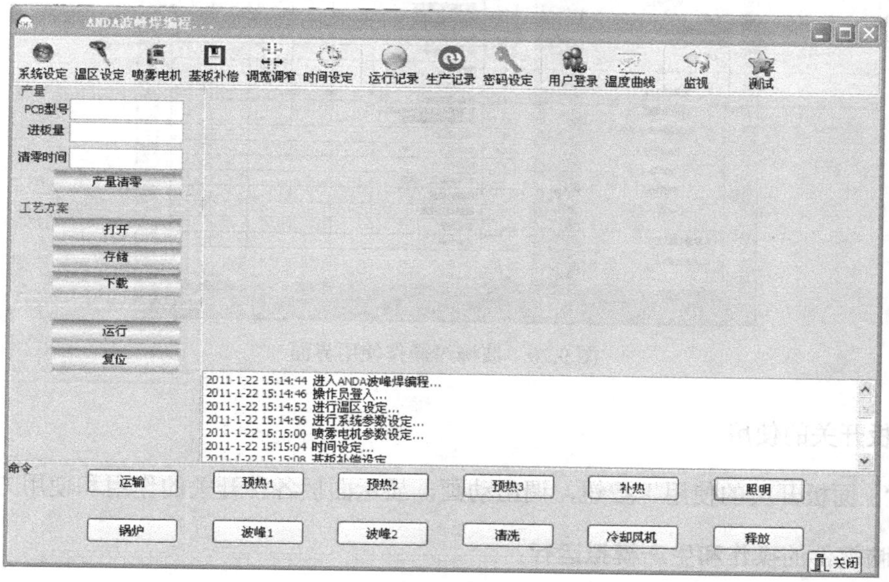

图 9.19　ANDA 波峰焊 CAM 程式编程

第一步：单击温区控制参数设定，弹出相应界面，其中温度补偿为各温区温度校正值，高限报警为超温报警值；起控点、感度、滤波指数为控温参数；低限设定值为系统进入可运行状态的前提。

第二步：单击系统参数设定，弹出相应界面，该项中所有参数均为系统运行所必需的参数，无特殊情况请勿更改该项中的任何参数。

第三步：喷雾设定用于喷雾宽度及距离的调节，测试喷雾电动机是否运行正常。

第四步：单击主界面下方运行参数设定区域按钮，即可设定波峰焊的运行参数，包括预热区温度、焊接区温度、双波峰高度及冷却和传输速度等。

第五步：检测 PCB 实际温度的设定。

3．其他波峰焊 CAM 程式编程

Samsung、EASA、Selective 波峰焊 CAM 程式编程方法与 ANDA 波峰焊相似，本书不再详细介绍，具体详见软件培训系统。

4．波峰焊 3D 动画仿真

波峰焊 3D 模拟仿真包括静态仿真和动画仿真，详见软件培训系统。

9.2.2　波峰焊操作技能

在波峰焊主界面单击“操作使用”按钮，即进入操作使用界面，如图 9.20 所示。首先掌握波峰焊操作技工（师）职能。

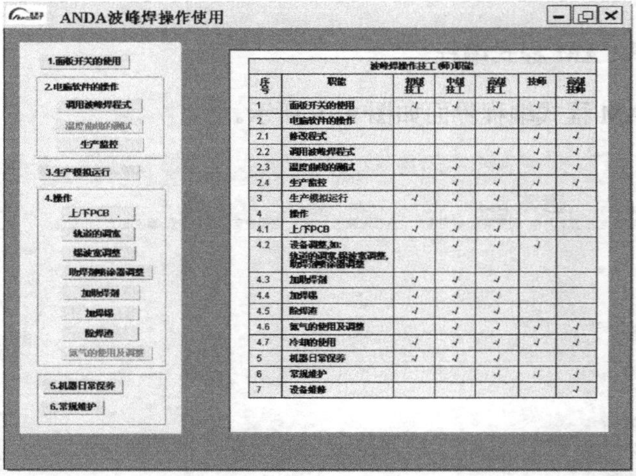

图 9.20　波峰焊操作使用界面

1．面板开关的使用

单击“1.面板开关的使用”按钮，调出动画，显示面板各种开关的作用和使用方法。

2．电脑软件的操作和生产模拟运行

单击“调用波峰焊程式”按钮，调用 Demo CAM 程式；再单击“3.生产模拟运行”按钮，调用波峰焊 3D 模拟仿真，包括静态仿真和动画仿真，可检查所设计 CAM 程式的错误；最后单击“生产监控”按钮，调用监控程序监控生产。

3．操作

单击“上/下 PCB”“轨道的调宽”“锡波宽调整”“助焊剂喷涂器调整”“加助焊剂”“加焊锡”“除焊渣”等按钮，调出动画，显示各种操作。

9.2.3　波峰焊维修保养

在波峰焊操作使用界面，单击“5.机器日常保养”和“6.常规维护”按钮，调出说明文档。

1. 维护保养

波峰焊日常保养检查周期如表 9.4 所示。

表 9.4　波峰焊日常保养检查周期

分类	检查项目	步骤	图示
日保养	传输系统	检查输送带与前面设备的连接状态，检查型材导轨有无弯、扭等变形	
		观察输送链条是否正常，有无振动；检查链条张紧情况，在链条上涂一层高温润滑油脂	
		检查链条张紧情况及齿轮磨损情况，并在链条及齿轮上涂一层润滑油脂，在轴承座内注入润滑油脂	
	助焊剂系统	检查调幅电动机运行状况及链条张紧情况，并在其链条上涂一层润滑油脂	
		检查压力缸压力是否正常，保险阀能否正常工作	
		检查步进电动机运行是否正常，检查机体上是否有残留的松香渣，将机体表面清洗干净	
		检查喷头是否有堵塞，洗净喷头内残留物，检查 PE 管连接处是否有漏松香现象	
		清理调幅丝杠及导向杆上的杂物，并在丝杠及导向杆上涂一层高温润滑油脂	
周保养	焊接系统	检查锡炉进出升降电动机的运行状况（JN-350B/C 不含此功能）及丝杠磨损情况，并在其传动链条及丝杠上涂一层润滑油脂	
		检查轴承运行状态，并向轴承座内加入润滑油脂	
		检查齿轮磨损及带座轴承运行状况，在齿轮上涂一层润滑油脂并向带座轴承内加入润滑油脂	
	传输系统	检查输送电动机运行及齿轮啮合状况，并在齿轮上涂一层润滑油脂	
月保养	松香喷涂机构	正常使用时，首先把调节阀调至 3.5～4.5Bar，根据 PCB 焊接要求，调节喷嘴和控制箱上的微调旋钮使喷涂达到理想效果	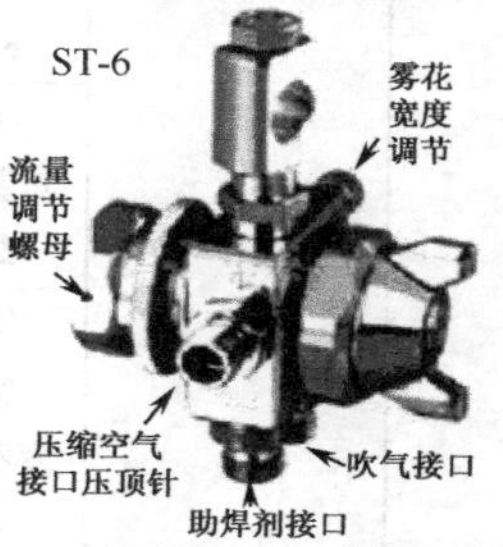
		喷头须日常用毛刷蘸上工业酒精或清洗剂刷喷嘴，喷雾箱一般视生产情况而设定清理时间，若是免洗助焊剂，可以一星期清理一次，带松香型三天清理一次	
		喷头固定块导向杆：两条杆让喷头来回移动，导轨必须经常加黄油润滑，若保养不好会导致步进电动机过载	
	预热器	预热器共分三段：①JN-350C 每段装有 4500W（石英）发热管，每段可独立控制；②JN-350B 每段装有 4500W（石英）发热管，+1000W（红外线射灯）补热，每段可独立控制；③JN-350BS 预热一采用红外线射灯预热（1000W/条），预热二采用石英管预热（500W/条）发热管，预热三采用热风式加热（5000W/条发热丝），风速可调，加补热器（1000W/条红外线射灯），都可从侧面抽出清理及维护	

续表

分类	检 查 项 目	步　　骤	图　　示
	预热器	① 松香经常滴积在反射板上，太多的松香沉积于发热部分的反射罩上可能导致燃烧，故经常清理才能发挥预热器的最佳功效。 ② 若预热器温度过高，可将预热器温度调低以降低预热的温度。 ③ 经常测试电路板的底面温度，应控制在 80～150℃之间，以保证最佳的上锡效果。 ④ 检查电路电线是否老化，以防漏电或电流中断	
		① 在锡炉的后面装有排锡嘴，用以放清焊锡。可用摇把摇动锡炉丝杠，把锡炉从后面摇出，清洁、维修非常方便。 ② 在拆卸炉胆时，先把喷嘴卸下，把电动机架及叶轮取出后，松开炉胆的紧固螺栓，即可把炉胆拆下	
		① 波峰宽度可随电路板大小任意调节，减少氧化物的产生。 ② 对于锡炉升降、进出丝杠及其他传动处，两个星期进行一次维护保养	
		① 二喷嘴焊接挡板（可方便任意调节）使锡波喷出喷口时更平整，焊接质量更好。 ② 喷嘴设计有导流槽，把在焊接过程中产生的氧化物流向锡炉前面，方便清理锡渣	
月保养	双波峰锡炉	一个月对一、二喷嘴进行清理。 ① 一喷嘴清理方法如下。 a. 将锡炉从机架中摇出。 b. 用 10mm 套筒把固定一喷嘴的螺钉拧松取出。 c. 用钳子或其他工具将一喷嘴滤网取出。 d. 用刮板或其他工具将留在取出的喷嘴及滤网上的氧化物清除掉。 e. 清理完成后，将喷嘴按照取出方法的反顺序进行安装。 ② 二喷嘴清理方法如下。 a. 将二喷嘴波峰宽度调节板调到最宽的位置。 b. 用 10mm 的扳手拆掉固定边的螺钉。 c. 用尖嘴钳夹住滤网将其取出。 d. 用刮板或其他工具将留在取出的喷嘴及滤网上的氧化物清除掉。 e. 清理完成后，将喷嘴按照取出方法的反顺序进行安装	
		① 一、二喷嘴泵轮设计防氧化套，避免泵轮在旋转过程中产生黑灰。 ② 3 天一次对防氧化套加高温黄油	
		① 经常检查锡量，保证波峰高度。 ② 用温度计测量焊锡温度（标准温度为 250℃）。当预定的焊锡温度不稳定时，则可用温度参数中的温度补偿调校。 ③ 视所产生的氧化物情况，补充防氧化粉或腊。 ④ 经常清除锡炉中的氧化物。 ⑤ 检查锡炉电动机及联轴器的工作情况，确保其正常运行。 ⑥ 留心检查电线有无老化，以及各部分的螺钉、螺母有无松动。 ⑦ 调节锡炉进出时，须将锡炉降低，以免碰坏爪片。 ⑧ 调节锡波宽度前先开启波峰，以免损坏调节机构。 ⑨ 使用一星期后，将喷锡嘴拆下清理锡渣一次，以免造成锡波不平稳	

1）防止火灾

由于焊锡装置中的助焊剂、稀释剂及锡炉中的防氧化高温油都是易燃物品，所以防止火灾的发生是特别重要的事情。注意以下几点，以避免火灾的发生。

（1）焊锡之前，一定要打开排风扇，把已挥发易燃的气体排出机外。

（2）添加助焊剂、稀释剂或用易燃物品清洗喷雾松香装置或锡炉装置及其他部件时，注意不要将易燃物品掉入预热器内，以免引起火灾。

（3）为了不影响预热效果，防止火灾的发生，经常注意清理预热器中的沉积松香或其他杂物是非常必要的，还应特别注意随时捡取从PCB上掉进预热器中的高温胶纸。

（4）锡炉换锡时，应提前清理干净锡面的防氧化腊、高温油、焊锡氧化物及其他物品。

（5）为防止万一，应在焊锡装置旁边配备消防器材。

（6）计算机中请勿私自安装游戏及其他无关软件，以免造成计算机故障，增加不必要的麻烦。

2）无铅生产

（1）所选辅料须达到无铅的要求，如助焊剂、锡等。

（2）开启三段预热及冷风以保证无铅焊接所需的温度。

（3）首次使用须将锡炉及助焊剂容器清洗干净，防止残渣混入无铅辅料中。

2．操作维修

ANDA波峰焊操作维修如表9.5所示。

表9.5　ANDA波峰焊操作维修

序　号	故　障	可能原因
1	计算机已开，无法动作	① 连接线松动； ② 电源没有工作； ③ 熔断器烧断
2	按钮按下，但机器不运行	① 熔断器烧断； ② 通信故障； ③ 继电器失灵
3	喷雾松香汽化不均	① 气压太高或太低； ② 喷嘴口受阻塞
4	预热器温度太高和太低或预热器使用不良	① 电压太高或太低； ② 电流被截断； ③ 断电器已烧坏
5	锡炉不能维持足够的锡波高度	① 喷嘴受阻塞； ② 联轴器太松； ③ 叶轮耗损； ④ 电动机运转不稳定； ⑤ 炉内氧化物较多
6	模拟电压调速时变频器及运转信号正常，电动机不转	① 无模拟电压； ② 确认控制器GND与A01之间有0.5～4V的电压； ③ 确认电压隔离传感器1、3脚同样有0.5～4V的电压； ④ 确认电压隔离传感器6、8脚有0.6～5V的电压； ⑤ 确认相应的连接线正常

续表

序 号	故 障	可 能 原 因
7	运输速度时快时慢	① 运输脉冲存在寄生干扰； ② 将运输脉冲线与大电流线、强电流线分开； ③ 将运输脉冲线更换成带屏蔽的信号线
8	提示温度上升慢，报警	① 温度上升慢； ② 确认发热体及相关器件正常； ③ 确认热电偶正常； ④ 确认运行开关是否打开
9	实际温度显示为 0，没有曲线显示	① 热电偶断偶； ② 确认热电偶感温头及连接正常
10	模拟电压调速时运输电动机高速运转且不能调速	① 无运输脉冲； ② 确定有运输脉冲输入

9.3 认证考试举例

本章认证考试分专业知识和实践技能两部分，在 SMT 专业技术资格认证培训和考评平台 AutoSMT-VM1.1 上完成。本章测试重点是波峰焊 CAM 程式编程和操作使用。

【例 9.1】波峰焊机中常见的预热方法有（　　）。

A．空气对流加热、红外加热器加热、红外和辐射相结合加热

B．空气对流加热、红外加热器加热、热空气和辐射相结合加热

答案：B

【例 9.2】波峰焊机中第二个波峰的作用是（　　）。

A．通过湍流提高焊料的润湿性，克服由于元器件的复杂形状和取向带来的“遮蔽效应”

B．有利于形成充实的焊缝，可有效去除焊端上的过量焊料，并使所有焊接面上焊料润湿良好，修正焊接面，最终确保组件焊接的可靠性

C．使助焊剂中的溶剂成分受热挥发，产品缓慢升温，确保焊接在规定的时间内达到温度要求

答案：B

【例 9.3】波峰焊机有铅焊接温度一般是（　　）。

A．90～130℃（PCB 表面温度）　　B．50～90℃（PCB 表面温度）

C．233～243℃（PCB 表面温度）　　D．253～273℃（PCB 表面温度）

答案：C

【例 9.4】波峰焊对元器件布局和排布方向设计的要求是（　　）。

A．SMD 的焊端或引脚排列方向与锡流的方向平行

B．SMD 的焊端或引脚排列方向与锡流的方向垂直

答案：A

【例 9.5】一台波峰焊机波峰面宽度为 50mm，停留时间为 3s，现焊接 400mm×400mm 的 PCB，PCB 的间距为 100mm，单班时间为 7h，单班产量为（　　）块。

A．750　　B．840　　C．1080

答案：B

【例 9.6】ERSA 波峰焊预热方法有（　　）。

A．IR、Convection、Medium Wave、Solder pot preheating

B．IR、Convection、Medium Wave

答案：B

【例 9.7】波峰焊每日维护检查项目主要有（　　）。

A．清理喷雾箱，调节喷嘴，清理预热器，清理炉胆，清理一、二锡槽喷嘴

B．检查锡炉进出升降电动机运行状况及齿轮润滑情况，检查输送电动机运行及齿轮啮合状况

C．检查链条张紧情况及齿轮磨损情况并润滑，检查压力缸压力是否正常，清洗喷头内残留物

答案：C

【例 9.8】试通过操作培训平台，选择软件中自带的演示 Protel 设计的双面混装 PCB（SMC 在 B 面，THC 在 A 面）的 Demo 板，采用有铅合金 Sn63Pb37 焊膏，试设计波峰焊的温度曲线。任务是首先进行 EDA 输入，再进入波峰焊界面，最后设置波峰焊的温度曲线（注意：退出后系统会自动采集编程数据，并自动打分）。

操作提示：单击进入波峰焊 CAM 程式编程培训模块，按题目要求完成操作。全部题目完成后必须返回认证考评界面，单击“完成提交”按钮后系统自动批卷。

【例 9.9】试通过操作培训平台，选择软件中自带的演示 Protel 设计的双面混装 Demo 板，采用有铅合金 Sn63Pb37 焊膏，进行 ANDA 波峰焊程式的编程。任务是首先进行 EDA 输入，再进入波峰焊界面，进行波峰焊温度曲线设计；然后进入 ANDA 波峰焊编程界面，设置波峰焊程式；最后通过 3D 仿真查看编程错误，进行修改（注意：退出后系统会自动采集编程数据，并自动打分）。

操作提示：单击进入波峰焊 CAM 程式编程培训模块，按题目要求完成操作。全部题目完成后必须返回认证考评界面，单击“完成提交”按钮后系统自动批卷。

思考题与习题

9.1 波峰焊机第一个波峰是（　　）。

A．由窄喷嘴喷流出的“湍流”波峰　　　　B．一个“平滑”的波峰

9.2 波峰焊机预热系统的作用是（　　）。

A．使助焊剂中的溶剂成分受热挥发，使产品缓慢升温，确保焊接在规定的时间内达到温度要求

B．去氧化，有效地去除焊端上过量的焊料，并使所有焊接面上的焊料润湿良好

C．提高焊料的润湿性，克服由于元器件的复杂形状和取向而带来的“遮蔽效应”

9.3 波峰焊输送速度通常设置为（　　）。

A．组装板的底面行进接触到第一锡波起，到完全通过脱离熔融焊锡涌出面的接触为止，其相互密贴的时间须控制在 3～6s 之间

B．组装板的底面行进接触到第一锡波起，到完全通过脱离熔融焊锡涌出面的接触为止，其相互密贴的时间须控制在 10～15s 之间

9.4 无铅波峰焊预热区一般设置为（　　）。

A．爬升速率一般小于 3℃/s，预热温度为 110～130℃，预热区长度为 1.2m，PCB 上表面最高预热温度为 110℃

B．爬升速率一般小于 2℃/s，预热温度为 120～160℃，预热区长度为 1.5～1.8m，PCB 上表面最高预热温度为 130℃

9.5 ANDA 波峰焊节能防氧化技术是指（　　）。

A．锡波宽窄根据 PCB 大小任意调节，锡炉泵轮部位设有防氧化套

B．采用锡渣还原装置

C．采用节能控制装置

9.6 ANDA 波峰焊温度补偿用于不同的测量误差时使用，补偿范围为（　　）。

A．±10℃　　B．±20℃　　C．±30℃

9.7 ERSA 波峰焊程式 solder pot 设置包括（　　）。

A．general→conveyors→flux→preheatings→pyrometer→cooling→solder pot

B．solder pot preheating→solder pot→Axes→solder Wave→N2→Nozzle

9.8 波峰焊高级技工的主要职能是（　　）。

A．面板开关的使用、生产运行、设备调整（如轨道的调宽、锡波宽调整、助焊剂喷涂器调整、氮气调整、冷却调整）、设备操作（如上/下 PCB、加助焊剂、加焊锡、除焊渣、检查焊点）、机器日常保养

B．面板开关的使用、调用波峰焊程式、生产运行和监控、温度曲线的测试、设备调整（如轨道的调宽、锡波宽调整、助焊剂喷涂器调整、氮气调整、冷却调整）、机器日常保养、常规维护

C．面板开关的使用、调用波峰焊程式、修改程式、温度曲线的测试、设备调整（如轨道的调宽、锡波宽调整、助焊剂喷涂器调整、氮气调整、冷却调整）、常规维护

9.9 波峰焊每周维护检查项目主要有（　　）。

A．清理喷雾箱，调节喷嘴，清理预热器，清理炉胆，清理一、二锡槽喷嘴

B．检查锡炉进出升降电动机的运行状况及齿轮润滑情况，检查输送电动机运行及齿轮啮合状况

C．检查链条张紧及齿轮磨损情况并润滑，检查压力缸压力是否正常，清洗喷头内的残留物

9.10 波峰焊锡炉不能维持足够锡波高度的主要原因是（　　）。

A．喷嘴受阻塞、联轴器太松、叶轮损耗、电动机运转不稳定、炉内氧化物较多

B．气压太高或太低、喷嘴口受阻塞

C．电压太高或太低、电流被截断、断电器已烧坏

9.11 双波峰焊机。

（1）请说明双波峰焊的主要结构。

（2）什么是喷雾式助焊剂系统？

（3）预热系统的作用是什么？一般预热温度是多少？预热时间是多少？

（4）波峰分类有哪些？双波峰的作用是什么？

（5）热风刀的作用是什么？

（6）运输系统的类型有哪些？

9.12 波峰焊工艺。

（1）试简述 SMT 印制电路板波峰焊的工艺流程。

（2）请说明双波峰焊机的特点。

（3）波峰焊工艺参数调节包括哪些内容？

（4）什么叫气泡遮蔽效应？什么叫阴影效应？SMT 采用哪些新型波峰焊接技术？

9.13 波峰焊接缺陷。

（1）请简述波峰焊虚焊产生的原因与控制方法。

（2）请说明波峰焊残留污物的种类，以及每种残留污物可能导致的后果。

（3）请简述波峰焊沾锡不良产生的原因与控制方法。

（4）请简述波峰焊短路产生的原因与控制方法。

9.14 选择性波峰焊。

（1）试简述选择性波峰焊设备的组成。

（2）试简述选择性波峰焊的工作原理。

9.15 试通过操作培训平台，选择软件中自带的演示 Protel 设计的双面混装 PCB（SMC、SMD 和 THC 均在 A 面）的 Demo 板，采用有铅合金 Sn63Pb37 焊膏，试设计波峰焊的温度曲线。任务是首先进行 EDA 输入，再进入波峰焊界面，最后设置波峰焊的温度曲线（注意：退出后系统会自动采集编程数据，并自动打分）。

9.16 试通过操作培训平台，选择软件中自带的演示 Protel 设计的双面混装 PCB（SMC 在 B 面，THC 在 A 面）的 Demo 板，采用无铅合金 Sn96.5Ag3.5 焊膏，试设计波峰焊的温度曲线。任务是首先进行 EDA 输入，再进入波峰焊界面，最后设置波峰焊的温度曲线（注意：退出后系统会自动采集编程数据，并自动打分）。

9.17 试通过操作培训平台，选择软件中自带的演示 Protel 设计的双面混装（SMC、SMD 和 THC 均在 A 面）Demo 板，采用有铅合金 Sn63Pb37 焊膏，进行 ANDA 波峰焊程式的编程。任务是首先进行 EDA 输入，再进入波峰焊界面，进行波峰焊温度曲线设计；然后进入 ANDA 波峰焊编程界面，设置波峰焊程式；最后通过 3D 仿真查看编程错误，进行修改（注意：退出后系统会自动采集编程数据，并自动打分）。

9.18 试通过操作培训平台，选择软件中自带的演示 PCB 设计的 Demo 板，进行 Protel 设计的混装 PCB（SMC 在 B 面，THC 在 A 面）的波峰焊操作。任务是首先进入波峰焊操作使用界面，再进行以下操作：开机、调用 ANDA 波峰焊程式、上/下 PCB、3D 模拟生产运行、轨道的调宽、锡波宽调整、助焊剂喷涂器调整、加助焊剂、加焊锡、除焊渣、生产监控（注意：退出后系统会自动采集编程数据，并自动打分）。

第10章 SMT检测技术

【目　　的】

（1）掌握AOI/AXI检测基本原理；

（2）掌握AOI/AXI检测编程。

【内　　容】

（1）AOI检测编程；

（2）AOI动态仿真，自动进行AOI/AXI工作过程的3D模拟仿真；

（3）根据动态仿真，学生再修改CAM程序设计错误。

【实训要求】

（1）掌握国际市场上主流AOI/AXI机型（Aleader、VATA、Unicomp）的模拟编程；

（2）掌握AOI/AXI画框测试方法；

（3）通过PCB设计Demo板文件，设计AOI/AXI程式，采用3D动画显示PCB的AOI/AXI过程，再修改编程设计错误；

（4）撰写实验报告。

10.1 检测技术

10.1.1 测试类型

电子组装测试包括两种基本类型，即裸板测试和加载测试。裸板测试是在完成电路板生产后进行的，主要检查短路、开路、线路的导通性。加载测试在组装工艺完成后进行，比裸板测试复杂。组装阶段的测试包括在线测试（In-Circuit Tester，ICT）、自动光学检测（Automatic Optical Inspection，AOI）、自动X射线检测（Automatic X-ray Inspection，AXI）和功能测试（Functional Tester，FCT）及其四者的组合。根据测试方式的不同，测试技术可分为非接触式测试和接触式测试。根据应用的不同，SMT测试可分为结构工艺测试（Structural Process Test，SPT）、电气测试（Electronical Process Test，EPT）和实验设备及仪器，如表10.1所示。

表10.1　测试设备与所期望的覆盖范围

测试设备	短路/开路	焊接	存在/丢失	无源模拟	有源模拟	数字/混合	在板元器件编程	功能
MDA	是	无	电气	是	是	可能	无	无
ICT	是[1]	无	电气	是	是	是	是	看产品
手工视觉	只可见	无	是	存在	存在	存在	无	无
AOI	只可见	部分[2]	是	存在	存在	存在	无	无
飞针系统	近似[3]	无	电气	是	是	是	可能[4]	有限

续表

测试设备	短路/开路	焊接	存在/丢失	无源模拟	有源模拟	数字/混合	在板元器件编程	功能
X 光	是[1]	是	是	存在	存在	存在	无	无
最终测试	无诊断	无	无诊断	无	无诊断	无诊断	是	是
实体模型	无诊断	无	无诊断	无	无	无诊断	是	是
集成方案	部分/完全	无	可能[5]	可能[5]	可能[5]	可能[5]	是	是
堆砌式	部分[6]	无	可能[5]	可能[5]	可能[5]	可能[5]	是	是
激光系统	是	无	无	无	无	无	无	无

注：1—需要用于 100%测试覆盖；2—视系统而定，无 BGA 覆盖；3—相邻引脚短路，可能对迹线、测试焊盘和通路近似，在测试生成工具上用 CAD 数据；4—使用第三方工具；5—可能用手工完成针床安装；6—通常局限于电源地的覆盖

1）结构工艺测试

结构工艺测试包括人工光学检查（Manual Visual Inspection，MVI）、AOI、AXI 和激光检查，主要用于检查 PCB 上的焊点结构和组装测试，不需要在 PCB 上加电，也不需要针床夹具等，可进行检查的典型缺陷有元器件丢失、短路、开路、焊膏不足和元器件排列错误。

2）电气检测

电气检测检查元器件的电气特征、各类相关的焊点缺陷等，这些缺陷包括元器件丢失、短路、开路、元器件放错和元器件失效。电气检测设备包括故障分析设备、ICT、边界扫描（Boundary-Scan）仪、功能测试和集成系统。

3）实验设备及仪器

针对 SMT 应用，相应的实验分析内容都围绕组装质量和材料物质的可靠性进行，大致可以分为以下几种（不包括电气测试范围）：表面特征、内部结构、应力及拉力、流体特性和环境影响。常用的实验设备及仪器有扫描电子显微镜（Scanning Electron Microscope，SEM）、声扫描显微镜（Scanning Acoustic Microscope）、喇曼（Raman）图像显微镜、傅里叶变换红外分光计（Fourier Transform Infrared Spectrometer，FTIR）、光学显微镜、高速摄影机、X 光衍射仪、计算机断层成像 X 光检查仪、原子显微镜（Atomic Force Microscope）、拉力测试仪、硬度测试仪、表面角度计、聚合材料热特性测试仪、同步热分析仪和表面张力旋转流速计。

10.1.2 AOI 检测技术

AOI 检测技术基于光学原理对 SMT 生产中所遇到的常见缺陷进行检测，运用高速、高精度视觉处理技术自动检测 PCB 上各种不同的组装错误及焊接缺陷。

在 SMT 中，AOI 检测技术具有 PCB 光板检测、焊膏印刷质量检测、组件检测、焊点检测等功能。PCB 光板检测、焊点检测大多采用相对独立的 AOI 检测设备，进行非实时性检测；焊膏印刷质量检测、组件检测一般采用与焊膏印刷机、贴片机相配套的 AOI 系统，进行实时检测。例如，目前的高档焊膏印刷机一般均可通过配套的 AOI 系统，对焊膏的印刷厚度、印刷边缘塌陷状况等进行实时检测；中、高档贴片机一般都配有视觉系统，利用 AOI 技术对贴片头拾取的元器件型号、极性方位、对中状况、引脚共面性和残缺情况等进行自动检测识别和处理。

1. AOI 的工作原理

视觉检测系统的硬件组成如图 10.1 所示，由 CCD 摄像机获取图像，把 CCD 摄像机采集的

PCB 图像信号传送给图像采集卡，由图像采集卡给 PC 提供数字图像，在 PC 上进行图像处理、识别、显示等，完成缺陷检测任务。CCD 摄像机有面阵和线阵两种，如图 10.2 所示。

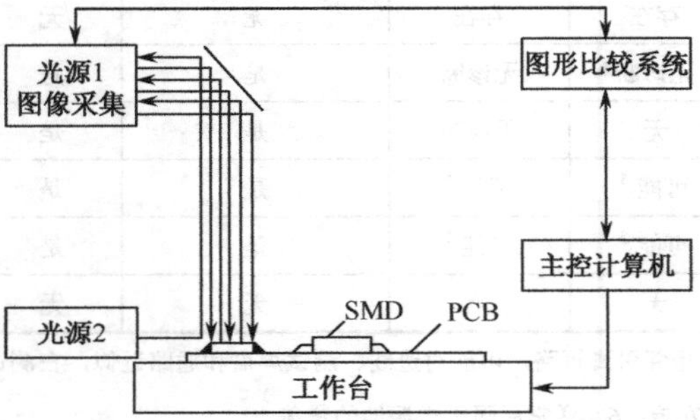

图 10.1 视觉检测系统的硬件组成

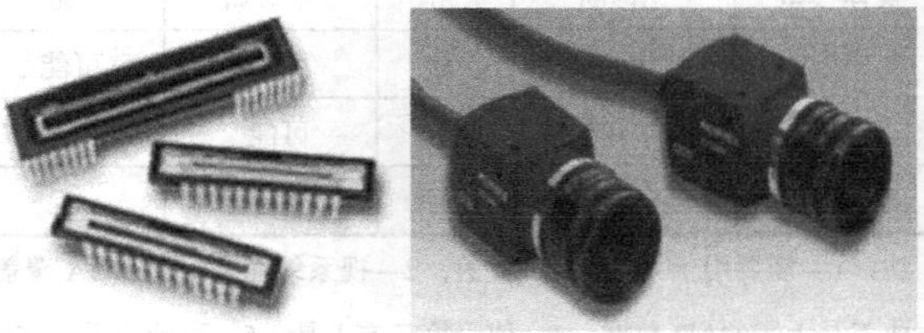

图 10.2 面阵和线阵 CCD 摄像机

图像处理方法包括图像预处理、增强、平滑、边缘锐化、分割、特征抽取、图像识别与理解等内容，便于计算机对图像进行分析、处理和识别。

1）设计规则检验 DRC 法

按照一些给定的规则检测图形。例如，根据所有连线应以焊点为端点，所有引线宽度、间隔不小于某一规定值等规则检测 PCB 电路图形。DRC 方法具有相应的 AOI 系统制造容易、算法逻辑容易实现高速处理等特点，但该方法确定边界能力较差。

2）图形识别法

如图 10.3 所示，AOI 图形识别法将 AOI 系统中存储的数字化图像与实际检测到的图像进行比较，从而获得检测结果。这种方式的检测精度取决于标准图像、分辨力和所用检测程序，可取得较高的检测精度，但具有采集的数据量大、数据实时处理要求高等特点。然而，由于 AOI 图形识别法中用设计数据代替 DRC 中的设计原则，具有明显的实用优越性。

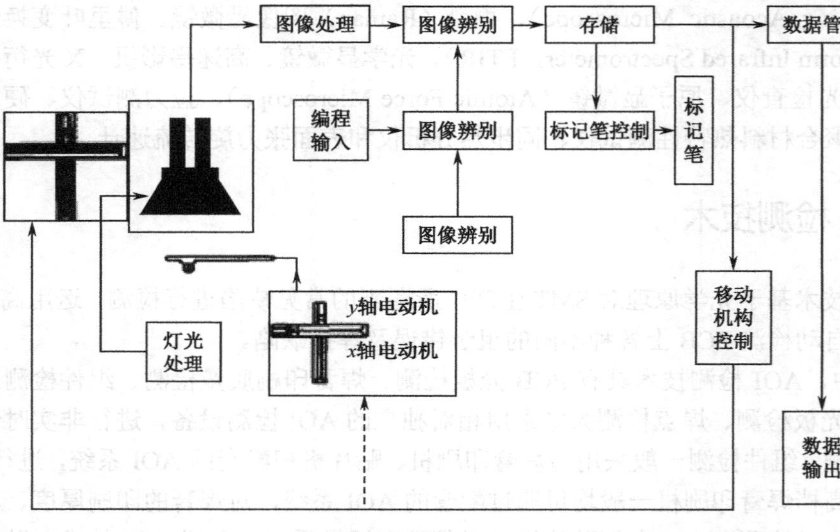

图 10.3 AOI 图形识别法

2. AOI 检测系统

如图 10.4 所示为东莞市神州视觉科技有限公司开发的 AOI 检测设备 ALD-H-600/ALD-A-500 在线自动检测系统，ALD-A-500 系统具有先进的 2D 及 3D 感光专利技术，误判率低，编程简便快捷；ALD-H-600 自动检测系统采用统计建模技术，智能学习，程序调试快捷，自动优化。

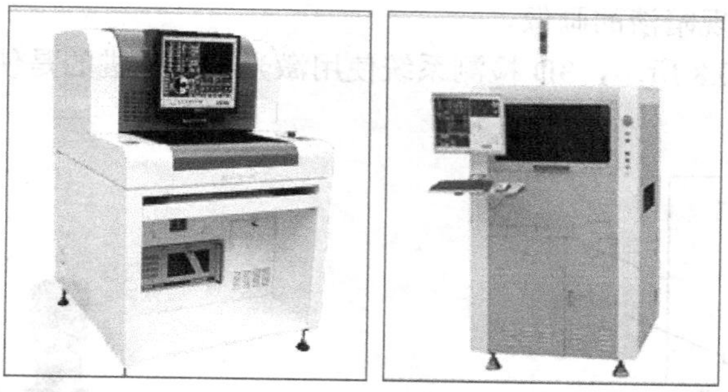

图 10.4　ALD-H-600/ALD-A-500 在线自动检测系统

1）PCB 光板检测

PCB 光板检测主要是利用 AOI 技术对印制电路板断线、搭线、划痕、针孔、线宽线距、边沿粗糙及大面积缺陷等设计、制造质量进行检测。

2）组件检测

组件检测的基本内容包括 PCB 有引线一面的引线端排列和弯折是否适当；PCB 贴装面是否有元器件缺漏、错误、损伤，元器件装接方向是否不当；装接的 IC 及分立器件型号、方向和位置是否有误；IC 器件上标记印制质量检测。

3）焊点检测

图像比较测试光照原理如图 10.5 所示，基于图像比较焊点检测的原理是利用光学摄像机获取被测焊点三维图像，经数据化处理后与标准焊点图像进行比较并判断、确定故障或缺陷的类别和位置。

AOI 检测系统在摄像机前端装有一喇叭反光罩，罩内有三圈灯泡组成的不同角度的 LED 光源，以彩色高亮度方式获取被测焊点图像，如图 10.6 所示。改变色彩各不相同的圆形光源的角度去照射 PCB 上的焊点，用正上方的摄像头将对应于焊点表面各要素的仰角而反射回来的光线拍摄下来，将焊点的三维形状用二维图像（色调信息）检测出来，然后与标准焊点二维图像（色调信息）进行比较，并做出分析和判断。

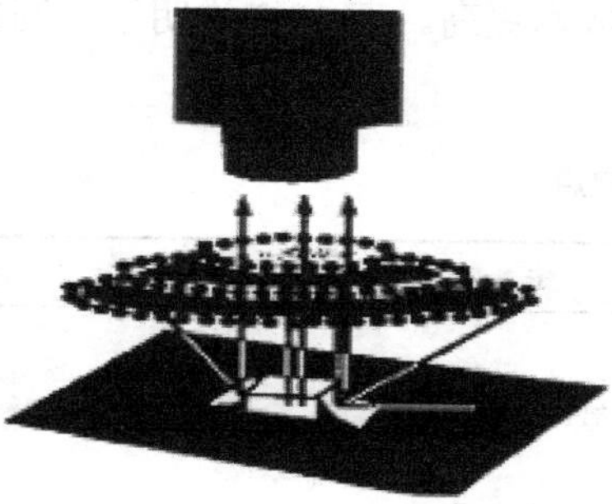

图 10.5　图像比较测试光照原理

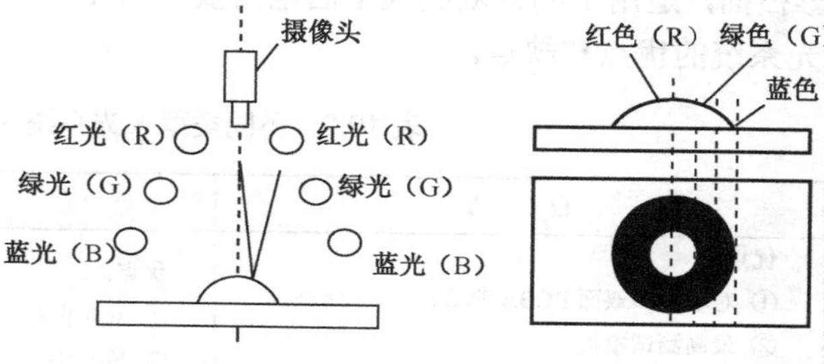

（a）基本原理　（b）检测焊点放大

图 10.6　彩色高亮度方式检测焊点原理

4）焊膏印刷质量检测

2D 焊膏印刷检测系统如图 10.7 所示，焊膏自动检测系统利用环状光纤维与环状反射板将倾斜的光照射到焊膏上，摄像头从环状光纤维的正方摄像，测出焊膏的边缘部分，算出焊膏的高度，这是一种通过把形状转化为光的变化进行判定的检测方法。在正常印刷场合，边缘部分多少会产生一些隆起，这个部分有对从斜面投射过来的光发生强烈的反射的特点。该检测方法利用焊膏边缘部分反射回来的光线宽度，进行焊膏桥接与焊膏环状等现象的判定，由斜面照射回来的 PCB 表面的光将呈现暗淡的画像。

3D 检测方法如图 10.8 所示，3D 检测系统使用激光（最先进的是使用白光）测量焊盘上焊膏的高度。

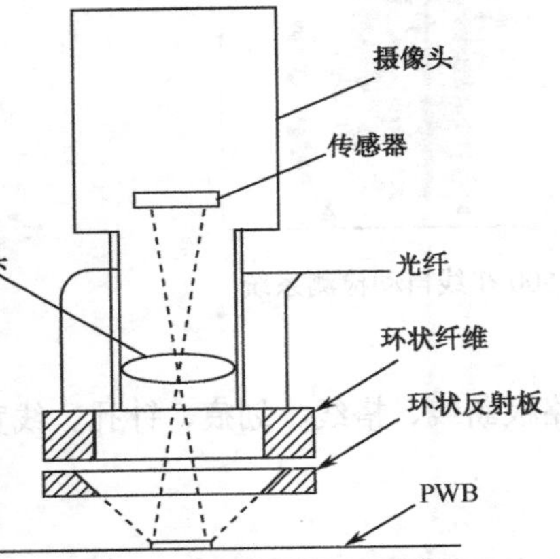

图 10.7　2D 焊膏印刷检测系统

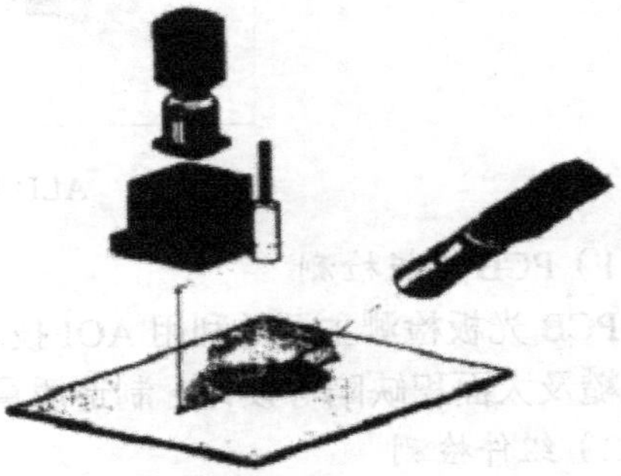

图 10.8　3D 检测方法

10.1.3　X 射线检测技术

BGA、CSP 和 FC 芯片的焊点在器件的下面，用人眼和 AOI 系统都不能检验，因此用 X 射线检测就成为判断这些器件焊接质量的主要方法。X 射线具备很强的穿透性，X 射线透视图可以显示焊点厚度、形状及密度分布，能充分反映焊点的焊接品质，包括开路、短路、孔、洞、内部气泡及锡量不足等，并能做到定量分析。X 射线测试机就是利用 X 射线的穿透性进行测试的。

1. X 光系统的类型

X 光系统可简单分为手工与自动、透射与截面系统。透射系统用于单面电路板测试是很好的，但用于双面电路板测试时有问题。截面 X 光系统本质上为锡点产生了一个医疗的 X 体轴断层摄影扫描，适用于测试双面或单面电路板，但比透射系统的成本更高。表 10.2 说明了不同类型 X 光系统的优点和缺点。

表 10.2　不同类型 X 光系统的优点与缺点

	自　动	手　工
截面成像	优点： ① 对单面和双面 PCBA 都好； ② 最高测试覆盖率； ③ 全自动、高产量； ④ 设计用于 100%的电路板测试； ⑤ 很高的可重复性和可靠性； ⑥ 测量数据对过程改进和控制有用。 缺点： ① 最高成本； ② 要求有技术的人员对系统编程	优点： ① 对单面和双面 PCBA 都好； ② 成本中等； ③ 灵活性好，使用简单。 缺点： ① 慢； ② 识别受主观影响，依靠使用者的技术与经验来解释； ③ 由于是主观的，识别通常具有不可重复性； ④ 只做板的点检查（多数情况），劳动强度大

续表

	自　动	手　工
透射	优点： ① 对单面 PCBA 好； ② 在单面板上有最高测试覆盖率； ③ 全自动，设计在线适用； ④ 高产量； ⑤ 相当于 ICT 较低的原型测试； ⑥ 识别完全自动产生，不是主观的。 缺点： ① 不能有效地处理双面板； ② 要求有技术的人员对系统编程	优点： ① 对单面 PCBA 好； ② X 光系统中成本最低； ③ 灵活性好，使用简单。 缺点： ① 不能有效处理双面板； ② 慢； ③ 识别主观，取决于使用者的技术与经验； ④ 识别通常不可重复，只做板的点检查（多数情况）； ⑤ 劳动强度大

2．X 射线检测原理

1）基本检测原理

X 射线基本检测原理如图 10.9 所示，X 光可渗透 IC 包装，由于焊点中含有可以大量吸收 X 射线的铅，因此与玻璃纤维、铜、硅等其他材料相比，照射在焊点上的 X 射线被大量吸收而呈黑点，产生良好图像。表 10.3 所示为不同材料对 X 射线的不透明度系数。

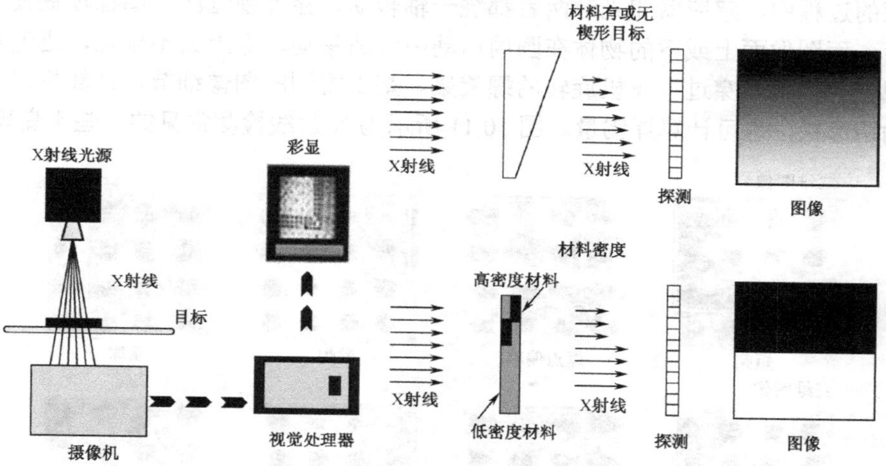

图 10.9　X 射线基本检测原理

表 10.3　不同材料对 X 射线的不透明度系数

材　料	用　途	X 射线不透明度系数
塑料	包装	极小
金	芯片引线键合	非常高
铅	焊料	高
铝	芯片引线键合，散热片	极小
锡	焊料	高
铜	PCB 印制电路板	中等
环氧树脂	PCB 基板	极小
硅	半导体芯片	极小

2）X 射线分层法

如图 10.10 所示，3D X 射线技术除了可以检验双面贴装线路板外，还可以对那些不可见焊点，如 BGA 等进行多层图像“切片”检测，即对 BGA 焊接连接处的顶部、中部和底部进行逐层检验。X 射线分层法分层的 X 光束以一个角度穿过板，感应器在板的底下，通过偏移来获取以一角度射来的 X 射线束。

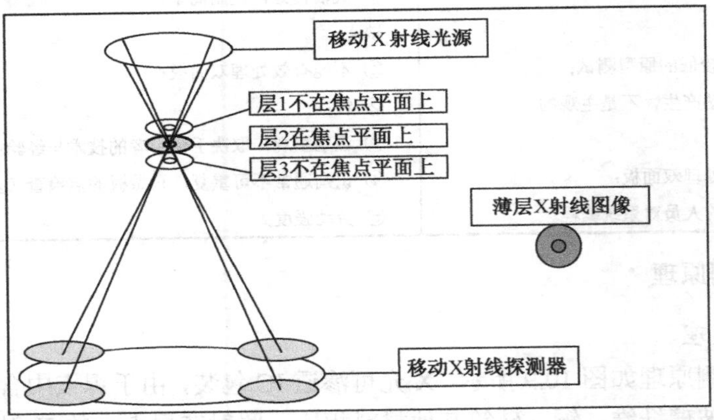

图 10.10　X 射线分层法

在成像的过程中，感应器和光源两者都绕一轴转动，穿过视觉区。图像模糊使图像面的结构显得静止，而图像面上或下的物体在圆周运动中快速移动，看上去不聚焦，迅速从视野中消失。这个现象类似于“穿过”飞机旋转的螺旋桨。基于得到的图像细节，计算机算法可决定焊点圆角的确切形状，也可计算焊锡量。图 10.11 所示为 X 射线检测常见的一些不良现象。

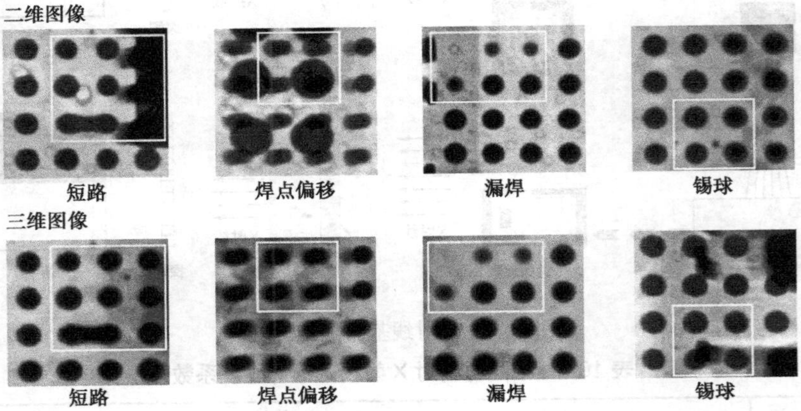

图 10.11　X 射线检测常见的一些不良现象

10.1.4　在线测试技术

在线测试（ICT）属于接触式检测技术，也是生产中最基本的测试方法之一，如果说功能测试是一种黑盒测试，那么在线测试就是一种白盒测试。

ICT 测试机如图 10.12 所示。它基本上由计算机、测试电路、测试压板及针床和显示、机械传动等部分组成。软件部分为 Windows 操作系统和 ICT 测试软件。

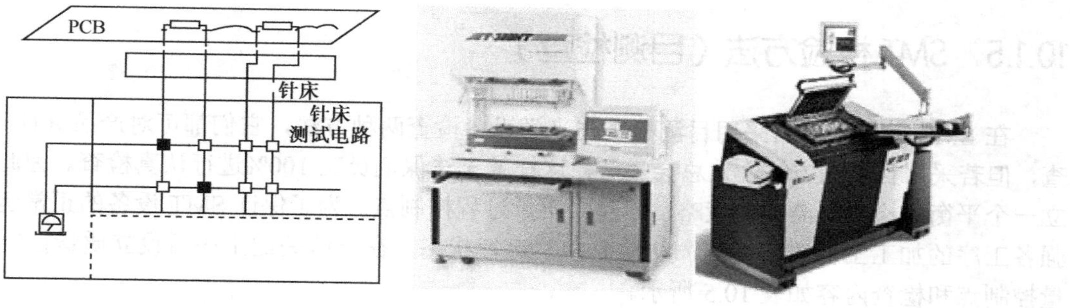

图 10.12 ICT 测试机

测试针床是用于接通 ICT 和被测电路板的一块工装板，根据电路板上每一个测试点的位置在工装板上安装了一根测试针，测试针是带弹性可伸缩的，当被测电路板压在针床上时，测试针、针床及连接电缆把电路板上每一个测试点连接到测试电路上。当压板上的塑料棒压住电路板往下压一段距离时，针床上的测试针受到压缩力而将测试点与测试电路良好地连接起来，也就是把被测元器件接入测试电路中。

针床式在线测试仪的优点是测试速度快，适合单一品种民用型家电电路板及大规模生产的测试，并且主机价格较便宜。由于具有很强的故障诊断能力，因而它应用广泛，但是随着印制电路板组装密度的提高，特别是细间距 SMT 组装及新产品开发生产周期越来越短，印制电路板的品种越来越多，针床式在线测试仪存在一些难以克服的问题，例如，测试用针床夹具的制作、调试周期长，价格贵，对于一些高密度 SMT 印制电路板由于测试精度问题而无法进行测试。表 10.4 所示为 AOI 与 ICT 的比较。

表 10.4 AOI 与 ICT 的比较

项 目	在线测试仪（ICT）	自动视觉检测仪（AOI）
电路底板的开路与短路	可测	不可测
焊锡的开路与短路	可测	大部分可测。BGA 等集成块引脚的开/短路无法测试
元器件漏装	大部分可测	大部分可测
小电容	不可测	可测
元器件的值有偏差或不良	可测	不可测
元器件装错	大部分可测	大部分可测
集成块绑定（Bonding）不良	可测	不可测
元器件破裂	可测	大部分可测
元器件立碑	可测	可测
电解电容的极性	可测	可测
虚焊	部分可测	不可测
空焊	可测	可测
器件吃锡不饱满	不可测	可测
最小测试间隙	1.27mm	无限制
测试速度	快	稍慢
电路板更改	不可	可以（多品种）
测试精度	稍低	高
编程费用	昂贵	低

10.1.5 SMT 检验方法（目测检查）

在 SMT 的检验中常采用目测检查与光学设备检查两种方法，它们都可对产品进行 100%检查，但若采用目测的方法，人总会疲劳，这样就无法保证员工 100%进行认真检查。因此，要建立一个平衡的检查与监测的策略，即建立质量过程控制点。为了保证 SMT 设备的正常运行，加强各工序的加工工件质量检查，从而监控其运行状态，在一些关键工序后设立质量控制点，质量控制点和检查内容如表 10.5 所示。

表 10.5 质量控制点和检查内容

项　目	PCB 检测	丝 印 检 测	贴 片 检 测	回流焊接检测
检查内容	① 印制电路板有无变形； ② 焊盘有无氧化； ③ 印制电路板表面有无划伤	① 印刷是否完全； ② 有无桥接； ③ 厚度是否均匀； ④ 有无塌边； ⑤ 印刷有无偏差	① 元器件的贴装位置情况； ② 有无掉片； ③ 有无错件	① 元器件的焊接情况，有无桥接、立碑、错位、焊料球、虚焊等不良焊接现象； ② 焊点的情况
检查方法	依据检测标准，目测检查	依据检测标准，目测检查或借助放大镜检查	依据检测标准，目测检查或借助放大镜检查	依据检测标准，目测检查或借助放大镜检查

1. SMT 生产线检查

1）PCB 检查

PCB 目测检查规范引用标准为 JIS-C-6481《印制电路板用覆铜箔层压板试验法》和 JIS-C-1052《印制电路板试验法》。

2）印刷检验

焊膏印刷人工视觉检查一般可分为三种形式。一是在设置印刷参数时，操作人员检查试印效果，校正印刷参数；二是在正常的印刷生产中操作人员 100%地检查印刷质量，随机调整印刷工艺，防止印刷缺陷重复出现，并对发现的焊膏缺陷按照标准衡量，看是否可以接受，将印刷不合格的印制电路板用台面清洗方法或其他方法彻底清洗干净后生产印刷；三是贴装元器件之前，贴装人员对印制电路板焊膏质量进行 100%监督检查，剔除那些焊膏图形不合格的印制电路板，并返工重印。

目测检查有窄间距的元器件用 2～5 倍放大镜或 3～20 倍显微镜。按照企业标准或参照其他标准，如 IPC 标准或 SJ/T10670—1995《表面组装工艺通用技术要求》等执行。

3）点胶检验

理想胶点位于各个焊盘中间，其直径为点胶嘴直径的 1.5 倍左右，胶量以贴装后元器件焊端与 PCB 的焊盘不沾污为宜。

4）贴片检验

贴片人工视觉检查是指在印制电路板贴装元器件之后、回流焊之前对贴片质量进行人工目检，用以发现贴片缺陷，调整贴片程序和其他工艺参数，避免贴片缺陷重复出现和流入下道工序。

贴装机自动贴装工序的首件检验非常重要，首件检验时元器件的型号、规格、极性必须正确，贴装偏移量必须合格。因为有贴装程序保证，没贴错的首件自检合格后必须送专检，专检合格后才能批量贴装。有窄间距（引线中心距在 0.65mm 以下）器件时，必须全检；无窄间距器件时，可按取样规则抽检。

5）炉后检验

良好的焊点应焊点饱满、润湿良好，焊料铺展到焊盘边缘。在 SMT 生产过程中，质量缺陷的统计十分必要。人工视觉检查焊点的工具有放大镜、目镜、光学显微镜、视频显微镜等。

DPM 统计方法即百万分率的缺陷统计方法，计算公式如下：

$$缺陷率\ DPM=缺陷总数\times 10^6/焊点总数$$

$$焊点总数=检测电路板数\times 焊点$$

$$缺陷总数=检测电路板的全部缺陷数量$$

例如，某电路板上共有 1000 个焊点，检测电路板数为 500，检测出的缺陷总数为 20，则依据上述公式可算出：缺陷率 DPM=$20\times 10^6/(1000\times 500)=40$。

2．来料检验

组装前检验（来料检验）是保证表面组装质量的首要条件，来料检验的主要内容如表 10.6 所示。元器件、印制电路板、表面组装材料的质量直接影响组装质量，因此，要有严格的来料检验和管理制度。元器件、印制电路板、表面组装材料的质量问题在后面的工艺过程中是很难甚至是不可能解决的。

表 10.6 来料检验的主要内容

类 别	检验项目	检验方法
元器件	可焊性	润湿平衡实验，浸渍测试仪
	引线共面性	光学平面检查，共面度小于 0.10mm，贴片机共面检查装置
	使用性能	抽样检查
PCB	尺寸、外观检查，阻焊膜质量	目检，专用量具
	翘曲、扭曲	热应力测试
	可焊性	旋转浸渍测试、波峰焊浸料测试
	阻焊膜完整性	热应力测试
材料	材料特性	专用仪器
焊膏	金属百分比含量	加热分离称重法
	焊料球	回流焊
	黏度	旋转式黏度计
	粉末氧化均量	俄歇分析法
焊锡	金属污染量	原子吸附测试
助焊剂	活性	铜镜测试
	浓度	比重计
	变质	目测颜色
贴片胶	黏性	黏结强度试验
清洗剂	组成成分	气体包谱分析法

10.2 SMT 检测实训

SMT 检测虚拟制造系统如图 10.13 所示，本书重点介绍 AOI 检测机虚拟制造系统。先读入 EDA 设计文件，进行模拟编程，再进行 AOI 检测机工作过程 3D 动画仿真，最后进行 AOI 检测机操作使用和维修保养。

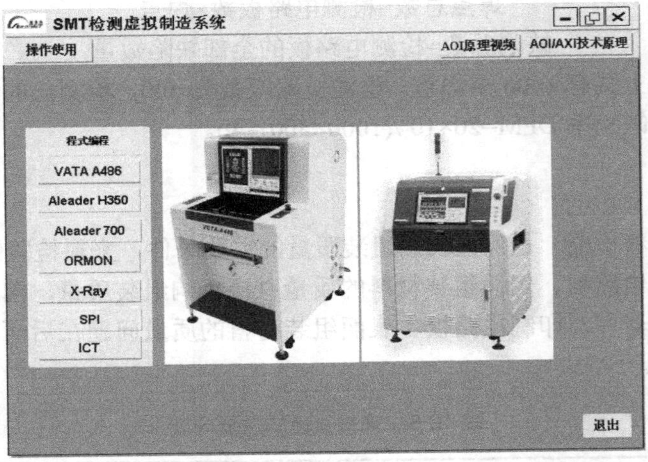

图 10.13　SMT 检测虚拟制造系统

10.2.1　AOI CAM 程式编程及 3D 动画仿真

AOI 检测机主流机型包括 Aleader、VATA 和 OMRON。VATA 检测机 CAM 程式编程如图 10.14 所示，可读入待测 PCB 的 JPEG 图像文件，模拟 AOI 主流机型的界面、编程过程、控制参数的设置。

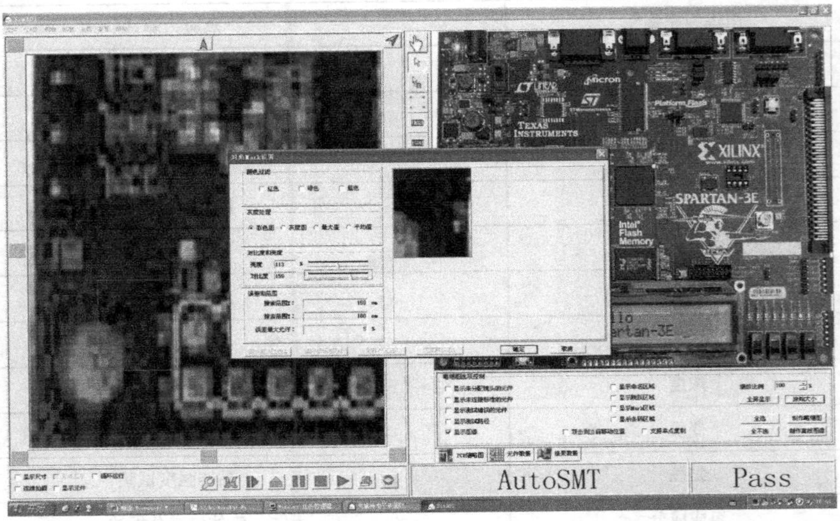

图 10.14　VATA 检测机 CAM 程式编程

第一步：建立检测程序，读入待测 PCB 的 JPEG 图像文件。
第二步：标号点示教模拟和设置，如图 10.14 所示。
第三步：引导测试框的设置。
第四步：设置检测方法，如图 10.15 所示。

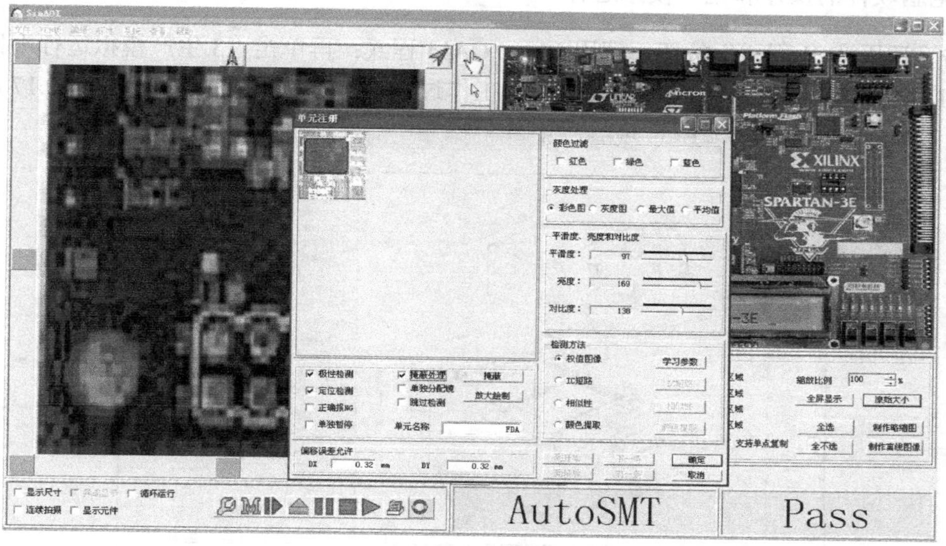

图 10.15 设置检测方法

AOI 检测机 3D 模拟仿真包括静态仿真和动画仿真，静态仿真可进行缩放、旋转、平移等操作，动画仿真能采用 3D 动画模拟 AOI 检测机的工作过程，详见软件培训系统。

10.2.2 AOI 操作技能

在 AOI 检测机主界面单击“操作使用”按钮，即进入 AOI 检测机操作使用界面，如图 10.16 所示。首先掌握 AOI 操作技工（师）职能。

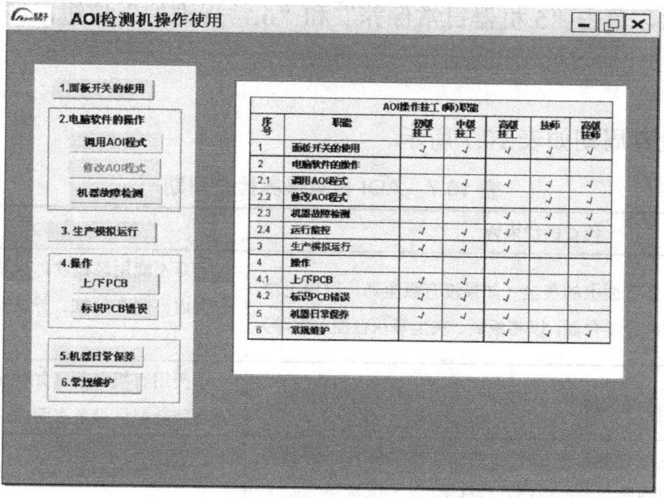

图 10.16 AOI 检测机操作使用界面

1. 面板开关的使用

单击“1.面板开关的使用”按钮，调出动画，显示面板各种开关的作用和使用方法。

2. 电脑软件的操作和生产模拟运行

单击“调用 AOI 程式”按钮，调用 Demo CAM 程式；再单击“3.生产模拟运行”按钮，调用 AOI 3D 模拟仿真，能用 3D 动画模拟 AOI 工作过程。AOI 机器故障检测如图 10.17 所示。

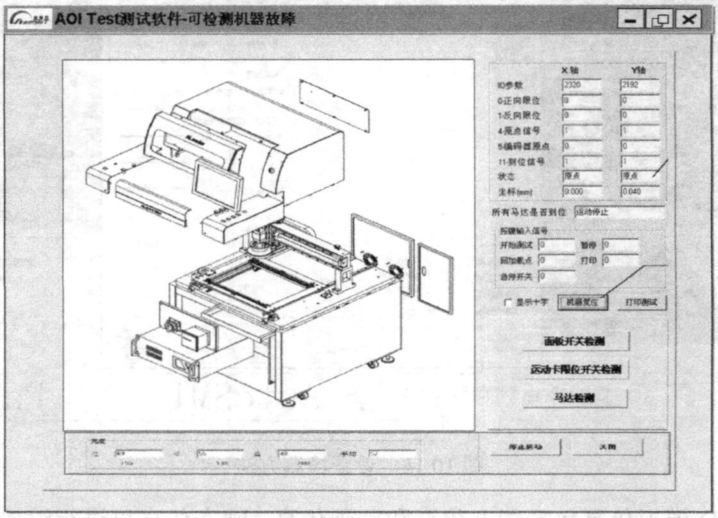

图 10.17 AOI 机器故障检测

3. 操作

单击“上/下 PCB”“标识 PCB 错误”按钮，调出动画，显示各种操作。

10.2.3 AOI 维修保养

在操作使用界面，单击“5.机器日常保养”和“6.常规维护”按钮，调出说明文档。

1. 维护保养

AOI 日常保养检查周期如表 10.7 所示。

表 10.7 AOI 日常保养检查周期

周期	检查维护内容	方法
天	用吸尘器吸干设备台面上的灰尘（如果没有吸尘器，可用毛巾蘸水拧干后轻轻擦拭设备台面，以将板屑、灰尘等从台面上擦除）	千万不能用风枪吹，风枪会把灰尘、碎屑吹入设备台面内，附在丝杠、导轨或镜头上，影响设备的正常运行
	用毛巾擦净设备表面沉污	不要用有机溶剂（如洗板水）来擦拭设备表面，那样可能会损坏设备表面的油漆
月	对丝杠和导轨进行保养，先用干净的白布清除陈油，然后用 10～11 号油画笔将油脂均匀地涂刷到丝杠上	推荐用德国 OKS 特级油脂 OKS 422
	每个月清洗一次工业计算机面板左侧的过滤棉	过滤棉清洗后需晾干水分再装回原位

续表

周期	检查维护内容	方　法
半年	对光源进行一次校验。因为 LED 灯使用半年后其亮度可能有轻微变化，为了保证测试的正常，需对光源进行一次校验	

2. 操作维修

AOI 常见问题及解决方法如表 10.8 所示。

表 10.8　AOI 常见问题及解决方法

序号	问 题 表 现	解 决 方 法
1	机器运行过程中晃动	原因：机器未调至水平。使用水平尺将机器调至水平，拧紧固定地脚的螺钉
		调机器水平步骤如下：将机器四个地脚悬空；将机器左右调至水平（因机器的重心在后方，需调机器后方的两个地脚）；将机器前后调至水平（只需调前方的一个地脚即可，因为三点决定一面）；放下机器悬空的地脚，拧紧固定地脚的螺钉
2	触摸机器遭电击	机器地线未接或接触不良。 用万用表检查机器的地线，保证地线接触良好。 注：切勿将静电线与接地线混接或接错
3	打印机不能正常打印	原因一：打印纸不足，打印机指示灯显示为绿色。 解决方法：更换打印纸
		原因二：操作不当。 解决方法：重新启动设备
4	机器长时间发出“嘀嘀……”声音	机器断电或电源进线接触不良导致 UPS 报警。 检查 UPS 供电处，确认原因并接好
5	应用程序无法运行，提示为机器电源断开或机器程序运行	原因一：机器电源开关未开或按下急停键。 解决方法：打开电源开关或取消急停
		原因二：非法操作机器导致 AOI 应用程序无法运行，关闭后其应用程序已作为垃圾文件，无法释放，若立即运行会导致冲突，或者原有的数据已经被破坏。 解决方法：注销一次，再运行。或者关闭机器电源，重新启动后再运行
6	应用程序无法运行，提示为 X 轴或 Y 轴不能移动	原因一：运动控制卡线的接口接触不良。 解决方法：关闭应用程序，开启测试软件：确定其他按键正常，只是 X 轴或 Y 轴不能移动。拔出运动控制线的接口，检查是否有针倾斜或断，其运动控制卡接口处孔堵塞
		原因二：X 或 Y 滤波器处线接触不良或脱落。 解决方法：关闭电源，打开机器外壳确认是否其滤波器处坏
		原因三：运动控制卡上的接线松动。 解决方法：打开机器盖，使用万用表检测，锁紧松动处
		原因四：机器盖上的风扇已坏，盖内温度过高，导致驱动器自动保护而无法运行。 解决方法：更换风扇
		原因五：插运动控制卡的 PCI 槽内灰尘太多或运动控制卡的金手指氧化。 解决方法：①清理 PCI 插槽内的灰尘，清洗金手指；②将运动卡换插到另外一条 PCI 插槽
7	显示器黑屏	原因一：显示器电源未开或其信号线未插或接触不良。 解决方法：检查显示器的电源线和信号线并解决其黑屏问题
		原因二：显示器电源线内部接触不良。 解决方法：使用万用表检测显示器电源线

续表

序号	问题表现	解决方法
7	显示器黑屏	原因三：S端子信号线接触不良或其某些针断掉。 解决方法：查看S端子线接口处针是否倾斜和图像采集卡接口处是否堵塞，用万用表检查S端子线是否断路
8	CAD导入编程，某一程序无法移动到其连接的元器件位置，提示为该元器件的坐标超过软件限位	原因：导入前有多余的元器件数据未删除，且多余元器件数据的坐标超出软件限位。 解决方法：使用选择框中的删除功能将其删除。具体操作如下：选择框窗口→定义选择框，在缩略图中当鼠标图标成手指状时，画出自己所需要的范围，再点选择框操作→删除选择框外的数据即可
9	左右或前后移动时元器件框偏移	原因：镜头标定不正确。 解决方法：镜头标定选取的图像最好为0402元器件，选取该元器件周围的其他元器件最好差异较大，若选取的是0402电阻，但其周围的元器件也是0402电阻，这样标定后的结果往往不准确。注：标定时不能第一次选取0402元器件，而第二次选取0603元器件，这样标定也会影响正常测试
10	正常测试中误判太多	原因一：元器件框偏移。 解决方法：①检查PCB是否固定；②检查原点坐标是否偏移
		原因二：来料已更改或使用待料。 解决方法：再设置一个标准，使用标准图库中组的概念将之编为一组。使用错误暂停模式调试至稳定
		原因三：标准学习未达到规定的次数（100次以上）。 解决方法：严格执行调试步骤
		原因四：PCBA没有固定好，在测试过程中PCBA有晃动。 解决方法：机器回到加载点，将PCBA固定
11	元器件漏测	原因一：元器件未注册。 解决方法：注册该元器件并优化镜头
		原因二：增加元器件后未优化镜头 解决方法：优化镜头
		原因三：元器件未设置检测标准。 解决方法：元器件设置检测标准并优化镜头
		原因四：使用选择框操作中的偏移、复制及粘贴功能后未优化镜头。 解决方法：优化镜头
		原因五：检测标准误差范围设置太大。 解决方法：降低该标准的误差倍数，使误差范围变小
12	编程或调试过程中元器件框整体偏移	原因一：PCBA未固定，平台在移动过程中PCBA晃动。 解决方法：机器回到加载点，将PCBA固定
		原因二：机器位置移动或板的厚度明显变化。 解决方法：标定镜头
13	个别元器件或丝印在测试或调试中常偏移或反向	原因一：元器件框已偏。 解决方法：将镜头移至该元器件，将元器件框移正
		原因二：元器件来料已更改或丝印已变化。 解决方法：再设置一个标准，使用标准图库中组的概念将之编为一组
		原因三：元器件框偏移范围设置过大。 解决方法：链接该元器件的标准，修改其偏移范围

续表

序号	问题表现	解决方法
14	IC 脚短路漏测	原因一：短路框中设置的偏移范围过大。 解决方法：将其范围改小
		原因二：阈值放置过大。 解决方法：阈值改小
		原因三：短路框的标准未做好。 解决方法：重新注册短路检测标准
15	测试或学习过程调用组中的标准与待测元器件不一致	原因：应调用的标准学习次数不够，导致不稳定。 解决方法：将其标准从该组退出，再用其标准替代该组所有其他标准，单独进行调试，直至该标准稳定后再编为一组。注意：若将该组全部取消后再替代，此时千万别按清理键，以免将待用的标准清掉
16	拼板第一次调试难：元器件框偏移，标准设置错误等	原因：调试拼板。第一次调试同时也是检查标准是否设置错误、元器件框是否偏移等，若单板中出现设置错误，导致其他拼板也会出现，其调试速度比较慢，修改也麻烦。 解决方法：做完单板后即进行调试，避免将标准设置错误、元器件框偏移等问题留到其他拼板
17	标号识别不能通过，导致机器无法正常测试	原因一：PCB 未放好，导致标号无法在其搜索范围内找到。 解决方法：按加载键，放好 PCB
		原因二：标号匹配结果超出其允许范围。 解决方法：程序编辑菜单→设置标号，将标号允许范围放大。 注：一般不能超过 50
		原因三：标号点选取不合理。有些 PCB 原有的标号可能因板放置时间长而氧化，或过炉而氧化，导致标号无法识别。 解决方法：取消其标号点，可以依据板的特点而选取孔或铜箔等
18	各机器间程序调换后不能正常运行	原因：在机器制造过程中无法保证各机器的机械原点处于同一位置，而坐标原点又是机械原点。 解决方法：各机器程序调换后，只需将坐标原点重新定义即可运行
19	取消已有标号点，再重新定义标号后，其所有元器件框都已偏移	原因：所有元器件的坐标通过标号（Mark）校正后会自动补偿，当其已有的标号设置取消后再重新定义标号，其补偿大小已变。因为其前的标号设置与现在标号设置选取的点已变或者点相同但 PCB 已不一样。 解决方法：利用选择框操作中的功能将其移正，再优化镜头即可使用
20	设备开机后，单击运行程序，出现以下对话框：An error occurred while attempting to initialize the Borland database engine（ERROR $2108）	原因：软件系统文件遭到破坏。 解决方法：需要重新安装软件驱动

10.3　认证考试举例

本章认证考试分专业知识和实践技能两部分，在 SMT 专业技术资格认证培训和考评平台 AutoSMT-VM1.1 上完成。本章测试重点是 AOI CAM 程式编程和操作使用。

【例 10.1】电子组装结构工艺测试包括（　　）。

A．人工光学检查、自动光学检查（AOI）、自动 X 射线检查（AXI）、激光系统检查

B．在线测试（ICT）、功能测试（FCT）、集成系统测试

C．扫描电子显微镜 SEM 检测、声扫描显微镜检测、傅里叶变换红外分光计 FTIR 检测、X 光衍射仪检测

答案：A

【例 10.2】AXI 主要检测功能是（　　）。

A．外观检测，无法对 BGA、CSP、Flip Chip 等不可见的焊点进行检测

B．外观检测，可对 BGA、CSP、Flip Chip 等不可见的焊点进行检测

C．电气性能检测

答案：B

【例 10.3】AOI 焊后检测功能是（　　）。

A．检测 PCB 断线、搭线、划痕、针孔、线宽线距、边沿粗糙及大面积缺陷等

B．检测元器件缺漏、错误、损伤及元器件装接方向不当等

C．焊点质量检测

答案：C

【例 10.4】VATA AOI 光学原理是（　　）。

A．AOI 的光源是由红、绿、蓝三种 LED 灯组成的，利用色彩的三原色原理组合成不同的色彩，结合光学原理中的镜面反射、漫反射和斜面反射，将 PCB 上贴片元器件的焊接状况显示出来

B．利用单色光学原理，将 PCB 上贴片元器件的焊接状况显示出来

答案：A

【例 10.5】VATA 的检测框是（　　）。

A．AOI 系统识别检测区域的唯一标准，制作程序检测框的方法分为手工画框和 CAD 数据导入两种形式

B．AOI 系统识别检测区域的窗口，制作程序检测框的方法为手工画框

答案：A

【例 10.6】ERSA 波峰焊预热方法有（　　）。

A．IR、Convection、Medium Wave、Solder pot preheating

B．IR、Convection、Medium Wave

答案：B

【例 10.7】VATA 的颜色提取法程序制作主要用于（　　）。

A．字符、IC 焊脚、0402 以下所有元器件

B．元器件本体（如 0402 以上元器件）

C．焊点（IC 脚除外）

答案：C

思考题与习题

10.1 电子组装电气检测包括（　　）。

A．人工光学检查、AOI 自动光学检查、自动 X 射线检查 AXI、激光系统检查

B．ICT 在线测试、FCT 功能测试、集成系统测试

C．扫描电子显微镜 SEM 检测、声扫描显微镜检测、傅里叶变换红外分光计 FTIR 检测、X 光衍射仪检测

10.2 AOI 光板检测的功能是（　　）。

A．检测 PCB 断线、搭线、划痕、针孔、线宽线距、边沿粗糙及大面积缺陷等

B．检测元器件缺漏、错误、损伤及元器件装接方向不当等

C．焊点质量检测

10.3 质量控制点一般是（　　）。

A．在所有工序后设立的，用来监控加工工件质量

B．在一些关键工序（如丝印检测、贴片检测、焊接检测）后设立的，用来监控加工工件质量

C．在最终工序后设立的，用来检查加工工件质量

10.4 VATA 缩略图的作用是（　　）。

A．当前测试的 PCB 的缩小图像，便于全局观察、显示错误位置

B．当前测试的 PCB 的缩小图像，便于全局观察、显示错误位置，如果想将镜头移动到某一位置，要双击缩略图上的相应位置

D．当前测试的 PCB 的缩小图像，如果想将镜头移动到某一位置，要双击缩略图上的相应位置

10.5 VATA 的权值图像法程序制作主要用于（　　）。

A．字符、IC 焊脚、0402 以下所有元器件

B．元器件本体（如 0402 以上元器件）

C．焊点（IC 脚除外）

10.6 AOI 检测方法。

（1）AOI 技术的检测功能有哪些？

（2）试比较 AOI 检查与人工检查。

（3）视觉检测系统的硬件组成包括哪些？

（4）请总结图像处理软件技术。

（5）什么是模板匹配法？什么是统计模式识别法？

10.7 AOI 检测技术。

（1）SMT AOI 系统类型包括哪些？

（2）试简述彩色高亮度方式检测焊点原理。

（3）100%的电路板采用什么检测？同时使用什么系统进行选择性高度测量？

（4）什么是欧姆龙 Color Highlight 技术？

10.8 AOI 检测准则。

（1）如何放置 AOI 系统？

（2）请总结 QFP 零件对准度检测准则。

（3）请总结 QFP 焊点引脚跟高最小/大的检测准则。

10.9 ICT 在线测试。

（1）试简述 ICT 焊接缺陷检查能力。

（2）电阻测试模式有几种？

（3）什么是 Agilent TestJet？
（4）请总结晶体管（Transistor）测试原理。
10.10 X 光测试。
（1）X 光测试的能力包括哪些？
（2）透射与截面 X 光测试有何不同？
（3）什么是 X 射线分层法？
10.11 测试策略。
（1）试简述 SMT 板级电路全生命周期组合测试策略。
（2）请说明中、小批量生产组合测试策略。
（3）什么是 SMA 复杂性指数？
（4）AOI 如何搭配 ICT？试比较 AOI 与 ICT。
（5）X 光如何与 ICT 结合？
（6）高产量、高混合度的计算机主板制造应采用什么测试策略？
10.12 目测检查。
（1）请简述 PCB 目测检查规范。
（2）请说明印刷检验准则。
（3）炉后检验应按照什么标准执行？
（4）来料检验包括哪些主要内容？

第 11 章 插装技术和返修技术

【目　的】

（1）掌握插件机基本原理;

（2）掌握卧插和立插插件机程式编程;

（3）掌握 SMT 维修技术基本原理和 BGA 维修。

【内　容】

（1）卧插和立插插件机编程;

（2）卧插和立插插件机动态仿真，自动进行卧插和立插插件机工作过程的 3D 模拟仿真;

（3）根据动态仿真，学生再修改 CAM 程序设计错误;

（4）手工焊接工具和返修工具。

【实训要求】

（1）掌握卧插和立插插件机（新泽谷）的模拟编程;

（2）掌握卧插和立插插件机手动编程方法;

（3）通过 PCB 设计 Demo 板文件，设计卧插和立插插件机程式，用 3D 动画显示 PCB 的插件过程，再修改编程设计错误;

（4）掌握 SMT 器件的手工焊接，以及 BGA 和 CSP 编程返修工具;

（5）撰写实验报告。

11.1 插装技术

通孔插装技术（Through-Hole Technology，THT）是电子工业的基础，而电子整机产品的制造工艺是电子工业的主干。插装分人工插装（MI）和自动插装（AI），所插元器件分立式元器件和卧式元器件。THT 焊接分人工手动焊接和波峰焊接。

自动插装技术是通孔安装技术的一部分，它运用自动插件设备将电子元器件插装到印制电路板的导电通孔内。自动插装技术提高了安装密度、可靠性、抗振能力，以及自动化程度和劳动效率，降低了成本。

插件机按所插元器件分为铆钉机、跨线机、轴向机、径向机、多功能（异形）机；按送件方式分为顺序式、编序式。

自动插装生产流程如图 11.1 所示。

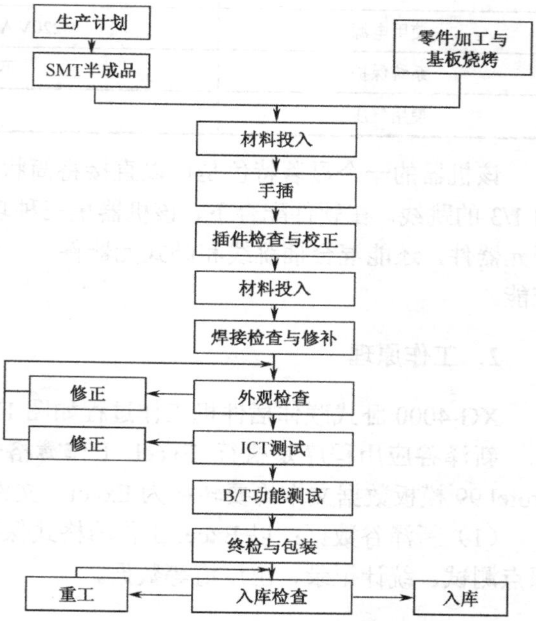

图 11.1　自动插装生产流程

11.1.1 卧式联体插件机 XG-4000

1．机器特点

XG-4000 卧式联体插件机将不同种类的编带元器件（电解电容、瓷片电容等）通过站头排料机构转送到独特的 W 形料夹上再转送到双链条料夹上，并送到插件头上。在电路板上自动插入各种电子零件和跳线，并将不良的插件状态显示在显示器上，可进行插件漏件检测，是一种高精度、高效能的自动化设备。XG-4000 卧式联体插件机的规格参数如表 11.1 所示。

表 11.1　XG-4000 卧式联体插件机的规格参数

项　目	规 格 参 数
理论速度	24000 点/小时
插入不良率	小于 300PPM
插入方向	平行 0°、90°、180°、270°
元器件跨距	双孔距 5.0～20mm
基板尺寸	最小 50mm×50mm，最大 450mm×450mm
基板厚度	0.79～2.36mm
元器件种类	电容器、晶体管、二极管、电阻器、熔丝等卧式编带封装料
元器件引线剪脚长度	1.2～2.2mm（可调）
元器件引线弯脚角度	0°～35°（可调）
料站数量	60 站（推荐使用站数），可选（10～100 站）
机器尺寸（长×宽×高）	主机尺寸 1700mm×1300mm×1600mm
料站尺寸（长×宽×高）	510mm×1000mm×1410mm（10 站）
重量	主机器 700kg，副机器 750kg（40 站）
使用电源	220V AC（单相），50/60Hz，2.0kV·A；1.6kW（节能型）
系统保护	不间断电源（UPS）配置，断电后可运行 15min
使用气压	0.6～0.8MPa，用气量 0.3m^3/min

该机器的一个显著特色是可以直接将筒状跳线不经过再次编排而直接插到 PCB 上，可以节约 1/3 的跳线。在软件配合下，该机器集三种功能于一身，既能单独插跳线，又能单独插卧式电子元器件，还能混合插跳线和卧式元器件。一台机器只需一人操作，能完成 40 个人手动插件的产能。

2．工作原理

XG-4000 卧式联体插件机工作过程如图 11.2 所示。

新泽谷应用程序是执行 Excel 工作簿格式的程式，用位图坐标编程器编写的程序文本和 Protel 99 模板数据文本均要转换为 Excel，文件夹中共有以下三种数据。

（1）新泽谷数据：以 Excel 工作簿格式保存应用程序的设备参数、元器件参数，以及相机、原点测试、统计记录、出厂值等数据。

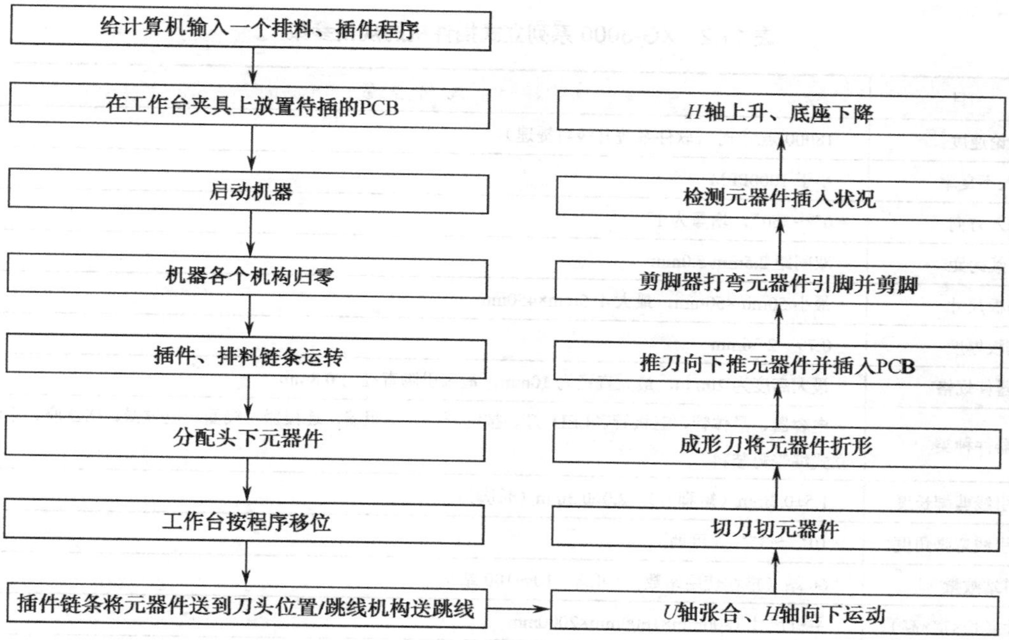

图 11.2 XG-4000 卧式联体插件机工作过程

（2）设备参数：保存 AI 设备的一些参数，如插件头偏移常数 CX、插件头偏移常数 CY、插件头行程常数 HL 等。

（3）元器件参数：保存设备所需插装的元器件的型号、直径、引脚间距等参数（此参数可根据所需插装的元器件进行添加）。

11.1.2 立式插件机 XG-3000

1．机器特点

XG-3000 系列立式插件机可将不同种类（2.5mm 和 5mm）的编带立式电子元器件（电解电容、瓷片电容、LED 等）和散装 LED，先按设定的程序编排在链条的料夹上，然后由插件头机构将电子元器件插入电路板，并剪脚、固定。本设备将插件轴机构水平固定不动，由 X、Y 机构的移动来实现在 PCB 上各区域的精密插件，插件的角度是通过工作台转盘、头部转角电动机 RH、底座转角电动机 RB 的转动来实现的。机器所有的动作均由一台计算机进行控制。XG-3000 系列立式插件机的规格参数如表 11.2 所示，它具有以下几大优点。

（1）全计算机控制，全中文版操作系统，基于 Windows 平台，操作方便、快捷、易学。

（2）采用机器视觉技术，在线自动编程、自动纠偏、自动辨识标识点，提高了自动化程度。

（3）排料站位每 10 站为一节，使之更便于用户的选择。

（4）采用 AC 伺服系统，优化线路，排除因线路故障所造成的不稳定，实现了稳定、高速、节省能源的目标。

（5）插入方向为 0°～360°，增量为 1°。

（6）工作台可以顺时针和逆时针方向任意旋转。

表 11.2 XG-3000 系列立式插件机的规格参数

项 目	规 格 参 数
理论速度	18000 点/小时（软件系统升级可提速）
插入不良率	小于 1000PPM
插入方向	0°～360°，增量为 1°
引线跨距	双间距 2.5mm/5.0mm
基板尺寸	最小 50mm×50mm，最大 450mm×450mm
基板厚度	0.79～2.36mm
元器件规格	最大高度为 20mm，最大直径为 10mm，最大引脚直径为 0.8mm
元器件种类	电容器、晶体管、三极管、LED 灯、按键开关、电阻器、连接器、线圈、电位器、熔丝座、熔丝等立式编带封装料
元器件引线剪脚长度	1.5±0.3mm（短脚刀），2.0±0.3mm（长脚刀）
元器件引线弯脚角度	10° ～35° （可调）
料站数量	60 站（推荐使用站数），可选（10～100 站）
机器尺寸（长×宽×高）	主机尺寸 1800mm×1600mm×2000mm
料站尺寸（长×宽×高）	500mm×600mm×760mm
机器重量	2000kg（40 站）
使用电源	220V AC（单相），50/60Hz，2.0kV·A，1.6kW（节能型）
系统保护	不间断电源（UPS）配置，断电后可运行 15min
使用气压	0.6～0.8MPa，用气量 0.3m^3/min
使用环境温度	5～25℃
机器噪声	80dB
孔位校正方式	机器视觉系统，多点 Mark 视觉校正
驱动系统	AC 伺服，AC 电动机
数据输入方式	USB 接口输入（Excel 文档格式）
控制系统	中文操作界面（Windows 系统控制平台）
元器件密度	元器件本体之间 1mm 间距，贴片元器件与孔之间的距离不能小于 3mm
工作台运转方式	顺时针和逆时针方向
电路板输送方式	手动/自动可选

2. 工作原理

新泽谷应用程序是执行 Excel 工作簿格式的程式，用位图坐标编程器编写的程序文本和 Protel 99 模板数据文本均要转换为 Excel，文件夹中共有三种数据，与卧式联体插件机的相同。

11.2 返修技术

返修技术一贯被世人所忽视，然而实际的无法避免的缺陷又使得返修在组装工艺中变得必不可少。返修通常采用手工焊接技术。

11.2.1　手工焊接技术

1. 烙铁

烙铁是手工焊接的重要工具，表 11.3 所示为烙铁的种类，表 11.4 所示为选择烙铁的依据。烙铁的握法有反握法、正握法和握笔法。

表 11.3　烙铁的种类

分类方法	种类
按功率分	低温烙铁、高温烙铁、恒温烙铁
按烙铁头分	尖嘴烙铁、斜口烙铁、刀口烙铁
按温度控制分	电热式烙铁、调温烙铁、恒温烙铁

表 11.4　选择烙铁的依据

焊接对象及工作性质	烙铁头温度（℃）（室温、220V 电压）	选用烙铁
一般印制电路板、安装导线	300～400	20W 内热式、30W 外热式、恒温式
集成电路	300～400	20W 内热式、恒温式
焊片、电位器、2～8W 电阻器、大电解电容器、大功率管	350～450	35～50W 内热式、恒温式、50～75W 外热式
8W 以上的大电阻器、ϕ2mm 以上导线	400～550	100W 内热式、150～200W 外热式
汇流排、金属板等	500～630	300W 外热式
维修、调试一般电子产品		20W 内热式、恒温式、感应式、储能式、两用式

2. 手工焊接 THC

掌握好烙铁的温度和焊接时间，选择恰当的烙铁头和焊点的接触位置，才可能得到良好的焊点。正确的手工焊接操作过程可以分成五个步骤：①准备施焊（见图 11.3（a））；②加热焊件（见图 11.3（b））；③送入焊丝（见图 11.3（c））；④移开焊丝（见图 11.3（d））；⑤移开烙铁（见图 11.3（e））。

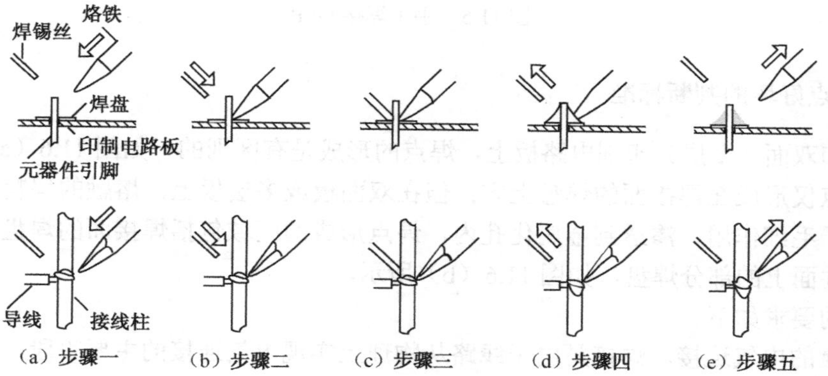

图 11.3　锡焊五步操作法

3．手工焊接 SMD/SMC

在生产企业中，焊接 SMT 元器件主要依靠自动焊接设备，但在维修电子产品或研究单位制作样机时，检测、焊接 SMT 元器件都可能需要在相对简陋的条件下进行手工操作。

手工焊接贴装元器件，与焊接插装元器件有几点不同：①焊锡丝更细，一般要使用直径为 0.5～0.8mm 的活性焊锡丝，也可以使用膏状焊料（焊膏）；②要使用腐蚀性小、无残渣的免清洗助焊剂；③使用更小巧的专用镊子和烙铁，烙铁的功率不超过 20W，烙铁头是尖细的锥状；④焊接时间要短，一般不超过 4s，看到焊锡开始熔化就立即抬起烙铁头；⑤如果提高要求，则最好备有热风工作台、SMT 维修工作站和专用工装。

（1）焊接 SMC。如图 11.4 所示，焊接电阻器、电容器、二极管等两端元器件时，先在一个焊盘上镀锡；然后，右手持烙铁压在镀锡的焊盘上，保持焊锡处于熔融状态，左手用镊子夹着元器件推到焊盘上，先焊好一个焊端；最后，再焊接另一端。

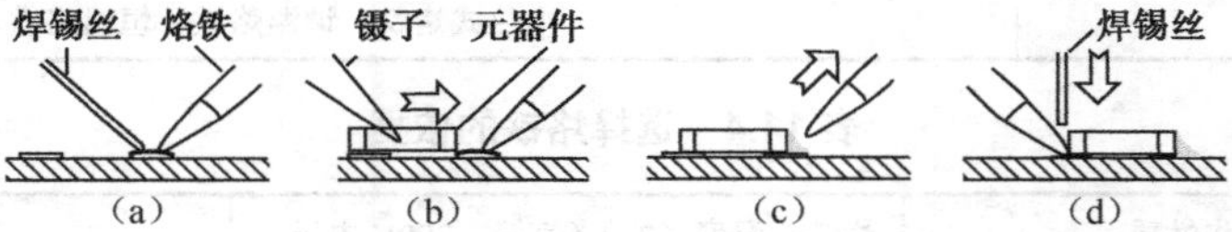

图 11.4　SMC 元器件的手工焊接

另一种焊接方法是：先在焊盘上涂覆助焊剂，并在基板上点一滴不干胶，再用镊子将元器件放在预定的位置，先焊好一脚，再焊其他引脚。安装钽电解电容器时，要先焊接正极，后焊接负极，以免损坏电容器。

（2）焊接 SMD。如图 11.5 所示，焊接 QFP 封装的集成电路，先把芯片放在预定的位置上，用少量焊锡焊住芯片角上的 3 个引脚（见图 11.5（a）），使芯片被准确地固定住，然后将其他引脚均匀地涂上助焊剂，逐个焊牢（见图 11.5（b））。焊接时，如果引脚之间发生焊锡粘连现象，可按照图 11.5（c）所示的方法清除粘连：在粘连处涂抹少许助焊剂，用烙铁尖轻轻沿引脚向外刮抹。

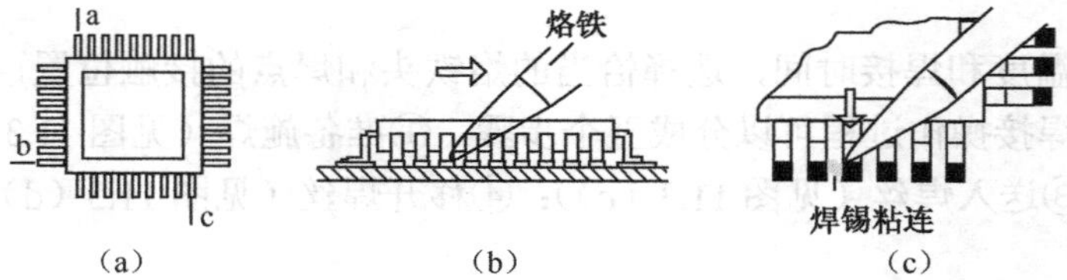

图 11.5　手工焊接 QFP

4．焊接点好坏的判断标准

在单面和双面（多层）印制电路板上，焊点的形成是有区别的，如图 11.6（a）所示，在单面板上，焊点仅形成在焊接面的焊盘上方；但在双面板或多层板上，熔融的焊料不仅浸润焊盘上方，还由于毛细作用，渗透到金属化孔内，焊点形成的区域包括焊接面的焊盘上方、金属化孔内和元器件面上的部分焊盘，如图 11.6（b）所示。

对焊点的要求如下。

（1）可靠的电气连接。焊接是电子线路从物理上实现电气连接的主要手段，靠焊接过程所形成的牢固连接的合金层来达到电气连接的目的。

（2）足够的机械强度。焊接不仅起到电气连接的作用，同时也是固定元器件保证机械连接的手段，这就存在机械强度的问题。作为焊锡材料的铅锡合金本身强度是比较低的，常用铅锡焊料抗拉强度为 3～47kg/cm^2，只有普通钢材的 10%，要想提高机械强度就要有足够的连接面积。

（3）光洁整齐的外观。典型焊点的外观如图 11.7 所示。①表面有金属光泽且平滑，是焊接温度合适、生成合金层的标志。②形状近似为圆锥形，而表面微凹呈现漫坡状（以焊接导线为中心对称成裙形拉开）。焊料与焊件交界处平滑接触角尽可能小。虚焊点表面往往呈凸形，可以判别出来。③无裂纹、针孔、夹渣，焊点的外观检查用目测（或借助放大镜、显微镜观测）。

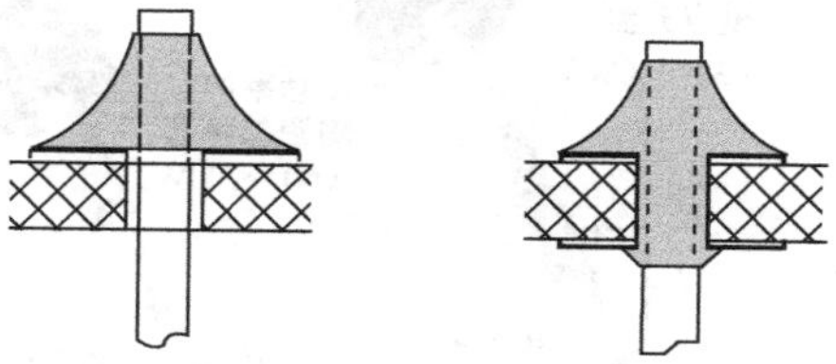

（a）单面板　　（b）双面板

图 11.6　焊点的形成

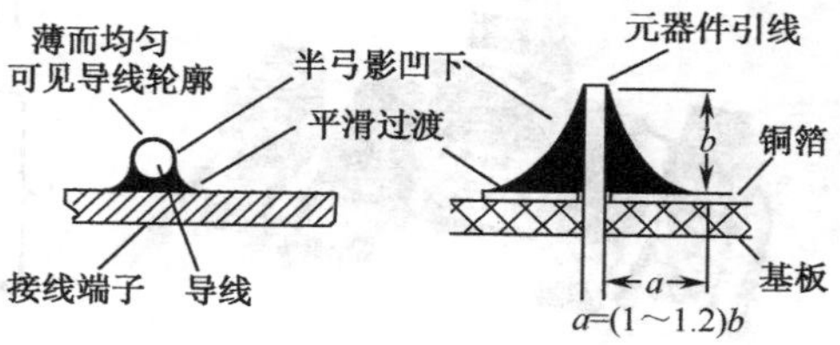

图 11.7　典型焊点的外观

11.2.2　SMT 返修技术

最常见的 SMT 返修技术有三种：接触焊接、热风焊接和 IR 红外焊接。

1．接触焊接

接触焊接是在加热的烙铁嘴或烙铁环直接接触焊接点时完成的。烙铁嘴或烙铁环安装在焊接工具上，烙铁嘴用来加热单个焊接点，而烙铁环用来同时加热多个焊接点，主要用于多脚元器件的拆除。烙铁环的结构有多种形式，如两面和四面的离散环，可用其拆卸矩形和圆柱形的元器件及集成电路等。烙铁环对取下已经用胶粘连的元器件非常有用，在焊锡熔化后，烙铁环可拧动元器件，打破胶的连接。

形成可靠焊点的关键因素是烙铁头与被焊接工件的接触温度。这个温度应保证焊料熔化并将被焊接工件加温，使焊料在被焊接工件间形成熔融合金层，从而将它们牢固地连接在一起。由于焊点负载的大小不同（如元器件大小、引线粗细、地线长短、接地面大小和散热面大小等），为达到恰当温度所需的热量也不同，因而接触温度是否能恰当地形成牢固焊点，就只能依靠操作者的经验了，这正是传统烙铁技术上的限制。

SMT/THT 组装维修工作站主要有 METCAL SmartHeat、PACE MBT250AE、ERSA Digital 2000A 等。ERSA Digital 2000A 多功能焊接维修工作站如图 11.8 所示，五种不同的焊枪可接驳到同一个焊台上，提供了最大的应用弹性。焊台可自动检测不同的焊枪接驳，以最低的能量发挥最大的功效，如图 11.9 所示。微处理逻辑控制四个预设的程序以应付不同焊枪温度的转变；数码温度显示及调校预设所有烙铁头偏差参数，并自动应答；室内温度补偿可在任何工作环境下提供最大的准确性。

2．热风焊接

热风焊接通过用喷嘴把加热的空气或惰性气体（如氮气）指向焊接点和引脚来完成。手工操作一般选用手持式热风枪，用手持式热风枪取下和更换矩形、圆柱形和其他小型元器件比较方便。热风焊接可以避免接触焊接的局部过热现象，热风温度范围一般是 300～400℃，熔化焊锡所要求的时间取决于热风量的大小。较大的元器件在取下或更换之前，加热时间可能会超过 60s。热风焊接由于传热效率较低，加热过程缓慢，减小了对某些元器件的热冲击，并且热风对每个焊盘的加热及熔化是均匀的，热风的温度和加热率是可控制、可重复和可预测的。

图 11.8 ERSA Digital 2000A 多功能焊接维修工作站

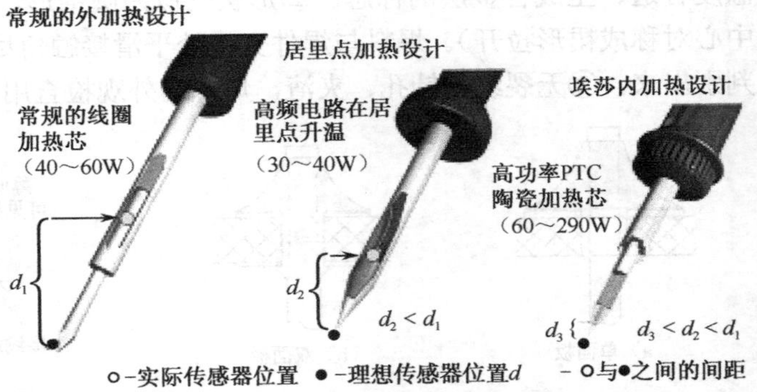

图 11.9 烙铁传感器位置决定了系统热效率

图 11.10 所示为 OK BGA-3500 系列返修站，采用贴片及加热双工作位置设计，独立的控制器可使设备完全脱离计算机而运行。设备可完成丝网印刷、精密贴片及热风焊接等工作。同时，设备还配备高性能的焊接工具，可完成 BGA 焊盘清理及其他辅助焊接工作。

图 11.10 OK BGA-3500 系列返修站

使用热风工作台拆焊元器件，要注意调整温度的高低和送风量的大小，初学者使用热风台，应该把“温度”和“送风量”旋钮都置于中间位置；如果担心待拆芯片周围的元器件被吹走，可以用胶带粘贴，把它们保护起来；必须特别注意：只有全部引脚的焊点都已经被热风充分熔化后才能用镊子拾取元器件，以免印制电路板上的焊盘或线条受力脱落。

3. IR 红外焊接

如图 11.11 所示，红外 ERSA IR550A 返修系统是通过红外辐射来加热焊接点和引脚的。IR550A 微处理器控制的回流焊系统采用 1600W 深色 IR 辐射器，顶部有受专利保护的加热窗口（60mm×60mm），底部有加热区（135mm×260mm）；用非接触式 IR 传感器或可选的热电偶直接在元器件上测量温度；PC 软件 IRSoft 可用于将焊接过程和参数形成文件，具有可自由编程的温度曲线；集成的焊台可连接焊接和解焊烙铁，并具有集成的真空吸管，进行解焊操作很容易。

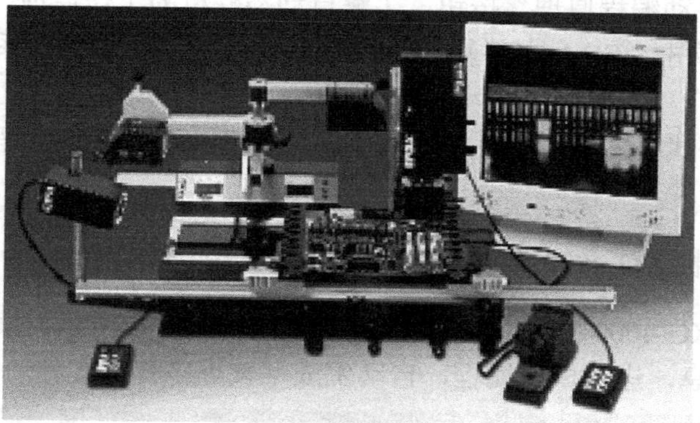

图 11.11　红外 ERSA IR550A 返修系统

11.3　实训

本部分重点介绍自动插件机虚拟制造系统。先读入 EDA 设计文件，进行模拟编程，再进行插件机工作过程的 3D 动画仿真，最后进行插件机操作使用和维修保养。

11.3.1　自动插件机编程及 3D 仿真

自动插件机 CAM 程式编程主界面如图 11.12 所示。

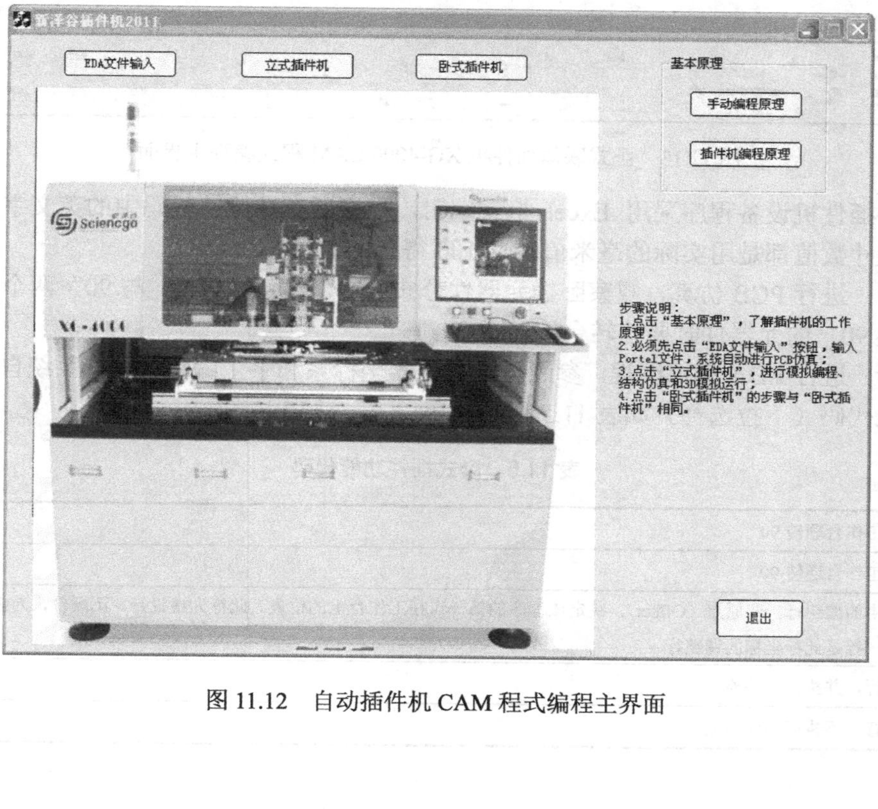

图 11.12　自动插件机 CAM 程式编程主界面

第一步：单击“手动编程原理”按钮，了解自动插件机的工作原理。

第二步：必须先单击“EDA 文件输入”按钮，输入 Protel 文件，系统才能自动进行 PCB 仿真。

第三步：单击“卧式插件机”或“立式插件机”按钮，进行模拟编程、结构仿真和 3D 模拟运行。

1. 卧式联体插件机 XG-4000 编程

卧式联体插件机 XG-4000 CAM 程式编程主界面如图 11.13 所示，读入 EDA 设计文件，从中提取 PCB 的设计信息，进行模拟编程，自动生成贴装顺序程序文件。

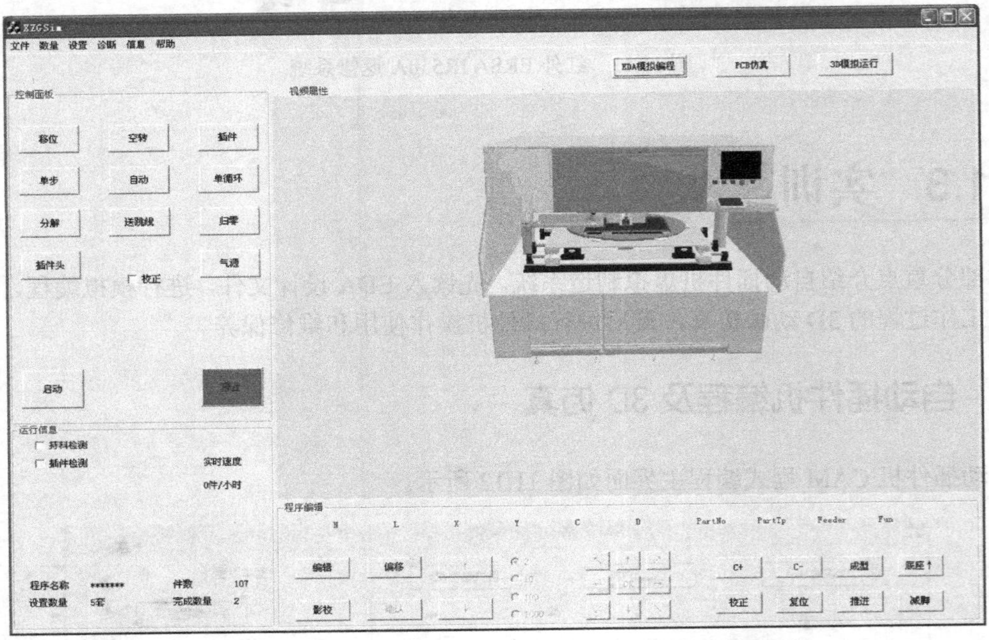

图 11.13 卧式联体插件机 XG-4000 CAM 程式编程主界面

新泽谷插件机设备程序采用 Excel 格式编辑，程序所有功能性代码中的英文字母都必须大写，所有尺寸数值都是用实际的毫米值乘以 100 得出的。

第一步：进行 PCB 仿真，观察卧插元器件分布情况。注意区分 0° 与 90° 两个角度的元器件，在插装 90° 的元器件时要让转台旋转 90°。

第二步：进行 EDA 模拟编程。参照新泽谷机器坐标系和手工编程方法，系统自动编程。卧式插件功能代码（下拉选择）如表 11.5 所示。

表 11.5 卧式插件功能代码

T1	指令工作台顺转 90°
T2	指令工作台逆转 90°
OS	程序中的偏距行，即原点（Offset），决定该程序的第一点在工作台上的位置。此行为虚设行，不插件，为必选行，紧接此行的下一行是此行坐标的调整行
I1	插件行，并执行漏件检测
I2	插件行，不执行漏件检测

续表

I3	虚设插件行，为非正规插件检测出错行，此行执行插件动作，并检测； 当没有更换 PCB、排料顺序出错或排料超前时终止插件，此行为可选行； 设在第一行插件行的前一行，与第一行插件行坐标相同
I4	跳线插件行，并执行检测
I5	跳线插件行，不执行检测
E	程序结束行

注意事项：

（1）在转台插件的程序中，每两个 OS 坐标要一致。

（2）I3 与 I1 的坐标要一致，因为 I3 执行错件检测，所以和 I1 坐标要一致。

（3）T1 的坐标和 I3 或 I1 坐标要一致，这样转盘就可以在此插件点转台。

（4）OS 与 I3 或 I1 的 X、Y 对应坐标值相加不得小于 0 或大于 45000，超过此范围就是超出 X、Y 的极限。

（5）当 OS 下面的插件行不是插元器件而是插跳线时就不需要 I3 了，而是直接输入 I1。

第三步：进行程序修正编辑。参照步骤说明进行。

启动“单步”+“移位”，运行到 OS 下的第一插件行，也就是偏距行。应用“程序编辑”和“影校”，根据实际情况选用编辑校正用的上、下、左、右箭头，以及移位的单位距离值 2、10、100……，确定新的偏距行的坐标位置，当相机校准插件孔位后，单击“偏距确认”按钮，确定新的偏距坐标。

在机器归零后，启动“单步”+“移位”，移位到程序的第二行时，再单击“程序编辑”内的“编辑”和“影校”，看所设置的点与相机十字图形是否同心，若不同心，则利用“编辑”修正。

第四步：进行系统设置、信息诊断。

2．立式插件机 XG-3000 编程

立式插件机 XG-3000 CAM 程式编程主界面如图 11.14 所示，先读入 EDA 设计文件，从中提取 PCB 的设计信息，进行模拟编程，自动生成贴装顺序程序文件。参照卧式联体插件机编程方法。

第一步：进行 PCB 仿真，观察立插元器件的分布情况。

第二步：进行 EDA 模拟编程，参照新泽谷机器坐标系和手工编程方法，系统自动编程。

第三步：进行程序修正编辑。参照步骤说明进行。

第四步：进行系统设置、信息诊断。

3．自动插件机 3D 仿真

卧式联体插件机 XG-4000 和立式插件机 XG-3000 均可进行以下三种仿真。

（1）结构仿真：按住鼠标左键不放，可上、下、左、右移动和旋转仿真图形；按住鼠标右键不放，可放大仿真图形。

（2）3D 模拟运行：单击“自动”按钮，再单击“启动”按钮，按照 CAM 编程程序运行，可检查 CAM 程式错误。

（3）试机动作：单击“单步”按钮，再单击“插件”等功能按钮，然后单击“启动”按钮，

可进行试机，观察设备的局部运行情况。

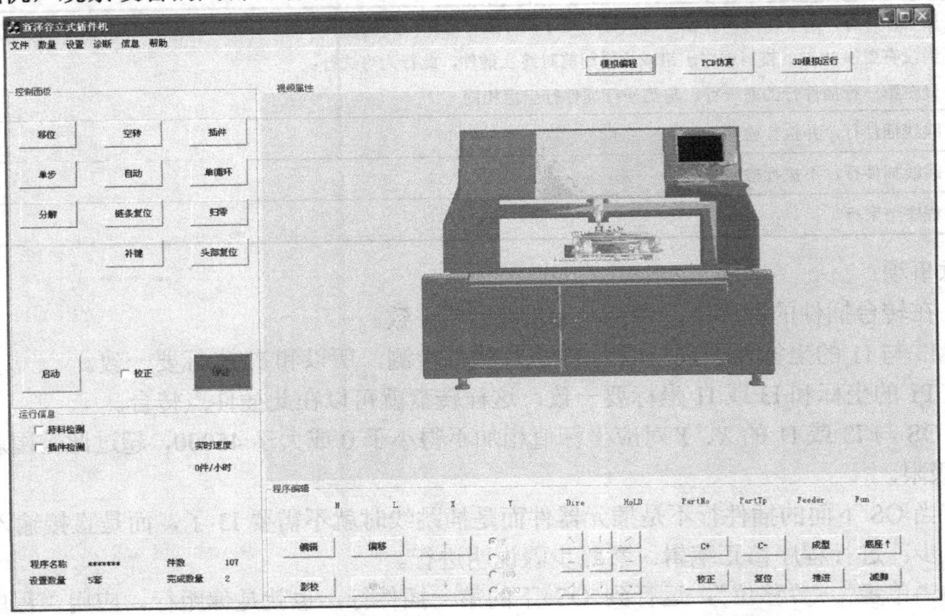

图 11.14　立式插件机 XG-3000 CAM 程式编程主界面

11.3.2　自动插件机操作技能

在自动插件机主界面单击“操作使用”按钮，即进入操作使用界面，如图 11.15 所示。首先掌握自动插件机操作技工（师）职能。

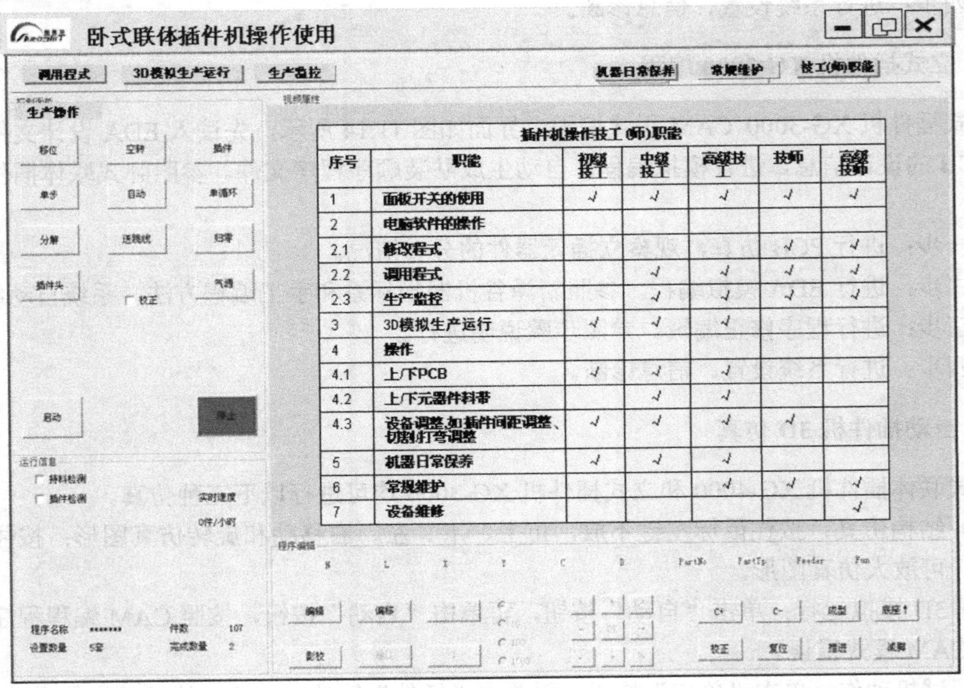

图 11.15　操作使用界面

1．面板开关的使用

单击“面板开关的使用”按钮，调出动画，显示面板各种开关的作用和使用方法。

2．电脑软件的操作和生产模拟运行

单击“调用程式”按钮，调用 Demo CAM 程式；再单击“3D 模拟生产运行”按钮，调用自动插件机 3D 模拟仿真，能用 3D 动画模拟自动插件机的工作过程，最后单击“生产监控”按钮，调用监控程序监控生产，如图 11.16 所示。

N	Loc	X	Y	C	D	PartNo	PartTp	Feeder	Fun
1	OS	22500	22500	1000	100	999	JW	0	OS
2	T1	0	0	1000	100	999	JW	0	T1
3	OS	-1768	5780	756	100	999	JW	0	OS
4	VD561	14319	23820	968	100	999	JW	0	I4
5	W553	14314	23061	1471	100	999	JW	0	I4
6	R4	14321	22323	1463	100	999	JW	0	I4
7	R5	14039	21624	1245	100	999	JW	0	I4
8	R6	14006	21327	1175	100	999	JW	0	I4
9	R7	13902	20155	965	100	999	1/6W	1	I1
10	R8	13657	18088	980	100	999	1/6W	6	I1
11	R9	12008	19998	985	100	999	1/6W	1	I1
12	R10	9871	18453	1466	100	999	1/6W	6	I1
13	R11	7439	19284	976	100	999	1/6W	1	I1
14	R12	6825	18523	975	100	999	1/6W	6	I1
15	R13	6473	18290	1479	100	999	JW	0	I4
16	R14	5520	17572	1472	100	999	JW	0	I4
17	R15	6656	17333	1476	100	999	JW	0	I4
18	R16	6659	16969	1481	100	999	JW	0	I4
19	R17	5163	15227	740	100	999	1/6W	1	I1
20	R18	5158	14965	732	100	999	1/6W	6	I1
21	R19	5182	14696	729	100	999	1/6W	1	I1
22	R20	5176	14439	724	100	999	1/6W	6	I1
23	J3	7759	14769	725	100	999	1/6W	1	I1
24	J4	7763	15017	722	100	999	1/6W	6	I1
25	J5	7769	15276	717	100	999	1/6W	1	I1

图 11.16　生产监控

3．操作

单击“上/下 PCB”“上/下元器件料带”“插件间距调整”“切割/打弯调整”等按钮，调出动画，显示各种操作。

11.3.3　自动插件机维修保养

在操作使用界面，单击“机器日常保养”和“常规维护”按钮，调出说明文档。

1．维护保养

卧式联体插件机日常保养检查周期如表 11.6 所示。立式插件机 XG-3000 维护检查项目及检查周期见软件培训系统。

表 11.6　卧式联体插件机日常保养检查周期

检查项目			检查周期		
机器部位	检查维护内容	图　示	每日	每周	每月
插装头的检查	① 检查上、下轴承架的一致性； ② 检查内束现象； ③ 检查成型器由前至后的往复行程； ④ 检查内、外成型器间的间距是否相等； ⑤ 设置正确的尺寸； ⑥ 切割与打弯一致性； ⑦ 释放同步带张力； ⑧ 底座均一性； ⑨ 上、下插装头的对中性	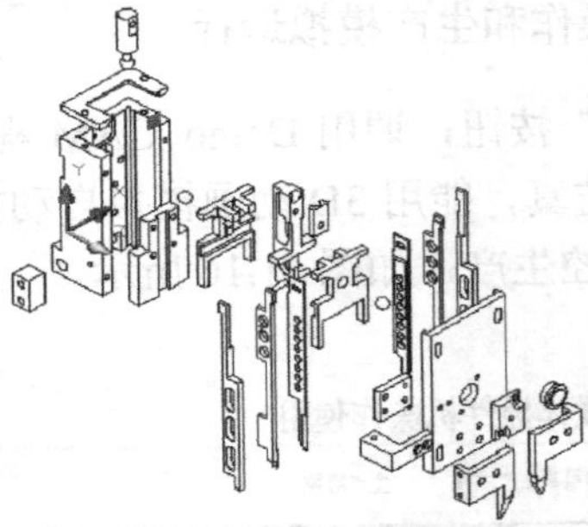		√	√
切割/打弯单元	以不含纤维屑的布擦拭滚珠丝杠	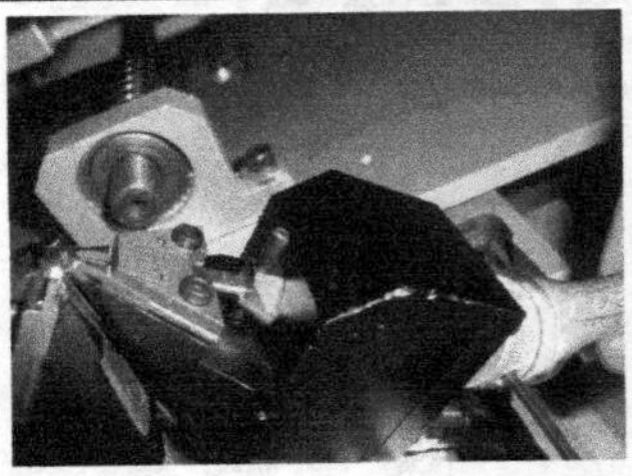		√	
	轻微润滑滚珠丝杠			√	
	将引线碎屑用真空吸除或用刷子清扫		√		
	在导轨底部加 20MR 油脂				√
	打弯角度			√	√
插入头驱动装置	以不含纤维屑的布擦拭滚珠丝杠	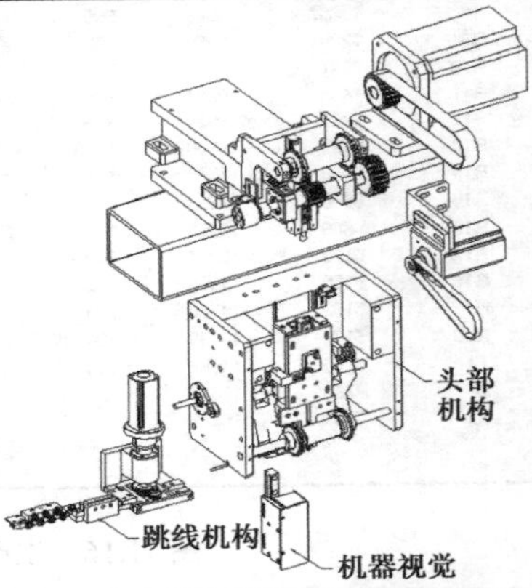		√	
	轻微润滑滚珠丝杠			√	
	插装头的分解与组装，加润滑脂				√
	检查 PCB 固定模板的水平度				√
转盘旋转装置	在滑动装置驱动轴、凸轮滑动装置、制动激励器与定位滑动装置上加 20MR 油脂				√
	圆盘一致性			√	√
送料轮驱动装置	润滑连接杆两端	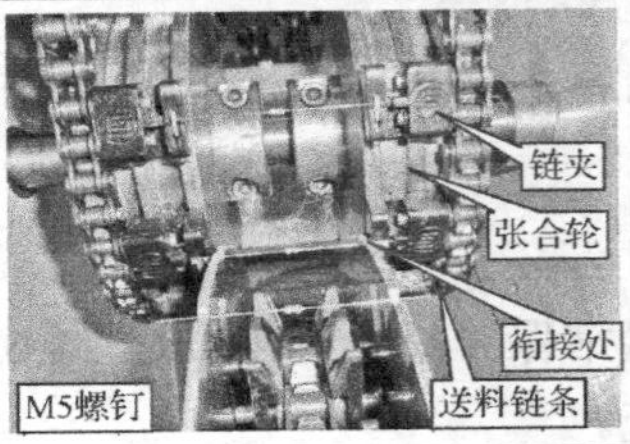		√	√
	润滑送料轮驱动离合器			√	√
	检查 U 轴极限开关检测板是否松动			√	√

续表

检查项目			检查周期		
机器部位	检查维护内容	图　示	每日	每周	每月
工作台	清空废料箱内的废料。清洁废料管内的残留物	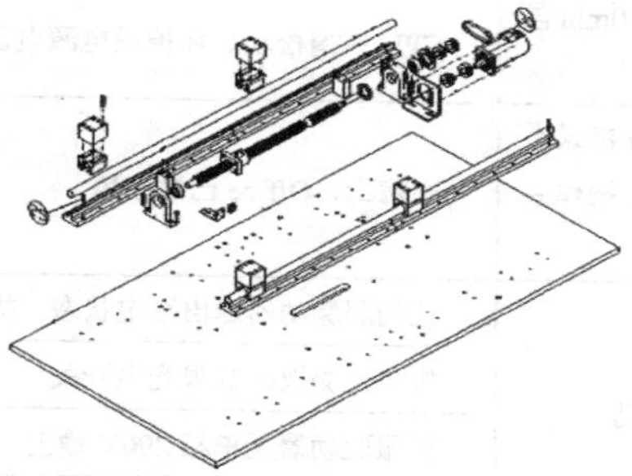	√		
	将机器台面上的引线碎屑用真空吸除或用刷子清扫		√		
	擦拭并润滑滚珠轴承组件			√	√
	检查极限开关的检测板是否锁紧			√	
	检查插装头与零点极限开关的一致性			√	
	用油壶在线性导轨上施加 300SL36 油脂				√
	在转盘的从动轴承轮的轨迹上加 300SL36 油脂				√
气动部件	保证供给气动系统清洁干燥的压缩空气，保证气动系统的气密性，保证油雾润滑元器件得到必要的润滑，保证气动元器件和系统得到规定的工作条件（如使用压力、电压等）	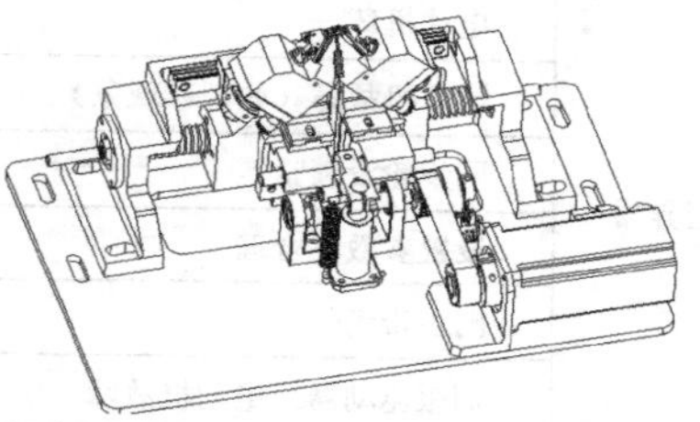		√	√
	汽缸拆解后注意观察，若发现 YX 形密封圈唇部已磨平，应将其从活塞上取下，换上新件；涂抹润滑脂。另外，缓冲柱塞与缸盖接触频繁，也应涂上润滑脂	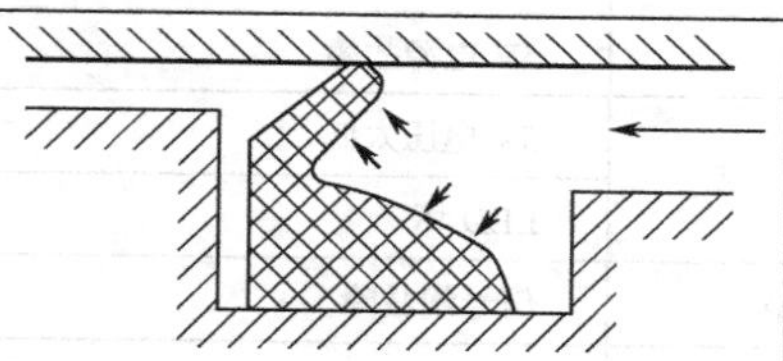		√	√
	每年 1～2 次定期检修电磁阀				√
	气源过滤器每 3 个月用干净的抹布进行一次擦拭并清洗				√

2．操作维修

出现故障应首先判断是电、气还是机械故障，或是由计算机的哪一部分引起的；然后检查电、气、动力源是否引入，是否为标称值；接着看连接处或可拆卸处（电线插头、同步轮等）是否接触、锁紧，相关安全、保险、限位开关（急停开关、熔断器、限位光电开关、漏电开关、空气开关）是否保护锁定。卧式联体插件机基本故障分析排除如表 11.7 所示。立式插件机电气基本故障分析排除如表 11.8 所示。

表 11.7　卧式联体插件机基本故障分析排除

故障部位	故障现象	故障原因	故障排除
计算机	计算机无法打开	计算机电源开关坏或连线断	换新或重新连接
	计算机开不了机，但显示正常	检查内存条	用橡皮擦擦内存条
		检查鼠标与键盘是否插反	调换内存插槽或更换内存
		系统故障	如有插反则调换正确，重装系统

续表

故障部位	故障现象	故障原因	故障排除
计算机	主机能正常运行但无显示	检查内存条是否松动或 CPU 是否有接触不良状况	用橡皮擦擦内存条或更换 CPU
	开机不到 10min 自动关机	CPU 风扇松动、坏掉或电源电压不稳定	更换 CPU 风扇或查看电源线路
	Excel 文件格式不兼容，打不开操作系统	中病毒，Office 已被破坏	用最近更新的杀毒软件杀毒，把带有 Excel 的文件全部删除，重装 Office
XY 伺服系统	电动机不动	让伺服驱动器退出通电状态，拔掉伺服器与电动机间的连线，轻推 XY 机构，看能否移动	
		极限检测板碰极限光电开关	使机构复位，退出极限位置
		伺服驱动器无单相 200V 输出	检查伺服使能信号、I/O，换伺服驱动器
		伺服驱动器与电动机间的接触器没吸合	使急停开关复位，换接触器
	电动机动但异常	电动机坏	更换即可
		计算机故障（如漂移现象）	
		同步轮没锁紧	锁紧即可
		设置参数不合理	重新设置
		同步带老化	换新
		伺服驱动器或电动机故障	检修或换新
影像	光源没光	5V 电源故障	检查 5V 开关电源、继电器、电线接头
	光源亮度不够	5V 电压太低	调整标准电压值
		LED 坏	更换
	视频没图像	信号线故障	重插或更换
	图像模糊不清	相机没调好	调整光圈
		光源亮度不够	查 5V 电源或 LED
		系统内的相机参数设置不当	重调增益和曝光时间参数
		板太脏	清洁
机器归零位	机器归零时，单击归零启动，机器不动作	按下急停开关	顺时针拧开急停开关，开启 24V 电源
		有机玻璃门保护开关启用了	关掉玻璃门保护开关，使停止开关红灯熄灭
		转台小板坏	更换转台小板
	零位开关触发后，机器不停，继续运行	零位光电开关坏	更换光电开关
送线	送线长短不一	送线装置调节不当或零件损坏	检查并确认故障、重新调整
		联轴器松脱	检查联轴器的螺钉和抱箍是否松动，确认是否锁紧，如果滑牙磨损，则更换新的
	送线时堵线	送料拉直部分调节不当	重新调节
		送线管堵塞	清洁管路
		XG-4000-01-04-054 弹簧片断导致勾刀没弹性	更换弹簧片 XG-4000-01-04-054
		伺服驱动器参数设置不当	重新设置
		XG-4000-01-04-065 左下切刀破损	更换左下切刀 XG-4000-01-04-065

续表

故障部位	故障现象	故障原因	故障排除
坐标走位	调好用一段时间又走位	同步带太松	调整同步带的松紧
		转盘底下 *X*、*Y* 轴螺钉松动	需检查、锁紧松动的螺钉
		抱箍不紧	更换抱箍
		编码器信号线断	更换
		电动机或驱动器坏	更换
掉料	掉料	XG-4000-01-04-058、XG-4000-01-04-059 摆动太大	更换 XG-4000-01-04-055 或 XG-4000-01-04-056、XG-4000-01-04-057
		内外成形刀出现破裂	更换
		剪脚器汽缸密封不好	检查并维修
剪脚	剪脚却不弯脚	底座汽缸坏	更换
	不剪脚	驱动底座汽缸电磁阀坏	检查并更换
		空心销断或松脱	检查并更换
		XG-4000-01-12-017 或 XG-4000-01-12-018 磨损	更换刀
引线	引线打弯，未切割	程序坐标问题	校准程序坐标
插件	插入不良	XG-4000-01-04-040 销松动	更换 XG-4000-01-04-040
		成形问题	检查上成形刀与下成形刀之间的间隙与磨损程度，有必要就更换
		XG-4000-01-04-011 磨损间隙大	更换 XG-4000-01-04-011
转盘	转盘锁定不释放，转盘不动	驱动锁定转盘电磁阀坏	更换
		转动线断	用万用表检查并更换
		释放转盘的两个小汽缸松动导致锁定装置不能张开到位让转盘旋转	检查并重新调整
		转台电动机坏	更换

表 11.8 立式插件机电气基本故障分析排除

故障现象	故障分析	解决方案
计算机和显示器无法打开	UPS 不间断电源坏，不储存电源或电源和电源线都被烧坏	第一步：查看计算机电源线是否连接到 UPS 不间断电源，UPS 不间断电源是否正常工作，然后把计算机和显示器电源外接市电插座； 第二步：检查电源是否已被烧坏； 第三步：检查电源线接口是否松动或接触不良，更换电源线或重新插拔一次电源线
计算机开不了机，但显示器是正常的	① 检查内存条是否有铜箔脱落或 IC 烧坏； ② 检查鼠标与键盘是否正确连接； ③ 检查系统是否损坏或崩溃	第一步：用干净的橡皮擦擦内存条的铜箔，调换内存插槽，重新安装在主板上，或者更换内存条； 第二步：调换鼠标与键盘插口或拔掉鼠标与键盘； 第三步：系统被病毒损坏或人为损坏（误删系统文件），重装系统或还原

续表

故障现象	故障分析	解决方案
主机能正常运行，但没有显示	这个情况一般都出现在内存条、主板和显卡上；也有可能会出现在显示器上	第一步：拔下内存条，清理主板上的灰尘，用干净的橡皮擦擦内存条的铜箔，调换内存插槽，重新安装在主板上，或者更换内存条； 第二步：如有独立显卡，则将显卡拔下，清理上面的灰尘，重新安装在主板上或更换显卡； 第三步：把CPU、内存条从主板上拆下重新组装一遍，或者直接更换主板； 第四步：重新连接显示器的视频连接线，或更换
开机不到10min自动关机、重启或频繁重启；打开急停开关死机	这种情况一般会出现在CPU散热不好或电源电压不稳定时；打开急停开关死机现象，一般是在按下急停开关长时间后再打开才会出现的	第一步：CPU散热风扇被灰尘卡死或断脚不会转，更换CPU散热风扇； 第二步：CPU风扇散热片底下的导热硅胶干燥掉落，拆下CPU散热风扇散热片的结合面再均匀地涂上导热硅胶； 第三步：打开急停开关，计算机突然死机或重启，UPS电压不稳定，把计算机和机器的电源分开，不要两个一起连到UPS
打开机器操作系统，Excel出现不能识别的文件格式	这个故障的原因很难判断： ① 可能是Office兼容包被损坏所致； ② 病毒感染Office； ③ 非法关机、意外关机或死机造成数据损坏	第一步：用最新的杀毒软件查杀一下病毒，重新安装Office软件，把之前所有的Excel文件都删除； 第二步：借助专门用来修复受损Excel文件的“ExcelRecovery”，该软件会自动将修复程序加到Excel软件中，表现为在“文件”菜单下增添一项“Recovery”命令，它能自动以修复方式打开受损文件； 第三步：如果上面的方法都不能修复文件，还可以重装系统或还原系统
插件头部归零不会动作	通常是由光电开关、信号线、控制卡和I/O板引起的	第一步：要区分控制卡的序号，调换控制卡数据线，检测控制卡信号情况或更换控制卡； 第二步：检查I/O板螺钉是否松动、I/O板或IC是否烧坏，更换I/O板； 第三步：检查光电开关是否被其他物体挡住； 第四步：检查感应片是否在最佳位置或者掉落
蓝屏代码：0x0000007B: INACESSIBLE_BOOT_DEVICE	Windows在启动过程中无法访问系统分区或启动卷，一般发生在更换主板后第一次启动时，主要是由新主板和旧主板的IDE控制器使用了不同芯片组造成的，有时也可能是由病毒或硬盘损伤引起的	一般只要用安装光盘启动计算机，然后执行修复安装即可解决问题，对于病毒则可使用DOS版的杀毒软件进行查杀，如果是硬盘本身存在问题，请将其安装到其他计算机中，然后使用“chkdsk /r”来检查并修复磁盘错误
开机跳过Windows 2000界面，滚动条会黑屏、自动重启或关机	① Windows系统文件被破坏； ② 硬盘坏道导致Windows不能正常启动； ③ Windows系统启动文件boot.ini只读属性已被更改	第一步：用系统安装盘修复系统； 第二步：重装系统或还原系统； 第三步：用PE启动计算机，在C盘中找到boot.ini文件将其属性只读选中，然后重启计算机
打开操作软件的错误代码E0001、E0002、E0003、E0004	E0001是硬盘没有注册；E0002和E0001意思一样；E0003是加密狗没有安装好；E0004是没有运行板卡驱动	第一步：要把安装好系统的硬盘注册到新泽谷； 第二步：确定加密狗已正确安装； 第三步：安装好所有驱动程序，再运行“我的电脑”D盘安装板里面的REGIST2K和REG2K文件； 第四步：检查新泽谷数据里的文件有没有缺少或以下文件被损坏：位图图像、设备参数、元器件参数； 第五步：重新复制一个本机器的操作软件

续表

故障现象	故障分析	解决方案
打开机器操作软件，出现不存在对应的用户锁或 E0003 提示	① 加密狗没有安装； ② 加密狗松、掉，接触不良； ③ 如果有 USB 延长线，则可能是 USB 延长线被烧坏	第一步：检查加密狗是否正确安装在 USB 接口上，把加密狗重新插到 USB 接口上； 第二步：更换 USB 延长线或接 USB 插口，重新插上加密狗
驱动器初始化错误 Driver initialize error!!!	板卡 DMC1000 驱动没有安装	指定一个位置来安装该驱动
Run-time error“1004”或 Run-time error “91”	运行时错误，代码 1004 表示缺少新泽谷数据里的 alast.xls（卧式机）、rlast.xls（立式机）等文件，或者是设备参数、元器件参数被损坏	第一步：打开“我的电脑”D 盘新泽谷数据查看 alast.xls（卧式机）文件或 rlast.xls（立式机）文件是否存在，重新复制一个卧式机程序或立式机程序，重命名为 alast.xls（卧式机）文件或 rlast.xls（立式机）文件； 第二步：更换新泽谷数据里的设备参数或元器件参数
运行时错误“53”，文件找不到 DMC1000.	该计算机还没有注册到新泽谷或在 C 盘 WINNT、system32 文件夹里找不到 DMC1000.DLL 注册文件	第一步：把 D 盘/安装/板卡/DRIVERS/DMC1000.DLL 复制到 C 盘 WINNT、system32 文件夹里； 第二步：请联系新泽谷机械公司有关技术员，对本计算机硬盘进行注册，调试软件程序即可
P Card Error：Driver initialize error!!!	运行时 PISO 控制卡初始化错误，无法读取 PISO 控制卡	在控制面板→系统→硬件→设备管理器里查看有没有安装 PISO-P3C32 控制卡驱动，或者把 PISO 控制卡拔出重新安装一次即可
错误代码 SN、SK，请联系新泽谷	此硬盘没有注册新泽谷系列软件；	确定此硬盘是否被格式化重装过系统；
	加密狗没安装正确，检测不到驱动；	检查加密狗是否被拔动过；
	登录用户名已被更改	查看控制面板里的用户账户的登录用户名是否被更改
Run-time error “91”：Object variable or With block variable not net P Card Error，Only one Card in system（3000）	运行时错误“91”，对象变量或对象局部变量错误； P 卡的错误，只有一个卡的系统	打开 D 盘新泽谷数据里面的设备参数，修改设备参数最后一项分配头数量为 0 或者是机器上所安装的分配头数量
退出软件或使用某个功能时提示退出 Excel 的运行	检查在 Windows 下是否已打开 Excel 文档；或任务管理器里的 Excel.exe 进程没有结束	① 关闭 Windows 下已打开的 Excel 文档； ② 运用组合键“Ctrl+Alt+Del”打开任务管理器，在进程里结束 Excel.exe 进程即可； ③ 重新复制一个新泽谷数据和所需要的机器软件到“我的电脑”D 盘里把原有的覆盖掉

11.3.4　返修实训

寻找一块已坏的电路板，首先进行 SMT 器件的手工焊接，再进行 BGA 和 CSP 返修。

11.4　认证考试举例

本章认证考试分专业知识和实践技能两部分，在 SMT 专业技术资格认证培训和考评平台 AutoSMT-VM1.1 上完成。本章测试重点是插件机 CAM 程式编程和操作使用。

【例 11.1】元器件的插装原则为（　　）。

A．先小后大、先重后轻、先低后高、先里后外

B．先小后大、先轻后重、先高后低、先里后外

C．先小后大、先轻后重、先低后高、先里后外

D．先大后小、先轻后重、先低后高、先里后外

答案：C

【例 11.2】卧插三极管、LED、电容器的孔（跨）距一般是（　　）。

A．2.54mm、10mm　　B．12.5mm、17.5mm　　C．10mm、12.5mm

答案：A

【例 11.3】电子整机产品生产工艺过程一般是（　　）。

A．机芯组装→整机装配→整机包装

B．板子组装→机芯组装→整机装配→整机包装

C．元器件和零部件准备→板子组装→机芯组装→整机装配→整机包装

答案：C

【例 11.4】新泽谷插件机程式中功能 OS 的作用是（　　）。

A．程序中的偏距行，即原点（Offset），决定程序的第一点在工作台上的位置

B．插件行，并执行漏件检测

C．指令工作台顺转 90°

D．指令工作台逆转 90°

E．跳线插件行，不执行检测

答案：A

【例 11.5】新泽谷卧式插件机顺时针连续转台插件程式中，坐标量取方法采用（　　）。

A．PCB 的两个定位孔在板的下侧为初始状态→圆盘转 90° 进入零度状态，以 PCB 的左下角为原点，量取零度的坐标→圆盘再旋转 90°，以 PCB 的左下角为原点，量取 90° 的坐标

B．PCB 的两个定位孔在板的下侧为初始状态→圆盘转两个 90° 进入 180° 插件状态，以 PCB 的左上角为原点，量取坐标和插件头的转动角度（顺时针为+）

C．PCB 的两个定位孔在板的下侧为初始状态，以 PCB 的左上角为原点，量取坐标和插件头的转动角度（顺时针为+）

答案：A

【例 11.6】插件机生产中的操作工作主要有（　　）。

A．开机暖机、调用插件程式、插件间距调整、切割/打弯调整

B．上/下 PCB、上/下元器件料带、检查插件

C．开机、调用插件程式、生产运行和监控

答案：B

【例 11.7】试通过操作培训平台，选择软件中自带的演示 PCB 设计的 Demo 板，进行 Protel 设计的双面混装 PCB（SMC、SMD 和 THC 均在 A 面）的卧插 XG-4000 程式编程。任务是首先进行 EDA 输入、PCB 静态仿真，查看卧插元器件的布局及方向，再进入卧式插件机 XG-4000 界面，进行卧插 XG-4000 程式的功能设置，通过 3D 仿真查看编程错误，再进行修改（程序编辑窗口）（注意：退出后系统会自动采集编程数据，并自动打分）。

操作提示：单击进入卧插 CAM 程式编程培训模块，按题目要求完成操作。全部题目完成后必须返回认证考评界面，单击“完成提交”按钮后系统自动批卷。

【例 11.8】试通过操作培训平台，选择软件中自带的演示 PCB 设计的 Demo 板，进行 Protel 设计的双面混装 PCB（SMC、SMD 和 THC 均在 A 面）的立插 XG-3000 程式编程。任务是首先进行 EDA 输入、PCB 静态仿真，查看立插元器件的布局及方向，再进入插件机 XG-3000 界面，进行立插 XG-3000 程式的功能设置，通过 3D 仿真查看编程错误，再进行修改（程序编辑窗口）（注意：退出后系统会自动采集编程数据，并自动打分）。

操作提示：单击进入立插 CAM 程式编程培训模块，按题目要求完成操作。全部题目完成后必须返回认证考评界面，单击“完成提交”按钮后系统自动批卷。

思考题与习题

11.1 机插的孔与引线间隙一般是（　　）。

A．0.2～0.3mm　　B．0.38～0.45mm　　C．1～2mm

11.2 卧插小于 1/2W 电阻的孔（跨）距一般是（　　）。

A．2.54mm　　B．10mm、12.5mm、17.5mm　　C．10mm、12.5mm

11.3 电子产品的生产线系统组成包括（　　）。

A．插件线、SMT 线

B．插件线、SMT 线、调试线、组装线

C．插件线、SMT 线、调试线、组装线、专用机械

11.4 新泽谷插件机程式中功能 I1 的作用是（　　）。

A．程序中的偏距行，即原点（Offset），决定程序的第一点在工作台上的位置

B．插件行，并执行漏件检测

C．指令工作台顺转 90°

D．指令工作台逆转 90°

E．跳线插件行，不执行检测

11.5 新泽谷插件机程式中功能 T1 的作用是（　　）。

A．程序中的偏距行，即原点（Offset），决定程序的第一点在工作台上的位置

B．插件行，并执行漏件检测

C．指令工作台顺转 90°

D．指令工作台逆转 90°

E．跳线插件行，不执行检测

11.6 当 PCB 的宽大于 20cm 时，新泽谷立式插件机转台不旋转，插件头转动，插件程式中的坐标量取方法采用（　　）。

A．PCB 的两个定位孔在板的下侧为初始状态→圆盘转 90° 进入零度状态，以 PCB 的左下角为原点，量取零度的坐标→圆盘再旋转 90°，以 PCB 的左下角为原点，量取 90° 的坐标

B．PCB 的两个定位孔在板的下侧为初始状态→圆盘转两个 90° 进入 180° 插件状态，以 PCB 的左上角为原点，量取坐标和插件头转动角度（顺时针为+）

C．PCB 的两个定位孔在板的下侧为初始状态，以 PCB 的左上角为原点，量取坐标和插件头转动角度（顺时针为+）

11.7 新泽谷立式插件机插件程式校验方法采用（　　）。

A．在程序编辑窗口内单击“编辑”和“影校”按钮，利用视觉校正坐标→手动试插→保存

程序→机器空跑，检查坐标位置是否正确

B. 在程序编辑窗口内单击“编辑”和“影校”按钮，利用视觉校正坐标

C. 在程序编辑窗口内单击“编辑”和“影校”按钮，利用视觉校正坐标→手动试插

11.8 插件机每日维护检查项目主要有（　　）。

A. 检查插装头上、下轴承架的一致性，检查切割与打弯的一致性，插装头的清理、润滑，润滑送料轮驱动离合器，润滑工作台线性导轨、气动系统、电磁阀和过滤器

B. 切割/打弯单元滚珠丝杠清理、润滑，打弯角度调整，插装头清理，转盘旋转装置润滑，送料轮驱动离合器润滑，检查极限开关

C. 切割/打弯单元清理、清洁工作台

11.9 插件机送线长短不一的主要原因是（　　）。

A. 送线装置调节不当或零件损坏、联轴器松脱

B. 同步带太松、转盘底下 *XY* 轴螺钉松动、抱箍不紧、编码器信号线断、电动机或驱动器坏

C. 底座汽缸坏

11.10 插件机坐标走位的主要原因是（　　）。

A. 送线装置调节不当或零件损坏、联轴器松脱

B. 同步带太松、转盘底下 *XY* 轴螺钉松动、抱箍不紧、编码器信号线断、电动机或驱动器坏

C. 底座汽缸坏

11.11 手工焊接操作步骤。

（1）试简述焊接操作的正确姿势。

（2）焊接操作的五个基本步骤是什么？如何控制焊接时间？请通过焊接实践进行体验：焊接 1/8W 电阻；焊接 7805 三端稳压器；焊接万用表笔线的香蕉插头；用ϕ1mm 铁丝焊接一个边长为 1.5cm 的正立方体（先切成等长度的 12 段，平直后再施焊）；用ϕ4mm 镀锌铁丝焊一个金字塔，边长为 5cm；发挥你的想象力和创造性，用铁丝焊接一个实物的立体造型（必要时，自己设计被焊构件的承载工装）。

（3）总结如何掌握焊接温度与加热时间。时间不足或过量加热会造成什么后果？

11.12 手工焊接操作技巧。

（1）手工焊接技巧有哪些？

（2）列举 FET、MOSFET、集成电路的焊接注意事项。

（3）请总结导线连接的几种方式及焊接技巧。

（4）请总结杯形焊件的焊接方法，并焊一件香蕉插头表笔线。

（5）请总结平板件和导线的焊接要点，并将一片铝片与铜导线锡焊在一起。

11.13 片状元器件的装卸。

（1）装卸片状元器件时，对焊接温度和焊接时间有什么要求？

（2）装卸片状元器件应注意哪些问题？卸下来的片状元器件为什么不能再用？

（3）请简述手工焊接贴装元器件与焊接插装元器件有哪些不同？

（4）请说明手工贴装元器件的操作方法。

11.14 试简述自动插装生产流程。

11.15 返修工具类型。

（1）最常见的返修工具有几种？

（2）什么是智能型加热（SmartHeat）系统？

（3）试比较全热风（HotAir）加热和全红外线（IR）加热返修系统。

（4）自动恒温烙铁的加热头有哪些类型？如何正确选用？

11.16 SMD 返修方法。

（1）试简述 PGA 和连接器的拆卸。

（2）片式元器件的拆卸有几种方法？

（3）试简述 QFP 的焊装。

（4）试简述 BGA 重整锡球的方法。

（5）如果想要拆焊晶体管和集成电路，应采用什么方法？如何进行？

11.17 试通过操作培训平台，选择软件中自带的演示 PCB 设计的 Demo 板，进行 Protel 设计的 FPGA 双面混装 PCB（THC 在 A 面，SMC/SMD 在 A 面，SMC 在 A 面、B 面）的卧插 XG-4000 程式编程。任务是首先进行 EDA 输入、PCB 静态仿真，查看卧插元器件的布局及方向，再进入卧式插件机 XG-4000 界面，进行卧插 XG-4000 程式的功能设置，通过 3D 仿真查看编程错误，再进行修改（程序编辑窗口）（注意：退出后系统会自动采集编程数据，并自动打分）。

11.18 试通过操作培训平台，选择软件中自带的演示 PCB 设计的 Demo 板，进行 Protel 设计的混装 PCB（SMC 在 B 面，THC 在 A 面）的立插 XG-3000 程式编程。任务是首先进行 EDA 输入、PCB 静态仿真，查看立插元器件的布局及方向，再进入立式插件机 XG-3000 界面，进行立插 XG-3000 程式的功能设置，通过 3D 仿真查看编程错误，再进行修改（程序编辑窗口）（注意：退出后系统会自动采集编程数据，并自动打分）。

11.19 试通过操作培训平台，选择软件中自带的演示 PCB 设计的 Demo 板，进行 Protel 设计的混装 PCB（SMC 在 B 面，THC 在 A 面）的立插 XG-3000 操作使用。任务是首先进入立插 XG-3000 操作使用界面，再进行生产，包括调用程式、3D 模拟生产运行，最后进行试生产，包括单步+移位、单步+空转、单步+插件、自动+移位、自动+空转、自动+插件，以及生产监控（注意：退出后系统会自动采集编程数据，并自动打分）。

11.20 试通过操作培训平台，选择软件中自带的演示 PCB 设计的 Demo 板，进行 Protel 设计的混装 PCB（SMC 在 B 面，THC 在 A 面）的卧插 XG-4000 操作使用。任务是首先进入 XG-4000 操作使用界面，再进行生产，包括调用程式、3D 模拟生产运行，最后进行试生产，包括单步+移位、单步+空转、单步+插件、自动+移位、自动+空转、自动+插件，以及生产监控（注意：退出后系统会自动采集编程数据，并自动打分）。

第12章 微组装技术

【目　　的】

（1）掌握芯片组装技术的基本原理；

（2）掌握BGA和CSP编程。

【内　　容】

（1）BGA、CSP制造和组装技术；

（2）倒装片FC技术；

（3）MCM技术和3D叠层片技术。

【实训要求】

（1）掌握微组装器件（BGA、CSP等）的PCB设计；

（2）掌握BGA和CSP编程；

（3）撰写实验报告。

12.1 集成电路制造技术

集成电路（Integrated Circuit，IC）利用半导体工艺或厚膜、薄膜工艺，将电阻器、电容器、二极管、双极型三极管、场效应晶体管等元器件按照设计要求连接起来，制作在同一硅片上，成为具有特定功能的电路。

1. 集成电路的类别

对集成电路进行分类是一个很复杂的问题，分类方法有很多种，如按制造工艺分类、按基本单元核心器件分类、按集成度分类、按电气功能分类、按应用环境条件分类、按通用或专用的程度分类等。一般将集成电路分成数字集成电路和模拟集成电路两大类，如表12.1所示。由于近年来技术的进步，新的集成电路层出不穷，已经有越来越多的品种难以简单地照此归类。

表12.1　半导体集成电路的分类

数字集成电路	逻辑电路	门电路、触发器、计数器、加法器、延时器、锁存器等
		算术逻辑单元、编码器、译码器、脉冲发生器、多谐振荡器
		可编程逻辑器件（PAL、GAL、FPGA、ISP）
		特殊数字电路
	微处理器	通用微处理器、单片机电路
		数字信号处理器（DSP）
		通用/专用支持电路
		特殊微处理器

续表

数字集成电路	存储器	动态/静态 RAM
		ROM、PROM、EPROM、E^2 PROM
		特殊存储器件
		缓冲器、驱动器
	接口电路	A/D 转换器、D/A 转换器、电平转换器
		模拟开关、模拟多路器、数字多路/选择器
		采样/保持电路
		特殊接口电路
模拟集成电路	光电器件	光电传输器件
		光发送/接收器件
		光电耦合器、光电开关
		特殊光电器件
	音频/视频电路	音频放大器、音频/视频信号处理器
		视频电路、电视机电路
		音频/视频数字处理电路
		特殊音频/视频电路
	线性电路	线性放大器、模拟信号处理器
		运算放大器、电压比较器、乘法器
		电压调整器、基准电压电路
		特殊线性电路

2．集成电路制造

集成电路制造可分为芯片的制造和芯片的封装及测试两道工序，其中芯片的制造被称为前道工序，而芯片的封装及测试被称为后道工序，前道和后道工序一般在不同的工厂里进行加工。芯片制造的主要加工过程是化学清洗、平面光刻、离子注入、金属沉积/氧化、等离子体/化学刻蚀，然后芯片被送到封装测试厂进行最后的加工，芯片的封装又可细分为晶圆切割、黏晶、焊线、封胶、印字、剪切成形等加工步骤。

SEMI 协会对集成电路制造设备进行了分类，分为制板设备、晶片制备设备、薄膜生长设备、图形加工设备、掺杂设备、微芯片封装设备和测试设备七大类。

1）集成电路制程

经过晶圆制造的步骤后，晶圆还没有任何功能，所以必须经过集成电路制程，才可算是一片可用的晶圆。集成电路制程的流程如图 12.1 所示。

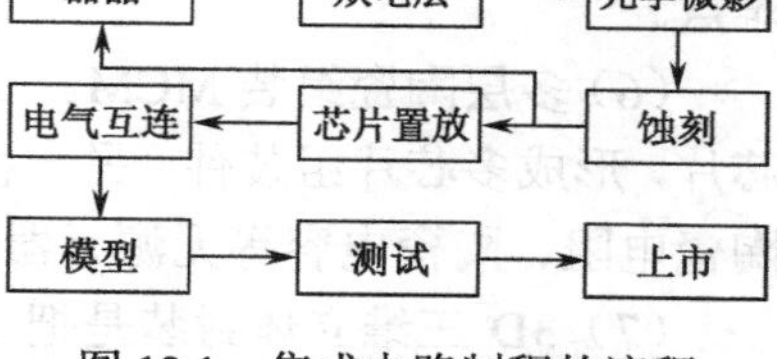

图 12.1　集成电路制程的流程

2）微电子封装

图 12.2 所示为 IC 封装和测试加工流程。新一代 IC 的出现常常要求有新的封装形式，而封装形式的进步又将反过来促进芯片技术向前发展，它已经历了三个发展阶段：第一阶段为 20 世纪 80 年代以前，封装的主体技术是针脚插装；第二阶段从 20 世纪 80 年代中期开始，表面组装技术成为最热门的组装技术，改变了传统的 PTH 插装形式，通过微细的引线将集成电路芯片组装到基板上，大大提高了集成电路的特性，并且自动化程度

也得到了很大提高；第三阶段为 20 世纪 90 年代，随着器件封装尺寸的进一步小型化，出现了许多新的封装技术和封装形式，其中最具代表性的技术有球栅阵列、倒装芯片和多芯片组件等，这些新技术大多采用了面阵引脚，封装密度大为提高，在此基础上，还出现了芯片规模封装和芯片直接倒装组装技术。

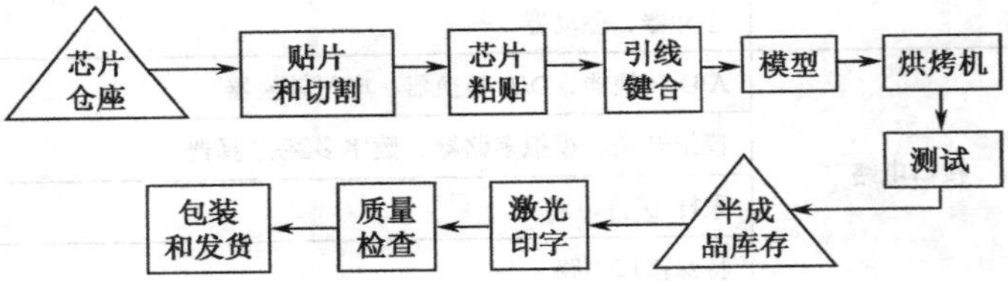

图 12.2 IC 封装和测试加工流程

12.2 微组装技术概述

20 世纪 80 年代以来，高密度电路组装技术即微组装技术迅速发展，提高了器件级 IC 封装和板级电路组装的组装密度，并且使得电子电路组装阶层之间的差别模糊了，实现了 IC 器件封装和板级电路组装这两个电路组装阶层之间技术上的融合。

芯片组装器件具有批量生产、通用性好、工作频率高、速度快等优点，目前已大量应用在大型液晶显示器、液晶电视机、摄录机、精密计算机等产品中。

（1）面阵列型器件 PBGA、TBGA、FBGA、CSP 是目前芯片组装器件的主流。

（2）倒装芯片 FC 将带有凸点电极的电路芯片面朝下（倒装），使凸点作为芯片电极与基板布线的焊点，经焊接实现牢固的连接。

（3）载带自动键合 TAB 在聚酰薄膜（载带）上覆盖铜箔，并以铜箔作为连接引线，通过专用焊接键合机同时完成电路芯片与载带的连接（内连接）及载带与外围电路的连接（外连接）。常用双层带和三层带 TAB。

（4）凸点载带自动键合 BTAB 的连接方式正好与 TAB 相反，将连接用凸点电极做在载带引线上，通过自动焊接完成与芯片的连接。芯片电极成型有三种类型，一种是不进行任何处理直接将载带引线键合，另两种与 TAB 方式相似。

（5）微凸点连接 MBB 通过涂覆光硬化的绝缘树脂，并利用树脂硬化时的收缩应力，在一定的机械载荷下完成芯片电极与基板电极的连接，突破了细微电极间距集成电路芯片的组装工艺难点。

（6）多层陶瓷组装 MCM。一种 MCM 采用薄膜混合技术制成高密度的多层板，装入多个 IC 芯片，形成多芯片组装件。另一种 MCM 在 900～1000℃下共烧陶瓷多层基板间埋入厚膜电阻和陶瓷电阻、陶瓷电容等无源元器件，以达到提高混合立体组装密度的目的。

（7）3D 三维立体封装是把 IC 芯片一片片叠合起来，利用芯片的侧面边缘或者平面分布，在垂直方向进行互连，将平面组装向垂直方向发展为立体组装。

（8）系统级芯片能够将各种功能集成在一个单一的芯片上面。

12.2.1　BGA、CSP 微组装技术

1．BGA 微组装技术

1）BGA 芯片制造流程

BGA 芯片制造流程如图 12.3 所示，引线键合通常采用热压方法的金丝球焊机进行。

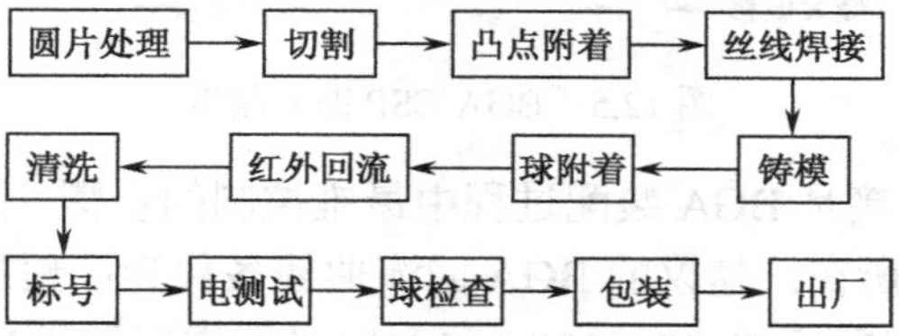

图 12.3　BGA 芯片制造流程

2）BGA 组装技术

（1）印刷焊膏。在 BGA 装配过程中，印刷焊膏是最重要的工序。

① 焊膏。焊膏的优劣是影响 BGA 组装生产的一个重要环节。元器件的引脚间距越小，焊膏的锡粉颗粒越小，相对来说印刷也较好，但并不是说焊膏锡粉颗粒越小越好，因为从焊接效果来说，锡粉颗粒大的焊膏焊接效果要比锡粉颗粒小的焊膏好。

② 模板。由于 BGA 元器件的引脚间距较小，因而模板的厚度较薄，一般模板的厚度为 0.12～0.15mm。如图 12.4 所示，通常情况下模板的开孔略小于焊盘，例如，外形尺寸为 35mm，引脚间距为 1.0mm 的 PBGA，焊盘直径为 23mil。一般将模板的开孔大小控制在 21mil。因 BGA 在过炉后会有微量板翘情况，应加大 BGA 周围 PAD 的开孔（锡量），预防空焊不良情况的发生。

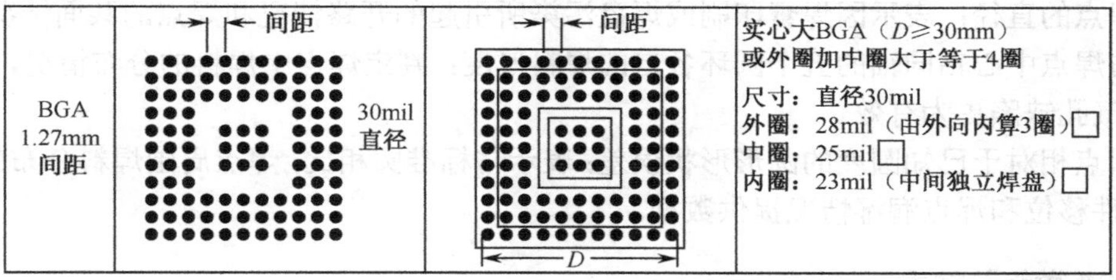

图 12.4　BGA 模板开孔设计

③ 印刷。在印刷时，通常采用不锈钢制的 60° 金属刮刀，印刷的压力控制在 3.5～10kg 的范围内。压力太大和太小都对印刷不利。印刷的速度控制在 10～25mm/s 之间，元器件的引脚间距越小，印刷速度越慢。印刷后的脱离速度一般设置为 1mm/s，如果是 μBGA 或 CSP 器件，脱模速度大约为 0.5mm/s。印刷后的 PCB 尽量在半小时内进入回流焊，防止焊膏在空气中显露过久而影响质量。

（2）器件的贴片。BGA 的准确贴放很大程度上取决于贴片机的精确度，以及镜像识别系统的识别能力。目前市场上各种品牌多功能贴片机的贴片精确度可达到 0.01mm 左右，所以在贴片精度上不会存在问题，只要 BGA 器件通过镜像识别，就可以准确地安放在印制电路板上。

如图 12.5 所示，BGA/CSP 贴片精度的最大要求为：贴片精度不大于 PCB 焊盘直径的一半；然而有时 BGA 并非 100%焊球良好的器件，有可能某个焊球在 Z 方向上略小于其他焊球。为了

保证焊接的良好性，通常可以将 BGA 的器件厚度减去 1～2mm，同时使用延时贴装，关闭真空系统约 400ms，使 BGA 器件在安放时，其焊球能够与焊膏充分接触。这样一来就可以避免 BGA 某个引脚空焊的现象。

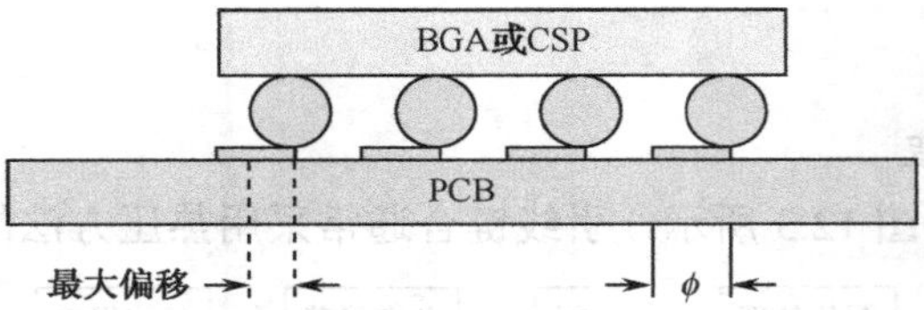

图 12.5　BGA/CSP 贴片精度

（3）回流焊接。回流焊接是 BGA 装配过程中最难控制的步骤，因此获得较佳的回流曲线是得到 BGA 良好焊接的关键所在。建议的 BGA 回流曲线条件为：预热斜率小于 2.5℃/s（不可大于 3℃/s）；140～170℃之间需保持 60～120s；183℃以上需保持 90～110s；底部最高温度小于 220℃，BGA 表面与底部温差为 5～6℃；冷却斜率小于 3℃/s（最大）。

（4）BGA 检测。BGA 组装焊点的缺陷主要有开路、焊料不足、焊料球、气孔、移位等。由于 BGA 封装器件的焊点都隐藏在器件下方，传统的 SMT 焊点检测方法已经无法满足 BGA 焊点的检测要求。采用光学检查只能检查到 BGA 器件四周边缘的焊点情况；而电性能测试只能检测焊点连接的通、断情况，即只能检测开路和短路，不能有效地区别焊点缺陷；自动激光检测系统可以测量器件组装前焊膏的沉积情况，也不能检查 BGA 焊点缺陷；X 射线检测是焊点检测的一种有效方法。

X 射线透视图可显示焊接厚度、形状及质量的密度分布。断层剖面法检测非常有效，在焊点“切片”时测量了每个“切片”的以下四个基本物理参数。

① 焊点的中心位置：表明 BGA 器件在 PCB 焊盘上的移位情况。

② 焊点的直径：表示因焊膏印刷或焊盘污染所引起的开路情况和焊点的共面情况。

③ 与焊点中心轴同轴的五个圆环各自的焊料厚度：判定焊点中焊料的分布情况，对确定润湿不够和气孔缺陷更为有效。

④ 焊点相对于已知圆度的圆形形状误差：表示与标准圆相比，焊点周围焊料分布的均匀性，为判定器件移位和焊点润湿情况提供数据。

2. CSP 微组装技术

CSP 是 Chip Size Package（或 Chip Scale Package）的缩写，美国则以 μBGA 称之（译为微型球栅阵列）。CSP 目前尚无确切定义，不同厂商有不同的说法。CSP 是在 BGA 的基础上发展起来的，极其接近 LSI 芯片尺寸的封装产品。CSP 种类很多，几种典型结构 CSP 的互连情况比较如表 12.2 所示。图 12.6 所示为刚性基板 CSP，图 12.7 所示为引线框架式 CSP。CSP 通常是以矩阵条的形式处理的，CSP 条状形式每条含有 8～10 个单元，CSP 芯片尺寸范围为 2.5～11mm^2，封装的变化为 23～50mm^2。

1）印刷焊膏

选择焊膏的 C_p 值要超过 1.33 的最低要求。细颗粒尺寸的脱模效果好，C_p 值也高，但连锡趋势明显。方形钢网开口通常比圆形钢网开口的印制稳定性好。

表 12.2　几种典型结构 CSP 的互连情况比较

CSP 类型	公司名称	芯片级互连	介入物	芯片-介入物互连	介入物-下一级互连
引线框架式 CSP	Fujitsu、Hitachi、Semicon、TI、Toshiba	丝焊键合	引线框架	丝焊键合	引线（芯片面向下）
刚性基板 CSP	Matsushita	Au 端头	陶瓷（2~4 层）	填充钯银浆料	焊台栅阵列复合料
	IBM	焊料凸点	陶瓷（多层）	C4	球
	Motorola	焊料凸点	FR-4 或 BT（2）层	C4 并填充 Au-Au	共晶焊料球
	Toshiba	Au 凸点	陶瓷（2 层）	固相扩散并填充	LGA
柔性基板 CSP	CE、NEC	Ti/Cu-Cu	Cu/PI	液光钻空，镀 Cu	共晶焊料球
	Nitto	Au 凸点	Cu/PI	热声 Au-Cu 键合	共晶焊料球
	Denko	无丝焊	点 Cu/PI 带	Au 凸点或载带	共晶焊料球
	Tessera		Ni/Au 凸点	Al 丝焊	共晶焊料球
微波模塑型 CSP	Chip Scale	Ti/W/Au	硅柱	Au 引线	引线（芯片面向下）
	Shell Case	无	Ni/Au/焊料 镀玻璃板	镀金属 Ni/Au	Ai/Au/焊料 引线芯片面向下
PI 介质层 CSP	Mitsubishi	金属化 Ti/W	PI/金属/焊料 2 层	用金属焊料分布	焊料球
	Sandia	Cu	PI 或 Cu/Ni	用金属再分布	焊料球

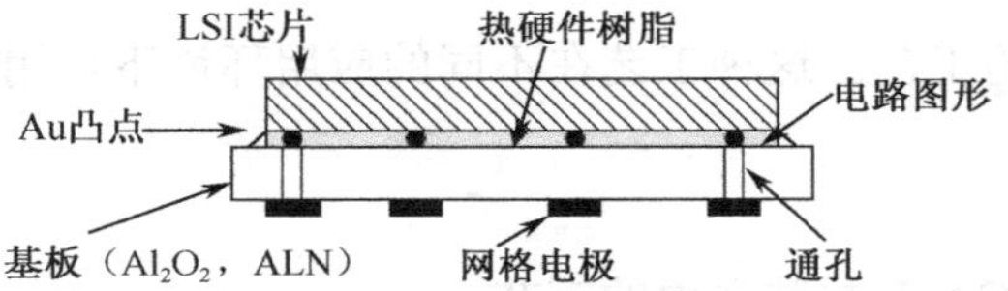

图 12.6　刚性基板 CSP

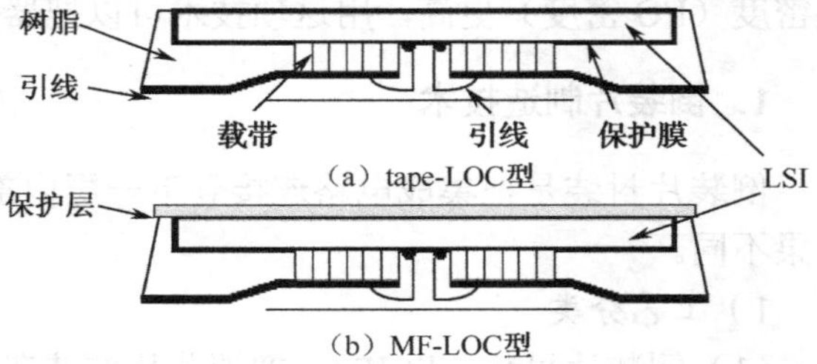

图 12.7　引线框架式 CSP

2）组装工艺

（1）组装精度。对没有阻焊膜的圆形焊盘，允许的最大组装偏差等于 PCB 焊盘的半径。假定通常的 PCB 焊盘直径大致等于球栅的直径，对球栅直径为 0.3mm、间距为 0.5mm 的 μBGA 和 CSP 封装的组装精度要求为 0.15mm；如果球栅直径为 100μm、间距为 175μm，则精度要求为 50μm。按照焊盘尺寸的百分比，倒装芯片的锡球与焊盘的中心误差可达 25%。

（2）供料器芯片处理。CSP 组装机需要能够处理以各种形式出现的芯片，华夫盘、卷带供料器和晶圆环是其中最普遍的形式。

晶圆和晶圆环是最普遍的芯片供给形式，该方法通常最适用于高产量装配。为了从晶圆带上成功地排出芯片，关键是定制排出冲头的尺寸和排出针到芯片的间隔。针的周长间隔应该不小于芯片周长的 80%，并且总是有一根针在中央位置。针的选择是排出工艺的另一个关键方面，带尖刺的针可能刻伤芯片的背面，这可能导致裂纹。在顶尖有一个半圆的排出针应该不会刺伤卷带，可是通常需要两阶段的排出工艺。

3）助焊剂系统

在 CSP 芯片锡球与焊盘上加助焊剂的典型方法是：滴涂助焊剂、盖印助焊剂和印刷助焊剂。

（1）滴涂助焊剂。涂覆单元就安装在组装头的附近。在 CSP 组装之前，在组装位置上涂上助焊剂，在组装位置中心涂覆的剂量依赖于倒装芯片的尺寸和助焊剂在特定材料上的浸润特性。助焊剂涂覆方法的主要缺点是它的周期相对较长，对每一个要涂覆的器件，组装时间增加大约 1.5s。

（2）盖印助焊剂。一个小的托盘放在组装机内，助焊剂放入托盘，用一把医用刀片将助焊剂平衡到所希望的高度。先从供料器拾取芯片，再移动到助焊剂托盘，下降到助焊剂托盘内或“盖印”以下，然后贴放在基板上。该方法的主要缺点是助焊剂高度的精度难以保证，因为很少有简单而可靠的集成方法用来测量托盘内助焊剂的厚度。

（3）印刷助焊剂。是标准的丝印工艺，刮刀推动一定数量的助焊剂从模板刮过，助焊剂沉积在模板开孔的基板上。该方法可以迅速地在许多芯片上印刷助焊剂，但与盖印方法一样，精确测量助焊剂的量是困难的。

4）回流焊接

参考 BGA 回流焊接。

12.2.2 倒装片技术

倒装片（Flip Chip，FC）是通过芯片上呈阵列排布的凸起来直接实现芯片与电路板的互连的。由于芯片倒扣在电路板上，与常规封装芯片放置方向相反，故称倒装片。传统的金线压焊技术只使用芯片四周的区域，倒装片焊料凸点技术则使用整个芯片表面，因此倒装片技术的封装密度（I/O 密度）更高，用这项技术可以把器件的尺寸做得更小。

1. 倒装片制造技术

倒装片封装是把集成电路连接到下一层内部的工艺。这种工艺在不同的应用环境下作用与效果不同。

1）工艺分类

（1）倒装片封装（FCIP）：把裸芯片安装在 BGA 等封装之内的工艺。

（2）在板上倒装芯片（FCOB）：把裸芯片直接安装在电路板上的工艺。

（3）晶片级芯片尺寸封装（WLCSP）：需要在晶片上增加一个走线层，并且把焊锡凸点直接放在有走线层的晶片上。

（4）芯片尺寸封装（CSP）：把裸芯片安装到接入层上的工艺，再把这个接入层连接到下一层基片上，封装尺寸不会超过芯片尺寸的 1.2 倍。

2）材料分类

根据凸起材料，倒装片可分为焊料凸点 FC（焊膏倒装片）和非焊料凸点 FC（焊柱凸点倒装片）两大类。

（1）焊膏倒装片组装工艺是在 SMT 环境中最常用、最合适的方法。焊膏凸点技术包括蒸发、电镀、化学镀、模板印刷、喷注等。互连的选择决定所需的键合技术，可选择的键合技术主要包括再流键合、热超声键合、热压键合和瞬态液相键合等。

（2）焊柱凸点技术。采用焊球键合（主要采用金线）或电镀技术，然后用导电的各向同性黏结剂完成组装。

2．倒装片组装技术

1）焊膏倒装片工艺

焊膏倒装片工艺主要工序为施加焊膏、芯片组装、焊膏再流和下填充等。

（1）施加焊膏。施加焊膏的方法有浸渍、滴涂、模板印刷和喷涂等。每种方法都有各自的优点和应用范围，必须注意材料的性能和焊剂的相容性。倒装片印刷焊膏如图 12.8 所示。

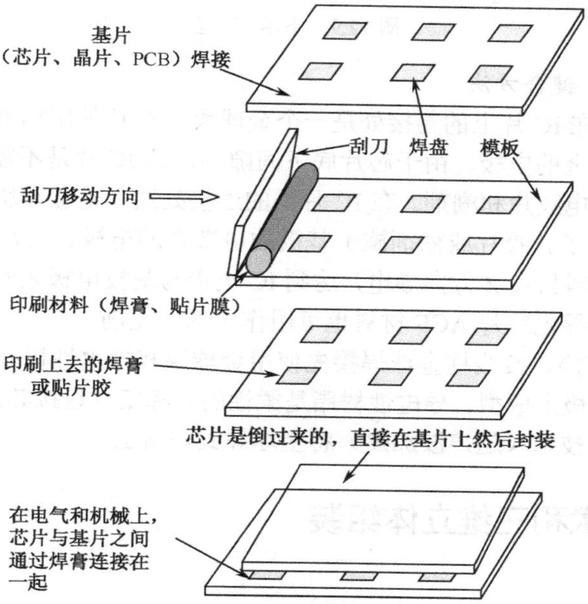

图 12.8　倒装片印刷焊膏

① 焊膏。在进行微间距印刷时，需要把焊料合金微粒尺寸分布（PSD）从 20～45μm（3 类 PSD）降低到 15μm（6 类和 7 类 PSD），单位微体积的微粒数量增加了 14 倍。焊膏中这些更小的微粒会改变焊膏的流变性。流变性会影响剪切力、张力和速度。由于流变性会影响焊膏的滚动和孔的填充与释放，因此适当的流变性是决定印刷工艺的关键。助焊剂的成分和合金含量决定了焊膏的流变性。

② 印刷。在微间距模板设计方面，圆形孔的焊膏释放能力比方形孔更强。为了满足微间距印刷的要求，需要优化与控制印刷压力、印刷和脱网速度，但是其他因素，如适合晶片凸点印刷的基片固定、刮刀、环境控制、焊膏使用寿命和基片分离速度等也是提高成品率的关键。

（2）芯片组装。芯片组装一般采用多头高速元器件组装系统和超高精度组装系统，如西门子 Siptace HF 组装机。影响组装的关键因素是元器件拾取、定位精度和可重复性、组装力，以及停机时间和生产量。

（3）焊膏再流。倒装片组装后要在最短时间内完成回流焊接，以防贴好的芯片移动。对再流炉气氛和加热曲线的控制至关重要。加热温度上升速率、保温时间、保温温度、峰值温度和冷却速率是控制加热曲线的关键所在。

（4）下填充。通常是在回流焊后滴涂下填充材料，也可在贴片前在电路板的相应部位滴涂或模印不流动的下填充材料，在回流焊时固化，如图 12.9 所示，使芯片和下填充材料结合在一起，使应力均匀地分散在倒装片的界面上，增强互连的完整性和可靠性。影响下填充工艺的关键因素是填充材料的性质和相容性（合适的 T_g、CTE 和弹性模量等）、滴涂量、滴涂图形、电路板温度和下填充材料流动机理。

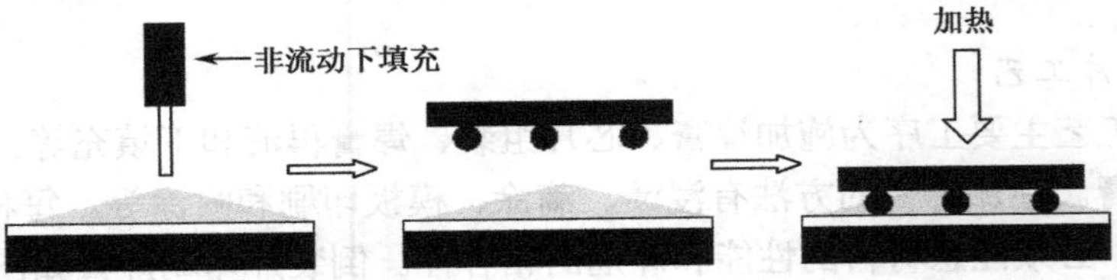

图 12.9　下填充工艺

2）焊柱凸点倒装片键合方法

（1）金对金连接。在 IC 片上的连接处是一个金球块。IC 片使用标准引线键合技术（热声焊接）附着于基板的电镀金的电极，由于芯片底下间隙小，该 IC 片是不需底部充胶的。

（2）各向异性的导电胶片和糊剂。在 IC 片上的连接处通常是金球块，各向异性的材料在其内部具有悬浮的导电粒子。胶片或糊剂施于基板的电镀金的电极。芯片组装在糊剂或胶片内，并施加热和压力。该材料只在 *Z* 方向导电，达到 IC 电极与基板电极之间的电气接触要求。在有些情况下，各向异性的导电胶片 ACF 材料也可用作底部填充剂。

（3）接线柱金球焊接。接线柱金球焊接先使用金球块和导电性树脂，金球与金引线一起成型，金球在芯片的铝电极上成型。导电性树脂是柔性的，降低与直接芯片附着有关的机械应力。再使用标准的引线焊接技术（超声波加热）将金球焊到焊盘上。

12.2.3　MCM 技术和三维立体组装

1. MCM 技术

多芯片组件（Multi-Chip Module，MCM）是在混合集成电路（HIC）基础上发展起来的一种高技术电子产品，它将多个 LSI、VLSI 芯片高密度组装在混合多层互连基板上，然后封装在同一外壳内，以形成高密度、高可靠的专用电子产品，它是一种典型的高级混合集成组件。

1）MCM 的类型和结构

表 12.3 所示为各类 MCM 的特性对比，MCM 可分为 MCM-L、MCM-C（有机叠层布线基板制成）、MCM-D（厚膜或陶瓷多层布线基板制成）等几类。近几年，随着 MCM 技术的发展，为弥补各种 MCM 的缺陷，又出现了 MCM-D/L、MCM-D/C、MCM-D/Si、MCM-Si 等分支产品。

表 12.3　各类 MCM 的特性对比

品　种	制造成本	布线线宽	多层性	电路密度	电气特性	散热性	可靠性
MCM-L	◎	△	◎	△	△	×	△
MCM-C	○	○	◎	○	○	◎	◎
MCM-D	×	◎	△	◎	◎	△	○
MCM-Si	×	◎	×	○	○	△	○
MCM-D/C	△	◎	△	◎	◎	○	○

注：◎表示优异，○表示较好，△表示一般，×表示较差。

MCM 主要包括 IC 裸芯片、芯片互连、多层基板及封装等，其结构如图 12.10 所示（以 MCM-D/C 为例）。IC 裸芯片是整个 MCM 的信号源，也是其功率源，它通过凸点互连到薄膜多层基板上。MCM 的工作环境往往较差。封装则是保护层，起到防污染和抗机械应力的作用，并提供良好的散热通道。

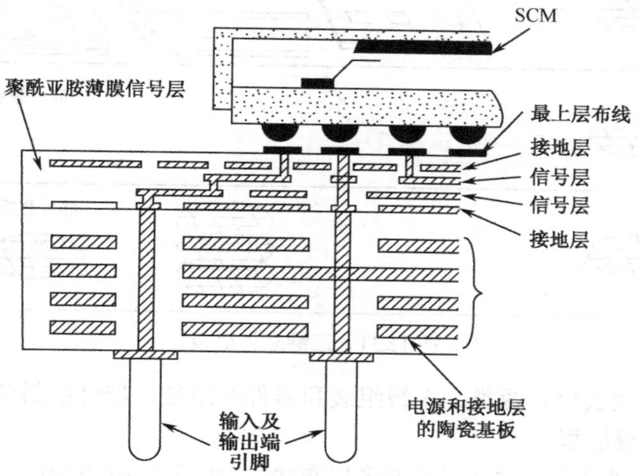

图 12.10　MCM 的结构

2）MCM 设计制造技术

MCM 设计制造技术比较复杂，包括 IC 裸芯片与凸点制造、MCM 芯片互连组装、多层布线基板制造和封装等。

（1）多层布线基板制造。多层布线基板是 MCM 的支柱，其成本占总成本的 60%，为整个 MCM 提供机械底座，对芯片的散热性能影响极大，对与 IC 芯片之间的热匹配有较高的要求。基板材料的选用至关重要，它影响 MCM 的性能、相关材料的选择及最终成本。目前比较常用的几种基板材料是陶瓷基板（如 Al_2O_3、ALN、BeO、SiC 等）、硅基板、低温共烧玻璃陶瓷基板（LTCC）、金属基板和金属夹芯基板等。

图 12.10 所示为外壳主体采用 W（钨）金属化与 Al_2O_3 的多层陶瓷共烧结构，生瓷料经冲孔、印刷、填孔、层压、热切、烧结、镀镍、镀金等工艺流程，去边后最终既可为电路芯片提供可靠机械支撑、保护及气密性环境，又可通过外壳的布线为芯片提供输入、输出电通路，实现芯片与电路板的电连接。多层陶瓷共烧外壳具有布线密度高（多层布线）、结构设计灵活、机械强度高（杨氏模数 400GPa、抗弯强度 220MPa）、气密性高（封帽后漏率 $\leqslant 5\times10^{-9}$ $Pa\cdot m^3/s$）、抗腐蚀能力强等优点，被广泛应用于高端 VLSI 芯片、微波功率芯片、光电器件等领域。

（2）MCM 芯片互连组装。MCM 芯片互连组装是指通过一定的连接方式，将元器件组装到 MCM 基板上，再将组装元器件的基板安装到金属或陶瓷封装中，组成一个具有多种功能的 MCM 组件。MCM 芯片互连组装包括芯片与基板的黏结、芯片与基板的电气连接、基板与外壳的物理连接和电气连接。芯片与基板一般采用导电胶或绝缘环氧树脂黏结，芯片与基板的连接一般采用丝焊、TAB、FCB 等工艺。基板与外壳的物理连接是通过黏结剂或焊料来完成的；电气连接采用过滤引线完成。

2．三维立体组装

三维立体组装就是把 IC 芯片（MCM 片、WSI 晶圆规模集成片）一片片叠合起来，利用芯片的侧面边缘或平面分布，在垂直方向进行互连，将平面组装向垂直方向发展为立体组装，如图 12.11 所示。

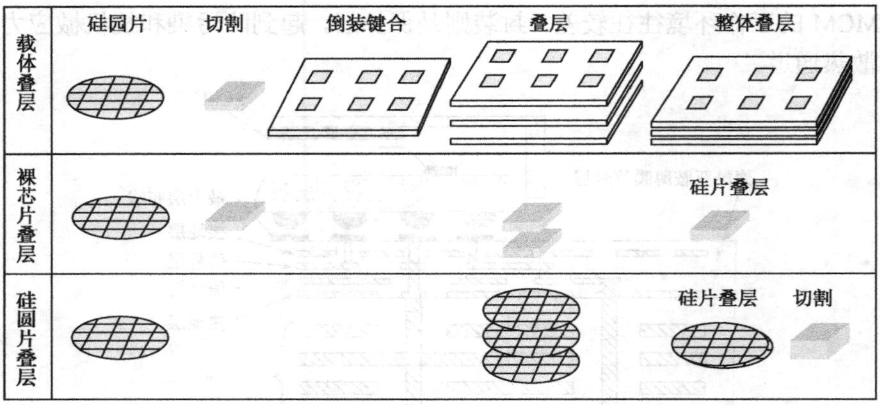

图 12.11　三维立体组装

三维立体组装可大致分为两类：板级组装和器件级组装。器件级组装还可细分为三种：埋置型、有源基板型和叠层型。

（1）埋置型。它是通过在各类基板内或多层布线中"埋置"SMC/SMD，顶层再组装 SMC/SMD 来实现立体封装的。

（2）有源基板型。它是通过将硅圆片规模集成（WSI）后作为基板，再在其上实施多层布线，最上层组装 SMC/SMD，来实现立体封装的。

（3）叠层型。它是在二维平面电子封装（2D）的基础上，将每一层封装（如 MCM）上下层层互连起来，或直接将两个 LSI、VLSI 面对面"对接"起来完成立体封装的。叠层型封装把平面封装的每一层叠装互连，来实现高密度三维封装。现在普遍是以引线键合方式实现叠层封装的互连。

12.2.4　SOC/SOP 技术

在一个芯片或一个单元上，需要集成不同的功能，如 MPU、图像处理、存储器（SRAM、闪存、DRAM）、逻辑推理器、DSP、信号混合器、射频和外围功能。为了能够实现通过集成所获得的优点，如高性能、低价格、较小的接触面、电源管理，并缩短进入市场的时间，出现了针对晶圆级的系统级芯片（System on a Chip，SOC）和针对组件级的系统级封装（System on a Package，SOP）。

系统级芯片和系统级封装的解决方案是可以相互补充的，而不是仅能取其中一种，它们可以服务于不同的市场部分。系统级芯片的市场目标是高性能的系统，它们具有相当长的生命周期，面对的市场范围很大。系统级封装的市场目标是无线通信、PDA 装置和消费类产品，它所面对的市场范围相对较窄，产品的生命周期小于一年。

1．系统级芯片（SOC）

系统级芯片能够将各种功能集成在一个单一的芯片上面，通常是将 MPU、DSP、图像处理、存储和逻辑推理器集成在一个 10mm×10mm 或者更大的晶片上面，通常有多达 500～2000 个焊盘。这些包括 ASIC 器件的系统可以满足网络服务器、电信转换站、多频率通信和高端计算机的应用需要，具有高时钟频率和接近一百万门的大规模集成电路要采用具有良好电性能和热性能的封装，例如，大到 40mm×40mm 的腔体向下的 BGA 器件，或者说具有多达 200～700 个焊球的倒装芯片 BGA 器件，以及昂贵的多层基片。

对于系统级芯片来说，其挑战来自综合设计、程序库的管理、工具、晶圆制造技术、装配和测试。应该指出一些诸如 SiGe、GaAs 和 CMOS 的工艺技术是互不兼容的，是不能用于系统级芯片之中的。

2．系统级封装（SOP）

在组件上装配系统的集成方式可以通过物理堆垛两个或更多的芯片，或者说在一个相同的封装基片上面一个接一个地堆垛结合来实现。其应用已经扩展到 DSP+SRAM+闪存、ASIC+存储器、图像处理+存储器等。最常见的组件是标准的 CSP 和 BGA 器件。在无线通信市场上，现在产品的生命周期小于一年，对于采用系统级芯片解决方式来说显得时间太短了，然而采用相对廉价的系统级封装就显得较为合适。

12.2.5 光电路组装技术

在 21 世纪高度信息化的社会中，为了顺利地传送和处理如此巨量的信息数据，必须使通信设备和计算机的处理能力迅速提高。现在 CPU 等 LSI 的性能不断提高，然而伴随信号高速化产生的串音、电磁辐射，特别是由于电路布线使信号传输的带域受到限制等问题，使得电路组装中的电路布线成为系统性能提高的瓶颈。

光电路组装技术是把以光纤维为中心的光电子技术应用于电子电路的组装技术。光电路组装技术，特别是光表面组装技术已出现突破性的进展，并将进入实用阶段。图 12.12 概括了光电路组装技术阶层的构成。

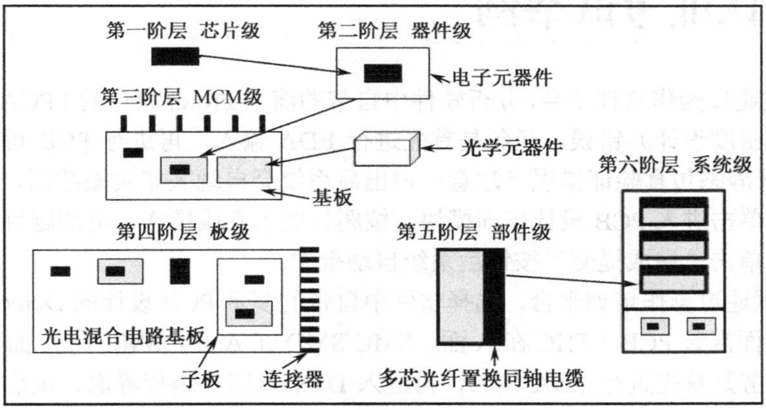

图 12.12 光电路组装技术阶层的构成

第一阶层是芯片级。随着 LSI 向超高速和超高密度方向发展，芯片内部连接出现危机。LSI 芯片上的金属布线电阻随着连线不断细化而上升，布线容量增加使 *RC* 时间常数增大，信号延迟显著，正在研究采用光布线技术，采用 1mm 的布线长，在 LSI 芯片内引入激光和光电二极管，以便解决 LSI 发展面临的危机。

第二阶层是器件级。正在研究把许多光学元器件和电子元器件组装在共同基板上，例如，以 PLC（石英系平面光波回路）作为基板（平台），把半导体激光和光电二极管等进行直接组装的混合光集成技术正受到日本和欧美等国的高度重视。应用于器件级的半导体激光，要求增加新的技术，如采用使激光光斑尺寸大小变换的机构，光的空间结合不用透镜，而直接与光纤和光路相结合。这一级的光布线长度达到几厘米的等级。

第三阶层是 MCM 级。就是在以铜印制电路板为基础的基板上，采用氧化聚酰亚胺光路积层一体化的光电混合电路板，把半导体激光、光电二极管和许多 LSI 进行多芯片模块组装，用光路互连，构成光电混合型 MCM。光布线长度达到 10～20cm 的等级。

第四阶层是板级。随着光存取、光交换和光信息处理等方面的进步，在光电混合电路基板上组装的光器件/模块的数量不断增加，并且将连接每个器件/模块的光纤的多余长度全埋在基板内。在该领域还有许多问题有待解决，例如，在涂布黏结剂的基板上用聚合物光纤布线和固定的技术。光表面组装技术属于这一阶层。

第五阶层是部件级。在这一阶层，信号布线正在成为系统性能提高的瓶颈。随着连接数目的增加，内部电缆布设很困难，从电缆放射出的电磁噪声成了问题，所以光互连特别引人注目。正在研究采用多芯光纤置换同轴电缆，以采用轻量、细径实现高速、高密度布线为目标。光纤布线长度达几米。

第六阶层是系统级。在这一阶层的研究开发重点是光源，在欧美正在使用全波长面发光激光；而在日本通常以端面激光为主。其中有些已达到商品化水平。

12.2.6 微组装实训

首先设计带有微组装器件（BGA、CSP、FC、MCM 等）的 PCB，再参照一般 SMT 制造实验方法和本章方法进行实训。

12.3 认证考试举例

【例 12.1】试通过操作培训平台，分析软件中自带的演示 Protel 设计的 FPGA 双面组装 Demo 板的物理参数（密度设计）错误。任务是首先进行 EDA 输入，再进行 PCB 可制造性分析，最后通过 PCB 设计静态仿真验证错误（注意：退出后系统会自动采集实操数据，并自动打分）。

操作提示：单击进入 PCB 设计培训模块，按题目要求完成操作。全部题目完成后必须返回认证考评界面，单击“完成提交”按钮后系统自动批卷。

【例 12.2】试通过操作培训平台，选择软件中自带的演示 PCB 设计的 Demo 板，进行 Protel 设计的 FPGA 双面混装 PCB（THC 在 A 面，SMC/SMD 在 A 面，SMC 在 A 面、B 面）的 DEK 丝印机编程。任务是首先进行 EDA 输入，再进入 DEK 丝印机编程界面，最后设置视觉定位和支承针（注意：退出后系统会自动采集编程数据，并自动打分）。

操作提示：单击进入丝印机 CAM 程式编程培训模块，按题目要求完成操作。全部题目完成后必须返回认证考评界面，单击“完成提交”按钮后系统自动批卷。

【例 12.3】试通过操作培训平台，选择软件中自带的演示 PCB 设计的 Demo 板，进行 Protel 设计的 FPGA 双面组装 PCB 正面的 Yamaha 贴片机的贴片顺序程式编程。任务是首先进行 EDA 输入，再进入 Yamaha 贴片机编程界面，导入 EDA 数据；然后进入 Yamaha 贴片机编程界面，进行贴片顺序程式编程（包括 Board、Fiducial、Feeder、Parts、Single Placinglist），生成贴片顺序程式（注意：退出后系统会自动采集编程数据，并自动打分）。

操作提示：单击进入贴片机 CAM 程式编程培训模块，按题目要求完成操作。全部题目完成后必须返回认证考评界面，单击“完成提交”按钮后系统自动批卷。

【例 12.4】试通过操作培训平台，选择软件中自带的演示 Protel 设计的 FPGA 双面混装（THC 在 A 面，SMC/SMD 在 A 面，SMC 在 A 面、B 面）的 Demo 板，采用有铅合金 Sn96.5Ag3.5 焊膏，进行 Heller 回流焊炉回流程式的编程。任务是首先进行 EDA 输入，再进入回流焊界面，进行回流温度曲线设计；然后进入回流焊 Heller 编程界面，设置回流程式；最后通过 3D 仿真查看编程错误，进行修改（注意：退出后系统会自动采集编程数据，并自动打分）。

操作提示：单击进入回流焊 CAM 程式编程培训模块，按题目要求完成操作。全部题目完成后必须返回认证考评界面，单击“完成提交”按钮后系统自动批卷。

思考题与习题

12.1 集成电路。

（1）简述集成电路按功能分类的基本类别。

（2）国产集成电路如何命名？国外的又如何命名？注意收集信息。

（3）对集成电路封装形式进行小结，并收集信息。

（4）总结使用集成电路的注意事项。

（5）数字集成电路的输入信号电平可否超过它的电源电压范围？

（6）试简述集成电路制程的流程。

12.2 集成电路封装。

（1）集成电路 DIP 封装结构具有哪些特点？有哪些结构形式？

（2）请总结 QFP、BGA、CSP、MCM 等封装方式各自的特点。

（3）试简述 IC 封装制程。

12.3 BGA 封装。

（1）BGA 封装的种类有哪些？

（2）试简述 BGA 制造流程。

12.4 BGA 组装。

（1）试简述 BGA 焊膏锡粉形状与颗粒直径。

（2）BGA 印刷的压力控制在什么范围内？印刷的速度控制在多少之间？印刷后的脱离速度一般设置为多少？如果是 μBGA 或 CSP 器件，脱模速度应更慢，大约为多少？

（3）BGA 置件精度小于多少？最大的置件精度要求需小于等于一半的什么尺寸？

（4）试简述建议的 BGA 回流曲线条件。

（5）用光学检查只能检查到 BGA 焊点的哪些情况？电性能测试只能检测焊点的哪些情况？

（6）自动激光检测系统可以测量器件组装前焊膏的哪些情况？X 射线能检测 BGA 焊点的哪些情况？

12.5 CSP 封装。

（1）试简述 CSP 的特点。

（2）CSP 的类别有哪些？试比较几种典型结构 CSP 的互连情况。

12.6 CSP 组装。

（1）假定通常的 PCB 焊盘直径大致等于球栅的直径，对球栅直径为 0.3mm、间距为 0.5mm 的 μBGA 和 CSP 封装的组装精度要求为多少？ 如果球栅直径为 100μm、间距为 175μm，则组装精度要求为多少？

（2）由于 CSP 锡球回流期间“自我对准”的能力，按照焊盘尺寸的百分比，倒装片的锡球与焊盘的中心误差可以达到多少？

12.7 倒装片（FC）。

（1）试简述倒装片（FC）技术分类。

（2）试简述焊料倒装片工艺的主要工序。

（3）焊料凸起形成技术有几种？

（4）试简述倒装片印刷焊膏流程。

（5）什么是底部填充工艺？

（6）什么是电路板焊盘上形成凸起的倒装片技术？

（7）焊柱凸点倒装片焊球键合方法有几种？

12.8 MCM。

（1）MCM 原则上应具备什么条件？

（2）MCM 的类型有哪些？

（3）试简述 MCM 的特点。

（4）试比较 MCM 与 SMT、THT 的性能、价格。

12.9 叠层组装。

（1）什么是 SOC？什么是 SOP？什么是 COF？

（2）3D 叠层芯片封装分类有几种？

（3）晶圆级 3D 集成过程中需要同后道工艺兼容的关键工艺包括哪些？

12.10 光电路组装。

（1）光电路组装技术阶层的构成包括哪些？

（2）光表面组装技术必须具备的基本条件是什么？

12.11 试通过操作培训平台，选择软件中自带的演示 PCB 设计的 Demo 板，进行 Protel 设计的 FPGA 双面混装 PCB（THC 在 A 面，SMC/SMD 在 A 面，SMC 在 A 面、B 面）的 MPM 丝印机编程。任务是首先进行 EDA 输入，再进入 MPM 丝印机编程界面，最后设置各种印刷参数，并通过 3D 仿真查看编程错误，进行修改（注意：退出后系统会自动采集编程数据，并自动打分）。

12.12 试通过操作培训平台，选择软件中自带的演示 PCB 设计的 Demo 板，进行 Protel 设计的 FPGA 双面组装 PCB 正面的 Fuji 贴片机的贴片顺序程式编程。任务是首先进行 EDA 输入，再进入 Fuji 贴片机编程界面，导入 EDA 数据；然后进入 Fuji 贴片机编程界面，进行贴片顺序程式编程（包括 Board、Fiducial、Feeder、Parts、Single Placinglist），生成贴片顺序程式（注意：退出后系统会自动采集编程数据，并自动打分）。

第13章 SMT管理

【目　的】

（1）掌握SMT工艺和生产线管理；

（2）了解质量控制和国际、国内的SMT标准。

【内　容】

（1）SMT工艺和生产线管理；

（2）MES制造执行管理系统；

（3）质量控制；

（4）国际、国内的SMT标准程序。

【实训要求】

（1）MIS管理信息系统；

（2）撰写实验报告。

13.1 SMT工艺管理

13.1.1 现代SMT工艺管理

国内不乏一流的设备，却缺乏一流的工艺和管理。工艺是SMT技术的核心，所以重视和了解工艺，并以工艺为出发点来管理SMT的应用是关键。有效的品质寿命保证，只能通过对工艺的掌握、正确的设计、应用和管理来达到，事后检查和处理的做法已经落后。良好的工艺管理包括建立SMT工艺技术平台、四大技术规范体系、数据采集和管理系统及员工培训体制等。

1．SMT工艺技术平台

工艺管理的整个灵魂在于工艺技术平台的建立。工艺技术平台虽然以“工艺”为名，但实际上包括了整个技术整合中的设计、设备、工艺和质量管理各部分。以“工艺”为名是其概念以“工艺为主、工艺为核心”的缘故。

工艺技术平台的建立是个系统工程，包括以下五个主要方面内容。

- 以工艺为核心概念的产品产业化和生产管理流程；
- 支持流程的有效组织结构；
- 工艺和设备能力范围；
- 数据管理和应用系统；
- 效益测量和自我学习系统

工艺技术平台的理念采用了目前许多先进或长期证明有效的管理做法，比如：

- 流程管理（Process Management）、流程再造（Process Re-engineering）；
- 并行工程（Concurrent Engineering）；

- 供应链管理（Supplying Chain Management）；
- 工艺/设备能力指标（cpk、cmk）；
- 统计学（统计质量控制、统计过程控制、信任等级控制、预先控制等）；
- 数据管理（Data Management）、计量量化管理（Quantization Management）；
- 全面生产维护管理（Total Productive Maintenance）。

2. 四大技术规范体系

由于产品质量、设计、工艺与设备工具四者之间都是相互关联的，在工作上就必须予以综合考虑并制定各自间所推荐的和不允许的做法，这就是技术规范的意义。

四大规范："质量规范""设计规范""工艺规范"及"设备规范"。图 13.1 所示是生产计划业务主流程框架图。

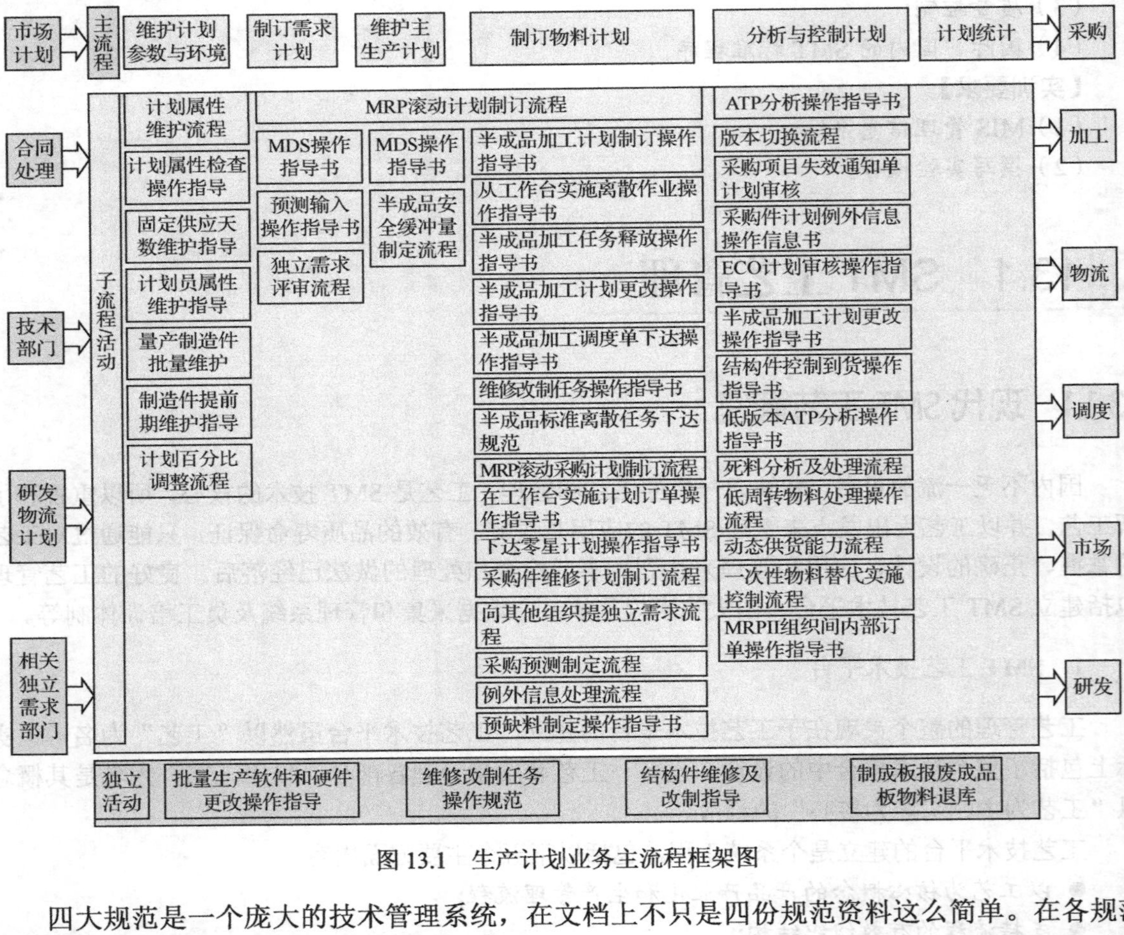

图 13.1　生产计划业务主流程框架图

四大规范是一个庞大的技术管理系统，在文档上不只是四份规范资料这么简单。在各规范课题下，将需要成立许多分支来使用和管理。比如在"质量规范"下，就包括按各工艺分类的质量标准，如"焊膏印刷质量标准""点胶工艺质量标准""贴片工艺质量标准""回流焊接工艺质量标准"等。这些质量标准必须包含所有采用的工艺。如果做不到这么细，技术整合效果将无法得到保证。每个规范的建立都应该仔细考虑其目的和可操作性。由于 SMT 技术非常复杂，一般在规范上建议采用分层次的做法，也就是分开"操作版本"和"技术版本"，而"操作版本"还可以按使用对象和资料复杂程度分为"提醒版本"和"依据版本"。

SMT 生产线环节很多，涉及方方面面的内容，围绕设备管理范围，应重点抓好几个关键部位和几个监控点。关键部位是丝印机、贴片机和回流炉。几个监控点主要是指在贴片之后、回流焊接之前，以及在 PCB 检查和修理处设置专人监控点，这样可在焊接前避免许多故障，减少修理工作量。另外，在修理检查时，应查清并汇总质量不良的主要内容及原因，迅速反馈到产生故障的设备，立即加以解决。

13.1.2 SMT 生产线管理

1. SMT 印刷管理

丝印焊膏的效果会直接影响贴片及焊接的效果，尤其对于细间距元器件的影响更为显著。首先要调好焊膏，设置好丝印机的压力、精度、速度、间隙、位移和补偿等各参数，综合效果达到最佳后，稳定工艺设置，投入批量生产。

1）SMD 钢板管理

（1）入料检验及标示。检验钢板的基本特性：厚度、开孔形状；确认合格后填写“钢板合格标签”。

（2）钢板使用管理。钢板使用要做记录，用于管理其使用寿命和清洁保养。

（3）报废。印刷次数超过 100 万次时，做报废处理。

2）膜厚测量仪管理

（1）焊膏高度标准。依据 SMD 印刷监控标准，用膜厚测量仪测出焊膏厚度。

（2）管理方式。一般机种每小时测量一次，每次测量 2 片（前、后刮刀），每片 PCB 须测量四个角上最端点的零件的焊膏厚度，并计算平均值，且以工单为单位，每结一工单须更换一新管理图。超出上下限的每一点均需用红点表示，并需工程师到场签名确认后调机。

（3）管理图归档、保养及存放方法。管理图以品名分类，生产相应机种需挂上相应管理图；归档时管理图先以机种名称区分，再以日期逐步细分。

3）印刷异常处理

（1）印刷异常处理流程。当印刷参数发生异常时，生产线应立即停机，由工程师确认印刷参数并调整机器状态或材料状况。同时，质量控制须追踪回流炉后的品质状况并负责对整个事件进行记录。当恢复生产时，质量控制人员及工程师需再用膜厚测量仪检查前 5 片 PCB，确认无误后方可开始生产，否则需要工程师重新调机。

（2）印刷异常 PCB 处理流程。先用刮刀大力刮去 PCB 上 80%的焊膏，使用棉布润湿 HCFC 焊膏清洗剂后擦拭 PCB，再使用超音波清洗机清洗 PCB 3min，使用气枪对 PCB 正、背面各吹一次后，再用干净棉布润湿 HCFC 焊膏清洗剂擦拭 PCB。洗过的 PCB 需空板过回流炉一次。

4）红胶和焊膏管理

（1）入料管理。为保证红胶和焊膏在使用上遵循“先进先出”原则，红胶和焊膏在入料时即经编号管理。编号法则：××（进料年份月份）××（编号）×××（按月管理）。

（2）储存。红胶和焊膏的保存环境条件由供应商提供，一般标在标签上。例如，红胶 LOCTITE 368 和 3609 的储存温度为 5±3℃，焊膏 KOKI 的储存温度为低于 10℃。

（3）红胶和焊膏的使用规则。均遵循“先进先出”的原则。

① 红胶和焊膏的回温。红胶和焊膏在使用前需经过回温处理，即使红胶和焊膏由储存温度自然回升到室温温度。由经验得出：红胶的回温时间 300ml 包装为 24h，20ml 或 30ml 为 12h；

焊膏的回温时间在 6h 以上，均记录于“回温记录表（红胶）”和“回温记录表（焊膏）”中。

② 焊膏的搅拌。焊膏经回温处理后，还需经搅拌处理才能使用，以保证产品品质。

2．SMT 贴片管理

1）贴片质量

贴片质量特别是高速 SMT 生产线贴片机的质量水平十分关键，出现一点问题，就会产生极其严重的后果，应着重做好以下工作。

（1）贴片程序编制要准确、合理。元器件贴放位置、顺序、料站排布及路径安排要尽可能准确、合理。进行程序试运行，确认送料器元器件的正确性后，进行第一块 PCB 贴装，要全面检查位置与参数、极性与方向和位置偏移量等项目。检查合格后，开始投入批量生产。

（2）加强生产过程的质量监控和质量反馈。随着生产中元器件不断补充上料和贴片程序的不断运行，有可能造成误差而产生质量事故，应建立班前检查和交接班制度，并做到每次换料的自检、互检，杜绝故障隐患。同时，要加强 SMT 系统的质量反馈，后道工序发现的问题要及时反馈给故障机，及时处理，减少损失。

2）贴片程式料表管理

（1）SMD 程式料表的制作。

① 前置准备工作。程式制作员依机种收集整理好 BOM、FN、ECN、PCB 工程规格等工程资料。检查 SMD 零件的可装配性。

② 制作 SMD 料表。程式制作员依据工程部正式下发的 BOM，把所有需 SMD 作业的材料依据料号按不同位置制作成符合 SMD 作业的料表。

③ 装配坐标。程式制作员依据 SMD 料表所列的顺序，在光纤坐标机上依次设取装配坐标。

④ 转化为贴片程式料表。程式制作员将制作好的 SMD 料表和已经设取好的装配坐标，经“SMD 程式料表制作软体系统”进行转换，生成适合于贴片设备的程式料表。

⑤ 程式的调试。程式制作完成后，需由工程技术人员经过设备的正式运行来检验其正确性，包括位置坐标、供料站别和零件参数的核对三大方面。设备能正常运作，产品经质检确认无误后，程式料表完成。

（2）程式料表的管理。

① 管理资格。程式经调试完成之后，程式料表即依机种建档或归档，登录对应机种的“SMD 程式料表历史卡”后即取得管理资格。

② 管理方法。程式料表是 SMD 制程中重要的品质保证，是一份严肃的品质文件，把符合管理资格的程式料表全部列印出来。计算机资料最多只能是程式制作员有一个备份磁片，计算机中只能有一份资料，并记录于“SMD 程式料表历史卡”上。

3．回流炉管理

1）温度曲线的制作

（1）回流炉的抽风量设置。根据胶水热固化和焊膏热熔化的特点“前段有害气体少需保温”“后段有害气体多需降温”。前段抽风量设置为刚好能抽风，后段抽风量设置为最大。

（2）测试点的选择。可测量三个不同点的温度曲线，第一点选择 SMD 面布线密集处为测试点；第二点选择 SMD 面布线稀疏处为测试点；第三点选择 PCB 另一面 SMD 面布线稀疏处为测试点。

（3）轨道速度的选择。依据胶与焊膏的各区基本温度时间而设定速度，一般平均胶水固化作业轨道速度为 0.85m/min，焊膏作业轨道速度为 0.5m/min。

（4）回流炉各段温度的设定。胶水固化作业的特点在于“恒温固化”，回流炉各段温度以“高至低”的值设定；锡膏作业的特点在于“预热时间长”，回流炉各段温度以“高至低→高”的值设定，如表 13.1 所示。

表 13.1　胶固化和焊膏回流炉各段温度的参考设定值

加热温区	1	2	3	4	5	6	7	8	9	10
胶固化	230℃	210℃	205℃	210℃	190℃	230℃	210℃	205℃	210℃	190℃
焊膏焊接	240℃	200℃	190℃	170℃	330℃	240℃	200℃	190℃	170℃	330℃

（5）温度曲线测试。当各段实际温度与设定值误差为±1℃时才能测量其温度曲线。

2）SMD 回流炉参数设定指导书

对于每一台回流炉，按产品的不同均做一份《SMD 回流炉参数设定指导书》，实际测量的数据经专门软件分析，符合规格的即取得承认资格，否则需重新调整回流炉的参数，直至所测得的温度曲线合格。

4．SMT 文件及资料管理

文件资料范围为正式下发的所有 SMT 文件资料、公务活动中的信件、传真等。SMT 文件体系如图 13.2 所示。

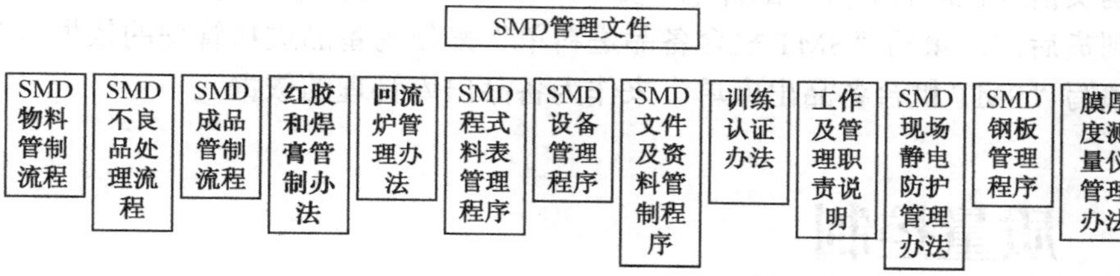

图 13.2　SMT 文件体系

5．SMT 设备管理

不同类型的 SMT 设备出现故障的趋势大约有如下两种。

（1）随着时间的推移，使用时间越长，故障率越高。

（2）有些设备在使用初期故障率相对较高，使用一段时间后，故障率相对减小。当然产生这种变化主要与初期对设备掌握不熟练、设备调整及使用效果不是最佳状态有关，出现这种情况应多从内部寻找原因，进行规范性管理。降低设备故障率，减少停机损失，最有效的方法是加强设备管理水平，制定设备操作、维护保养和修理的管理办法和责任制度。

1）SMT 设备操作说明书

SMT 所有与生产有关的设备，其操作方法均用操作说明书规范起来。操作说明书均存放在相应的设备上。基本内容为开机及点检、按键功能说明、暖机、正常操作、一般故障清除和关机。

2）设备测量

（1）电源输入的测量：每月设备保养时进行测量，测量记录于“设备保养记录”中。

（2）气压输入的测量：一般每台设备的气压表均由设备制造商在表盘上设定好其正常工作

气压值。操作员每日均检查气压显示值是否在正常工作值以上。

（3）重要水平面的测量：对水平面有要求的设备，其水平度半年测量一次。采用水平仪用“十字交叉”法测量。

（4）设备接地的测量：由技术人员在月保养时进行测量。选择设备金属外壳上不同的 5 个点，测量它们对电源地线的电阻，若阻值小于 4Ω，则表明接地良好。

3）设备的保养

（1）日常保养：由操作员每天实施。

（2）月和年度保养：依据生产进度进行月保养，年度保养每半年进行一次。每种设备都根据“保养项目表”进行保养并填写保养记录。

（3）自我维护：对于日常生产过程中的设备故障，工程技术人员通过查阅设备供应商提供的技术资料，或是查阅以前相关故障的维修记录，制定方案进行设备维修，重大故障要写“设备维修报告”。

（4）代理商维护：对于一些重大的或具潜伏征兆的故障，若自身的技术力量无法或不能彻底解决，则应联络代理商来维修。

（5）技术交流与培训：通过代理商现场维修或培训，或者参加代理商举办的技术培训等多种形式，来提升技术队伍的维护水平。

4）备品管理

设备的运作要消耗一些部件，需对一些消耗性配件做备品安全管理，评估后提出需求。从代理商那里购买消耗性配件，做好配件的“安全库存”。非消耗性配件视设备的运作状况而购买。购买的备品到货后，需填写“SMT 机台备品进料单”来作为备品进料管理的依据。备品在出库使用时，需填写“SMT 机台备品出库单”来作为备品出库管理的依据。

13.2 质量控制

13.2.1 质量控制方法

1. 质量控制演进史

（1）第一阶段为操作者的质量控制。在 18 世纪，产品从头到尾由同一个人负责制作，因此产品的好坏也就由同一个人来负责。

（2）第二阶段为领班的质量控制。从 19 世纪开始，生产方式逐步转变为将多人集合在一起而置于一个领班的监督之下，由领班来负责每一个作业员的质量。

（3）第三阶段为检查员的质量控制。在第一次世界大战期间，工厂开始变得复杂，发展为由指定的专人来负责产品的检验。

（4）第四阶段为统计质量控制（Statistical Quality Control，SQC）。从 1942 年美国 W.A. SHEWART 利用统计手法提出第一张管理图开始，质量控制进入新纪元，抽样检验也同时诞生，SQC 的使用也是近代管理突飞猛进最重要的原因。

（5）第五阶段为全面质量控制（Total Quality Control，TQC）。该阶段是把以往质量控制的做法前后延伸至市场调查、研究发展、质量设计、原材料管理、质量保证及售后服务等各部门，并建立质量体系。此体系可以说是专家式质量控制，较注重理论研究。

（6）第六阶段为全公司质量控制（Company-Wide Quality Control，CWQC）。日本的全公司质量控制有别于美国的TQC，称为CWQC。从企业经营的立场来说，要达到经营的目的，必须结合全公司所有部门的每一个员工，通力合作，构成一个能共同认识、易于实施的体系，使市场调研、研究开发、设计、采购、制造、检查、销售、服务的每一个阶段均能得到有效管理，且全员参与，即为CWQC。

（7）第七阶段为全集团质量控制（Group-Wide Quality Control，GWQC）。结合中心工厂、协力工厂、销售公司组成一个庞大的质量体系，即GWQC。

2. 检验

检验是对产品或服务的一种或多种特性进行测量、检查、试验、度量，并将这些特性与规定的要求进行比较，确定其符合性的活动。

1）检验工作的职能

（1）保证的职能：通过对原材料、半成品及成品的检验、鉴别、分选，剔除不合格品，决定该产品是否能被接受。

（2）预防的职能：通过检验及早发现质量问题并找出原因，及时加以排除。

（3）报告的职能：检验中搜集数据进行分析和评价，并向有关职能部门报告，为改进设计、提升质量、加强管理提供资讯和依据。

2）质量检验的方法

（1）单位产品的质量检验。单位产品的质量检验就是借助一定的检测方法，测出产品的质量特性值，然后把测出的结果和产品的技术标准进行比较，判断产品是否合格。

（2）批量产品的质量检验。产品的质量特性不符合产品技术标准、工艺文件或图纸所规定的技术要求，即构成缺陷。缺陷分为致命缺陷、重缺陷和轻缺陷。

（3）抽样检验。抽样检验就是根据事先确定的方案，从一批产品中随机抽取一部分进行检验，并通过检验结果对该批产品的质量进行估计和判断的过程。抽样检验的适用范围为：①破坏性检验；②批量大、价值和质量要求一般的情况；③连续性的检验；④检验项目较多；⑤希望节省检验费用。

3）质量检验部门的任务和要求

- 编制质量检验计划，严格把关质量，形成检验的质量体系；
- 掌握质量动态，加强质量分析，加强对不合格品的管理，严格执行质量考核制度；
- 参与新产品试制和鉴定工作；
- 合理选择检验方式，积极采用先进的检测技术和方法；
- 加强质量检验队伍的建设，提高检验员的技术素质和工作质量；
- 参与制定和健全有关质量管理工作方面的制度。

3. 质量控制应用的方法

质量控制应用的七大方法主要是层别法、柏拉图法、特性要因图法、散布图法、直方图法、管理图法和查核表。

特性要因图法是最常用的方法，如图13.3所示，它将造成某项结果的众多原因，以系统的方式进行图解，也即以图来表达结果（特性）与原因（要因）之间的关系。因其形状像鱼骨，又称“鱼骨图”。

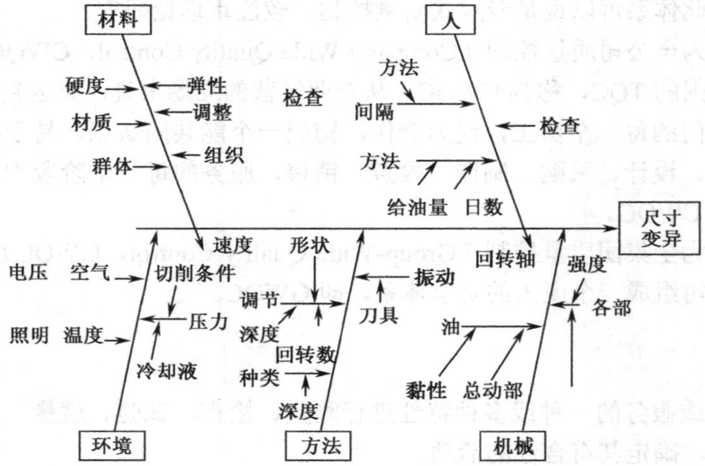

图 13.3　特性要因图法

4．统计过程控制

统计过程控制（Statistical Process Control，SPC）主要是指应用统计分析技术对生产过程进行实时监控，科学区分生产过程中产品质量的随机波动与异常波动，从而对生产过程的异常趋势提出预警，以便生产管理人员及时采取措施，消除异常，恢复过程的稳定，从而达到提高和控制质量的目的。

在生产过程中，产品加工尺寸的波动是不可避免的。波动分为正常波动和异常波动两种。正常波动是偶然性原因（不可避免因素）造成的，它对产品质量的影响较小，在技术上难以消除，在经济上也不值得消除。异常波动是由系统原因（异常因素）造成的，它对产品质量的影响很大，但能够采取措施避免和消除。过程控制的目的就是消除、避免异常波动，使过程处于正常波动状态。

1）SPC 的技术原理

SPC 是一种借助数理统计方法的过程控制工具，它对生产过程进行分析、评价，根据反馈信息及时发现系统性因素出现的征兆，并采取措施消除其影响，使过程维持在仅受随机性因素影响的受控状态，以达到控制质量的目的。

当过程仅受随机因素影响时，过程处于统计控制状态，简称受控状态；当过程中存在系统因素的影响时，过程处于统计失控状态，简称失控状态。由于过程波动具有统计规律性，当过程受控时，过程特性一般服从稳定的随机分布；而失控时，过程分布将发生改变。SPC 正是利用过程波动的统计规律性对过程进行分析控制的，因而，它强调过程在受控和有能力的状态下运行，从而使产品和服务稳定地满足顾客的要求。

SPC 强调全过程监控、全系统参与，并且强调用科学方法（主要是统计技术）来保证全过程的预防，如图 13.4 所示。SPC 不仅适用于质量控制，更可应用于一切管理过程中，如产品设计、市场分析等。正是由于它的这种全员参与管理质量的思想，实施 SPC 可以帮助企业在质量控制上真正做到“事前”预防和控制。

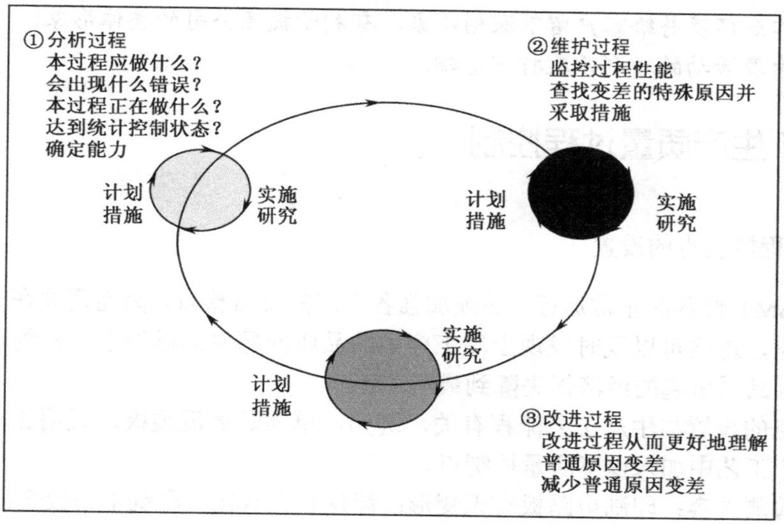

图 13.4 SPC 全过程监控

SPC 与传统 SQC 的最大不同点就在于由 Q（Quality）至 P（Process）的转换。在传统的 SQC 中强调的是产品的质量，换言之，它着重在买卖双方可共同评鉴的一种既成事实，而在 SPC 中，则是希望将努力的方向更进一步地放在品质的源头——制程上，因为制程的起伏变化才是造成质量变异的主要根源，而质量变异的大小也才是决定产品优劣的关键。

2）SPC 的步骤

一般而言，有效的 SPC 应遵循下列步骤依序进行。

（1）深入掌握因果模式，找出哪些制程参数对产品质量会有举足轻重的影响。

（2）设定主要参数的控制范围，在找出影响结果的主要参数之后，接着要思考的就是这些参数该控制在哪一个范围内变动才恰当。这个时候，就需要进一步地借助回归分析等统计工具来合理地推测控制范围。

（3）建立制程控制方法。经过上述步骤之后，对 SPC 而言只能说完成了 S 与 P 两部分，而 C 部分才刚开始，需要进一步探究。

（4）抽取成品来验证原始系统是否仍然正常运转，是否在推动 SPC 之后，就再也不需要进行成品检验了呢？如果仍要做成品检验，那么与推动 SPC 之前的成品检验有何不同呢？其实，即使上述步骤完全做到了仍然要抽查少数成品，原因是任何系统无论设计多么严谨，随着时间的流逝，系统本身都会潜伏“突变”的可能。

5．5S 活动

5S 指的是在生产现场中，对材料、设备、人员等生产要素进行相应的“整理（Seiri）、整顿（Seiton）、清扫（Seiso）、清洁（Seiketsu）、素养（Shitsuke）”等活动。5S 活动源于日本，它是日本产品在第二次世界大战后品质得以迅猛提升，并行销全世界的一大法宝。由于用罗马字拼写这几个日语词汇时，它们的第一个字母都是 S，所以又称为 5S。

推进 5S 活动的作用有以下几点。

- 作业出错机会减少，质量提升，作业人员心情舒畅，士气有一定程度的提高；
- 避免不必要的等待和查找，工作效率得以提升；
- 资源得以合理配置和使用，减少浪费，通道畅通无阻，各种标识显眼、安全；

- 整洁的作业环境易给客户留下深刻印象，有利于提高公司的整体形象；
- 为其他管理活动的顺利开展打下基础。

13.2.2　SMT 生产质量过程控制

1．质量过程控制点的设置

为了保证 SMT 设备的正常运行，必须加强各工序的质量检查，因而需要在一些关键工序后设立质量控制点，这样可以及时发现上段工序中的品质问题并加以纠正，杜绝不合格产品进入下道工序，将因品质引起的经济损失降到最小。

质量控制点的设置与生产工艺流程有关，例如，单面贴插混装板，采用先贴后插的生产工艺流程，在生产工艺中加入以下质量控制点。

（1）烘板检测内容：印制电路板有无变形；焊盘有无氧化；印制电路板表面有无划伤。

（2）丝印检测内容：印刷是否完全、有无桥接；厚度是否均匀、有无塌边；印刷有无偏差。

（3）贴片检测内容：元器件的贴装有无掉片、有无错件。

（4）回流焊接检测内容：有无桥接、立碑、错位、焊料球、虚焊等现象。

（5）插件检测内容：有无漏件、错件；元器件的插装情况。

检查方法：依据检测标准目测检验或借助放大镜检验。

2．检验标准的制定（目测检验）

每一质量控制点都应制定相应的检验标准，内容包括检验目标和检验内容。若没有检验标准或内容不全，将会给生产质量控制带来相当大的麻烦，如判定元器件贴偏时，究竟偏移多少才算不合格呢？质检员往往会根据自己的经验来判别，这样就不利于产品质量的一致和稳定。制定每一道工序的质量检验标准应根据其具体情况，尽可能将所有缺陷列出，最好采用图示的方法，以便质检员理解与比较。

3．质量缺陷数的统计——PPM 质量控制

在 SMT 生产过程中，质量缺陷的统计十分必要，它将有助于全体职工（包括企业决策者在内）了解企业产品的质量情况，然后做出相应对策来解决、提高、稳定产品质量。其中某些数据可以作为员工质量考核、发放奖金的参考依据。

在回流焊接和波峰焊接的质量缺陷统计中，引入国外的先进统计方法——PPM 质量控制，即百万分率的缺陷统计方法。计算公式如下：

$$缺陷率\ PPM=缺陷总数/焊点总数\times 10^6$$

$$焊点总数=检测电路板数\times 焊点$$

$$缺陷总数=检测电路板的全部缺陷数量$$

例如：某电路板上共有 1000 个焊点，检测电路板数为 500，检测出的缺陷总数为 20，依据上述公式可算出：缺陷率 PPM=20/（1000×500）$\times 10^6$= 40 PPM。

与传统的计算直通率的统计方法相比，PPM 质量控制更能直观反映出产品质量的控制情况。例如，有的电路板元器件较多，双面安装，工艺较复杂，而有些电路板安装简单，元器件较少，如果同样计算单板直通率，显然对前者有失公平，而 PPM 质量控制则弥补了这方面的不足。

4. 管理措施的实施

为了进行有效的质量管理，除了对生产质量过程加以严格控制外，还要采取以下管理措施。

（1）元器件或外协加工的部件采购进厂后，入库前需经检验员的抽检（或全检），发现合格率达不到要求的应退货，并将检验结果书面记录备案。

（2）质量部门要制定必要的有关质量的规章制度和本部门的工作责任制度。通过法规来约束人为可以避免的质量事故，用经济手段参与质量考核，企业内部专设每月质量奖。

（3）企业内部建立全面质量控制（TQC）机构，做到质量反馈及时、准确。挑选生产线的质检员，但行政上仍属质量部门管理，从而避免其他因素对质量判定工作的干扰。

（4）确保检测、维修仪器和设备的精确。产品的检验、维修是通过必要的设备、仪器来实施的，因而仪器本身的质量好坏将直接影响生产质量。要按规定及时送检和计量，确保仪器可靠。

（5）为了增强每名员工的质量意识，在生产现场周围设立质量宣传栏，定期公布一些质量事故的产生原因及处理办法，以杜绝此类问题的再度发生。同时，质量部门将每天的生产质量缺陷统计数（回流焊 PPM 数、波峰焊 PPM 数）绘于质量坐标图上。

（6）每星期召开一次质量分析会。会议由质量部门主管牵头，生产部门主管主持，参加人员是生产线上质量管理小组代表、生产工艺主管、质量部门主管、生产部门主管、各线线长等。会议内容：提出上一周出现的质量问题，会上讨论确定解决问题的对策，并提出落实解决问题的责任人或责任部门。要求会议简短，预先有准备，避免开会时间过长。

（7）搞好产品质量应依靠全体员工，单纯由质量部门尽心努力是不够的。因为高质量的产品是靠优化设计、先进工艺、高素质的工人生产出来的，而不是依靠质量部门检查出来的，所以企业全体员工必须加强质量意识。

13.3 制造执行系统（MES）

企业资源计划（Enterprise Resource Planning，ERP）解决的是资源计划问题，ERP 可以处理昨天以前发生的事情（做历史分析），也可以预计并处理明天将要发生的事件，但对今天正在发生的事件却留下了缺口，不是“实时”的管理。

制造执行系统（Manufacturing Execution System，MES）是一个制造层管理的“实时”信息系统，MES 在智能工厂中起着中间层的作用。在 ERP 系统所产生的长期计划的指导下，MES 根据底层控制系统采集的与生产有关的实时数据，对短期生产作业的计划调度、监控、资源配置和生产过程进行优化。在 MES 下层是底层生产控制系统，包括 FCS、PLC、NC/CNC 或这几种类型的组合。

MES 主要应用在流程型和离散型的工业制造领域。流程型制造行业如石油石化、化工、冶金矿业、制药和食品饮料等民生行业；离散型制造行业如汽车、机械制造和电子制造行业。在流程型制造行业中 MES 应用程度较高，而在离散型制造行业中 MES 应用程度较低。但随着市场竞争愈加激烈，大环境发生天翻地覆的变化，离散型制造业提出了柔性制造和智能制造的要求。尤其近年来，“工业 4.0”的产业思潮席卷全球，是中国制造业转型升级的方向。“工业 4.0”的核心在于通过信息化，实现上、中、下层之间的信息互动。MES 是智能制造的灵魂，在“工业 4.0”时代有着非常广阔的应用前景。

1. MES 的优点

国际著名的 MES 公司的产品主要有 Wonderware 公司的 FactorySuite、Rockwell 公司的 BS BizWare、Siemens 公司的 Simatic WinCC、Intellution 公司的 infoAgent、EDS 公司的 TCM-MES 等；国内 MES 产品主要有 e-Works、SAP、More 摩尔、C-MES 等。由国际 MESA 协会通过调查研究确定的统计数据是：

（1）平均减少制造周期时间 45%，一般减少数据输入时间在 75%以上，平均减少引导时间 27%。

（2）平均减少半成品（WIP）24%，平均减少产品缺陷 18%。

（3）平均减少纸面工作和设计蓝图所带来的损失 56%。

2. MES 的功能

（1）从管理角度，MES 是企业现代集成制造系统（CIMS）信息集成的纽带，CMES 管理功能模块如图 13.5 所示，管理功能包括：

- 计划排程管理、生产调度管理、生产过程控制、项目看板管理、质量管理；
- 工作中心/设备管理、工具工装管理；
- 采购管理、库存管理；
- 成本管理、人力资源管理；
- 制造数据管理、底层数据集成分析、上层数据集成分解。

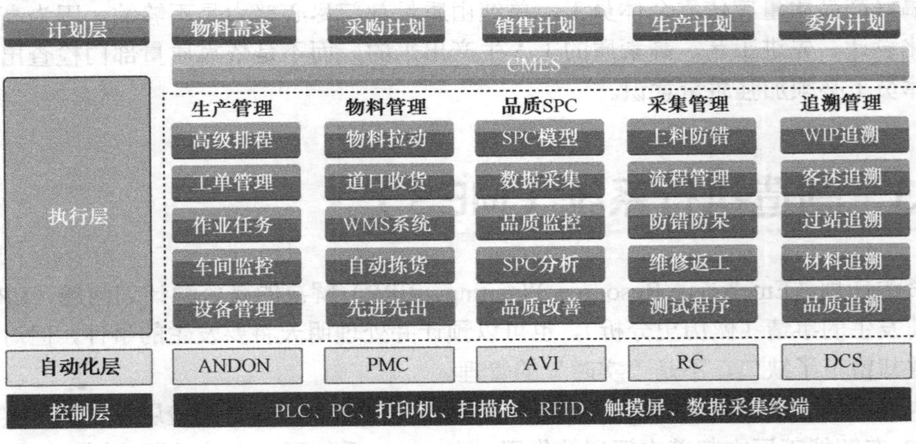

图 13.5 CMES 管理功能模块

（2）从应用角度，MES 实现了现场生产、工艺、物流、设备、检验等数据的贯通，实现了车间现场生产管理的柔性化、智能化、数字化。应用功能包括公司和车间级生产管理系统、工艺设计管理平台、产品物料管理系统、质量信息管理系统、制造资源管理系统的集成接口。

（3）从软件角度，MES 分为：

- 应用程序，包括用户界面和定制接口，便于应用和定制开发；
- 功能结构套件，封装了数据库操作和底层功能调用的功能程序，可提供集成化、低成本的产品；
- 底层程序，为数据库和底层功能程序。

MES 实施是一项复杂的系统工程，首先是工厂网络和工业物联网的建设（工业 4.0 第三步的互联化），选择能与 ERP 匹配的 MES，再分析企业情况，实施 MES。

13.4　SMT 标准

国际上有众多的标准化机构，一般常见的与 SMT 有关的国际标准化机构有 ISO、IEC、ANSI、EIA、IPC 等。

1．IEC

国际电工委员会（International Electrotechnical Commission，IEC）成立于 1906 年，是世界上最早的非政府性国际电工标准化机构。1947 年 ISO 成立后，IEC 曾作为电工部门并入 ISO，但在技术和财务上仍保持其独立性。根据 1976 年 ISO 与 IEC 的新协议，两组织都是法律上独立的组织，IEC 负责有关电工、电子领域（如电路板、电子元器件和电子或机械组装接口）的国际标准化工作，其他领域（包括质量标准和机械接口标准）则由 ISO 负责。IEC 现已制定国际电工标准 3000 多个，如表 13.2 所示。

表 13.2　IEC 现行有效的技术标准

项　目	代　号	说　明
PCB 及基材测试方法标准	IEC61189	电子材料试验方法、内连结构和组件： 第 1 部分　一般试验方法和方法学； 第 2 部分　内连结构材料试验方法（2000 年 1 月第 1 次修订）； 第 3 部分　内连结构（印制电路板）试验方法（1999 年 7 月第 1 次修订）
PCB 相关材料标准	IEC61249	印制电路板和其他内连结构材料： 第 5 部分　未涂胶导电箔和导电膜规范； 第 7 部分　抑制芯材料规范； 第 8 部分　非导电膜和涂层规范
印制电路板标准	IEC60326	印制电路板： 第 2 部分　试验方法（1992 年 6 月第一次修订） 第 3 部分　印制电路板设计和使用； 第 4 部分　内连刚性多层印制电路板； 第 5 部分　（有金属化孔）单双面普通印制电路板规范（1989 年月 10 月第 1 次修订）； 第 6 部分　（无金属化孔）单双面挠性印制电路板规范（1989 年 11 月第 1 次修订）； 第 8/9 部分　（有金属化孔）单双面挠性印制电路板规范（1989 年 11 月）； 第 10/11 部分　（有金属化孔）刚-挠双面印制电路板规范（1989 年 11 月）； 第 12 部分　整体层压拼板规范（多层印制电路板半成品）
印制电路板组装件	IEC61188	印制电路板和印制电路板组装件的设计与使用： 第 5-1/2 部分　连接部位（连接盘/接点）考虑　通用要求/分立元件； 第 5-6 部分　连接部位（连接盘/接点）考虑　四边带 J 形引线的芯片载体
	IEC61190	电子组装件用连接材料： 第 1-1 部分　高质量电子组装件互连用锡焊剂的要求； 第 1-2 部分　高质量电子组装件互连用焊膏的要求； 第 1-3 部分　电子锡焊用电子级锡焊合金及带焊剂与不带焊剂整体焊锡的要求

续表

项　目	代　号	说　明
印制电路板组装件	IEC61192	锡焊电子组装件工艺要求： 第 1-1 部分　总则； 第 1-2/3 部分　表面/通孔安装组装件； 第 1-4 部分　安装组装件
印制电路板用材料	IEC61249	印制电路板及其他互连结构用材料： 第 2-5、6、7、8、9、10、11、18、21 部分　覆箔及未覆箔增强基材，限定可燃性
	IEC62090	2002　使用条码和二维符号的电子元件产品包装标签
	IEC62326-1	2002　印制电路板　第 1 部分　总规范（第 2 版）（代替 1998 年的第 1 版）； PCB 及相关材料 IEC 标准信息

2．IPC

封装与互连协会（The Institute for Packaging and Interconnect，IPC）由 300 多家电子设备与印制电路制造商，以及原材料与生产设备供应商等组成，下设若干技术委员会。表面贴装设备制造商联合会（The Surface Mount Equipment Manufactures Association，SMEMA）现在已经并入 IPC。IPC 还包括 IPC 设计者协会（主要是 PWB 印制电路板的设计者）、互连技术研究会（Interconnection Technology Research Institute，ITRI）和表面安装委员会（Surface Mount Council，SMC）。

SMEMA 制定了关于表面安装组装设备的设计和制造标准，共有 6 个，分别是 SMEMA1.2 机械设备接口标准、SMEMA3.1 基准标记标准、SMEMA4 再流术语和定义、SMEMA5 丝网印刷术语和定义、SMEMA6 清洗术语和定义（关于印制电路板的清洗）、SMEMA7 点涂术语和定义。

IPC 的关键标准有工艺 IPC-A-610、焊盘设计 IPC-SM-782、潮湿敏感性元件 IPC-SM-786、表面贴装黏结剂 IPC-SM-817、印制电路板接收准则 IPC-A-600、电子组装的返工 IPC-7711、印制电路板的修理和更改 IPC-7722、术语和定义 IPC-50。此外，还有一个测试方法手册 IPC-TM-650 对推荐的所有测试方法进行了定义。IPC 的其他标准还涉及 PCB 的设计、元器件贴装、焊接、可焊性、质量评估、组装工艺、可靠性、数量控制、返修及测试方法。

IPC-SM-782 浓缩版焊盘结构标准如表 13.3 所示。性能等级如下。

表 13.3　IPC-SM-782 浓缩版焊盘结构标准

① 底部可焊端元件	参　数	1 级	2 级	3 级
最大侧面偏移	*A*	不做要求		
最大末端偏移	*B*	不允许		
最小末端焊点宽度	*C*	50% *W*/*P*		75% *W*/*P*
最小侧面焊点长度	*D*	如满足其他参数，则任何长度的侧面焊点都可接受		
最大/最小焊点高度	*E*	不做要求（正常润湿）		
最大侧面偏移	*A*	50% *W*/*P*		25% *W*/*P*
最大末端偏移	*B*	不允许		
最小末端焊点宽度	*C*	50% *W*/*P*		75% *W*/*P*
最小侧面焊点长度	*D*	不做要求		

续表

最大焊点高度	*E*	不接触元件本体		
最小焊点高度	*F*	正常润湿		*G*+25%*H* 或 *G*+0.5
末端重叠	*J*	重叠部分可见		
② 圆柱形元件	参数	1 级	2 级	3 级
最大侧面偏移	*A*	25% *W*/*P*		
最大末端偏移	*B*	不允许		
最小末端焊点宽度	*C*	正常润湿	50% *W*/*P*	
最小侧面焊点长度	*D*	正常润湿	50% *T*/*S*	75% *T*/*S*
最大焊点高度	*E*	不接触元件本体		
最小焊点高度	*F*	正常润湿		*G*+25%*H* 或 *G*+1mm
末端重叠	*J*	正常润湿	50% *T*	75% *T*
③ 城堡式元件	参数	1 级	2 级	3 级
最大侧面偏移	*A*	50% *W*		25% *W*
最大末端偏移	*B*	不允许		
最小末端焊点宽度	*C*	50% *W*		75% *W*
最小侧面焊点长度	*D*	正常润湿	50% *F* 或 50% *S*	
最大焊点高度	*E*	不做要求		
最小焊点高度	*F*	正常润湿	*G*+25% *H*	
④ 扁平、L 形和翼形引脚	参数	1 级	2 级	3 级
最大侧面偏移	*A*	50% *W* 或 0.5mm		25% *W* 或 0.5mm
最大末端偏移	*B*	不违反最小电气间隙		
最小末端焊点宽度	*C*	50% *W*		75% *W*
最小侧面焊点长度	*D*	*W* 或 0.5mm	*W*；75% *L*	
最大焊点高度	*E*	未接触元件本体或末端封装（高引脚）		
最小焊点高度	*F*	正常润湿	*G*+50%*T*	*G*+*T*
⑤ 圆形或扁圆引脚	参数	1 级	2 级	3 级
最大侧面偏移	*A*	50% *W*		25% *W*
最大末端偏移	*B*	不违反最小电气间隙		
最小末端焊点宽度	*C*	正常润湿		75% *W*
最小侧面焊点长度	*D*	*W*		150% *W*
最大焊点高度	*E*	未接触元件本体或末端封装		
最小焊点高度	*F*	正常润湿	*G*+50%*T*	*G*+*T*
最小侧面焊点高度	*Q*	正常润湿	50% *W*/*T*	
⑥ J 形引脚	参数	1 级	2 级	3 级
最大侧面偏移	*A*	50% *W*		25% *W*
最大末端偏移	*B*	不做要求		
最小末端焊点宽度	*C*	50% *W*		75% *W*
最小侧面焊点长度	*D*	正常润湿	150% *W*	

续表

最大焊点高度	*E*	未接触元件本体		
最小焊点高度	*F*	正常润湿	*G*+50%*T*	*G*+*T*
⑦ I 形引脚	参　数	1 级	2 级	3 级
最大侧面偏移	*A*	25% *W*	不允许	
最大末端偏移	*B*	不允许		
最小末端焊点宽度	*C*	75% *W*		
最小侧面焊点长度	*D*	不做要求		
最大焊点高度	*E*	正常润湿		
最小焊点高度	*F*	0.5mm		
⑧ 扁平焊片	参　数	1 级	2 级	3 级
最大侧面偏移	*A*	50% *W*	25% *W*	不允许
最大末端偏移	*B*	不违反最小电气间隙	不允许	
最小末端焊点宽度	*C*	50% *W*	75% *W*	100% *W*
最小侧面焊点长度	*D*	正常润湿	*L*－*M*	*L*－*M*
最大焊点高度	*E*	未定义		*G*+*T*+1.0mm
最小焊点高度	*F*	正常润湿		*G*+*T*
⑨ 底部可焊端高外形元件	参　数	1 级	2 级	3 级
最大侧面偏移	*A*	50% *W*	25% *W*	不允许
最大末端偏移	*B*	不违反最小电气间隙	不允许	
最小末端焊点宽度	*C*	50% *W*	75% *W*	100% *W*
最小侧面焊点长度	*D*	正常润湿	50% *L*	75% *L*
⑩ L 形引脚	参　数	1 级	2 级	3 级
最大侧面偏移	*A*	50% *W*		25% *W*/*P*
最大末端偏移	*B*	不违反最小电气间隙	不允许	
最小末端焊点宽度	*C*	50% *W*		75% *W*/*P*
最小侧面焊点长度	*D*	正常润湿	50% *L*	75% *L*
最大焊点高度	*E*	*G*+*H*		
最小焊点高度	*F*	正常润湿	*G*+25%*H* 或 *G*+0.5mm	

注：*W*—元件金属端宽度、引脚宽；*T*—元件可焊端长度；*L*—引脚长；*P*—焊盘宽度；*S*—焊盘长度；*M*—引脚端与焊盘端的偏差；*G*—焊盘高度；*H*—元件高度。

（1）1 级：通用电子产品，包括消费产品、计算机和外围设备、一般军用硬件。

（2）2 级：专用服务电子产品，包括高性能和长寿命的通信设备、复杂的商业机器、仪器和军用设备。并且希望有不间断服务但这不是关键的，允许一定的外观缺陷。

（3）3 级：高可靠性电子产品，包括关键的商业与军事产品设备、不允许故障停机的设备、生命支持或导弹系统。

3．国家标准

（1）SJ/T10668—1995《表面组装技术术语》：包括一般术语，元器件术语，工艺、设备及材料术语，检验及其他术语四个部分，适用于电子技术产品表面组装技术。

（2）SJ/T10670—1995《表面组装工艺通用技术要求》：规定了电子技术产品采用表面组装技术时应遵循的基本工艺要求，适用于以印制电路板（PCB）为组装基板的表面组装组件（SMA）的设计和制造，采用陶瓷或其他基板的SMA的设计和制造也可参照使用。

（3）SJ/T10669—1995《表面组装元器件可焊性试验》：规定了表面组装元器件可焊性试验的材料、装置和方法，适用于表面组装元器件焊端或引脚的可焊性试验。

（4）SJ/T10666—1995《表面组装组件的焊点质量评定》：规定了表面组装元器件的焊端或引脚与印制板焊盘软钎焊连接所形成的焊点进行质量评定的一般要求和细则，适用于对表面组装组件焊点的质量评定。

（5）SJ/T10663—1995《焊铅膏状焊料》：规定了锡铅膏状焊料（简称焊膏）的分类和命名、技术要求、试验方法、检验规则和标志、包装、运输及储存，适用于表面组装元器件和电子电路互连的软钎焊用的各类焊膏。

（6）SJ/T10534—1994《波峰焊接技术要求》：规定了印刷板组装件波峰焊接的基本技术要求、工艺参数及焊后质量的检验。

（7）SJ/T10565—1994《印刷板组装件装联技术要求》：规定了印刷板组装件的装联技术要求，适用于单面板、双面板及多层印制电路板的装联，不适用于表面组装元器件的装联。

4．RoHS

欧盟议会和欧盟理事会于2003年1月通过了RoHS指令，即在电子电气设备中限制使用某些有害物质指令，也称2002/95/EC指令；2005年欧盟又以2005/618/EC决议的形式对2002/95/EC进行了补充，明确规定了六种有害物质的最大限量值。

世界各国尤其是发达国家，对RoHS指令的出台反响强烈，高度关注，有的称其为“绿色环保指令”，有的称其为“技术壁垒指令”。中国是全球制造业大国，出口总量的70%以上涉及RoHS指令，因此中国政府也十分重视相关问题，并于2004年出台了《电子信息产品污染防治管理办法》，内容类似RoHS指令，并准备与其同步实施。

1）RoHS指令涉及的产品范围

RoHS指令涉及的产品范围相当广泛，几乎涵盖了所有电子、电器、医疗、通信、玩具、安防信息等产品，它不仅包括整机产品，而且包括生产整机所使用的零部件、原材料及包装件，关系到整个生产链。

其中铅（Pb）、汞（Hg）、六价铬（Cr^{6+}）、多溴联苯（PBB）、多溴联苯醚（PBDE）的最大允许含量为0.1%（1000ppm），镉（Cd）的最大允许含量为0.01%（100ppm），该限值是制定产品是否符合RoHS指令的法定依据。

2）如何开展RoHS认证

只要是具备相应资质和能力的第三方公证实验室均可为企业提供类似RoHS认证的服务，把相关产品送往专业实验室进行检测，分析其中的铅、镉、汞、六价铬、多溴联苯、多溴联苯醚六种有害物质是否符合RoHS指令要求，若符合，就可以获得RoHS合格报告和证书；若不符合，就得另找符合要求的产品进行替代。

最重要的是选择符合RoHS指令要求的零部件与原材料，采用先进的生产工艺流程。如采购已获得RoHS认证的零部件、原材料，以无铅焊料替代传统焊料，只要整机均采用了符合RoHS指令要求的零部件，那么整机做RoHS认证自然就省时省力、方便快捷了。

根据RoHS指令要求，对整机产品进行科学合理的拆分归类，使检测费用降至最低。通常主要分为金属材质、塑料材质和其他材质，金属材质只需做重金属检测（铅、汞、镉、六价铬），塑料材质需要做规定的六项检测（铅、汞、镉、六价铬、多溴联苯、多溴联苯醚），其他材质只需做重金属测试。原则上每个零部件检测所需的重量为：固体 10～20g，液体 10～20mg。

5．CE 认证

越来越多的出口欧洲的产品必须申请 CE（Conformite Europe）认证，该识别标志表明产品符合安全、卫生、环保和消费者保护等一系列规定。CE 标志是一种安全认证标志，被视为制造商打开并进入欧洲市场的护照。凡是贴有“CE”标志的产品都可以在欧盟各成员国内销售，以表明产品符合欧盟《技术协调与标准化新方法》指令的基本要求，这是欧盟法律对产品提出的一种强制性要求。对于绝大多数电子、电器类产品而言，申请 CE 认证必须符合低电压指令（LVD）、电磁兼容指令（EMC）和 RoHS 指令。

13.5 MIS 管理实训

在培训系统主界面中，单击“MIS 管理”按钮，用户可查看实训中所有的程式编程和操作使用的数据，检查所有设计或操作的错误。

思考题与习题

13.1 SMT 工艺技术平台。

（1）SMT 工艺技术平台的建立是一个系统工程，包括几个主要方面？

（2）什么是四大技术规范体系？

13.2 工艺管理。

（1）请简述印刷异常处理流程。

（2）请简述 SMT 贴片程式料表管理。

（3）对于胶固化作业，其特点是什么？对于焊膏作业，其特点是什么？

（4）PCB 从回流炉前段以室温进入，回流炉各段温度以何值设定？

13.3 管理文件。

（1）什么是 PPAP？

（2）SMT 管理文件包括哪些？

13.4 质量控制。

（1）请简述质量控制演进史。

（2）抽样检验的适用范围是什么？

（3）PDCA 具体分为几个步骤？

（4）什么是 5S 活动？

（5）质量控制应用主要有几大方法？

（6）抽样检验的形态分类有哪些？

（7）请简述 SPC 技术原理。

13.5 SMT 生产质量过程控制。

（1）双面贴插混装板采用先贴后插的生产工艺流程，在生产工艺中加入哪些质量控制点？

（2）某电路板上共有 1000 个焊点，检测电路板数为 10000，检测出的缺陷总数为 520，缺陷率 PPM 为多少？

13.6 技术标准。

（1）IEC 现行有效的技术标准有哪些？

（2）IPC 电子组装标准有哪些？

（3）IPC-SM-782 Revision A 提供几个可生产性级别？

（4）IPC-6012A 是什么？

（5）怎样开展 RoHS 认证？

（6）中国出口总量的百分之多少以上涉及 RoHS 指令？

（7）企业在申请 CE 测试证书时应注意哪些问题？

13.7 从管理角度而言，MES 包括（　　）。

A．计划排程管理、生产调度管理、生产过程控制、项目看板管理、质量管理、设备管理、工具工装管理、采购管理、库存管理、制造数据管理

B．公司和车间级生产管理系统、工艺设计管理平台、产品物料管理系统、质量信息管理系统、制造资源管理系统的集成接口

C．用户界面和定制接口、功能结构套件、数据库和底层功能程序

附录A SMT基本名词解释

英　文	术　语	解　释
1．元器件		
Array	列阵	一组元素，如锡球点，按行、列排列
Application Specific Integrated Circuit	Asic	客户定做用于专门用途的电路
Chip On Board Cob	板面芯片	一种混合技术，它使用了面朝上胶着的芯片组件，传统上通过飞线专门连接于电路板的基底层
Chip Carrier	芯片载体	SMD 集成电路的一种基本封装形式，它将集成电路芯片和内引线封装于塑料或陶瓷壳体之内，向壳外四边引出相应的焊端或短引线
Chip Quad Pack	四边封装器件	不以固定的封装体引线间距尺寸为基础，而以规定封装体大小为基础制成的四边带 J 形或 L 形短引线的密封的陶瓷芯片载体
Flip Chip	倒装芯片	一种无引脚结构，一般含有电路单元。设计用于通过适当数量的位于其面上的锡球（导电性黏合剂所覆盖），在电气上和机械上连接于电路
Fine Pitch	细间距	不大于 0.65mm 的引脚间距
Fine Pitch Devices（FPD）	细间距器件	引脚间距不大于 0.65mm 的表面组装器件，也指长为 x，宽不大于 1.6mm×0.8mm（尺寸编码为 1608）的表面组装组件
Gull Wing Lead	翼形引线	从表面组装元器件封装体向外伸出的形似鸥翅的引线
I-Lead	I 形引线	从表面组装元器件封装体向外伸出并向下弯曲 90°，形似英文字母“I”的平接头引线
J-Lead	J 形引线	从表面组装元器件封装体向外伸出并向下伸展，然后向内弯曲形似英文字母“J”的引线
Lead Pitch	引脚间距	表面组装元器件相邻引脚中心线之间的距离
Lead Coplanarity	引脚共面性	指表面组装元器件引脚垂直高度偏差，即引脚的最高脚底与最低三条引脚的脚底所形成的平面之间的垂直距离，其值一般不大于引脚厚度；对于细间距器件，其值不大于 0.1mm
Leadless Ceramic Chip Carrier（LCCC）	无引线陶瓷芯片载体	四边无引线，有金属化焊端并采用陶瓷气密封装的表面组装集成电路
Leaded Ceramic Chip Carrier（LDCC）	有引线陶瓷芯片载体	近似无引线陶瓷芯片载体，它把引线封装在陶瓷基体四边，使整个器件的热循环性能增强
Lead Foot	引脚	引线末端的一段，通过软钎焊使这一段与印制电路板上的焊盘共同形成焊点。引脚可划分为脚跟（Heel）、脚底（Bottom）、脚趾（Toe）、脚侧（Side）等部分
Lead	引线	从元器件封装体内向外引出的导线。在表面组装元器件中，是翼形引线、J 形引线、I 形引线等外引线的统称
Metal Electrode Face（MeLF）	圆柱形表面组装元器件	两端无引线，有焊端的圆柱形表面组装元器件
Miniature Plastic Leaded Chip Carrier（MPLCC）	微型塑封有引线芯片载体	四边具有翼形短引线，封装外壳四角带有保护引线共面性和避免引线变形的“角耳”，典型的引线间距为 0.63mm，引线数为 84、100、132、164、196、244 条等
Plastic Leaded Chip Carriers（PLCC）	塑封有引线芯片载体	四边具有 J 形短引线，典型的引线间距为 1.27mm，采用塑料封装的芯片载体，外形有正方形和矩形两种形式
Chip Component	矩形片状组件	两端无引线，有焊端，外形为薄片矩形的表面组装组件

续表

英　文	术　语	解　释
Quad Flat Pack（QFP）	四边扁平封装器件	四边具有翼形短引线，引线间距为 1.00、0.80、0.65、0.50、0.40、0.30mm 等的塑料封装薄形表面组装集成电路
Small Outline Package（SOP）	小外形封装	小外形模压塑料封装：两侧具有翼形或J形短引线的一种表面组装元器件封装形式
Small Outline Transistor（SOT）	小外形晶体管	采用小外形封装结构的表面组装晶体管
Small Outline Diode（SOD）	小外形二极管	采用小外形封装结构的表面组装二极管
Small Outline Integrated Circuit（SOIC）	小外形集成电路	指外引线数不超过 28 条的小外形集成电路，一般有宽体和窄体两种封装形式，其中具有翼形短引线者称为 SOL 器件，具有J形短引线者称为 SOJ 器件
Shrink Small Outline Package（SSOP）	收缩型小外形封装	近似小外形封装，但宽度比小外形封装更窄，为可节省组装面积的新型封装
Terminations	焊端	无引线表面组装元器件的金属化外电极
2．材料术语		
Anisotropic Adhesive	各异向性导电胶	一种导电性物质，其粒子只在Z轴方向通过电流
Annular Ring	环状圈	钻孔周围的导电材料
Adhesives	贴装胶	固化前具有足够的初黏度，固化后具有足够黏结强度的液体化学制剂。在表面组装技术中指在波峰焊前用于暂时固定表面组装元器件的黏结剂
Curing	固化	在一定的温度、时间条件下，加热贴装了表面组装元器件的贴装胶，以使表面组装元器件与印制电路板暂时固定在一起的工艺过程
Conductive Epoxy	导电性环氧树脂	一种聚合材料，通过加入金属粒子（通常是银），使其通过电流
Conductive Ink	导电墨水	在厚胶片材料上使用的胶剂，形成 PCB 导电布线图
Conformal Coating	共形涂层	一种薄的保护性涂层，应用于顺从装配外形的 PCB
Copper Foil	铜箔	一种阴质性电解材料，沉淀于电路板基底层上的一层薄的、连续的金属箔，它作为 PCB 的导电体。它容易黏合于绝缘层，通过图形转移，腐蚀后形成电路图样
Low Temperature Paste	低温焊膏	熔化温度比锡铅共晶焊膏（熔点为 183℃）低几十摄氏度的焊膏
No-Clean Solder Paste	免清洗焊膏	焊后只含微量无害焊剂残留物而无须清洗组装板的焊膏
Percentage of Metal	金属（粉末）百分含量	一定体积（或重量）的焊膏中，焊前或焊后焊料合金所占体积（或重量）的百分比
Paste Working Life	焊膏工作寿命	焊膏从被施加到印制电路板上至焊接之前的不失效时间
Paste Shelf Life	焊膏储存寿命	焊膏丧失其工作寿命之前的保存时间
Paste Separating	焊膏分层	焊膏中较重的焊料粉末与较轻的焊剂、溶剂、各种添加剂的混合物互相分离的现象
Rheolobic Modifiers	流变调节剂	为改善焊膏的黏度与沉积特性的控制剂
Slump	塌落	一定体积的焊膏印刷或滴涂在焊盘上后，由于重力和表面张力的作用及温度升高或停放时间过长等原因而引起的高度降低、底面积超出规定边界的坍流现象
Sold Paste；Cream Solder	膏状焊料焊膏	由粉末状焊料合金、焊剂和一些起黏性作用及其他作用的添加剂混合制成的具有一定黏度和良好触变性的焊料膏
Solder Powder	焊料粉末	在惰性气氛中，将熔融焊料雾化制成的微细粒状金属。一般为球形和近球形或不定形
Thixotropy	触变性	流变体（流变体焊膏）的黏度随着时间、温度、切变力等因素而发生变化的特性

续表

英　文	术　语	解　释
3．PCB		
Additive Process	加成工艺	一种制造PCB导电布线的方法，可选择性地在板层上沉淀导电材料（铜、锡等）
Blind Via	盲孔	PCB的外层与内层之间的导电连接，不通到板的另一面
Buried Via	埋孔	未延伸到印制电路板表面的一种导通孔。PCB的两个或多个内层之间的导电连接（从外层看不见）
CAD/CAM System	计算机辅助设计与制造系统	计算机辅助设计是使用专门的软件工具来设计印刷电路结构；计算机辅助制造把这种设计转换成实际的产品
4．工艺、设备术语		
（1）印刷和滴涂		
Angle Of Attack	迎角	丝印刮板面与丝印平面之间的夹角
Dispensing	滴涂	表面组装时，往印制电路板上施加焊膏或贴装胶的工艺过程
Dispenser	滴涂器	能完成滴涂操作的装置
Drying，Prebaking	干燥	印制电路板在完成焊膏施加和贴装表面组装元器件后，在一定温度下进行烘干的工艺过程
Flexible Stencil，Flexible Metal Mask	柔性金属漏板	通过四周的丝网或具有弹性的其他薄膜物与网框粘连成为一个整体的金属漏板，可在承印物上进行类似于采用网板的非接触印刷
Metal Stencil：Stencil，Metal Mask	金属漏板	用铜或不锈钢薄板经照相蚀刻法、激光加工电铸等方法制成的漏板印刷用模板，也包括柔性金属漏板，简称漏板或模板
Pin Transfer Dispensing	针板转移式滴涂	使用同印制电路板上的待印焊盘或点胶位置一一对应的针板施加焊膏或贴装胶的工艺方法
Screen Printing	丝网印刷 丝网漏印	使用网板，将印料印到承印物上的印刷工艺过程，简称丝印
Screen Printing Plate	网板	由网框、丝网和掩膜图形构成的丝印用印刷网板
Squeegee	刮板	由橡胶或金属材料制作的叶片和夹持部件构成的印料刮压构件，用它将印料印刷到承印物上
Screen Printer	丝网印刷机	表面组装技术中，用于丝网印刷或漏板印刷的专用工艺设备，简称丝印机
Stencil Printing	漏板印刷	使用金属漏板或柔性金属漏板将印料印于承印物上的工艺过程
Snap-Off-Distance	印刷间隙	印刷时，网板或柔性金属漏板的下表面与承印物上表面之间的静态距离
Syringe Dispensing	注射式滴涂	使用手动或有动力源的注射针管，往印制电路板表面规定位置施加贴装胶或焊膏的工艺方法
Stringing	挂珠（拉丝）	注射式滴涂焊膏或贴装胶时，因注射嘴（针头）与焊盘表面分离欠佳而在嘴上粘连有少部分焊膏或贴装胶，并带到下一个被滴涂焊盘上的现象
（2）贴装		
Accuracy	精度	测量结果与目标值之间的差额
Centering Jaw	定心爪	贴装头上与吸嘴同轴配备的镊钳式机构，用来在拾取元器件后对其从四周抓合定中心
Centering Unit	定心台	为简化贴装头的结构，将定心机构设置在贴装机机架上，用来完成表面组装元器件定中心功能的装置
Bulk Feeder	散装式供料器	适用于散装包装元器件的供料器。一般采用微倾斜直线振动槽，将储放的尺寸较小的表面组装元器件输送至定点位置
Feeder Holder	供料器架	贴装机中安装和调整供料器的部件
Feeders	供料器	向贴装机供给元器件并兼有储料、供料功能的部件

续表

英　文	术　语	解　释
Fiducial	基准点	和电路布线图合成一体的专用标记，用于机器视觉，以找出布线图的方向和位置
Fine-Pitch Technology（FPT）	密脚距技术	表面贴片组件包装的引脚中心间隔距离为0.025英寸（0.635mm）或更小
Flying	飞片	贴装头在拾取或贴放表面组装元器件时，使元器件“飞”出的现象
Fiducial Mark	基准标志	在印制电路板照相底板或印制电路板上，为制造印制电路板或进行表面组装各工序提供精密定位所设置的特定的几何图形
General Placement Equipment	中速贴装机	贴装速度在3000～8000片/h的贴装机
High Speed Placement Equipment	高速贴装机	贴装速度大于8000片/h的贴装机
In-line Placement	水线式贴装	多台贴装机同时工作，每台只贴装一种或少数几种表面组装元器件的贴装方式
Just-In-Time	刚好准时	通过直接在投入生产前供应材料和组件到生产线，把库存降到最少
Low Speed Placement Equipment	低速贴装机	贴装速度小于3000片/h的贴装机
Local Fiducial Mark	局部基准标志	印制电路板上针对个别或多个细间距、多引线、大尺寸表面组装器件的精确贴装，设置在其相应焊盘区域角部供光学定位校准用的特定几何图形
Machine Vision	机器视觉	一个或多个相机，用来帮助找组件中心或提高系统的组件贴装精度
Mean Time Between Failure（MTBF）	平均故障间隔时间	预料可能的运转单元失效的平均统计时间间隔，通常以每小时计算，结果应该表明是实际的、预计的或计算的
Nozzle	吸嘴	贴装头中利用负压产生的吸力来拾取表面组装元器件的重要零件
Off-1ine Programming	脱机编程	编制贴装程序不是在贴装机上而是在另一台计算机上进行的编程方式
Optic Correction System	光学校准系统	指精密贴装机中的摄像头、监视器、计算机、机械调整机构等用于调整贴装位置和方向功能的光机电一体化系统
Precise Placement Equipment	精密贴装机	用于贴装体形较大、引线间距较小的表面组装器件（如QFP）的贴装机，要求贴装机精度在±0.05～±0.10mm之间
Pick And Place	贴装	将表面组装元器件从供料器中拾取并贴放到印制电路板表面规定位置上的手动、半自动或自动的操作
Placement Equipment；Pick-Place Equipment；Chip Mounter；Mounter	贴装（片）机	完成表面组装元器件贴装功能的专用工艺设备
Placement Head	贴装头	贴装机的关键部件，是贴装表面组装元器件的执行机构
Placement Accuracy	贴装精度	贴装机贴装表面组装元器件时，元器件焊端或引脚偏离目标位置的最大偏差，包括平移偏差和旋转偏差
Placement Speed	贴装速度	贴装机在最佳条件下（一般贴放距离为40mm）每小时贴装的组件（其尺寸编码一般为3216或2012）数目
Placement Pressure	贴装压力	贴装头吸嘴在贴放元器件时，施加于元器件上的力
Placement Direction	贴装方位	贴装机贴装头主轴的旋转角度
Rotating Deviation	旋转偏差	因贴装头在旋转方向上不能精确定位而造成的贴装偏差
Resolution	分辨率	贴装机驱动机构平稳移动的最小增量值
Repeatability	重复性	多次贴装时，目标位置和实际贴装位置之间的最大偏差

续表

英　文	术　语	解　释
Shifting Deviation	平移偏差	主要因贴装机的印制电路板定位系统和贴装头定心机构在 $X—Y$ 方向不精确，以及表面组装元器件、印制电路板本身尺寸偏差所造成的贴装偏差
Sequential Placement	顺序贴装	按预定贴装顺序逐个拾取、逐个贴放的贴装方式
Simultaneous Placement	同时贴装	两个以上贴装头同时拾取与贴放多个表面组装元器件的贴装方式
Stick Feeder	杆（管）式供料器	适用于杆式包装元器件的供料器，它靠元器件自重和振动进行定点供料
Tape Feeder	带式供料器	适用于编带包装元器件的供料器，它将表面组装元器件编带后成卷地进行定点供料
Tray Feeder	盘式供料器	适用于盘式包装元器件的供料器，它将引线较多或封装尺寸较大的表面组装元器件预先编放在一矩阵格子盘内，由贴装头分别到各器件位置拾取
Teach Mode Programming	示教式编程	在贴装机上，操作者根据所设计的贴装程序，经显示器上给予操作者一定的指导提示，模拟贴装一遍，贴装机同时自动逐条输入所设计的全部贴装程序和数据，并自动优化程序的简易编程方式
Waffle Pack Feeder	华夫供料器	盘式供料器
（3）焊接		
Aerosol	气溶剂	小到足以空气传播的液态或气体粒子
Bond Lift-Off	焊接升离	把焊接引脚从焊盘表面（电路板基底）分开的故障
Bridge	锡桥	把两个应该导电连接的导体连接起来的焊锡，引起短路
Cold Solder Joint	冷焊锡点	一种反映润湿作用不够的焊接点，其特征是由于加热不足或清洗不当，外表灰色、多孔
Beam Reflow Soldering	光束回流焊	采用聚集的可见光辐射热进行加热的回流焊，是局部软钎焊方法之一
Cleaning After Soldering	焊后清洗	印制电路板完成焊接后，用溶剂、水或蒸汽进行清洗，以去除焊剂残留物和其他污染物的工艺过程，简称清洗
Desoldering	卸焊	将焊接组件拆卸修理或更换，方法包括用吸锡带吸锡、真空（焊锡吸管）和热拔
Dewetting	去湿	熔化的焊锡先覆盖后收回的过程，留下不规则的残渣
DFM	可制造设计	以最有效的方式生产产品的方法
Dual Wave Soldering	双波峰焊	采用两个焊料波峰的波峰焊
Draw Bridging	吊桥	一种偏移现象，其一端离开焊盘表面，整个组件斜立或直立，形状如石碑
Double Condensation System	双蒸汽系统	有两级饱和蒸汽区和两级冷却区的气相焊系统
Thermocouple	热电偶	由两种不同金属制成的感测器，受热时，在温度测量中产生一个小的直流电压
Flux Bubbles	焊剂气泡	焊接加热时，印制电路板与表面组装元器件之间因焊剂汽化所产生的气体得不到及时排出，而在熔融焊料中产生的气泡
Focused Infrared Reflow Soldering	聚焦红外回流焊	用聚焦成束的红外辐射热进行加热的回流焊，是局部软钎焊方法之一，也是一种特殊形式的红外回流焊
Hot Air Reflow、Convection Reflow	热风回流焊	以强制循环流动的热气流进行加热的回流焊
Hot Air/IR Reflow、Convection/IR Reflow	热风红外回流焊	按一定热量比例和空间分布，同时采用红外辐射和热风循环对流进行加热的回流焊
In-line Soldering Equipment	流水线式焊接设备	可与贴装机组成生产流水线进行流水线焊接生产的设备

续表

英　文	术　语	解　释
IR Reflow Soldering System	红外回流焊机	可实现红外回流焊功能的焊接设备
IR Reflow Soldering	红外回流焊	利用红外辐射热量进行加热的回流焊，简称红外焊
IR Shadowing	红外遮蔽	红外回流焊时，表面组装元器件，特别是具有J形引线的表面组装器件的壳体遮挡其下面的待焊点，影响其吸收红外辐射热量的现象
Hot Plate Reflow Soldering	热板回流焊	利用热板的传导进行加热的回流焊
Laser Reflow Soldering	激光回流焊	采用激光辐射能量进行加热的回流焊
Located Soldering	局部软钎焊	不是对印制电路板上全部元器件进行群焊，而是对其上的表面组装元器件或通孔插装元器件逐个加热，或对某个元器件的全部焊点逐个加热进行软钎焊的方法
Manhattan Effect、Tomb Stone Effect	曼哈顿现象	墓碑现象
Mass Soldering	群焊	对印制电路板上所有的待焊点同时加热进行软钎焊的方法
Rheology	流变学	描述液体的流动或其黏性和表面张力特性，如焊膏
Solder Shadowing	焊料遮蔽	采用波峰焊焊接时，某些元器件受其本身或它前方较大体积元器件的阻碍，得不到焊料或焊料不能润湿其某一侧甚至全部焊端或引脚，导致漏焊的现象
Reflow Atmosphere	回流气氛	指回流焊机内的自然对流空气、强制循环空气或注入的可改善焊料防氧化性能的惰性气体
Slump	坍落	在范本丝印后固化前，焊膏、胶剂等材料的扩散
Solder Bump	焊锡球	球状的焊锡材料黏合在无源或有源组件的接触区，起到与电路焊盘连接的作用
Solderability	可焊性	为了形成很强的连接，导体（引脚、焊盘或迹线）熔湿的（变成可焊接的）能力
Soldermask	阻焊	印制电路板的处理技术，除了要焊接的连接点之外的所有表面由塑胶涂层覆盖
Self Alignment	自定位	贴装后偏离了目标位置的表面组装元器件，在焊膏熔化过程中，当其全部焊端或引脚与相应焊盘同时被润湿时，能在表面张力的作用下，自动被拉回到近似目标位置的现象
Skewing	偏移	焊膏熔化过程中，由于润湿时间等方面的差异，使同一表面组装元器件所受的表面张力不平衡，其一端向一侧斜移、旋转或向另一端平移的现象
Older Balls	焊料球	是焊接缺陷之一，它是散布在焊点附近的微小珠状焊料
Surface Mounted Solder Joints	表面组装焊点	组装板上表面组装元器件焊端或引脚与印制电路板焊盘之间实现软钎焊连接所形成的连接区域，简称焊点
Vapor Phase Soldering（VPS）	气相回流焊	利用高沸点工作液体的饱和蒸汽的汽化潜热，经冷却时的热交换进行加热的回流焊，简称气相焊
Wicking	灯芯现象	由于加热温度梯度过大和被加热对象的不同，使器件引线先于印制电路板焊盘达到焊料熔化温度并润湿，造成大部分焊料离开设计覆盖位置（引脚）而沿器件引线上移的现象，严重的可造成焊点焊料量不足，导致虚焊或脱焊
（4）检验及其他术语		
Automated Test Equipment（ATE）	自动测试设备	为了评估性能等级，设计用于自动分析功能或静态参数的设备，也用于故障分析
Automatic Optical Inspection（AOI）	自动光学检查	在自动系统上，用相机来检查模型或物体
Circuit Tester	电路测试机	一种在批量生产时测试PCB的方法，包括针床、组件引脚探针、导向探针、内部迹线、装载板、空板和组件测试
Functional Test	功能测试	模拟其预期的操作环境，对整个装配的电器进行测试

续表

英　文	术　语	解　释
In-Circuit Testing	在线测试	在表面组装过程中，对印制电路板上个别的或几个组合在一起的元器件分别输入测试信号并测量相应的输出信号，以判定是否存在某种缺陷及其所在位置的方法
Inspection After Soldering	焊后检验	印制电路板完成焊接后的质量检验
Machine Inspection	机视检验	泛指所有利用检测设备进行组装板质量检验的方法
Placement Inspection	贴装检验	表面组装元器件贴装时或完成后，对于有无漏贴、错位、贴错、元器件损坏等情况进行的质量检验
Paste/Adhesive Application Inspection	施膏（胶）检验	用目视或机视检验方法，对焊膏或贴装胶施加于印制电路板上的质量状况进行的检验
Visual Inspection	目视检验	直接用肉眼或简单的辅助工具检验组装板质量状况的方法
（5）返修		
Reworking	返修	为去除表面组装组件的局部缺陷或恢复其机械、电气性能的修复工艺过程
Rework Station	返修工作台	能对有质量缺陷的组装板进行返修的专用设备或系统

参 考 文 献

[1] 宣大荣，韦文兰，王德贵．表面组装技术［M］．北京：电子工业出版社，1994．
[2] 孙大涌，屈贤明，张松滨．先进制造技术［M］．北京：机械工业出版社，2000．
[3] 电子天府编写组．实用表面组装技术与元器件［M］．北京：电子工业出版社，1993．
[4] 龙绪明．先进电子制造技术［M］．北京：机械工业出版社，2010．
[5] 陈其纯．电子整机装配工艺与技能训练［M］．北京：高等教育出版社，1996．
[6] 朱锡仁．电路与设备测试检修技术及仪器［M］．北京：清华大学出版社，1997．
[7] 邱成悌．电子组装技术［M］．南京；东南大学出版社，1998．
[8] 祝延香，朱颂春．现代微电子封装技术［J］．四川省电子协会，1998．
[9] 汤元信，亓学广，等．电子工艺和电子系统工程设计［M］．北京：北京航空航天大学出版社，1999．
[10] 王天曦，李鸿儒．电子技术工艺基础［M］．北京：清华大学出版社，2000．
[11] 孙惠康．电子工艺实训教程［M］．北京：机械工业出版社，2001．
[12] 高维望，史先武，王秀山．现代电子工艺技术指南［M］．北京：科学技术文献出版社，2001．
[13] 吴兆华，周德俭．表面组装技术基础［M］．北京：国防工业出版社，2001．
[14] 周德俭，吴兆华．表面组装工艺技术［M］．北京：国防工业出版社，2002．
[15] 张文典．实用表面组装技术［M］．北京：机械工业出版社，2002．
[16] 龙绪明．现代实用电子 SMT 设计与制造技术［J］．四川省电子协会，2002．
[17] 曹白杨．电子组装工艺与设备［M］．北京：电子工业出版社，2008．
[18] 周德俭，吴兆华，李春良．SMT 组装系统［M］．北京：国防工业出版社，2004．
[19] 王卫平．电子产品制造技术［M］．北京：清华大学出版社，2005．
[20] 杨清学．电子产品组装工艺与设备［M］．北京：人民邮电出版社，2007．
[21] 黄永定．SMT 技术基础与设备［M］．北京：电子工业出版社，2007．
[22] 廖芳，贾洪波，莫钊．电子产品生产工艺与管理［M］．北京：电子工业出版社，2007．
[23] 区军华，王跃东，李赏．电子整机装配工艺与技能训练［M］．北京：电子工业出版社，2007．
[24] 白秉旭．新编电子装配工艺项目教程［M］．北京：电子工业出版社，2007．
[25] 龙立钦，范泽良．电子产品工艺［M］．北京：电子工业出版社，2008．
[26] 龙绪明．电子表面组装技术——SMT［M］．北京：电子工业出版社，2008．
[27] 王德贵．电路组装技术的重大变革［J］．电子电路与贴装，2005．
[28] 张文典．21 世纪 SMT 发展趋势及对策［J］．电子工艺技术，2001（1）：1-3．
[29] 龙绪明．表面组装技术的发展与国产化［J］．电子软科学，1991．
[30] 龙绪明．高精度视觉贴片机计算机控制系统［J］．电子工业专用设备，1996．
[31] 易思伟，龙绪明，徐挺．基于 DSP 的贴片机运动控制设计及仿真［J］．2007 中国高端 SMT 学术会议，2007（9）．
[32] 史建卫，何鹏，钱乙会，等．回流焊技术的新发展［J］．电子工业专用设备，2005（6），63-66．
[33] 龙绪明，张文娟，姚舟波，袁和平．基于 LabVIEW 的 AOI 视觉检测系统［J］．电子工业

专用设备，2008.
[34] 王耀南．机器人智能控制工程［M］．北京：科学出版社，2004.
[35] 戴逸民，等．基于 DSP 的现代电子系统设计［M］．北京：国防工业出版社，2005.
[36] 王鹏，赵彦玲．基于 LabVIEW 的机器视觉系统开发与应用[J]．哈尔滨理工大学学报，2004，9（5）：84-87.
[37] 王晓黎，白波．表面贴装领域中的可制造性设计技术［J］．电子工艺技术，2005，25（3）.
[38] 宋福民，蔡春迎．贴片机视觉系统的研制［J］．电子工业专用设备，2005.
[39] 彭旭，龙绪明，夏浩延，等．SMT 焊点 X-Ray 检测系统的设计［J］．电子工艺技术，2011.
[40] 彭志聪，易思伟，龙绪明．基于 DSP 的贴片机运动控制设计［J］．电子工艺技术，2011.
[41] 崔晓璐，龙绪明，李新茹，等．SMT 虚拟样机可视化建模与仿真[J]．电子工业专用设备，2011.
[42] 王豫明，王天曦．高密度细间距装配中的模板设计和焊膏选择［J］．表面组装与半导体科技，2006.
[43] Long Xuming. The Real Time Discrete Adaptive Control of Robot Based on DSP[J]. Journal of Southwest Jiaotong university，2007，Vol. 3.
[44] Su Manbo，Long Xuming. “Compare Siplace” Has Strong Impact on China Manufacturers [J]. SIPLACEnews，2008. 1.
[45] D. C. Whalley. A simplified reflow soldering process model[J]. Journal of Materials Processing Technology，2004，(150)：133-144.
[46] Long Xuming. Real-Time Discrete Adaptive Control of Robot Arm Based on Digital Signal Processing [J]. Journal of Southwest Jiaotong university，2008，Vol. 6.
[47] Craig Beddingfield. Flip Chip Proass Chal lenges for SMT Assembly [J]. EP&P，2003.
[48] Y. Kwonetal. Evaluation of Thin Dielectric-Glue Wafer-Bonding for Three-Dimensional Integrated Circuit Applications [J]. Mat. Res. Soc. Symp. Proc.，2004，Vol. 812.
[49] SMT 专家网，http://www.smt100.com.
[50] Hiroyuki Nakanishi. Development of High Density Menory IC Package by Stacking IC Chips. z45th ECTC，1995，634-640.
[51] Robert Bouchard. Advances in Reflow Oven Technology[J]. Circuits Assembly Asia，1997. 4，Vol. 5No. 2.
[52] Tariq Masood. Analysis and Simulation of an Electronic Assembly Line of SMT Board Using MATLAB [J]. Third International Workshop on Robot Motion and Control，November 9-11，2002.
[53] Reighard M，Barendt N. Advancements In Coating Process Controls [R]. Nepcon West，Anaheim/CA，2000.
[54] IPC-HDBK-830，Guidelines for Design，Selection and Application of Conformal Coatings [R]. IPC 2002.
[55] L. Smith，M. Dreiza，A. Yoshida. Package on Package （POP） Stacking and Board Level Reliability Results. SMTA International，2006.
[56] Adriance J.，Schake J.. Mass Reflow Assembly of 0201 Components. Proceeding of the IPC APEX Conf.，March 2000.
[57] Chen Mingsheng，Chen Gaiqing. Research on SMT of Microwave Chip with QFN Package

[J]. Electronics Process Technology，Vol. 27，No. 2，2006.

[58] Y. H. Tian，C. Q. Wang，D. M. Liu. Thermomechanical bechavior of PBGA Packageduring Laser and HotAir Reflow Soldering [J]. ModellingSimul. Mater. Sci. Eng.，2004，12 (2).

[59] Howard Stevens，Nimal Liyanage. Pb-Free Hot Air Leveled Solder Coatings [J]. Circuits Assembly，2006. 10.

[60] IPC-A-610D，Acceptability of Electronic Assemblies，2004. 11.

[61] 曾又姣，金烨. 基于遗传算法的贴片机贴装顺序优化[J]. 计算机集成制造系统 CIMS，2004，Vol. 10 No. 2.

[62] 袁鹏，胡跃明，吴祈生，等. 基于视觉的高速高精度贴片机系统的程序实现 [J]. 计算机集成制造系统，2004，10 (12).

[63] 李兰，姜建国. 基于整数规划的 PCB 贴装时间优化算法 [J]. 现代电子技术，2003，12.

[64] 龙绪明，王李，李鹏程，等. 先进电子制造技术的发展 [J]. 电子工业专用设备，2009. 5.

[65] Badr A，Fahmy A. A proof of convergence ant algorithms. International Journal of Intelligent Computing and Information，2003，3 (1).

[66] 李士勇，等. 蚁群算法及其应用 [M]. 哈尔滨：哈尔滨工业大学出版社，2004.

[67] 丁汉，朱利民，林忠钦. 面向芯片封装的高加速度运动系统的精确定位和操作 [J]. 自然科学进展，2003，13 (6)：568-574.

[68] 宋福民，张小丽，马如震. SMT2505 全视觉多功能贴片机的研制 [J]. 电子工业专用设备，2002，31 (4)：219-223.

[69] 龙绪明，詹明涛，陈恩博，等. 先进电子设计和制造技术的发展 [J]. 新电子工艺（中国香港），2010. 3.

[70] 龙绪明，苏曼波. 开发国产高端贴片机势在必行 [J]. 中国电子报，2011. 5. 6.

[71] 王立成，丁汉，熊有伦. 倒装焊芯片封装中的非接触检测技术 [J]. 机械与电子，2002，4：45-49.

[72] 王传声，张如明. 专用倒装焊封装的开发与应用 [J]. 世界产品与技术，2002 (2)：27-31.

[73] 杨建生. GBA 多芯片组件及三维立体封装（3D）技术 [J]. 电子与封装，2003 (1)：34-38.

[74] Kazumi，Yohei Kurashima. Optimization for Chip Stack in 3-D Packaging [J]. IEEE TRANSACTION ON ADVANCED PACKAGING，vol. 28，No. 3，2005.

[75] 李长光. 半自动芯片焊机的设计 [J]. 电子机械工程，2000. 85 (3)：33-39.

[76] SMT 专家网 http://www.smt100.com.

[77] 中国工控网 www.gongkong.com.cn.

[78] 龙绪明，黄昊，陈恩博，等. 先进电子 SMT 虚拟制造（教学培训）系统 [J]. EM China，2012. 1.

[79] 彭志聪，龙绪明，黄昊. 电子 SMT 虚拟制造培训系统的研究 [J]. 软件，2012. 6.